科技大讲堂丛书

清華

软件工程

第2版·微课视频版

方木云 刘 辉◎主编　　杭婷婷 周 兵◎副主编

U0286639

清華大学出版社

北京

内 容 简 介

本书围绕软件的基本概念、开发方法、开发工具、管理、实践和文档6部分来选取和组织材料。基本概念部分包括软件、软件危机、软件工程和计算模型；开发方法部分包括基于软件过程的方法和基于构造粒度的方法，前者介绍瀑布型方法、快速原型方法和其他一些方法，后者介绍面向对象方法、面向构件方法、面向 Agent 方法、面向 SOA 方法和面向云计算方法；开发工具部分包括 CASE 工具概念、实例和发展趋势；管理部分包括项目招投标、人员、进度、成本、质量和风险等管理；实践部分包括信息系统开发、类制作、构件制作、SOA 实现、云平台体验和 CASE 工具制作；文档部分包含 12 种重要的模板。

本书可作为高校本科生的教材，也可以作为教师和广大软件工程人员的参考书。

图书在版编目(CIP)数据

软件工程：微课视频版/方木云，刘辉主编.—2 版.—北京：清华大学出版社，2023.6
(清华科技大讲堂丛书)
ISBN 978-7-302-63355-6

Ⅰ.①软… Ⅱ.①方… ②刘… Ⅲ.①软件工程 Ⅳ.①TP311.5

中国国家版本馆 CIP 数据核字(2023)第 064258 号

责任编辑：黄 芝 李 燕
封面设计：刘 键
责任校对：李建庄
责任印制：刘海龙

出版发行：清华大学出版社
　　　　网　　　址：http://www.tup.com.cn，http://www.wqbook.com
　　　　地　　　址：北京清华大学学研大厦 A 座　　　　邮　　编：100084
　　　　社 总 机：010-83470000　　　　邮　　购：010-62786544
　　　　投稿与读者服务：010-62776969，c-service@tup.tsinghua.edu.cn
　　　　质量反馈：010-62772015，zhiliang@tup.tsinghua.edu.cn
　　　　课件下载：http://www.tup.com.cn，010-83470236
印 装 者：三河市君旺印务有限公司
经　　销：全国新华书店
开　　本：185mm×260mm　　印　　张：24.25　　　　字　　数：590 千字
版　　次：2016 年 1 月第 1 版　　2023 年 6 月第 2 版　　印　　次：2023 年 6 月第 1 次印刷
印　　数：1～1500
定　　价：69.80 元

产品编号：091346-01

前 言

　　软件是为人类提供计算服务的逻辑制品,早期为科学界提供数值计算服务,现在为社会各个领域提供逻辑计算服务。人类需要软件不是为了满足衣食住行,而是为了帮助人类思考、计算和记忆。

　　作为逻辑制品的软件和作为有形制品的钢材一样,生产过程经历了手工生产、作坊式生产和工程化生产三大阶段。

　　1968 年诞生了软件工程,标志着软件生产走向了工程化之路。工程化生产的三要素是方法、工具和管理。

　　瀑布型方法是最早提出来的软件生产方法,将软件生产过程分为若干阶段,像瀑布一样自顶向下依次进行:需求分析、概要设计、界面设计、详细设计、测试、维护和演化。

　　快速原型方法克服了瀑布型方法的僵化,强调快速构造出软件模型,以此模型来诱导出需求,分为进化式和抛弃式两种原型方法。

　　增量方法强调增量式的开发软件系统,基础性的、业务源头的模块先开发使用,然后逐渐开发后续模块。

　　螺旋方法不是将软件过程用一系列活动和活动间的回溯来表示,而是将过程用螺旋线表示,在螺旋线中每个回路表示软件过程的一个阶段,因此最里面的回路可能与系统可行性有关,下一个回路与系统需求定义有关,再下一个回路与系统设计有关。

　　敏捷方法主张开发团队主攻软件本身而非设计和编制文档,适合需求在开发过程中快速变化的应用。

　　面向复用方法是在大量商业软件已经成熟的情况下,复用以往软件系统的构架、构件、模块等。

　　形式化方法适合协议一类软件的开发,需求可以被严密地表达,后续的每一步可以进行形式化表达和转换,最后得到软件系统。

　　净室方法是模拟硬件生产的方法,半导体是在真空中生产的,每一步都没有引入灰尘,软件也在无错误引入的"真空"环境下一步步开发出来。

　　作为逻辑制品的软件和作为有形制品的房屋一样,有一个构造粒度的问题。构造粒度越大,则复用粒度越大,从而软件生产越快。

　　面向对象方法在类这个粒度层次上来构造软件,通过类的封装,在同种编程语言中实现了代码级别的复用。在面向对象方法之前,代码是通过函数或过程来实现复用的。

　　面向构件方法在构件这个粒度层次上来构造软件,构件技术在二进制级别共享,使复用跨越了编程语言的限制。

　　面向 Agent 方法在 Agent 这个粒度层次上构造软件,Agent 可以视为一种智能的类。

　　面向 SOA 方法在服务这个粒度层次上来构造软件,SOA 利用 Web Service 等技术,使复用跨越了操作系统平台的限制。

　　面向云计算方法仍然在服务这个粒度层次上构造软件,是一种集中服务模式,是一种新的商业模式。

作为逻辑产品的软件生产和作为有形制品的钢材生产一样,需要强大的工具来代替手工生产方式,支持软件工程的工具称为 CASE(computer aided software engineering)。瀑布型模型划分了软件工程的开发阶段,每个阶段都有相应的 CASE 工具。支持单个过程任务的 CASE 被称为工具(tool),如生成代码、生成测试用例等;支持过程描述、设计等阶段活动的 CASE 称为工作平台(workbench),通常是一组工具的集成;用于支持全部软件工程或至少是软件工程主要部分的 CASE 称为环境(environment),通常是集成了几个工作平台。

作为逻辑产品的软件与有形制品的钢材不一样的是,前者具有"不可见性",因此软件生产的管理具有自己的一些特点。

项目投标内容是依次介绍立项、招标、投标、中标和签订合同。

人员管理内容是首先了解人的需求层次和人的大脑的特征;其次是选择合适的人;最后是留住人才。

成本管理内容是:软件成本的构成因素;软件报价和软件成本的关系;软件报价的方式;软件生成率的度量方法。

质量管理内容是:软件质量的定义;质量模型和度量因素;建立质量控制的规范。

风险管理内容是:进行风险因素分析、识别、规划和监控。

软件工程是一门实践性非常强的学科,本书为此设置了不同的实验。

针对基于过程的软件开发方法设置了信息系统开发,实验需要经历需求分析、概要设计、界面设计、详细设计、编码和测试等过程,全程贯穿文档的撰写和团队的协作。

针对基于构造粒度的软件开发方法设置了 4 个实验:类制作是为面向对象方法设置的;构件制作是为基于构件的软件开发方法设置的;SOA 实现是为面向 SOA 软件开发方法设置的;云平台体验是为面向云计算设置的。

针对软件工具设置了一个实验:一个代码生成器的 CASE 工具制作。

软件工程实践过程中,一个重要的内容是文档的撰写。文档是软件工程活动的重要交流和存储载体,为此,本书的最后附上了 12 种重要的文档模板,帮助读者熟悉如何撰写文档。

本书围绕软件的基本概念、开发方法、开发工具、管理、实践和文档 6 方面来选择和组织材料,目的是力求涵盖软件工程活动的方方面面,力求用一个纽带将这些活动串联起来,为学生在校学习软件工程,以及今后就业实践软件工程提供一些较为全面的帮助。

为了将软件工程每个阶段最优秀的知识传授给读者,本书撰写过程中直接或间接地引用了许多专家和学者的文献,在此向他们深表谢意。

在本书的撰写过程中,方木云和刘辉组织编写及审核全书,并编写了第 1~2 章、第 4~10 章、第 15~18 章、第 21~25 章和附录;杭婷婷编写了第 11~14 章;周兵编写了第 3、第 19 和第 20 章,章闯、王超、谢恩文、刘洪彬、吴玉森、李杰等协助了书稿材料的收集和整理工作,在此表示感谢。

虽然作者在本书的编写过程中反复斟酌,力求完美,但由于水平有限,书中仍可能有许多不完善的地方,恳请读者批评指正。

作　者

2023 年 2 月

目　录

基本概念篇

第1章　基本概念 ·· 3

1.1　软件 ·· 3

　1.1.1　软件的定义 ··· 3

　1.1.2　软件的分类 ··· 4

1.2　软件危机 ·· 5

1.3　软件工程 ·· 7

1.4　计算模型 ·· 8

　1.4.1　单机计算模型 ··· 8

　1.4.2　分布计算模型 ··· 9

　1.4.3　并行计算模型 ··· 9

　1.4.4　网格计算模型 ·· 10

　1.4.5　普适计算模型 ·· 10

　1.4.6　云计算模型 ··· 10

　1.4.7　雾计算模型 ··· 11

　1.4.8　边缘计算模型 ·· 12

　1.4.9　区块链计算模型 ··· 12

1.5　计算服务 ·· 13

思考题 ·· 13

软件开发方法篇·基于软件过程的方法

第2章　瀑布型方法 ··· 17

2.1　软件过程 ·· 17

　2.1.1　软件过程的提出 ··· 17

　2.1.2　软件过程的含义 ··· 17

　2.1.3　软件过程的规范 ··· 18

　2.1.4　软件工程的评估与改进 ······································ 19

2.2　瀑布型方法 ··· 20

思考题 ·· 22

第3章　快速原型方法 ··· 23

3.1　快速原型方法的产生 ·· 23
3.2　快速原型方法的概念 ·· 24
3.2.1　进化式原型开发 ·· 26
3.2.2　抛弃式原型开发 ·· 27
3.3　快速原型方法的案例 ·· 29
思考题 ··· 30

第4章　其他方法 ··· 31

4.1　增量方法 ·· 31
4.1.1　增量方法的产生 ·· 31
4.1.2　增量式开发 ··· 31
4.1.3　增量方法的案例 ·· 33
4.2　螺旋方法 ·· 35
4.3　敏捷方法 ·· 36
4.3.1　敏捷方法的产生 ·· 36
4.3.2　敏捷方法的典型模型 ··· 38
4.3.3　敏捷方法的案例 ·· 39
4.4　面向复用的方法 ·· 42
4.5　形式化方法 ·· 43
4.6　净室方法 ··· 44
思考题 ··· 45

第5章　需求分析 ··· 46

5.1　需求分析的概念 ·· 46
5.1.1　软件需求定义 ·· 46
5.1.2　软件需求分析 ·· 47
5.1.3　需求分析的要求 ·· 48
5.1.4　需求分析的重要性 ··· 48
5.2　需求分析的过程、内容和任务 ······································· 49
5.2.1　需求分析的过程 ·· 49
5.2.2　需求分析的内容 ·· 50
5.2.3　需求分析的任务 ·· 51
5.3　需求分析的方法 ·· 52
5.4　需求描述工具 ·· 55
5.4.1　数据流图 ··· 55
5.4.2　数据字典 ··· 56
5.4.3　结构化语言 ··· 57

　　　　5.4.4　判定表 ··· 58
　　　　5.4.5　判定树 ··· 59
　　5.5　需求分析文档 ··· 60
　　　　5.5.1　需求文档完成的目标 ··· 60
　　　　5.5.2　需求文档的特点 ·· 61
　　　　5.5.3　需求文档编写的一般原则 ···································· 61
　　　　5.5.4　需求文档的编写格式 ··· 62
　　5.6　进行需求评审 ··· 62
　　　　5.6.1　需求评审的方法 ·· 62
　　　　5.6.2　需求评审的内容 ·· 63
　　　　5.6.3　需求评审的测试 ·· 64
　　思考题 ··· 64

第6章　概要设计 ·· 65
　　6.1　概要设计概论 ··· 65
　　6.2　概要设计原理 ··· 66
　　　　6.2.1　模块化 ·· 66
　　　　6.2.2　抽象化 ·· 67
　　　　6.2.3　逐步求精 ··· 68
　　　　6.2.4　信息隐藏和局部化 ·· 69
　　　　6.2.5　模块独立性 ··· 69
　　　　6.2.6　模块层次化 ··· 71
　　　　6.2.7　启发式规则 ··· 72
　　6.3　概要设计方法总结 ·· 73
　　6.4　概要设计文档 ··· 73
　　思考题 ··· 74

第7章　界面设计 ·· 75
　　7.1　用户界面设计 ··· 75
　　7.2　用户界面设计原则 ·· 76
　　7.3　信息输入方式 ··· 78
　　7.4　信息输出方式 ··· 79
　　7.5　帮助系统 ·· 82
　　　　7.5.1　错误消息 ··· 83
　　　　7.5.2　用户文档 ··· 85
　　7.6　界面评价 ·· 85
　　思考题 ··· 87

第 8 章　详细设计 ·· 88

　8.1　详细设计的作用 ·· 88

　8.2　详细设计的工具 ·· 89

　　思考题 ··· 90

第 9 章　测试 ·· 91

　9.1　软件测试定义 ··· 91

　　9.1.1　测试的目的 ·· 91

　　9.1.2　测试的基本原则 ··· 92

　9.2　软件测试模型 ··· 92

　9.3　软件测试方法 ··· 95

　　9.3.1　黑盒测试方法 ··· 95

　　9.3.2　白盒测试方法 ··· 97

　　9.3.3　灰盒测试方法 ··· 99

　9.4　测试过程与测试文档 ··· 100

　　思考题 ··· 101

第 10 章　维护和演化 ·· 102

　10.1　软件维护 ··· 102

　10.2　软件演化的产生 ··· 103

　10.3　软件演化理论 ·· 104

　　10.3.1　演化与维护的关系 ······································· 104

　　10.3.2　软件演化的分类 ··· 105

　　思考题 ··· 105

软件开发方法篇·基于构造粒度的方法

第 11 章　面向对象方法 ·· 109

　11.1　UML 概述 ·· 109

　　11.1.1　UML 产生的背景 ·· 109

　　11.1.2　UML 定义 ··· 110

　11.2　UML 的研究内容 ··· 111

　　11.2.1　UML 语言的定义 ·· 111

　　11.2.2　UML 的图形表示法 ·· 112

　11.3　UML 建模过程与在 RUP 中的应用 ···························· 115

　　11.3.1　UML 建模过程 ·· 116

　　11.3.2　UML 在 RUP 中的应用 ····································· 116

　　思考题 ··· 117

第 12 章 面向构件方法 ·· 118

12.1 软件体系结构的形成 ·· 118
12.1.1 无体系结构阶段 ·· 118
12.1.2 萌芽阶段 ·· 118
12.1.3 初级阶段 ·· 119
12.1.4 高级阶段 ·· 119
12.2 软件体系结构的概念 ·· 120
12.3 软件体系结构的要素 ·· 121
12.3.1 构件 ··· 121
12.3.2 连接件 ··· 123
12.3.3 约束(配置) ·· 124
12.4 软件体系结构的作用 ·· 125
12.5 基于体系结构的软件开发过程 ··· 126
思考题 ··· 133

第 13 章 面向 Agent 方法 ··· 134

13.1 面向 Agent 的技术 ·· 134
13.1.1 Agent 的基本概念 ·· 135
13.1.2 Agent 的体系架构 ·· 136
13.1.3 Agent 的组织类型 ·· 137
13.1.4 Agent 与组件的对比 ··· 138
13.1.5 语义复用的 Agent 和组件 ·· 140
13.2 面向 Agent 的软件工程 ··· 142
13.2.1 面向 Agent 的研究内容 ··· 142
13.2.2 面向 Agent 的开发过程 ··· 144
13.3 面向 Agent 的经典开发方法 ·· 146
13.3.1 Gaia 方法 ··· 146
13.3.2 Tropos 方法 ·· 147
13.3.3 MASE 方法 ··· 148
思考题 ··· 152

第 14 章 面向 SOA 方法 ··· 153

14.1 面向服务体系架构的产生 ··· 153
14.1.1 传统的软件体系结构 ··· 153
14.1.2 基于组件的软件体系结构 ··· 154
14.1.3 面向服务的体系结构 ··· 155
14.2 SOA 的基本概念 ··· 156
14.2.1 SOA 的定义 ··· 156

14.2.2　SOA 的架构 ··· 157

14.2.3　SOA 的优点 ··· 159

14.3　支持 SOA 的 Web Service 技术 ······································· 160

14.3.1　SOA 的基本原则 ··· 160

14.3.2　基于 SOA 的解决方案 ··· 161

14.3.3　Web Service 技术 ··· 163

14.3.4　SOA 架构的不足 ··· 165

14.4　适于 SOA 的建模方法 ··· 167

14.4.1　MDA ··· 167

14.4.2　敏捷方法 ··· 167

14.4.3　SOA 的五视图法 ··· 168

14.5　基于 SOA 架构的软件开发方法 ······································· 169

14.5.1　面向服务的架构 ··· 169

14.5.2　基于 SOA 架构技术的优势 ··· 170

14.5.3　SOA 应用的构建步骤 ··· 172

14.5.4　SOAD 与传统软件开发的区别 ······································· 173

思考题 ··· 173

第 15 章　面向云计算方法 ··· 174

15.1　云计算的基本概念和主要特征 ··· 174

15.1.1　云计算的基本概念 ··· 174

15.1.2　云计算的主要特征 ··· 176

15.1.3　云计算的分类 ··· 178

15.1.4　云计算与网格计算 ··· 179

15.1.5　云计算的现状和发展趋势 ··· 181

15.2　云计算的原理与关键技术 ··· 183

15.2.1　云计算的原理 ··· 183

15.2.2　云计算的实现机制 ··· 183

15.2.3　Google 云计算技术 ··· 185

思考题 ··· 208

软件开发工具篇

第 16 章　CASE 工具 ··· 211

16.1　CASE 工具概念 ··· 211

16.1.1　CASE 定义 ··· 211

16.1.2　CASE 相关概念 ··· 211

16.1.3　CASE 开发环境 ··· 212

16.1.4　CASE 工具组成 ··· 212

16.2　CASE 优势 ··· 213

16.3　CASE 工具实例 ··· 213

16.3.1　CASE 工具的产生 ·· 213

16.3.2　常见的 CASE 工具 ·· 213

16.4　CASE 发展趋势 ··· 217

思考题 ·· 219

软件管理篇

第 17 章　软件项目 ··· 223

17.1　项目立项 ··· 223

17.1.1　项目基本概念 ·· 223

17.1.2　软件项目的特点 ·· 224

17.1.3　软件项目的立项 ·· 225

17.1.4　软件立项文档 ·· 227

17.2　项目招投标 ··· 227

17.2.1　项目招标与投标的概念 ·································· 228

17.2.2　项目招标与投标的过程 ·································· 229

17.2.3　招标书与投标书的编写 ·································· 230

17.3　项目合同签署 ··· 231

17.3.1　合同的概念 ·· 232

17.3.2　签订合同 ·· 232

思考题 ·· 233

第 18 章　人员管理 ··· 234

18.1　软件开发人员构成 ··· 234

18.2　人思维的局限性 ··· 236

18.2.1　记忆结构 ·· 236

18.2.2　问题的解决 ·· 238

18.2.3　工作动力 ·· 239

18.3　小组协作 ··· 240

18.3.1　小组的构成 ·· 240

18.3.2　小组的凝聚力 ·· 241

18.3.3　小组的沟通 ·· 242

18.4　选择和留住职员 ··· 243

18.5　激励制度 ··· 244

思考题 ·· 245

第 19 章　进度管理 ··· 246

19.1　项目进度 ··· 246

19.2   条形图和活动网络图 ···································· 247
思考题 ·· 250

第20章   成本管理 ·· 251

20.1   软件成本和报价 ······································ 251
20.2   软件生产率 ·· 252
20.3   成本估算技术 ·· 255
20.4   成本估算模型 ·· 257
思考题 ·· 258

第21章   质量管理 ·· 259

21.1   软件质量定义 ·· 259
21.2   软件质量的度量 ······································ 259
21.3   软件质量模型 ·· 260
21.4   软件质量保证 ·· 261
21.4.1   质量标准 ······································ 262
21.4.2   质量规划 ······································ 263
21.4.3   质量控制 ······································ 264
21.4.4   质量评估 ······································ 265
思考题 ·· 268

第22章   风险管理 ·· 269

22.1   风险识别 ·· 270
22.2   风险分析 ·· 271
22.3   风险规划 ·· 272
22.4   风险监控 ·· 273
22.5   常见风险及其处理 ···································· 274
思考题 ·· 275

软件实践篇

第23章   基于软件过程方法的实验 ························ 279

23.1   需求分析 ·· 279
23.1.1   数据流图 ······································ 279
23.1.2   数据字典 ······································ 280
23.2   概要设计 ·· 281
23.3   软件界面设计 ·· 282
23.3.1   菜单设计 ······································ 282
23.3.2   窗体设计 ······································ 283

23.4 详细设计 ································· 283

23.5 软件编码 ································· 284

23.6 软件测试 ································· 284

第 24 章 基于构造粒度方法的实验 ················· 286

24.1 类制作 ··································· 286

24.1.1 窗体设计 ···························· 286

24.1.2 DBHelper 类制作 ···················· 287

24.1.3 DBHelper 类使用 ···················· 291

24.2 构件制作 ································· 293

24.2.1 DLL 的简单介绍 ····················· 294

24.2.2 用 VB 做一个 DLL 文件 ················ 294

24.2.3 对 ActiveX DLL 的测试 ··············· 295

24.2.4 OCX 控件的介绍 ····················· 296

24.2.5 用 VB 做一个 OCX 控件 ··············· 297

24.2.6 对 OCX 控件的测试 ·················· 298

24.3 SOA ···································· 300

24.3.1 SOA 的定义 ························· 300

24.3.2 SOA 的实现 ························· 301

24.4 云平台体验 ······························ 306

24.4.1 云平台介绍 ·························· 306

24.4.2 云平台实例 ·························· 306

第 25 章 CASE 工具制作 ······················· 308

25.1 CASE 工具介绍 ··························· 308

25.2 CASE 工具制作 ··························· 308

软件文档篇

附录 A 软件工程项目文档模板 ················· 315

附录 A.1 可行性研究报告(ISO 标准) ··············· 315

附录 A.2 需求分析文档[需求规格说明书(ISO 标准版)] ···· 319

附录 A.3 项目计划书 ·························· 321

附录 A.4 数据要求说明书 ······················ 324

附录 A.5 概要设计文档 ························ 325

附录 A.6 详细设计文档 ························ 328

附录 A.7 模块开发说明 ························ 330

附录 A.8 软件测试报告 ························ 331

附录 A.9 软件维护报告 ························ 333

附录 A.10　软件使用手册 ……………………………………………… 333

附录 A.11　开发招标书 ………………………………………………… 337

附录 A.12　开发合同样本 ……………………………………………… 338

附录 B　习题集 ……………………………………………………… 342

附录 C　习题集参考答案 …………………………………………… 362

参考文献 ……………………………………………………………… 371

基本概念篇

　　20 世纪 40 年代，人类发明了由硬件和软件组成的计算机系统来帮助科学计算，此后计算机逐渐帮助逻辑计算，进入人类生活领域的方方面面。70 多年来，硬件致力于设备样式加多、计算速度加快、存储容量加大等方面的研究；软件致力于编程语言功能加强、开发速度加快、开发成本降低、质量提高等方面的研究。硬件和软件的不断更新换代，功能的不断增多和价格的不断下降，使计算机系统从科学的殿堂进入寻常百姓家。

　　20 世纪 60 年代末，落后的软件开发方法不适应大规模的软件生产需求，产生了"软件危机"。为了解决"软件危机"，诞生了软件工程学科，50 多年来，软件工程经历了一个概念、一本刊物、一门课程、一个专业、一门学科、一个产业、一批名企和一批名人的发展过程。

　　软件是为人类提供计算服务的逻辑产品，软件危机是软件开发过程中出现的开发进度慢、成本高和质量低等不良现象，软件工程是指导软件开发和维护的工程学科。

　　先后发展的计算模型有单机计算模型、分布计算模型、并行计算模型、网格计算模型、普适计算模型和云计算模型。

第1章 基本概念

目标：
（1）掌握软件的概念及其分类。
（2）掌握软件危机的概念及其表现。
（3）掌握软件工程的概念及其发展趋势。
（4）掌握计算模型的类别，了解计算模型与软件工程发展的关系。

1.1 软件

1.1.1 软件的定义

自从 1946 年世界上第一台通用电子数字积分计算机问世以来，由软件和硬件组成的计算机被广泛地应用于科学计算、数据处理、工程设计、控制、通信、设计、制造、教育等涉及人们日常生活的广大领域，成为减轻人类智力和体力劳动的有效工具，帮助完成许多人类无法完成的任务。

从功能角度来定义，软件是一种为人类提供计算服务的逻辑产品。人类的活动分为衣、食、住、行、思。衣服是解决人类的穿，食物是解决人类的吃，房屋是解决人类的住，交通工具是解决人类的行，软件是解决人类的思，其存在于现实世界中的价值在于为人类提供数值计算和逻辑计算服务。计算服务是软件的本质属性，从软件诞生至今已经经历了单机计算、分布式计算、并行计算、网格计算、普适计算、云计算等服务模式。

从思维角度来定义，软件是客观世界中问题空间与解空间的具体描述，是追求表达能力强、更符合人类思维模式、具有易构造性和易演化性的计算模型。

从结构角度来定义，早期，普遍认为软件就是程序；目前，公认软件是由程序、相关文档和构造数据组成；未来，软件是由对外业务服务和对内自身服务两部分构成。可以看出，软件定义的构造粒度在不断增大，服务功能在不断增强。

从生产角度来定义，软件是具有构造性和演化性的逻辑产品，软件往往不是一次成型的，需要不断的演化，不同于硬件的一次成型，软件类似于生物产品，是逐渐长成的。

软件不同于硬件，在运行环境和用户需求不改变的情况下，软件不存在磨损，可以永久使用；在运行环境和用户需求改变的情况下，软件需要升级，往往不是报废。

1.1.2　软件的分类

1. 根据软件服务对象进行分类

从服务的对象和商务价格两个角度来说,软件可以划分为通用软件(generic software)和定制软件(customized software)两种类型。

(1) 通用软件。通用软件是由软件开发商开发,面向市场公开销售的独立运行系统,像操作系统、数据库管理系统、Office办公软件、AutoCAD等都属于这种类型。单个通用软件价格比较低,但是由于销售数量比较大,软件开发商的商业营利空间比较大。

(2) 定制软件。定制软件是由某个特定客户委托,软件开发商在合同的约束下开发的软件,像企业资源计划(enterprise resource planning,ERP)系统、客户关系管理(customer relationship management,CRM)系统、财务系统、空中交通管制系统、卫星控制系统等都属于这种类型。由于销售数量是唯一的,单个定制软件价格比较高。

2. 根据软件服务层次进行分类

从软件的服务层次的角度进行分类,软件可以划分为系统软件、中间件(middleware)和应用软件三种类型。

(1) 系统软件。系统软件负责管理计算机系统中各种独立的硬件,使其可以协调工作。系统软件使计算机使用者和其他软件将计算机当作一个整体,而不需要顾及底层的各个硬件是如何工作的。一般来讲,系统软件包括操作系统和一系列基本的工具(比如编译器、数据库管理、存储器格式化、文件系统管理、用户身份验证、驱动管理、网络连接等方面的工具)。

(2) 中间件。中间件是基础软件的一大类,属于可复用软件的范畴。顾名思义,中间件处于操作系统软件与用户的应用软件的中间。中间件在操作系统、网络和数据库之上,应用软件的下层,总的作用是为处于自己上层的应用软件提供运行与开发的环境,帮助用户灵活、高效地开发和集成复杂的应用软件。在众多关于中间件的定义中,比较普遍被接受的是IDC表述的:中间件是一种独立的系统软件或服务程序,分布式应用软件借助这种软件在不同的技术之间共享资源,中间件位于客户端/服务器的操作系统之上,管理计算资源和网络通信。IDC对中间件的定义表明,中间件是一类软件,而非一种软件;中间件不仅仅实现互连,还要实现应用之间的互操作;中间件是基于分布式处理的软件,最突出的特点是其网络通信功能。

(3) 应用软件。应用软件是为了某种特定的用途而被开发的软件。它可以是一个特定的程序,比如一个图像浏览器;也可以是一组功能联系紧密,可以互相协作的程序的集合,如微软公司的Office软件;还可以是一个由众多独立程序组成的庞大的软件系统,如数据库管理系统。

3. 根据软件的工作方式进行分类

从软件的工作方式的角度进行分类,软件可以划分为实时处理软件、分时软件、交互式软件和批处理软件4种类型。

(1) 实时处理软件。实时处理软件指在事件或数据产生时立即予以处理,并及时反馈信号,控制需要监测和控制的过程的软件,主要包括数据采集、分析、输出三部分。

（2）分时软件。分时软件是允许多个联机用户同时使用计算机的软件。

（3）交互式软件。交互式软件是能实现人机通信的软件。

（4）批处理软件。批处理软件是把一组输入作业或一批数据以成批处理的方式一次运行，按顺序逐个处理完的软件。

4. 根据软件的规模进行分类

从软件的规模的角度进行分类，软件可以划分为微型软件、小型软件、中型软件、大型软件、甚大型软件和极大型软件6种类型。

（1）微型软件。微型软件指的是一个人可以在几天之内开发完成的软件，写出的程序不到500行语句，仅供个人专用。通常这种无须做严格的分析，也不必有一套完整的设计和测试资料。不过这并不是说微型软件可以随便地开发。事实说明，即使这样的微型软件，如果经过一定的分析、系统设计、结构化编码及有步骤地测试，肯定也是非常有益的。

（2）小型软件。小型软件是指一个人可以在半年之内开发完成，写出的程序为2000行以内的软件。例如，数值计算问题或是数据处理问题就是这种规模的课题。这种程序通常没有与其他程序的接口。需要按一定的标准化技术、正规的资料书写及定期的系统审查，只是没有大课题那样严格。

（3）中型软件。5个人以内在一年多时间里完成5000～50 000行的程序。这种课题开始出现软件人员之间、软件人员与用户之间的联系、协调的配合关系问题，因而计划、资料书写及技术审查需要比较严格地进行。这类软件课题比较普遍，许多应用程序和系统程序就是这样的规模。在开发中使用系统的软件工程方法是完全必要的，这对提高软件产品质量和程序人员的工作效率起着重要的作用。

（4）大型软件。5～10个人在两年多的时间里完成5万～10万行的程序。例如，编译程序、小型分时系统、应用软件包、实时控制系统等很可能是这种软件。参加工作的软件人员需要按二级管理，例如划分成若干小组，每组5人以下为好。在任务完成过程中，人员调整往往不可避免，因此会出现对新手的培训和逐步熟悉工作的问题。对于这样规模的软件，采用统一的标准，实行严格的审查是绝对必要的。由于软件的规模庞大及问题的复杂性，往往会在开发的过程中出现一些事先难于做出估计的不测事件。

（5）甚大型软件。100～1000人参加，用4～5年时间完成的具有100万行程序的软件项目。这种甚大型项目可能会划分成若干子项目，每一个子项目都是一个大型软件。子项目之间具有复杂的接口。例如，实时处理系统、远程通信系统、多任务系统、大型操作系统、大型数据库管理系统、军事指挥系统通常会有这样的规模。很显然，这类问题没有软件工程方法的支持，它的开发工作是不可想象的。

（6）极大型软件。2000～5000人参加，10年内完成1000万行以内的程序。这类软件很少见，往往是军事指挥、弹道导弹防御系统。

1.2 软件危机

20世纪60年代以前，计算机刚刚投入实际使用，软件设计往往只是为了一个特定的应用而在指定的计算机上设计和编制，采用密切依赖于计算机的机器代码或汇编语言，软件的规模比较小,文档资料通常也不存在,很少使用系统化的开发方法,设计软件往往等同于编制程序,基本上是个人设计、个人使用、个人操作、自给自足的私人化的软件生产方式。

20世纪60年代中期,大容量、高速度计算机的出现使计算机的应用范围迅速扩大,软件开发水平快速增长。高级语言开始出现;操作系统的发展引起了计算机应用方式的变化;大量的数据处理需求致使第一代数据库管理系统诞生。软件系统的规模越来越大,复杂程度越来越高,软件可靠性问题也越来越突出。原来的个人设计、个人使用的方式不再能满足要求,迫切需要改变软件的生产方式,提高软件生产率,软件危机(software crisis)开始爆发。

软件危机是计算机软件在它的开发和维护过程中所遇到的一系列严重问题。概括地说,主要包含两方面的问题:如何开发软件,怎样满足对软件日益增长的需求;如何维护数量不断膨胀的已有软件。软件发展第二阶段的末期,由于计算机硬件技术的进步,一些复杂的、大型的软件开发项目被提出来,但软件开发技术的进步一直未能满足社会发展的需求。在软件开发中遇到的问题找不到解决的办法,使问题积累起来,形成了尖锐的矛盾,因而导致了软件危机。

软件危机具体体现在如下几方面。

(1) 软件开发进度难以预测,拖延工期几个月甚至几年的现象常见,这种现象降低了软件开发商的信誉。以美国丹佛国际机场为例,该机场规模是曼哈顿机场的两倍,宽为希思机场的10倍,可以全天候同时起降三架喷气式客机;投资1.93亿美元组建了一个地下行李传送系统,总长21英里(1英里≈1.61千米),有4000台遥控车,可按不同线路在20家不同的航空公司柜台、登机门和行李领取处之间发送和传递行李;支持该系统的是5000个电子眼、400台无线电接收机、56台条形码扫描仪和100台计算机。

(2) 软件开发成本难以控制,投资一再追加,令人难以置信。往往是实际成本比预算成本高出一个数量级。而为了赶进度和节约成本所采取的一些权宜之计又往往损害了软件产品的质量,从而不可避免地会引起用户的不满。

(3) 产品功能难以满足用户要求,开发人员和用户之间很难沟通,矛盾很难统一。往往是软件开发人员不能真正了解用户的需求,而用户又不了解计算机求解问题的模式和能力,双方无法用共同熟悉的语言进行交流和描述。在双方互不充分了解的情况下就仓促上阵设计系统、匆忙着手编写程序,这种"闭门造车"的开发方式必然导致最终的产品不符合用户的实际需要。

(4) 软件产品质量不高,系统中的错误难以消除。软件是逻辑产品,质量问题很难以统一的标准度量,因而造成质量控制困难。软件产品并不是没有错误,而是盲目检测很难发现错误,而隐藏下来的错误往往是造成重大事故的隐患。

(5) 软件产品难以维护。软件产品本质上是开发人员代码化的逻辑思维活动,他人难以替代。除非是开发者本人,否则很难及时检测、排除系统故障。为使系统适应新的硬件环境,或根据用户的需要在原系统中增加一些新的功能,又有可能增加系统中的错误。

(6) 软件缺少适当的文档资料。文档资料是软件必不可少的重要组成部分。实际上,软件文档资料包括开发组织和用户之间权利和义务的合同书;系统管理者和总体设计者向开发人员下达的任务书;系统维护人员的技术指导手册;用户的操作说明书。缺乏必要的文档资料或者文档资料不合格,将给软件开发和维护带来许多严重的困难和问题。最典型的失败系统的例子是 IBM 公司开发 OS/360 系统,共有 4000 多个模块,约 100 万条指令,投入 5000 人年,耗资数亿美元,结果还是延期交付。在交付使用后的系统中仍发现大量(2000 个以上)的错误。

软件危机产生的原因是由于软件产品本身的特点及开发软件的方法、工具和人员引起的,体现在:软件的规模越来越大,结构越来越复杂;软件开发管理困难而复杂;软件开发费用不断增加;软件开发方式落后;开发工具落后,生产率提高缓慢。

1968 年在德国召开的 NATO(North Atlantic Treaty Organization,北大西洋公约组织)会议上首次提出了"软件工程"概念,希望用工程化的方法和原则来克服软件危机。

1.3 软件工程

1968 年 10 月,NATO 科学委员会在德国的加尔密斯(Garmisch,Germany)开会讨论软件可靠性与软件危机的问题,Fritz Bauer 首次提出了"软件工程"的概念,他认为:软件工程是为了经济地获得能够在实际机器上高效运行的可靠软件而建立和使用的一系列好的工程化原则。

IEEE 计算机学会将软件工程定义如下。

(1) 应用系统化、规范化、定量化的方法来开发、运行和维护软件,即将工程应用到软件。

(2) 对(1)中各种方法的研究。

从本质属性来说,软件工程是指导计算机软件开发和维护(或者说构造和演化)的工程学科。

从学科目标来说,软件工程学科的目标是研究如何提高软件生产效率和质量,降低生产成本。

从学科内容来说,软件工程从方法、工具和管理三方面来研究如何提高软件生产效率和质量,降低生产成本。

从发展历程来说,软件工程的发展如同其他工程一样,必然经历手工化、CASE 化、自动化、智能化和短流程化 5 个阶段。

如同所有的工程一样,软件工程也是为人类生产有用的产品;也是由一系列阶段(activity)组成的生产过程(process);也是从方法、工具和管理三方面来研究如何提高产品的质量、生成效率和降低成本;也在向自动化、智能化和短流程化发展。

冶金工程是从选矿石、烧结、炼铁、炼钢到轧钢的一系列加工过程。早期冶金是由分离明显的各个加工阶段组成的,每步加工都需要在高温下进行,反复的加热导致大量的能量浪费而使能源短缺,导致大量的氧化物产生而使成材率降低,造成大量的时间浪费而使生产率低下。现在的冶金工程已经向集成化、短流程化和智能化发展,首先是炼钢和轧钢集成,实现钢轧的短流程化和智能化,钢水从炼钢炉出来以后直接浇铸成钢坯,然后直接上轧制线,代替了以往钢水从炼钢炉出来以后冷却成钢锭,钢锭再上加热炉,从加热炉出来以后再上轧制线。省掉了一座造价昂贵的加热炉,节省了大量的时间,减少了钢材的氧化损失,并且提高了钢材的质量。

农业工程是由从收割、晒干、脱粒、播种到施肥的一个循环过程组成。原始农业是由分工明显的各个阶段组成,每个阶段都会导致损失,这种耕作方式导致生产率极为低下。现代农业已经向集成化、短流程化和智能化发展,一台联合收割机可以完成从收割、晒干、脱粒、播种到施肥的一个循环操作过程。

软件工程是由需求分析、总体设计、详细设计、编码、测试、维护和演化等一系列分工明确的活动组成,这些活动由不同阶段的人员来承担,不同阶段之间的交流和转换都会导致信息的丢失、缺陷和错误的引入,从而导致生产率低下、成本高和软件质量不高。因此,软件工程必然会像冶金工程和农业工程一样追求集成化、短流程化和智能化。

冶金工程和农业工程都完成了从手工作业到机械化大生产的转变,软件工程起步晚,还没有到“机械化大生产”阶段,各种 CASE 工具还处在辅助阶段,完全代替人工作业的时代还没有到来,“人”仍然还是软件生产的主要工具。但是,人们还是在不停地探索软件“机械化大生产”之路。

UML(统一建模语言)和支持 UML 的 Rational Rose 已经向人们展示了这种发展趋势。UML 支持需求分析、设计、编码的全过程建模。Rational Rose 既支持从需求分析到自动生成代码的正向工程,也支持从代码到需求分析的逆向工程。Rational Rose 是一个集成化的 CASE 工具,正在向取代“人工”而进入“机械化大生产”的阶段迈进,正在向集成化、自动化和智能化方向发展。

软件工程的三要素是方法、工具和管理。人们在研究新的软件开发方法的过程中,一直没有停止生产新的软件生产工具,“工欲善其事,必先利其器”,软件生产工具对软件工程的发展是至关重要的。

每个有经验的软件团队都有自己的 CASE 工具,只是其复杂程度和功能强弱有所区别,小型的一般称为 CASE 工具,中型的称为工作平台(workbench),大型的称为环境(environment)。

软件的形态、开发方法和开发工具是相辅相成的。目前新的软件工具就是要支持自动化和智能化的软件生产。支持 UML 的 Rational Rose 已经具有从需求分析、设计到编码自动转换的正向工程,还具有从编码、设计到需求分析的逆向工程。

1.4 计算模型

软件是为人类提供计算服务的逻辑产品,软件服务形式的变化必然驱动计算模式的变化,必然推动软件形态和结构的变化,必然带动软件生产方法的变化,因此人们不断寻找新的计算服务模式促进了软件工程的发展。

1.4.1 单机计算模型

随着集成电路技术的不断进步,20 世纪 80 年代中期开始出现微型计算机。从 8 位、16 位、32 位到今天 64 位的 CPU 机型,发展非常迅速。许多 PC 和工作站已经具备了以前大型计算机的能力,可以存储大量的数据且能进行相对复杂的计算,而价格却非常便宜。计算机也由此走入了寻常百姓家。因此,主流的计算模式从以一台主机为核心转移到了以用户桌面为核心。这个阶段的模式称为单机计算模式或桌面计算模式。

1.4.2 分布计算模型

从概念上讲,分布式计算是一种计算方法,在这种算法中,组成应用程序的不同组件和对象位于已连接到网络上的不同计算机上。从定义可以看到,在基于分布式计算的模型上可以提供一种基础结构,该结构可以在网络上的任何位置调用对象函数。这些对象对于应用程序来说都是透明的,并且可以提供处理功能,就好像和调用它们的应用程序位于同一台计算机上。目前最常用的分布式计算技术包括 Sun Java RMI(remote method invocation,远程方法调用)、OMC CORBA(common object request broker architecture,通用对象代理体系结构)、Microsoft DCOM(distributed component object model,分布式组建对象模型)和 MOM(message-oriented middleware,面向消息的中间件)。

1.4.3 并行计算模型

并行计算模型通常是指从并行算法的设计和分析出发,将各种并行计算机(至少某一类并行计算机)的基本特征抽象出来,形成一个抽象的计算模型。从更广的意义上说,并行计算模型为并行计算提供了硬件和软件界面,在该界面的约定下,并行系统硬件设计者和软件设计者可以开发对并行性的支持机制,从而提高系统的性能。

并行计算模型应该具有以下特征:易于理解和编程;提供软件开发方法;体系结构独立;保障性能;可预测的代价。也可以简单归结为简单好用和能较好反映体系结构特征。需注意的是,上述评价准则之间存在着对立和矛盾,并行计算模型的设计和使用需要在这些特征之间进行权衡。

(1)易于理解和编程。并行计算模型必须易于学习和理解,否则软件开发者就不愿意使用。模型应能通过一定的抽象尽可能隐藏以下编程细节:程序到并行线程的分解;线程到处理器的映射;线程间的通信;线程间的同步。

(2)完整的软件开发方法。传统的计算模型基本面向专家,而且并行算法的实现一般也仅是验证用途,因而很少重视开发方法。随着生产性并行应用的增加,比起串行程序设计,完整的并行软件开发方法似乎是更为基本的问题。

(3)体系结构独立。由于处理器和互联网络技术发展迅速,计算机系统结构只有较短的生命周期。并行计算模型应能够抽象不同体系结构的并行计算机,将并行算法设计从并行计算机底层的更新变化中隔离出来。模型越抽象,体系结构的独立性越强,算法的可移植性也就越强。

(4)保障性能。模型应该能在各种并行系统结构上保障性能。由于系统性能降低的原因,通常是由于通信拥塞,因此通信需按并行计算机直径成比例减少。此外,要求计算尽可能规则,以保证可扩展性。

(5)可预测的代价。算法在计算模型中的性能与其在实现中的性能之间应该等价。算法的成本主要包括算法的执行时间、处理器的利用率和软件开发的代价。代价是可组合的,总的代价可由其部分代价计算。

1.4.4　网格计算模型

网格计算是伴随着互联网而迅速发展起来的,专门针对复杂科学计算的新型计算模式。这种计算模式是利用互联网把分散在不同地理位置的计算机组织成一个"虚拟的超级计算机",其中每一台参与计算的计算机就是一个"节点",而整个计算是由成千上万个"节点"组成的"一张网格",所以这种计算方式称为网格计算。这样组织起来的"虚拟的超级计算机"有两个优势:一个是数据处理能力超强;另一个是能充分利用网上的闲置处理能力。

实际上,网格计算是分布式计算(distributed computing)的一种,参与这项工作的不只是一台计算机,而是一个计算机网络。充分利用网上的闲置处理能力则是网格计算的又一个优势,网格计算模式首先把要计算的数据分割成若干"小片",而计算这些"小片"的软件通常是一个预先编制好的屏幕保护程序,然后不同节点的计算机可以根据自己的处理能力下载一个或多个数据片断和这个屏幕保护程序。只要节点的计算机用户不使用计算机时,屏保程序就会工作,这样这台计算机的闲置计算能力就被充分地调动起来了。

1.4.5　普适计算模型

普适计算又称为普存计算、普及计算,这一概念强调和环境融为一体的计算,而计算机本身则从人们的视线里消失。在普适计算的模式下,人们能够在任何时间、任何地点,以任何方式进行信息的获取与处理。普适计算最早起源于 1988 年美国施乐(Xerox)PARC 实验室的一系列研究计划。在该计划中,美国施乐 PAR 实验室首先提出了普适计算的概念。1999 年,IBM 公司也提出普适计算的概念,即为无所不在的、随时随地可以进行计算的一种方式。

普适计算的核心思想是小型、便宜、网络化的处理设备广泛分布在日常生活的各个场所,计算设备将不只依赖命令行、图形界面进行人机交互,而更依赖"自然"的交互方式,计算设备的尺寸将缩小到毫米甚至纳米级。

在普适计算的环境中,无线传感器网络将广泛普及,在环保、交通等领域发挥作用;人体传感器网络会大大促进健康监控及人机交互等的发展。各种新型交互技术(如触觉显示、OLED 等)将使交互更容易、更方便。

1.4.6　云计算模型

云计算(cloud computing)是一种基于互联网的计算方式,通过这种方式共享的软硬件资源和信息可以按需提供给计算机和其他设备。典型的云计算提供商往往提供通用的网络业务应用,可以通过浏览器等软件或者其他 Web 服务来访问,而软件和数据都存储在服务器上。云计算服务通常提供通用的通过浏览器访问的在线商业应用,软件和数据可存储在数据中心。

云计算是基于互联网的相关服务的增加、使用和交付模式,通常涉及通过互联网来提供动态易扩展且经常是虚拟化的资源。过去在图中往往用云来表示电信网,后来也用来表示互联网和底层基础设施的抽象。狭义云计算指 IT 基础设施的交付和使用模式,指通过网络以按需、易扩展的方式获得所需资源;广义云计算指服务的交付和使用模式,指通过网络以按需、易扩展的方式获得所需服务。这种服务可以是 IT 和软件、互联网相关，也可以是其他服务。它意味着计算能力也可作为一种商品通过互联网进行流通。云计算是世界上各大搜索引擎及浏览器数据收集、处理的核心计算方式，推动着网络数据时代进入更加人性化的历史阶段。

云计算可以认为包括以下几个层次的服务。

（1）IaaS(infrastructure-as-a-service，基础设施即服务)。消费者通过 Internet 可以从完善的计算机基础设施获得服务。IaaS 为客户提供了处理能力、存储能力、网络和其他基本计算资源，客户可以使用这些资源部署或运行他们自己的软件，如操作系统或应用程序。客户无法管理和控制底层云基础设施，但可以控制操作系统、存储、部署的应用程序，或有限的网络组件控制权。

（2）PaaS(platform-as-a-service，平台即服务)。PaaS 实际上是指将软件研发的平台作为一种服务，以 SaaS 的模式提交给用户。因此，PaaS 也是 SaaS 模式的一种应用。但是，PaaS 的出现可以加快 SaaS 的发展，尤其是加快 SaaS 应用的开发速度。PaaS 改变了传统的应用交付模式，促进了分工的进一步专业化，解脱了开发团队和运维团队，将极大地提高未来软件交付的效率。

（3）SaaS(software-as-a-service，软件即服务)。一种通过 Internet 提供软件的模式，用户无须购买软件，而是向提供商租用基于 Web 的软件来管理企业经营活动。

1.4.7　雾计算模型

在雾计算(fog computing)模式中，数据、数据处理和应用程序集中在网络边缘的设备中，而不是全部保存在云中，是云计算概念的延伸，由思科(Cisco)公司提出。这个因"云"而"雾"的命名源自"雾是更贴近地面的云"这一名句。

雾计算和云计算一样，十分形象。云在天空飘浮，高高在上，遥不可及，刻意抽象；而雾却现实可及，贴近地面，就在你我身边。雾计算并非由性能强大的服务器组成，而是由性能较弱、更为分散的各类功能计算机组成，渗入工厂、汽车、电器、街灯及人们物质生活中的各类用品。图 1-1 是雾计算模型。

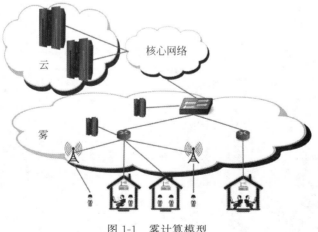

图 1-1　雾计算模型

1.4.8　边缘计算模型

边缘计算(edge computing)起源于传媒领域,是指在靠近物或数据源头的一侧,采用网络、计算、存储、应用核心能力为一体的开放平台,就近提供最近端服务。其应用程序在边缘侧发起,产生更快的网络服务响应,满足行业在实时业务、应用智能、安全与隐私保护等方面的基本需求。边缘计算处于物理实体和工业连接之间,或处于物理实体的顶端。而云端计算,仍然可以访问边缘计算的历史数据。图 1-2 是边缘计算模型。

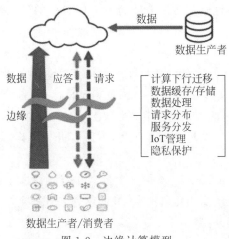

图 1-2　边缘计算模型

1.4.9　区块链计算模型

区块链起源于比特币,2008 年 11 月 1 日,一位自称中本聪(Satoshi Nakamoto)的人发表了《比特币:一种点对点的电子现金系统》一文,区块链涉及数学、密码学、互联网和计算机编程等很多科学技术问题。从应用的视角来看,简单来说,区块链是一个分布式的共享账本和数据库,具有去中心化、不可篡改、全程留痕、可以追溯、集体维护、公开透明等特点。这些特点保证了区块链的"诚实"与"透明",为区块链创造信任奠定基础。而区块链丰富的应用场景,基本上都基于区块链能够解决信息不对称问题,实现多个主体之间的协作信任与一致行动。图 1-3 是区块链计算模型。

图 1-3　区块链计算模型

1.5　计算服务

　　软件即服务已经成为人们广为接受的共识,软件工程就是生产为人类提供数值计算和逻辑计算服务的软件产品。单机计算模型是静态封闭状态下发展起来的计算服务模式,这个时候软件体系结构中已经出现了管道过滤器模型等;分布计算模型和并行计算模型是在动态开放的局域网环境下发展起来的计算服务模式,这个时候软件体系结构中已经出现了容器模型和 C/S 模型等;网格计算模型、普适计算模型和云计算模型是在动态开放的 Internet 环境下发展起来的计算服务模式,这个时候软件体系结构中已经出现了 B/S 模型、SOA 模型、云计算模型等。计算模型的发展就是软件体系结构的发展,它是软件工程学科重要的发展内容之一。

思考题

　　1. 什么是软件? 软件可以分为哪些类?

　　2. 什么是软件危机? 它的表现是怎样的?

　　3. 什么是软件工程?

　　4. 软件计算模型有哪些?

软件开发方法篇·基于软件过程的方法

　　粮食满足人类的吃，房屋满足人类的住，钢材满足人类制造之用，软件满足人类计算之用。农业工程生产了粮食，建筑工程造就了房屋，冶金工程生产了钢材，软件工程生产了软件。所有这些工程都是将某种原材料经过一系列加工过程转换为最终产品，随着这一系列加工过程的不同形成了不同的生产方法。研究生产方法是各种工程学科的主要内容之一，软件工程自然也不例外。

　　软件生产需要经历可行性分析、需求分析、概要设计、详细设计、编码、测试、维护、演化等一系列的过程，这个过程就是瀑布型生产方法，将这个方法的过程固化就形成了瀑布型模型。瀑布型方法是软件工程早期的重要发展成果，反过来对软件工程的进一步发展做出了重要贡献，高校以瀑布型方法来组织教材和教学，企业以瀑布型方法来设置部门和岗位，它使得软件工程同其他传统工程一样得到发展和认可。

　　由于瀑布型方法将软件开发过程明确地划分为不同的阶段，并且要求上一个阶段完成之后才能进入下一个阶段，这种僵化的开发方式使得它不适合需求不确定的规模大而难以控制的系统开发，所以针对不同的情况，又提出了快速原型方法、增量方法、敏捷方法、净室方法、形式化方法等，目的是改进瀑布型方法的不足，以适应不同软件项目的开发，从而提高开发速度、提高软件质量和降低开发成本。

　　这些方法都基于开发过程，所以称为基于软件过程的方法。

第2章 瀑布型方法

目标：

（1）掌握软件过程的概念。

（2）掌握瀑布型方法的概念及其阶段。

2.1 软件过程

2.1.1 软件过程的提出

20世纪60年代以前，计算机刚刚投入实际使用，软件设计往往只是为了一个特定的应用而在指定的计算机上设计和编制，采用密切依赖于计算机的机器代码或汇编语言，软件的规模比较小，文档资料通常也不存在，很少使用系统化的开发方法，设计软件往往等同于编制程序，基本上是个人设计、个人使用、个人操作、自给自足的私人化的软件生产方式。软件过程的概念尚不存在。

20世纪60年代中期，大容量、高速度计算机的出现，使计算机的应用范围迅速扩大，软件开发急剧增长。高级语言开始出现；操作系统的发展引起了计算机应用方式的变化；大量数据处理导致第一代数据库管理系统的诞生。软件系统的规模越来越大，复杂程度越来越高，软件可靠性问题也越来越突出。原来的个人设计、个人使用的方式不再能满足要求，迫切需要改变软件生产方式，提高软件生产率，软件危机开始爆发。

1968年10月，NATO科学委员会在德国的加尔密斯开会讨论软件可靠性与软件危机的问题，Fritz Bauer首次提出了"软件工程"的概念，软件过程（software process）的概念随之出现。

2.1.2 软件过程的含义

软件过程是指软件整个生命周期，包括需求获取、需求分析、设计、实现、测试、发布、维护等阶段。软件过程和软件生命周期是相同的概念，本书对此不进行区分，更多的使用软件过程这一概念。一个软件过程定义了软件开发中采用的方法，但软件工程还包含该过程中应用的技术——技术方法和自动化工具。过程定义一个框架，为有效交付软件工程技术，这个框架必须创建。软件过程构成了软件项目管理控制的基础，并且创建了一个环境以便于技术方法的采用、工作产品(模型、文档、报告、表格等)的产生、里程碑的创建、质量的保证、正常变更的正确管理。

软件过程主要针对软件生产和管理进行研究。为了获得满足工程目标的软件,不仅涉及工程开发,而且还涉及工程支持和工程管理。对于一个特定的项目,可以通过剪裁过程定义所需的活动和任务,并可使活动并发执行。与软件有关的单位,根据需要和目标,可采用不同的过程、活动和任务。

软件过程是一个为建造高质量软件所需完成的任务的框架,即形成软件产品的一系列步骤,包括中间产品、资源、角色及过程中采取的方法、工具等范畴。

软件过程可概括为三类:基本过程类、支持过程类和组织过程类。基本过程类包括获取过程、供应过程、开发过程、运作过程、维护过程和管理过程。支持过程类包括文档过程、配置管理过程、质量保证过程、验证过程、确认过程、联合评审过程、审计过程及问题解决过程。组织过程类包括基础设施过程、改进过程及培训过程。

2.1.3　软件过程的规范

根据我国国家标准《计算机软件开发规范》(GB/T 8567—2006),软件过程包含软件定义、软件开发、软件运行维护三个时期,并进一步细分为可行性分析、签订合同、需求分析、概要设计、详细设计、编码和单元测试、集成测试、发布与实施、维护等几个阶段。这个过程是早期的规范,随着面向对象等开发方法的出现,有些过程和名称有些变化。这个过程也是基本的过程,在实际的软件开发过程中,根据项目规模、项目类型、项目经费、开发团队实力等情况,可以对各阶段进行必要的合并、分解或补充。图 2-1 所示为一般承接和开发一个软件项目的过程。

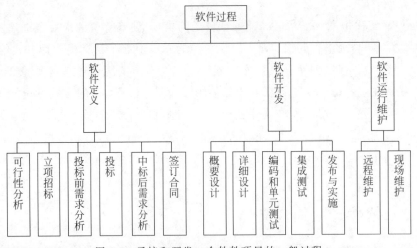

图 2-1　承接和开发一个软件项目的一般过程

1. 软件定义期

(1) 可行性分析。一个项目是否确定立项,第一步需要进行可行性分析,业务部门需要写出项目立项意向报告,从业务角度阐述项目的建设意义、大概的规模、经费预算、建设周期、人员投入和已有建设基础,主管部门审批并委托相关单位配合业务部门进行可行性分析,进行可行性风险评估,一般从技术可行性、经济可行性和操作可行性三方面来进行。

(2) 立项招标。在可行性得到确认后,进入立项招标阶段,业务部门写好招标文件,主管部门审批后面向社会公开招标。

(3) 投标前需求分析。各投标单位递交资质响应文件并购买标书之后,分别进入招标业务单位进行初步需求分析,形成投标书的技术文件。

(4) 投标。投标单位在规定的时间内将标书(含资质标、技术标、商务标)送达到招标单位(或政府的招标采购中心),并在开标日进行投标答辩。

(5) 中标后需求分析。中标单位到业务部门进行详细的需求分析,需求分析文档作为合同内容的基础。

(6) 签订合同。招投标单位根据商务标和需求分析的结果签订合同。

2. 软件开发期

(1) 概要设计。根据需求分析文档进行系统概要设计,形成模块结构图,显示模块之间的调用关系。进入构件开发方法后,概要设计被称为体系结构设计,形成系统的架构。

(2) 详细设计。概要设计只是描述了系统的架构,还不足以让编程者编写代码。详细设计就是为每个小模块设计程序流程图,编程者可以根据它进行编码。概要设计好比建造房屋的框架,详细设计好比设计房间的装潢施工图,工人根据它装修每个房间。

(3) 编码和单元测试。程序员按照程序流程图编写代码,并进行单元测试。

(4) 集成测试。各个模块编写和测试完毕后组装成整个系统,由专门的测试部门进行集成测试。

(5) 发布与实施。对于通用软件来说,集成测试完毕后就发布了;对于定制软件来说,集成测试完毕后就进入实施阶段了。

3. 软件运行与维护期

(1) 远程维护。对于定制软件来说,一些不需要进行现场交流的维护可通过软件工具进行远程维护。比如数据库表字段长度的增加,可以通过 Navicat 软件进行远程修改。对于通用软件来说,一般采用在线演化的方法。

(2) 现场维护。对于定制软件来说,一些需要进行现场交流才能进行的维护,软件供应商需要到软件使用方进行现场维护。

2.1.4 软件工程的评估与改进

随着软件开发方法和开发技术的发展,软件过程也在不断地改进。卡内基-梅隆大学的软件工程学会(software engineering institute,SEI)把软件过程分为 5 个不同的级别:初始级、可重复级、已定义级、已管理级、优化级。这就是能力成熟度模型(capability maturity model for software,CMM),是对软件组织在定义、实施、度量、控制和改善其软件过程的实践中各个发展阶段的描述。CMM 的核心是把软件开发视为一个过程,并根据这一原则对软件开发和维护进行过程监控和研究,以使其更加科学化、标准化,使企业能够更好地实现商业目标。

2.2　瀑布型方法

一些反复使用的,行之有效的软件过程分别被抽象和固化后,就形成了一系列的过程模型,每种模型代表一种软件开发方法,分别从一个特定的角度表现一个过程,往往只提供过程的某一侧面的信息。这些模型不是软件过程的权威性描述,但却是一种有用的抽象,能用来解释不同的软件开发方法。需要注意的是,对于许多大型系统,没有哪一种单一软件开发方法被单独采用,不同的方法用来开发系统的不同部分。

一种软件过程被抽象和固化后形成一种模型,一种模型代表一种开发方法,因此软件的过程、模型和方法是从不同角度来称呼的同一个内容,为了体现支持软件生产的主动性,本书后面更多地以方法来称呼。在众多的软件开发方法中,瀑布型方法是最著名和最有影响力的方法,其他方法是对瀑布型方法的补充或者改进。

1. 定义

1970 年,温斯顿·罗伊斯(Winston Royce)提出了著名的瀑布模型(waterfall model),如图 2-2 所示,它是一直被广泛采用的软件开发方法。因为该图从一个阶段到另一个阶段逐次下降,所以这个模型以瀑布模型命名,也被称为软件生命周期模型。模型中主要的阶段映射为一些基本的开发活动。

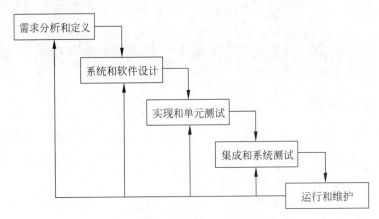

图 2-2　瀑布模型(软件生命周期模型)

(1) 需求分析和定义。通过咨询系统用户建立系统的服务、约束和目标,并对其进行详细定义,从而为系统描述服务。

(2) 系统和软件设计。系统设计过程区分硬件和软件系统的设计,它建立一个总体的系统体系结构。软件设计包括识别和描述一些基本的软件系统的抽象及它们之间的关系。

(3) 实现和单元测试。在这个阶段,软件设计是作为一组程序或程序单元来实现的。单元测试就是检验每个单元是否符合其描述。

（4）集成和系统测试。集成单个的程序单元或程序，并对系统整体进行测试以确保它满足要求。在测试之后，软件系统可交付给客户使用或实施部署。

（5）运行和维护。正常情况下（虽然不是必需的）这是一个具有最长生命周期的阶段，系统被安装并且进入实际的使用中。维护包括改正在早期各阶段未被发现的错误，改善系统的功能，当新的需求出现时提高系统的服务能力。

原则上，每个阶段的结果是一个或多个经过核准的文件。直到上一个阶段完成，下一阶段才能启动。在实际过程中，这些阶段经常是重叠和彼此间有信息交换的。在设计阶段，需求中的问题被发现；在编程阶段，设计问题被发现，以此类推。软件过程不是一个简单的线性模型，它包括开发活动的多个反复。瀑布模型是一个项目开发架构，开发过程是通过设计一系列阶段顺序展开的，从系统需求分析开始直到产品发布和维护，每个阶段都会产生循环反馈。因此，如果有信息未被覆盖或者发现了问题，那么最好返回上一个阶段并进行适当的修改，项目开发进程从一个阶段流动到下一个阶段。

因为生成和确认文档的成本很高，所以过程反复是昂贵而费时的。因此，在经过少量的反复之后要冻结部分开发过程，如描述部分，继续进行后面的开发阶段。剩下的问题留着以后解决，或者忽略掉，或者在编程中想办法绕过去。这种对需求的冻结会使需求相当不成熟，这又意味着系统不能满足用户的需要。当设计上的问题通过一些编程的小技巧来解决时，系统的良好结构可能会遭到破坏。

在最后的生命周期阶段（运行和维护阶段），软件进入使用状态，最初的软件需求中的错误和省略部分这时暴露无遗，设计阶段和编程阶段的错误此时也都浮现出来。所以在需求了解不充分的情况下，不应该采用瀑布模型。然而，瀑布模型反映了工程的实际情况，所以针对大型系统工程项目，仍采用以瀑布型方法为主、其他方法为辅的模式进行开发。

2. 优缺点

瀑布型方法是软件工程早期的重要发展成果，反过来对软件工程的进一步发展做出了重要贡献，高校以瀑布型方法来组织教材和教学，企业以瀑布型方法来设置部门和岗位，它使得软件工程同其他传统工程一样得到发展和认可。其优点如下。

（1）促进了软件开发的工程化。瀑布模型在软件开发早期为消除非结构化软件、降低软件复杂度、促进软件开发工程化方面起着显著的作用。

（2）提高了软件的成功率和质量。强调在软件实现前必须进行分析和设计工作，要求每个阶段都要仔细验证，以项目评审和文档控制为手段，有效地对整个开发过程进行指导，保证阶段之间的正确衔接，能够及时发现并纠正开发过程中存在的缺陷，降低软件开发中不确定因素的风险，提高了软件开发的成功率和软件质量。

（3）加强了软件开发的管理过程。软件生命周期的划分不仅降低了软件开发的复杂程度，而且提高了软件开发过程的透明性，便于将软件工程过程和软件管理过程有机地融合在一起，从而提高了软件开发过程的可管理性。

（4）强调了文档的作用，保护了软件开发商的利益。文档是软件开发中可见的实体，能体现软件开发的工作量，便于客户评定软件价格。

瀑布模型是一种理想化的线性开发模式，随着在软件工程实践中的不断应用，也逐渐暴露出一些严重的缺点。

（1）瀑布模型僵化地划分阶段，缺乏灵活性。对于软件需求不明确或不准确的问题，由于其开发模型是线性的，因此瀑布模型的风险控制能力较弱。一方面，用户只有等到整个过程的后期才能见到开发成果，中间提出的变更要求很难响应；另一方面，出现在早期的错误可能要等到开发后期的测试阶段才能发现，这样会带来严重的后果。

（2）增加了软件开发的工作量。由于开发过程中各个阶段的划分完全固定，阶段之间产生大量的文档，极大地增加了工作量。写一套文档的工作量不亚于软件开发的工作量。

3. 适用范围

瀑布模型有利于大型软件开发过程中人员的组织及管理，有利于软件开发方法和工具的研究与使用，从而提高了大型软件项目开发的质量和效率。对于需求不怎么变化的项目来说，如果正确使用，可以节省大量的时间和金钱，较为适用。

例如，某公司承接了一个电子政务平台的项目，该项目主要分为"政务办公"与"政务公开"两大部分。甲方很配合，协助整理了国家电子政务管理规范与相关文档。沟通拟定的开发周期也相对宽松。

甲方聘请了监理，三方各派代表成立项目变更控制委员会(CCB)。公司也在项目团队中派了长驻质量保证小组(quality assurance group，QAG)，协助项目管理。

但是，电子政务并不是公司的主营业务，整个研发团队是公司临时招聘组建，6人左右，大多是应届毕业生，除了项目经理之外，最有经验的人员也仅有两三年的开发经历。

针对这种情况，采用瀑布模型较好。一方面，当前项目团队不成熟，当务之急是规范化管理，而瀑布模型比较容易实现规范化；另一方面，甲方聘请的监理会遵循成熟的项目过程管理方法，所以文档是必需的，而瀑布模型最大的特点便是它的文档驱动。

然而对于经常变化的项目而言，瀑布模型则毫无价值。对于这种情况，可以考虑其他的方法来进行项目管理，比如后面讲到的快速原型方法、增量方法、螺旋模型方法等。

思考题

1. 什么是软件过程？
2. 什么是瀑布型方法？
3. 瀑布型方法的优缺点是什么？
4. 瀑布型方法的适用范围是什么？

第3章

快速原型方法

目标：

（1）了解快速原型方法产生的原因。

（2）掌握快速原型方法的概念。

（3）掌握快速原型方法的适用范围。

3.1　快速原型方法的产生

瀑布模型对软件开发工程化做出了重要贡献，但是在实际使用过程中，仅当软件需求明确，工作能够采用线性方式完成时，瀑布模型才是一个很有用的过程模型。一旦需求不明确时，会遇到如下问题。

（1）客户通常难以清楚地描述所有的需求。在没有实际系统呈现在客户面前时，客户无法表达细致的需求。

（2）瀑布模型的顺序在实际项目中难以遵循。虽然线性模型可以加入迭代，但它是用间接方式实现的，结果是随着项目的推进，产生的线性模型变更可能带来混乱。

（3）任务之间产生阻塞状态。瀑布模型的线性特性在某些项目中会导致"阻塞状态"，开发团队的一些成员要等待另一些成员完成相关任务，这样花在等待上的时间可能会超过花在生产上的时间，在线性过程的开始和结束这种阻塞状态时更容易发生。

（4）客户无法提前接触系统。因为只有在项目接近尾声时，客户才能得到可执行的程序，对于系统中存在的重大缺陷，如果在可执行程序评审之前没有被发现，将可能造成惨重的损失，也不利于客户提早熟悉系统的使用和数据的初始化。

（5）文档编写的工作量甚至超过程序编写的工作量。为了使文档清晰，写文档的创意、难度和耗时都不亚于编代码，这样瀑布模型将使很多项目的成本翻倍。

对于硬件来说，当机械工程师接到一个设计任务后，通常会根据要求和自己的理解，在较短的时间内按一定的比例设计并制造一个样机，交给用户确认后再成批投产，这台样机可以称为原型。同样的道理，软件工程师也可以根据初步的需求理解，在短时间内开发一个系统原型交给客户确认，边确认边开发，这样就产生了一种新的软件开发方法——快速原型方法。

3.2　快速原型方法的概念

快速原型方法的思想是先开发出一个原型系统给用户使用,通过用户反馈意见来不断修改系统直到最后成熟(见图3-1)。它不主张将描述、开发和有效性验证等活动分开进行,而是让这些活动并行执行,同时让这些活动都能得到快速的反馈信息。

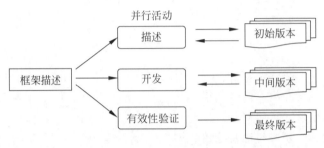

图 3-1　快速原型方法

系统原型是软件系统的初始版本,它可以用来展示一些概念,给出设计选择,发现问题及其可能的解决方案。快速原型开发是非常关键的,为的是有效地控制开发成本,而且开发人员可以较早地在原型系统上验证自己的设计。

快速原型方法打破了瀑布型方法的僵化,让各个开发过程之间和同一开发过程中的主客体之间提前融合。

(1)融合了需求、设计、编程和单元测试等阶段,在这些阶段之间形成了一个闭环,需求驱动设计和编程,单元测试结果反过来验证需求,并诱导新的需求。这样产生如下好处。

① 导出需求。系统原型允许用户在上面实验,以便了解系统是如何支持他们工作的,在这个过程中,用户可能产生有关需求的许多新的想法,同时发现系统的优点和不足,进而提出新的系统需求。

② 验证需求。原型系统可以暴露出错误和遗漏的东西。一个经过描述的功能可能是很有用且已经是定义的,但是当这个功能模块与其他模块一起工作时,用户可能会发现他们的初始想法是错误的或是不完善的,必须修改系统描述以反映对需求的新的理解。

③ 降低风险。原型开发可以用作风险分析和降低风险的技术。软件开发中一个重要的风险来自于需求错误和需求遗漏,在后期弥补需求错误的成本是非常高的。

④ 降低成本。原型开发能减少需求描述中出现问题的数量,而且总的开发成本在有原型系统的情况下要比没有原型系统时低。

(2)融合了开发者、系统、客户三者之间的关系,让客户提前参与到系统的开发、测试和使用当中。这样产生如下好处。

① 消除主客体之间理解的偏差。软件开发人员和用户之间的理解偏差在功能展示时显露出来,软件开发小组可能会在原型设计中发现需求的不完善和不一致。

② 支持用户培训。让用户更早地知道系统的工作方式,可以迅速展示一个应用系统对客户业务管理的可行性和作用。在最终的系统交付使用之前,原型系统可以用于用户的培训。

③ 支持文档的书写。原型可以用作书写产量和质量系统描述的基础。

④ 提高系统的实用性、可维护性和设计质量。

用原型法来提高系统的实用性和更好地满足用户需要并不一定意味着开发成本的提高。原型开发在初期阶段是表现为成本的增加,但在后期却表现为成本的降低。主要原因在于客户提出的变更减少了,因而开发中的返工现象大大减少。然而原型开发也有一些负面效果,表现在系统复用了效率较差的原型代码,而这些代码导致了整个系统性能的降低。

在区分原型开发是作为一个独立的活动还是作为主流的软件开发方法的问题上,在过去的许多年中一直比较模糊。现在许多系统是用快速原型方法来实现的,初始的版本被很快开发出来之后,经过修改和不断完善形成最终的系统。

快速原型方法和瀑布型方法的区别和联系可以总结如下。

(1)瀑布型方法将系统的开发看成是一个整体的任务,需求分析和定义、系统和软件设计、实现和单元测试、集成和系统测试、运行和维护这些过程只有一次循环;快速原型方法将系统的开发分解成多个独立和相关的任务,需求分析和定义、系统和软件设计、实现和单元测试、集成和系统测试、运行和维护这些过程多次循环。

(2)瀑布型方法提出的过程在快速原型方法中不是一次整体使用,而是分成多次任务分别使用,这就是瀑布型方法饱受批评而又始终存在的原因,人们一直在意识里和实践中灵活使用它。

(3)快速原型方法是瀑布型方法的灵活使用,瀑布型方法是学院派的成果,快速原型方法是实业界的成果。

快速原型方法有如下两类。

(1)进化式开发。进化式开发的目标是与用户一起工作,共同探索系统需求,直到最后交付系统。这类开发是从需求较清楚的部分开始,根据用户的建议逐渐向系统中添加功能。

(2)抛弃式开发。抛弃式开发的目标是理解用户需求,然后再给出系统的一个较好的需求定义。这类开发往往从对客户需求理解较差的那部分开始。

快速原型方法的开发过程模型如图3-2所示。在开发过程的开始就要明确原型开发的目的,或是对用户界面的原型设计,或是对系统功能需求进行有效性验证,还可能是为了说明应用系统管理上的可用性。一个原型不可能满足上述所有的目的。如果对建立原型的目的还很模糊,管理部门和最终用户就会误解原型的功能,导致他们无法从原型开发中获得期待的益处。

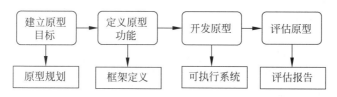

图 3-2 快速原型方法的开发过程

开发过程的下一步就是确定哪些东西要加到原型系统中,哪些应该从原型中去除。为了降低原型开发的费用和加快开发速度,需要抛开一些功能模块,而且可以降低一些性能要求,如响应时间和内存耗费,同时对错误处理和管理可以忽略或是做简单处理。除非设计原型的目标是建立用户界面,否则可靠性标准和程序质量也不予考虑。

最后阶段的工作是原型的评估。Ince 和 Kekmatpour 建议把这项工作作为原型设计最重要的工作来抓。对用户培训的有关规定要在这一阶段给出,同时要基于原型的设计目标导出评估计划。用户需要一定的时间来适应新系统并逐渐使使用方式变得规范化。一旦使用方式规范了,他们就能较容易地发现需求上的错误和纰漏。

要让最终用户提前知道新系统将如何支持他们的日常工作是一件很困难的事情。如果该系统规模很大且复杂,那就更困难一些。

解决这个困难的一种方式是采用快速原型的系统开发方法,即在系统尚不完善时就呈现给用户,边修改边完善,在完善过程中逐渐把需求弄明白;另一种方式是采用抛弃式原型开发方法进行需求分析和有效性验证,评估一结束,就抛弃原型,重建一个完善的系统。

3.2.1 进化式原型开发

进化式原型开发的基本思路是:先给出一个系统的最初实现,让用户去使用和评论,再不断进行细化和完善,经过多个这样的反复过程后形成最后完善的应用系统,如图 3-3 所示。这种开发方法最初用于像人工智能系统那样难以描述的系统。目前这种方法已经成为软件开发的一种主流技术。

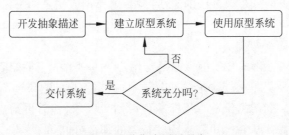

图 3-3 进化式原型开发

进化式原型开发方法对大规模、长周期的系统开发而言是最为重要的方法。在使用这种方法时要注意以下三个主要问题。

(1)管理问题。建立大型系统软件管理机构以处理软件过程模型。软件过程模型定期产生可交付的文档来评估项目的进展状况。原型的开发太快,以至于产生大量的系统文档,这样很不经济。而且快速原型开发可能需要一些不熟悉的技术,管理者会觉得现有的开发班子使用起来有困难,因为他们缺乏这些技术。

(2)维护问题。连续不断地对原型进行修改很可能导致系统结构的崩溃,这意味着如果某个开发人员不是从一开始就参与了该项目,他很可能难以理解系统。再者,如果快速原型开发中使用了某项专门的技术,这种技术可能会过时,不再被人们使用,这样以后再寻找具有相关知识的人来维护系统就变得十分困难。

(3)合同问题。客户和软件开发商之间正规的合同模型是基于系统描述的。没有这样的描述,就很难拟定一个有关系统开发的合同。如果一份合同只约定开发时间和按照这个时间应付给承包商的费用,相信客户是不会满意的,因为这样可能导致系统功能滑坡和预算超支。开发者也不愿意接受一个固定价格的合同,因为他们无法控制最终用户不断改变的需求。

这些困难意味着使用进化式原型开发技术要有一个现实的态度,允许从一个小型或中等规模的系统开始做起,以便有一个较短的交货期。要把开发成本降下来,尽量提高可用性。如果用户参与到开发中,那么原型就会很贴近真实的需求。但开发单位必须意识到系统的生命周期可能会相对缩短。随着维护问题的增加,系统可能不得不被替换或彻底重写,尤其是在一个大型的软件项目中,可能有许多子承包商,进化式原型开发中的管理问题就变得难以驾驭。

3.2.2 抛弃式原型开发

基于抛弃式原型开发的软件过程模型如图 3-4 所示。这种方法在降低总的生存期成本(在产品经济有效使用期间所发生的与该产品有关的所有成本)的情况下增强了需求分析过程。在这种开发方法中,原型的作用是弄清楚需求和为管理人员评估过程风险提供额外的信息。经过评估,原型被抛弃,不再作为系统开发的基础。

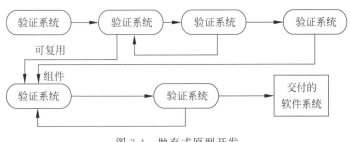

图 3-4 抛弃式原型开发

这种系统原型的方法最常用于硬件系统中。在决定进行一个相当昂贵的系统生产之前,原型被用作设计验证。一个电子系统原型往往利用现成的组件来做,而在决定投产时再制作专门用途的集成电路以实现该系统。

然而,抛弃式软件原型通常不作为设计有效性验证,而是用于获取系统需求,原型与最终系统相去甚远。这些原型必须尽快拿出来,以使用户能够尽早反馈对系统描述的意见。用户只对抛弃式原型中的功能感兴趣,这些功能经过原型设计而得到深刻理解,但质量标准和性能指标在原型中被忽略。原型开发与最终系统开发使用的语言也往往不一样。

图 3-4 中的过程模型假设原型是从粗略的系统描述开始的,接着进行交付实验,然后再修改,直到用户对其功能满意为止。在这一阶段,阶段性的过程模型被采用,从原型中提炼需求,而最后系统却要重新建立。原型中的组件也许会用于最终系统中,这样能够降低一些开发成本。

原型除了能导出系统描述外,有时原型实现本身就是系统描述。客户往往对承包商这样要求:"照这个系统给我做一个。"抛弃式原型方法存在以下问题。

(1) 为了尽快拿出原型,系统可能做了许多简化,因而不可避免地会遗漏一些重要特性。事实上,有些对安全要求极高的系统很难用原型来表现其中某些重要部分。

(2) 在客户和承包商之间没有一个能写进合同的对于原型实现的合法规定。

(3) 非功能需求,如可靠性、鲁棒性和安全性,在原型实现中不会得到充分反映。

开发一个可执行的抛弃式原型通常要遇到的问题是:原型的使用方式和最终系统的使

用方式可能不一样。一般测试人员都对系统非常了解,他们不代表系统用户。对原型评估所做的培训工作可能是不够的。如果原型运转缓慢,评估人员可能调整他们的工作方式,以避免那些费时的操作,在最终系统中他们可能用另一种模式进行操作。

开发人员有时受到来自管理者的压力,不得不交付抛弃式原型给用户使用,尤其是在最终版本交付推迟的情况下。然而这样做是不明智的,原因如下。

(1) 在原型开发过程中,不太可能使原型的非功能需求,如性能、保密性、鲁棒性、可靠性等满足需要。这些指标在整个开发过程中常被忽略。

(2) 在开发过程中,快速变更的结果必然是没有文档。仅有的设计描述就是原型代码,这不足以应付长期的系统维护。

(3) 原型开发中的变更有可能破坏系统的结构。这样,系统的维护将很困难,费用也很高。

(4) 机构内的质量标准对原型往往不加限制。

抛弃式原型不一定必须是在需求工程过程中很有用的可执行的软件原型。纸上的用户界面模型在帮助提炼界面设计和设计使用情景时依然表现得十分有效。这种原型非常经济,而且几天之内就可以完成。这个技术的延伸是"Oz 向导 [沃兹·原型 (Wizard of Oz prototyping)]"的原型方法,该方法只用于开发用户界面。用户与界面间的交互传递给某个人,由他来翻译并以合适的方式输出。

图 3-5　进化式和抛弃式原型开发

进化式原型开发和抛弃式原型开发方法的两点重要区别如图 3-5 所示。

(1) 进化式开发的目标是给用户一个实用的系统。这就意味着原型开发必须从对用户需求把握最准的部分做起,最优先处理这部分工作;而对用户需求把握程度较差的部分和模糊的需求安排得稍后些,可以在用户有明确要求之后再处理。

(2) 抛弃式原型开发的目标是验证和导出需求。此时应该从理解得不够好的那部分需求开始实现,因为你的目标是要从中发现问题,对明确的需求就没有必要去做原型。

这两种开发方法的另一个重要区别是在系统的质量管理方面。抛弃式原型从定义上可以看出其具有较短的生命周期,从原型向正式系统的转换必须要快,不需要长期的维护。差的系统性能和可靠性是可以接受的,只要对理解需求有帮助。

进化式原型开发从一些主要的简单需求开始,在对原型的讨论过程中不断发现新的需求,添加新的功能,逐步完善原型,最终该原型就变成了一个完善的、满足所有需求的系统。这种开发方法自始至终都不需要详细的系统描述,而且在多数情况下也没有形式化的需求文档。进化式原型开发方法目前已经成为基于 Web 系统和电子商务系统的常用开发方法。

相比之下,抛弃式原型方法的目标是帮助提炼和澄清系统描述。原型过程主要有制作、评估和修改三个阶段。评估结果作为进一步进行系统描述修改的依据,经过评估和修改的过程,最后把系统描述定型于系统需求文档中。一旦需求文档描述完成,原型就不再使用,而是被抛弃。

3.3　快速原型方法的案例

下面介绍使用快速原型方法开发多媒体课件的案例。

学习是一个不可预测的过程,在不同人和不同情景下表现各不相同,因此教学软件的需求分析阶段是较为困难的,一般不可能第一次就能得到恰当的分析结果。原型可以对教学策略进行较早期的评价,可用于用户界面的设计和导航设计,这两点对于教学软件是特别重要的。原型还能够有效沟通开发人员和教学设计人员及课件用户之间的思想,是实现教学思想、教学经验与计算机技术统一和结合的基础,符合教学设计和软件过程天生的重复和迭代特征。同时,原型也是进行教学试用、教学效果评价的最基本条件,它为教学软件的快速、高质量开发起到不可替代的作用。

1．利用多媒体制作工具实现课件原型的一般步骤

(1) 快速分析。根据要开发教学软件的学科教学特点和教学要求,决定原型要着重设计的方面,然后选定合适的多媒体制作工具,同时根据原型的使用目的确定采用抛弃式还是进化式原型,一般推荐使用进化式原型。

(2) 构造原型。根据设计要求,利用选定的多媒体制作工具制作出所选定教学内容的教学模块的外观模型(最初原型)。

(3) 运行评价。运行原型,通过学科教师、教育专家及学生的检验、评价和测试,针对原型提出修改意见和需求。

(4) 修正改进。根据反馈信息修正和完善原型,直至符合教学需求。

(5) 完善原型。整理原型并提供文档,为软件下一步的运行、开发服务。

2．一个例子——传统课程的电子化

快速原型方法应用于教学软件开发最常见的例子就是传统课程的电子化工作,传统课程的学科教师在教育教学方面已经积累了相当丰富的教学设计经验,因此转换的工作只需要用系统的方法学来指导以经济有效地进行,一旦学科教师决定开发现有课程的多媒体教学软件,具体的转换过程就涉及以下几个相关阶段。

(1) 设定教学目标,分析教学对象,给出课程的详细说明。首先,多媒体课件的教学目的和课堂教学的目的不太相同,应审视传统课堂教学中的目标:在班级教学中有哪些不能实现的目的? 多媒体课件能达到这些目的吗? 试着发掘计算机能达到而班级上课时不可能实现或者不能经济实现的那些目标,并且要了解多媒体课件的局限性,比如缺乏面对面的接触等,应认真现实地考虑这些目标。其次,课件的使用者不同于上课时班级中的学生,他们之间可能在背景知识、知识需求等多方面存在较大差异,并且在课件使用中是学习者自己控制学习的进程。最后,以比较详细的方式描述课程,包括章、节、练习、实践活动等各个方面,这些都需要认真地进行教学设计。

(2) 素材转换、收集和原型的建立。素材的转换和收集包括一系列从简单到复杂的活动,其中部分具有创造性要求,可能需要创建一些模板或其他类似的可复用部件,使用制作工具制作出初始的界面原型,然后按教学设计的要求逐渐演化为初始功能原型。

（3）评估原型。在课程的原型版本完成以后，甚至没有完成时，应使用实际的学习者进行测试，不仅要测试他们对课程的主观反应，还要判断在学习过程中是否达到了教学目标。

（4）反馈修改。判断是否达到软件所期望达到的目标，确定可以改进的具体办法，反复进行，直到一切目标能良好完成。

3．应注意的几个问题

基于多媒体制作工具的特点，人们可以利用多媒体制作工具快速高效地完成教学软件原型的制作。但制作工具和原型的实现过程中也具有一些不足，这就要求在制作软件原型的过程中，应重点考虑以下一些问题。

（1）如何选择合适的制作工具。不同的多媒体制作工具适用于不同的领域，对于教育工作者、学科专家及设计人员来说，合适的教学设计方案解决以后，就面临着如何恰当地选取制作工具。通常在选取制作工具时应考虑以下问题：课件的发布场合；使用哪些种类的媒体；课件的交互水平；成绩数据追踪；课件内容和容量；开发者技术水平等。即要详细分析开发项目的需求特点，如制作的多媒体软件是演示型的，还是交互型的，又或是百科全书式的电子读物等，然后根据项目的需求特点，选择合适的制作工具，好的制作工具不应当使用户将目光局限于工具本身的特点，而是能够允许用户将更多时间投入到概念和教学设计层次上，以能设计出更具魅力的教学软件。大多数教育专家认为 Macromedia 公司的 Authorware 是开发交互式多媒体教学软件的最佳工具，事实上，它也是最被广泛使用的。

（2）使用原型开发仍应注意遵循软件工程原则。使用制作工具进行原型开发过程中，不像一般软件那样有明显的阶段性，它是一个迭代反复的过程，文档的生成与管理、设计的表述等各个方面要注意保持一致性、完备性，还应遵循国家和国际相关标准。

（3）原型评价的具体实施。教学软件无法仅通过界面布局及简单可运行的原型版本来评估学习的效果，因为简单原型几乎无法真正工作在完成教学目标的这层含义之下。因此，对于原型版本的评价必须经过仔细计划，初期界面原型、教学试用原型要分别进行评价，评价可通过大量问卷或实际使用方式进行，评价人员既要包括软件用户（学科教师、学生），也要包括教育学、心理学及美工等方面的专家。试用评价应是一个长期不间断的过程，贯穿于整个教学软件生存期。

思考题

1．快速原型方法产生的原因是什么？
2．什么是快速原型方法？
3．快速原型方法的优缺点是什么？
4．快速原型方法的适用范围是什么？

第 4 章

其他方法

目标:

(1) 了解其他几种软件开发方法。

(2) 了解其他几种软件开发方法产生的原因。

(3) 了解其他几种软件开发方法适用的范围。

4.1 增量方法

4.1.1 增量方法的产生

瀑布型方法定义软件开发过程的基本阶段,每个阶段都有明确的内涵并与实际开发较为吻合,这是瀑布型方法广为接受的原因。人们批评瀑布型方法的原因不是其阶段划分的不合理,而是若整个项目严格按照瀑布型方法来开发是困难的。

快速原型方法就是瀑布型方法的灵活使用,它将整个项目分解成许多小任务(模块),每个小任务(模块)可以采用瀑布型方法的线性开发模式。

一个大型项目会分解成无数的小模块,有些模块是紧密相关的:一个模块的数据输出是另一个模块的数据输入,显然开发这些模块是有先后顺序的。有些模块之间是平行无关的,从业务上看可以同时开发,但是由于人力的不足或业务单位需求的紧急程度不同等原因,也是有先后开发顺序的,这就产生了增量方法。

对于一个大型项目来说,从整体角度来说采用增量方法开发,对于每个模块来说采用快速原型方法开发,对于每次线性执行时采用了瀑布型方法开发。这些方法从不同角度和侧面支持了软件开发,它们不是互相对立的,而是互相协助和补充的。瀑布型方法定义了软件开发过程的基本规则,增量方法和快速原型方法则是瀑布型方法的灵活使用。

增量方法符合人们解决事务的习惯:先解决基础的任务和优先级高的任务,然后依次处理后续的任务和优先级低的任务。体现了处理问题有轻重缓急之分,打破了瀑布型方法同等优先级处理问题的僵化模式。

4.1.2 增量式开发

增量式开发(见图 4-1)首先由 Mils(Mils 等,1980 年)提出,其目的是减少开发过程中的返工,客户可以得到一些机会,延迟对详细需求的决策,直到他们对系统有了一定的认识。

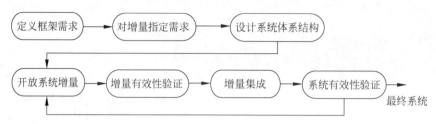

图 4-1　增量式开发

　　在增量式开发过程中,客户大概地提出系统需要提供的服务,指明哪些服务是最重要的,哪些是最不重要的。此时,一系列交付增量被确定,每个增量提供系统功能的一个子集。对增量中服务的分配取决于服务优先次序,最高优先权的服务首先被交付。

　　一旦确定了系统的增量,在最先交付的增量中将要详细定义服务的需求,而这个增量将用最合适的开发过程来开发。在开发时,为稍后的增量准备的需求分析不断进行,但对目前增量需求的变更不会被接受。

　　一旦一个增量已完成并且被交付,客户就能将其派上用场。这意味着部分系统功能可以提前被交付使用。开发者能在现有系统的经验帮助下,理解后面的增量需求和目前增量后续版本的需求变更。当新的增量完成时,开发者将其与已存在的系统增量集成,以至于系统功能随每个交付的增量而改进。通用性的服务可以在过程早期阶段先实现,也可以等到增量需要相应功能时再实现。

　　每个增量的开发没有必要使用相同的过程方法,当一个增量中的服务有了完善的描述时,开发可以使用瀑布模型完成。在描述不太清楚的地方,就可能用一个进化式开发模型。

　　增量模型是增量地进行设计、实现和测试的软件开发方法,即每次增加一些功能,直至整个产品完成。这个产品被分解成多个构件,每个构件分别被设计和建造,每个构件完成后就递交给客户,随着时间的推移产生了交错的线性序列,每一个线性序列产生软件的一个可发布的"增量"。当使用增量模型时,第一个增量往往是核心的产品,即第一个增量实现了基本的需求,但很多补充的特征还没有发布。客户对每个增量的使用和评估都作为下一个增量发布的新特征和功能,这个过程在每个增量发布后不断重复,直到产生最终的完善产品。增量模型强调每个增量均发布一个可操作的产品,该模型把原型的迭代思想融合到瀑布模型的元素里。

　　采用增量模型的软件开发过程如图 4-2 所示。

　　增量模型引进了增量包的概念,使得开发人员无须等到提出所有需求,只要有了某个需求的增量包,开发人员即可进行开发。虽然该增量包可能还需要进一步适应客户的需求并且更改,但只要这个增量包足够小,其影响对整个项目来说是可以接受的。

　　增量式开发过程的优点如下。

　　(1)客户无须等到整个系统的实现。第一个增量会满足他们大多数关键的需求,因此软件马上就能使用。

　　(2)客户可以将早期的增量作为原型,从中获得对后面系统增量的需求经验。

　　(3)项目总体性失败的风险比较低。虽然可能在一些增量中遇到问题,但是其他一些增量将会被成功地交付给用户。

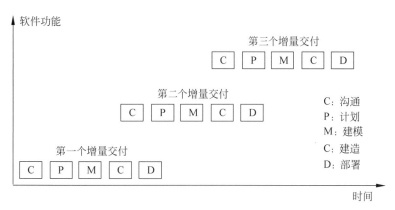

图 4-2　增量模型

（4）因为具有最高优先权的服务被首先交付，而后面的增量也不断被集成进来，这就使得最重要的系统服务肯定接受了最多的测试。这也就意味着在系统的最重要部分，客户不太可能遇到失败。然而，增量方法也存在一些问题。增量应该相对较小（不要超过20 000 行代码），每个增量应该包含一定的系统功能。因此，很难把客户的需求映射到适当规模的增量上。此外，大多数系统需要一组在系统许多部分都会用到的基本服务。但由于增量实现前需求不能被详细定义，因此明确所有增量都会用到的基本服务就比较困难。

4.1.3　增量方法的案例

下面以增量模型在人物三维动画建模中的应用作为案例，具体阐明该方法在软件开发过程中的运用。

1. 增量 1——起始阶段

这一阶段是建模的起始阶段，也是整个建模过程的核心阶段，完成这一阶段的任务可以增强建模人员和用户的信心，让用户看见最初的模型。这一阶段的主要任务就是要明确需求，明确我们的任务是要搭建一个完整的人体模型，也就是在三维短片中打篮球的男生。因此，我们的核心任务就是把人的模型初步建立出来。粗略了解人的外部特点，应该是由头、四肢和身体组成。根据这个构成特点，大家首先要在 Maya 环境下搭建一个有头、四肢和身体的模型，这个模型的比例要符合人的头部、上身和下身的比例。在这一阶段，工作人员可以让用户直接看见产品的雏形，而且这一阶段并没有花费太多的时间，也没有做大量的工作。如果出现类似比例不协调及角度等问题马上进行修改，还给用户增加了提出新需求的机会，无形中提升了产品的质量，也让用户心中对模型有了一点基本的了解。这样做可以及时纠正错误，避免在制作的最后阶段模型出现类似无法修改的颠覆性问题的可能，降低了风险。

2. 增量 2——需求细化阶段

这一阶段的主要任务是继续了解需求，细化模型、完善模型。有了增量 1 成功的经验，观察增量1阶段实现的模型效果后,大家发现人体模型如果只有头、四肢和身体是绝对不够的,把镜头拉近些,我们会发现其实现有的模型只是一个由多边形组成的类似人的一个立体图形组合,并不是一个完整的人。因此,这一阶段要在这个立体图形的组合上下功夫,要在它的基础上继续搭建人物模型。首先是头的部分,不能只是单纯的一个球体,头并不是圆的,前后也不是一致的,人应该有五官,脖子也不能仅仅是一个圆柱,应该遵循人的肌肉走向,让它具备脖子的特征。经过多次的拉伸、调节模型的头部基本符合了人头部的形态。通过对四肢和身体进行调整,身体也初具规模了。手臂和腿当然不能只是插进身体的一根圆柱,手臂或腿的中间要有关节,上下的粗细也不一样,大臂要比小臂粗壮,大腿要比小腿粗壮,肌肉凸起的位置要找准,总之要尽量细致,这样才能更真实。经过以上调整,这个模型基本具备了人物的形态。

3. 增量3——需求进一步细化阶段

这一阶段进行的是更加细致的工作,在开始之前,依旧观察上一阶段完成的模型情况,我们把镜头拉到比上一阶段更近,进行进一步的细化。此时已经不能再对模型进行整体的观察了,从头部开始依次向下观察模型存在的问题,观察之后发现头部的形状虽然大体都出来了,但是拉近之后会发现五官的位置都是空的,空有其形。有了传统的建模方法失败的经验,大家可以很容易就把单独的眼、耳、口、鼻在模型空出的位置上搭建出来,而这个模型的五官也不再需要进行拼凑、整合、调整比例、旋转角度等麻烦而不好掌握方法的工作。大家只需在五官各自的位置上按照前面提到的方法,直接建立五官的模型,再把这些独立的模型和脸部皮肤连接的位置做简单的调整就可以了。

建模的过程中不需要考虑太多的问题,只要注意眼、耳、口、鼻各自的特点就足够了,而这在之前开始学习建模的过程中都已经仔细研究并反复做过了。在完成了头部的细化之后,继续把镜头垂直下拉到身体的部分,为身体、四肢做进一步的细化,向下移动镜头发现模型没有手和鞋,肌肉也不够自然。因为模型最后的动画是要打篮球,所以手和鞋的部分是动画的主要环节,搭建手和鞋的模型要比较细致。此外,对手臂和大腿部分的肌肉也进行了调整,使模型与真人更接近,看起来更真实,调整完毕就完成了这部分增量的需求。

4. 增量4——需求最后细化阶段

经过增量3可以清楚地看见手和鞋子的模型已经搭建得非常细致。因为用户的要求是动画中最后这个人模的动作是打篮球,打篮球时手的动作一定占很大比例,因此模型已经细致到了手指的每个关节,这样做可以使做出来的动作让动画更真实,而鞋子的部分也已经细致到了鞋带、鞋底及鞋子和小腿过渡的地方。在本次增量过程中,还对手臂和腿的肌肉进行了调整,使模型肌肉的走向符合人体肌肉的走向,让模型看起来更加细致,也使人物看起来更有真实的感觉。这是整个增量建模的最后一次增量阶段,再把镜头拉到更近的位置检查,边检查边修改。这一阶段除了要继续检查细小的问题来完善模型之外,就是给模型加贴图了,这也是整个建模的最后一部分,如图4-3所示。

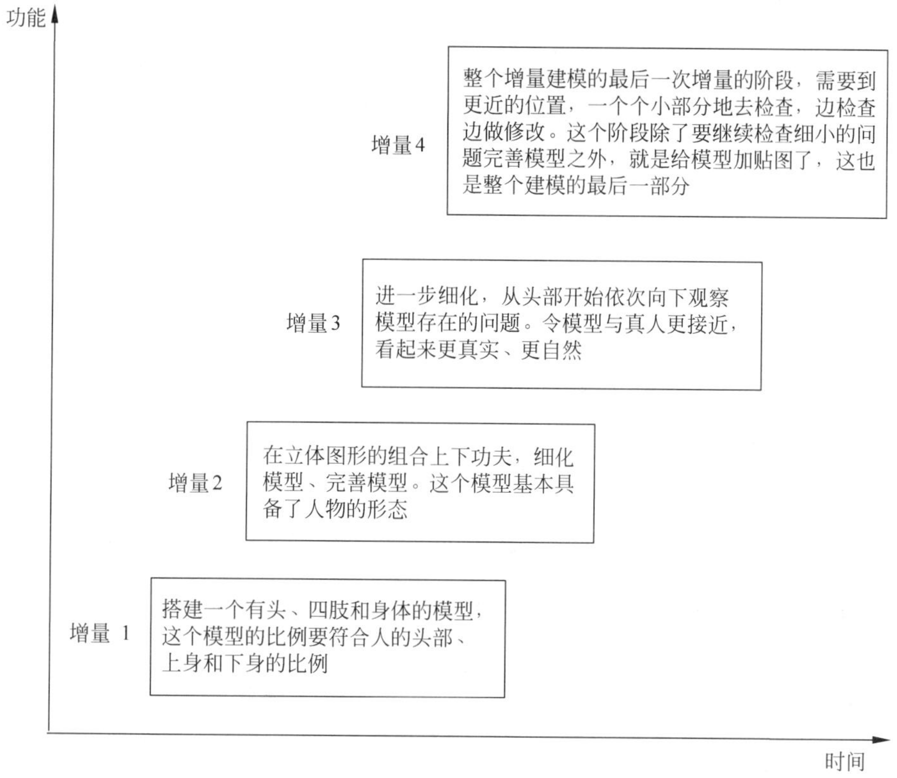

功能

增量4   整个增量建模的最后一次增量的阶段，需要到更近的位置，一个个小部分地去检查，边检查边做修改。这个阶段除了要继续检查细小的问题完善模型之外，就是给模型加贴图了，这也是整个建模的最后一部分

增量3   进一步细化，从头部开始依次向下观察模型存在的问题。令模型与真人更接近，看起来更真实、更自然

增量2   在立体图形的组合上下功夫，细化模型、完善模型。这个模型基本具备了人物的形态

增量1   搭建一个有头、四肢和身体的模型，这个模型的比例要符合人的头部、上身和下身的比例

时间

图 4-3 用增量方法开发人物三维动画建模

4.2 螺旋方法

软件过程的螺旋式模型(如图 4-4 所示)最初由 Boehm(1988 年)提出,现在已被广泛使用。它不是将软件过程用一系列活动和活动间的回溯来表示,而是将过程用螺旋线表示。螺旋线中每个回路表示软件过程的一个阶段,因此最里面的回路可能与系统可行性有关,下一个回路与系统需求定义有关,再下一个回路与系统设计有关等。

在螺旋线中每个回路被分成如下 4 部分。

(1)目标设置。确定项目的阶段性目标。指定对过程和产品的约束,而且制订详细的管理计划。分析项目风险,根据这些风险规划可选的策略方案。

(2)风险评估和规避。每一个项目风险确定以后要进行详细的分析,并采取措施规避这些风险。举例来说,如果有需求不适当的风险,就可能需要开发一个原型系统。

(3)开发和有效性验证。在风险预估以后,就可以为系统选择开发模型。举例来说,如果用户界面风险是主要的,一个适当的开发模型可以是建立进化式原型;如果安全风险是主要的,则基于形式化转换的开发可能就是最适当的;如果主要风险在于子系统集成,那么瀑布模型可能是最适当的,等等。

(4)规划。对项目进行评审以确定是否需要进入螺旋线的下一个回路。如果决定继续,就要做出项目的下一个阶段计划。

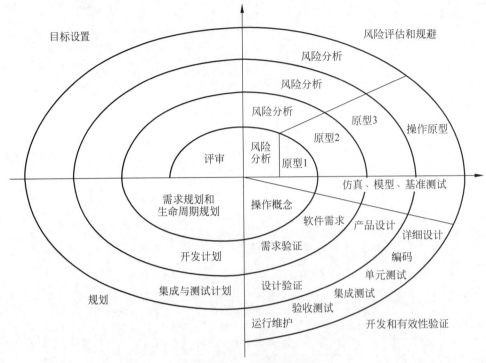

图 4-4　Boehm 的螺旋模型

　　螺旋式模型和其他软件过程模型之间的重要区别在于螺旋式模型中的风险考虑是明确的。通俗地说,风险就是出问题的可能性。比如,若想用一种全新的程序设计语言,风险来自使用的编译器是否可靠,或者能否产生高效率的目标代码。在项目管理中避免项目超期和超支等风险是项目管理中最重要的活动。

　　螺旋式模型的一个回路始于如性能、功能等客户关心的目标,达到这些目标的可能方式及对这些方式的约束在这时要全部列出。对每个目标的所有可选方案要进行评估,通常这就会帮助识别出风险的源头。下一步是通过详细分析、建立原型、仿真等活动预估这些风险。一旦风险已经被评估,一些开发就可以进行了,随后就是对开发过程其他阶段的活动进行规划。

　　在螺旋式模型中,没有如描述和设计等固定阶段。螺旋式模型包含了其他过程模型。原型建立可能被用在螺旋式模型中以解决需求不确定问题,这样可以减少风险。然后可能跟随一个传统的瀑布开发过程。形式化转换方法可以用来开发系统中那些保密性要求极高的部分。

4.3　敏捷方法

4.3.1　敏捷方法的产生

　　在 20 世纪 80 年代和 90 年代初,普遍认为开发好软件的最好方法是经过仔细的项目规划和形式化质量保证,遵循受控的和严格的软件开发过程。

这种软件由大型团队开发,开发时间长,且基于计划的重量级方法费用高昂,但是对于小型或中等规模来说,所需要的费用在软件开发中所占比例非常大,以至于主宰了整个开发过程。更多的时间花在了系统开发(设计和编制文档)上,当系统需求变更时,返工就会成为非常严重的问题。

20世纪90年代初,开发者们对这种重量级的方法开始不满,提出了新的敏捷开发方法。主张开发团队主攻软件本身而非设计和编制文档,这种方法适合需求在开发过程中会快速变化的应用类型。

1. 敏捷方法的核心思想

含义:以人为核心,团队合作,快速响应变化,可工作的软件。采用迭代、循序渐进的方法开发软件的新管理模式,也称为轻量级开发方法。

构成:多个子项目(可相互联系、独立运行、分别完成的。经过测试、具备集成、可运行的特性)。

特性:是适应性的而非预测性的,是面向人而非面向过程的。

主张:早发现、早解决、防微杜渐、持续开发、持续反馈。

2. 核心价值观

(1) 个体和交互胜过过程和工具。敏捷开发很强调个人能力,它以沟通和个人能力代替定义僵化的过程。

(2) 可以工作的软件胜过面面俱到的文档。它强调迭代式的开发,以开发的一个个版本形象地说明了需求,便于客户联想,也便于团队沟通演示。

(3) 客户合作胜过合同谈判。这条有过项目经验的人都能理解,与客户成为朋友比确定的合同有用得多。

(4) 响应变化胜过遵循计划。强调沟通,从而可以更积极地拥抱变化,并随时调整。

3. 敏捷开发的基本原则

(1) 尽早、持续交付有价值的中间软件。

(2) 响应变化,创造竞争优势。

(3) 业务人员与开发人员一起工作。

目的是强调大家建立频繁密切的交流,这是一种帮助大家沟通的方法。这里的业务人员是指需求人员,开发时需要密切交流,但是不直接参与软件编写过程。

(4) 团队内部面对面地沟通。

(5) 根据完成了的功能调整工作进度,这是一种帮助大家沟通的方法。

(6) 重构代码,保持代码的稳健性。

(7) 尽快完成目前已知的需求。

强调把不了解的需求放到以后,不考虑变化的可能性,先做好已知的,定义好的,持续形成新版本,客户可能会想到需要什么。很多客户并不是一开始就知道自己想要什么,如我们先开发一个产品雏形给客户使用,客户会觉得好,并想起还需要什么;或者哪里不好,需要改动什么。很多时候客户有很多需求,我们需要做的是帮客户找到重点,理清流程,提高主要工作的效率。

　　大家要始终知道,敏捷开发是一种开发方法,遵照执行可以提高工作效率,但并不是必须遵守的。

　　敏捷方法与传统方法的比较如图 4-5 所示。

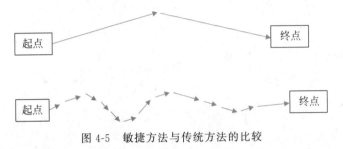

图 4-5　敏捷方法与传统方法的比较

4.3.2　敏捷方法的典型模型

1. XP 模型

　　极限编程(extreme programming,XP)是一组针对业务和软件开发的规则,它的作用在于将两者的力量集中在共同的、可以达到的目标上。它是以符合客户需要的软件为目标而产生的一种方法论。XP 使开发者能够更有效地响应客户的需求变化,哪怕是在软件生命周期的后期。它强调,软件开发是人与人合作进行的过程,因此成功的软件开发过程应该充分利用人的优势,而弱化人的缺点,突出了人在软件开发过程中的作用。XP 属于轻量级的方法,认为文档、架构不如直接编程更直接。

　　XP 实际上是一种经历过很多实践考验的软件开发方法,诞生了大概有 25 年,已经被成功地应用在许多大型的公司,如 Bayerische Landesbank、Credit Swiss Life、Daimler Chrysler、First Union National Bank Ford Motor Company。XP 的成功得益于它对客户满意度的特别强调,XP 是以开发符合客户需要的软件为目标而产生的一种方法论,使开发者能够更有效地响应客户的需求变化,哪怕在软件生命周期的后期。

　　同时,XP 也很强调团队合作。团队包括项目经理、客户、开发者,他们团结在一起来保证高质量的软件。XP 其实是一种保证团队开发成功的简单而有效的方法。

　　(1) XP 的核心思想。从长远看,早期发现错误及降低复杂度可以节约成本。XP 强调将任务/系统细分为可以在较短周期解决的一个个子任务/模块,并且强调测试、代码质量和及早发现问题。通常,通过一个个短小的迭代周期,就可以获得一个个阶段性的进展,并且可以及时形成一个版本供用户参考,以便及时对用户可能的需求变更做出响应。

　　(2) XP 的 4 个核心价值。XP 中有 4 个核心价值是在开发中必须注意的:沟通(communication)、简单(simplicity)、反馈(feedback)和勇气(courage)。

　　XP 用"沟通、简单、反馈和勇气"来减轻开发压力和包袱。包括术语命名、专注叙述内容和方式、过程要求,都可以从中感受到轻松愉快和主动奋发的态度和气氛。这是一种帮助理解和更容易激发人的潜力的手段。XP 用自己的实践在一定范围内成功地打破了软件工程"必须重量"才能成功的传统观念。

　　XP 精神可以启发我们如何学习和对待快速变化、多样的开发技术。成功学习 XP 的关键是用"沟通、简单、反馈和勇气"的态度来对待 XP；轻松愉快地感受 XP 的实践思想；自己认真实践后，通过对真实反馈的分析来决定 XP 对自己的价值；有勇气接受它或改进它。

2. Scrum 模型

Scrum 模型是敏捷开发框架，用于软件开发和项目维护，兼顾了计划性和灵活性。开发过程的每个迭代分为 4 个阶段：迭代计划、执行跟踪、检查、总结回顾，如图 4-6 所示。

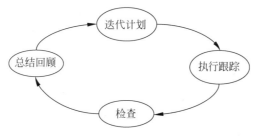

图 4-6　Scrum 模型流程

（1）迭代计划（iteration planning）。主要工作包括迭代细化任务、估算任务的工作量、制订开发计划和测试计划。迭代的周期通常为 2～4 周。

（2）执行跟踪（iteration tracing）。在一个迭代内周期性地跟踪任务的进度，评估剩余工作量，并根据评估结果及时对计划进行微调，确保迭代目标的达成。任务跟踪是一个持续的过程，跟踪周期最长不要超过 1 周，最短为 1 天，具体可根据项目本身的约束而定，如时间、资源、特定的开发模式等。

（3）检查（review）。项目团队配合产品经理、用户等干系人一起检查产品是否满足需求，项目团队在此期间还要收集检查人员的反馈意见，并补充到下一迭代开发的需求中。此阶段通常以验收、产品演示等方式进行。

（4）总结回顾（report & retrospect）。项目团队和质量保证（quality assurance，QA）成员一起回顾本次迭代过程中存在的问题和解决措施，制订进一步的过程改进计划，还要总结开发经验和最佳实践，为后续迭代开发做准备。

4.3.3　敏捷方法的案例

荷兰铁路每天大约要运送 120 万名乘客。该国铁路部门打造了一套全新的信息系统，为乘客提供更准确的列车信息，减少人为干预。PUB 发布系统作为该系统的一部分，对所有车站中的信息显示和音频广播进行集中控制。

之前有使用传统的瀑布方法尝试完成这个 PUB 系统，客户把详细的需求文档规范交给了开发商，然后放任自流，等着完整的系统成型交付。三年之后，这个项目被取消了，因为开发商没能开发出一个可以工作的系统。然后客户重新雇佣公司从头做起，引入了敏捷开发方式，用上了 Scrum 模型，跟客户紧密协作，开放交流，小步前进。

1. 起步

项目开始时，在第一个冲刺（sprint）开始前安排了一个启动阶段，耗时 3 周，准备好了

sprint 中所需的一切。这个启动阶段由一名项目经理、一名架构师和一名敏捷专家参与完成。

选择产品负责人是一件很有难度的事情,因为很难找到一个既有时间,又具备领域知识,而且有权利设置需求优先级的人。因此提出由两名业务分析师一起来承担产品负责人的职责。他们能抽出时间来,而且从前也参与过构建 PUB 的工作,所以业务知识很丰富,足以担当起产品负责人的角色,为多组客户充当优秀的代理。有关优先级的设置和范围的高级决策是由客户委任的项目经理负责,但是他的时间不够用,对于需求的理解也有所欠缺。一般情况下大家的配合还可以,但偶尔项目经理也会对(他所缺席的)计划会议上制定的优先级进行调整,于是这个会议就需要重新来过。在理想状态中,对优先级有最终决策权的人应当每次都参加 sprint 计划会议。

因为先前有人试着构建过 PUB 系统,所以有些部分的详细需求文档是现成的。它们遵守了 MIL 标准(美国军用标准),不过其形式不适于敏捷计划和估算,因为在敏捷开发中,需求应当被组织成小块的段落,每一块都可以在一个 sprint 中进行实现、测试和演示,但是现有的文档与此要求不符。产品负责人也没有太多编写用户案例的经验,为了解决这个问题,敏捷专家帮他们弄出了最原始的产品待办需求,里面放着一些细粒度的、经过估算的用户案例,供前几个迭代使用。

此处所构建的软件只是某个大型软件系统的一部分,它还包括很多相关的软件系统,那些系统负责显示信息,还要在车站内安装相关显示设备。因此,需要保证每件事情都可以按时完成,才能把复杂的系统理顺,这需要有一个整体的计划方案。经历了几次迭代后,项目组对系统的各个功能都按照自己的最大能力做出估算,同时也有了一个比较靠谱的生产率。于是就可以用发布版本远景图来记录和沟通进度。这里给人的启迪是,即使在信息量很少的情况下,有估算也比没估算好。

2. 扩展到分布式团队

项目启动以后,起初只有 7 个人,每两周迭代一次。项目从开始就计划着要用到印度的一些人力,所以从第一个 sprint 开始就有两名印度开发人员进入了团队。他们来到客户现场参与开发,用了 6 周时间熟悉领域知识、用户代表和团队其他成员。

建立团队伊始,需要决定如何协作。所有团队成员一起(也包括印度同事)组织了一个"规范和章程"活动,定下来一些实践方式,如怎样做结对、用哪些工具、质量目标、每天的核心工作时间等,然后在多人协作写作系统 Wiki 上记录下来。整个团队有了共识,事情就好办多了。一旦这些共识需要修改,比如在回顾会议上提出改进,这些实践就要在 Wiki 上更新,这样当有新人加入时,他们看到的总是最新内容。

在前几次迭代里面,团队成功地构建、测试、验证了组成系统核心的用户案例。这让客户很满意,尤其是与过去相比,现今的进度更快,而且客户对项目的方向也有掌控权。

几次迭代以后,扩展了项目,印度的开发人员返回本国,然后在印度和荷兰都增加了资源,这样变成了两个 Scrum 团队,每个团队 5 名开发人员,共享同一名测试人员。之后又变成了 3 个团队,共 3 名测试人员。每个团队都既有印度员工又有荷兰员工。这种方式让项目保持了很高的生产率和工作质量。

那是怎样异地协同工作的呢? 首先,频繁使用即时通讯软件 Skype。每个团队都有网络摄像头、耳机、麦克风,还有一个大屏幕,所以既能一对一开会,也能全体参会。其次,只有在同一个地方的人才做结对。也就是说印度的人与印度的人结对,荷兰的人与荷兰的人结对。经验告诉我们,不管现在有了哪些工具,结对编程所需的交互协作还是需要两个人坐在一起的。最后,用敏捷项目管理工具 ScrumWorks 记录谁在做什么事情,记录 sprint 的进度。因为是分布式团队,所以这个比白板要好得多。在与产品负责人讨论产品 backlog 时,ScrumWorks 也起了很大作用。

3. 拆出一个只关注架构的团队

上述项目只是整个应用链条中的一部分,还必须要与客户现有的 IT 基础架构无缝挂接。虽然产品负责人对核心功能需求非常熟悉,但是在安全、日志、可用性、性能等方面就所知甚少。要从客户的组织中了解这些需求难度很大,因为这需要和不同部门中的许多人沟通讨论。这种调查工作给 Scrum 的迭代节奏拖了后腿。为了解决这个问题,创建了一个独立团队,他们只关注架构方面的内容。他们的工作就是弄清楚非功能性需求,以便让团队把它们转换成 backlog 中的用户案例。大家都喜欢这种方式,因为特征团队(只关注架构的团队)可以全速前进。而且有些员工也喜欢在"架构团队"中工作。

4. 需求管理

有了一行文字表达的用户案例,再加上产品负责人的解释,Scrum 团队无须需求文档就可以构建和测试软件了。不过需求文档对外部的测试团队做测试还是很有价值的,虽然在很多迭代里很难把实现的用户案例与需求文档中的某些部分"映射"起来。

回顾从前,其实一直都没有一个理想的需求管理过程。Scrum 团队只是尽了最大努力来应对这种相互冲突的需求:开发人员需要用户案例,测试人员需要详细的需求文档。

Scrum 为项目执行提供了可靠的、已被证实的基础。但是在每个项目中,Scrum 都必须根据具体需求和环境进行调整,这是项目成败的决定性因素。

5. 测试

Scrum 团队在项目中做了自动化测试,保证在每个 sprint 结尾时都可以交付经过测试的软件,不带有回归的缺陷(bug)。即使随着系统扩展,还是做到了在 8 人的 Scrum 团队中只安排一名测试人员,而且保证了高质量(外部测试团队最多也就是能在每千行代码中发现一个 bug)。

自动化测试包括两部分:单元测试和验收测试。在前者中用的是测试框架 JUnit,用单元测试覆盖率插件 Clover 度量测试覆盖率,目标是服务器端代码的测试覆盖率达到 80%。验收测试用软件开发协作工具 FitNesse 作自动化,每个完成的用户案例都会在 FitNesse 上有一套验收测试。有了庞大的测试套件,就能在 sprint 中找到并修复回归的 bug。这种做法还有另外一个好处,就是测试人员从一开始就可以积极参与,在用户案例实现之前编写测试用例。

6. 产出成果

与大多数项目一样,功能、时间、预算都会随着项目进度发生变化,所以"按时按预算"完成只是一个很模糊的完成标准。更为重要的是,Scrum 团队在项目进程中常常与客户讨论怎样把项目做好,他们都很满意。

7. 总结

下面是从这个项目中学到的最重要的几点。

(1) 很难找到一个既有丰富的需求知识,又有权利设置优先级的产品负责人。所以人们往往都要用几个人一起扮演产品负责人的角色,尤其是在大型项目里面。

(2) 如果一定要按期完成工作,就需要保证产品 backlog 的完整,也要做好估算。对需求而言,即便信息量很小,有估算也比没估算更好。把估算与团队生产率合并以后,发布计划就有了必要的信息。

(3) 对于不适合放到 Scrum sprint 中的工作(比如寻找关键人员,与其他客户部门交流),可以让一个单独的团队去做,这样效率更高。特性团队可以集中精力开发软件。有一名专职的技术文案也很好,即便这会增加沟通成本。

(4) 虽然软件开发过程不需要大量的需求文档,但客户可能需要。不过在 Scrum 项目中,需求文档代替不了用户案例。如果既有需求文档,又有用户案例,就需要在做计划时考虑到在两个地方协调需求的额外开销。

(5) 在增量式交付软件的过程中,自动化测试发挥着关键性作用,它可以排除回归 bug 的干扰。在项目结束之前,投资回报会高过成本。

4.4　面向复用的方法

在多数的软件项目中都存在一些软件复用。当人们意识到某项目中的设计或代码是另一个项目中必要的部分时,复用就自然地发生了。当他们找到这些东西后,就去根据需要来修改,再将其纳入自己的系统中。在进化式方法中,复用技术对快速系统开发来说是必不可少的。

这样随意的复用并没有考虑所采用的开发过程。然而,一个面向复用的软件开发(以组件为基础的软件工程)方法出现了,而且正在逐渐地被广泛使用。

面向复用的方法依赖可以存取的可复用软件组件及能集成这些组件的框架。有时,这些组件本身就是一个独立的能满足某种需要的系统,被称为商业现成产品系统(commercial off-the-shelf,COTS),如文本格式化、数字计算等。面向复用开发的一般过程模型如图 4-7 所示。

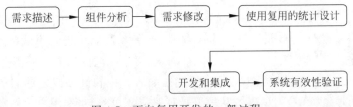

图 4-7　面向复用开发的一般过程

初始需求描述阶段和有效性验证阶段与其他过程相似,面向复用过程的中间阶段就大不相同了。这些阶段如下。

(1) 组件分析。给出需求描述,然后搜寻能满足需求的组件。通常情况是没有正好合适的组件可供使用,能得到的组件往往只提供所需要的部分功能。

(2) 需求分析。在该阶段根据得到的组件信息来分析需求,然后修改需求以反映得到的组件。当不允许修改时,组件分析活动可能要重新进行以寻找其他可能的替代方案。

(3) 使用复用的系统设计。在这个阶段开始设计系统的框架,或者重复使用一个已存在的框架。设计者分析这些被重复使用的组件并设计一个框架来组织这些组件。当可复用的组件不能得到时,必须重新设计一些新的软件。

(4) 开发和集成。当组件不能买到时就需要自己开发,然后要做的事情就是集成这些自己开发的组件和现成的组件,使之成为一个整体。在这个模型中,系统集成不是很明确地表现为一个独立的活动,但它是开发过程的一个重要部分。

面向复用模型的明显优势是它减少了需要开发的软件数量,从而降低了软件开发成本,同时也降低了风险,通常也可使软件快速地交付。然而,需求妥协是不可避免的,而且这可能又产生一个不符合用户真正需要的系统。此外,机构对系统进化的控制也失去了作用,因为可复用的组件新版本是不受机构控制的。

4.5　形式化方法

形式化系统开发是一个类似瀑布模型的软件开发方法,但其开发过程是用形式化数学转换来将系统描述转换成一个可执行程序,这个过程如图4-8所示。

图 4-8　形式化的系统开发

形式化方法和瀑布模型之间的本质区别如下。

(1) 软件需求描述被精炼成一个用数学符号表达的详细形式化描述。

(2) 设计、实现和单元测试等开发过程被一个转换的开发过程所替代,在这个转换的开发过程中,形式化描述经过一系列转换变成一个可执行程序,如图4-9所示,其中,T1～T4为一组转换集;R1～R3为一组状态集;P1～P4为一组事件集。

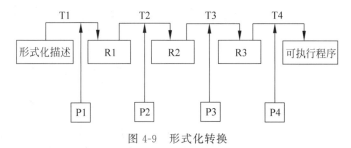

图 4-9　形式化转换

在转换的过程中,形式化的数学表达被系统地转换成更详细但数学上仍然正确的系统表示。每个步骤增加细节直到形式化描述被转换成一个对等的程序。转换是非常准确的,有严格的数学方法来保证。假定没有验证错误,程序就是描述的一个真实的实现。

与验证程序满足其描述相比,这种转换方法的优势在于每次转换之间的距离小于描述和程序之间的距离。对于大规模的系统来说,程序证明将是非常长和不切实际的。转换方法由比较小的一系列步骤组成,因此更好跟踪。然而,选择使用哪种转换是一个需要技巧的工作,且求证转换正确与否也是相当困难的。

4.6　净室方法

已知的形式化过程的最好例子是净室(cleanroom)过程,最初由 IBM 公司开发。净室过程依赖增量式软件开发,同时在每一阶段都采用形式化方法去开发和验证其正确性。在开发过程中不存在缺陷测试,而系统测试的重心集中在评估系统的可靠性。

净室方法已经被成功地应用。在交付系统时少有缺陷,而且开发成本与其他开发的成本没有大的差别。这个方法特别适合对安全性、可靠性或保密性要求极高的系统开发。形式化方法简化了安全或保密性案例的开发,对于这样的系统,采用别的开发方法就需要向客户或认证机构提供充分的素材来说明系统确实是符合安全或保密要求的。

除了这些特殊的领域外,基于形式化转换的方法不被广泛地使用,因为这需要经过特殊训练的专家才能完成。事实上,对于大多数系统采用这种方法并无成本上和质量上的优势。主要原因在于系统交互很难用形式化方法描述,而这正是绝大多数软件系统开发中的重头戏。

净室开发方法是通过使用严格的检查过程来避免软件缺陷的一种软件开发理念。这个方法的目标是得到零缺陷的软件。"净室"是从半导体加工车间中引申过来的,在这些净室中制造一个超纯净的环境,使得缺陷不会发生。

净室软件开发方法基于如下 5 个关键特性。

(1) 形式化描述。对开发系统进行形式化描述。

(2) 增量开发。软件被分解成一个个增量,对每个增量单独采用净室过程进行开发和验证。

(3) 结构化程序设计。只使用几个有限控制结构和抽象数据结构。

(4) 静态检验。使用严格的软件检查过程对开发的软件进行静态检查。

(5) 系统统计性测试。对完整的软件增量进行统计性测试,确定它的可靠性。

净室过程被设计用来支持严格的程序检查。它引入一个基于状态的系统模型描述系统,通过一系列系统模型的细化,最后变成可执行程序。这种方法基于严格定义的系统变换,保证每一步变换都是正确的。在净室过程中采用的数学论证要弱于形式化的数学证明。对程序符合其描述的正确性的形式化数学证明的实现是非常困难的。

一般来说,使用净室方法开发大型软件需要如下三个团队。

(1) 描述团队。描述团队负责开发和维护系统描述,面向客户的描述和用于检验的数学描述需要该团队完成。在某些情况下,描述团队还要参与开发。

(2) 开发团队。开发团队负责对软件进行开发和验证。

(3) 验证团队。验证团队负责开发统计测试用例集合,在软件已经开发出来之后对其进行测试。

净室方法可以在没有带来更高开发成本的情况下使得软件中的错误大大减少。

思考题

1. 什么是增量方法？说说它产生的原因和适用的范围。
2. 什么是敏捷方法？说说它产生的原因和适用的范围。
3. 什么是面向复用方法？说说它产生的原因和适用的范围。
4. 什么是形式化方法？说说它产生的原因和适用的范围。
5. 什么是净室方法？说说它产生的原因和适用的范围。

第 **5** 章

需求分析

目标：

(1) 掌握需求分析的概念。

(2) 掌握需求分析的过程。

(3) 掌握需求分析的方法和工具。

(4) 掌握需求分析文档的撰写，了解需求评审的相关概念。

5.1 需求分析的概念

随着现代社会的工业化、信息化，以及计算机应用技术的迅速发展，各种各样的软件系统随之被大量开发出来。软件开发人员面临着应用系统的复杂性越来越高，规模越来越大，而且支持系统开发的基础软件本身也存在着复杂性、多样性、不间断性、自适应性等一系列问题。在这种状况下，软件需求分析的重要性和必然性就充分体现出来了。

软件需求分析是软件生命周期的一个重要阶段。只有通过软件需求分析，才能把软件功能和软件性能的总体概念描述为具体的软件需求规格说明，从而奠定软件开发的基础。软件需求分析质量的好坏直接影响着整个软件工程的进展和最终的结果。

软件工程所要解决的问题往往十分复杂，尤其是当建立一个全新的软件系统时，认识问题的本质是一个较为困难的过程。一般情况下，开发软件的技术人员精通计算机技术，但是并不熟悉用户的业务领域；而使用软件的用户虽然清楚自己的业务，但是并不掌握计算机技术。因此，通常对同一个问题，技术人员和用户之间可能存在着认识上的差异。面对这样的问题，在开始设计软件之前，就需要由既精通计算机技术，又熟悉用户应用领域的系统分析人员对软件方面的内容进行认真而细致的需求分析。

5.1.1 软件需求定义

美国电气和电子工程师协会(Institute of Electrical and Electronics Engineers，IEEE)软件工程标准词汇表(1997 年)中将"需求"定义如下。

(1) 用户为解决某一问题或者达到某个目标所需要的条件或能力。

(2) 系统或系统部件要满足合同、标准、规格说明及其他正式规定的文档所需要的条件或者能力。

（3）反映上面两方面的文档说明。

目前虽然对软件需求的定义有着不同的看法,但是通常认为软件需求是指软件系统必须满足的所有功能、性能和限制。软件需求分析是将用户对软件的一系列要求、想法转变为软件开发人员所需要的有关软件的技术说明。

在实际工作中,通常把软件需求细化为三个不同的层次:功能需求、性能需求和领域需求。功能需求包含了组织机构或者用户对系统、产品的高层次目标要求和低层次的使用要求,定义了开发人员必须实现的软件功能,使得用户能够完成自己的工作,从而满足业务需求。图5-1描述了软件需求各组成部分之间的关系。

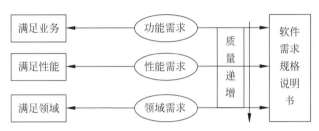

图 5-1　软件需求各组成部分之间的关系

1．功能需求

功能需求是用来描述组织或用户的各层次目标,通常问题定义本身就是业务需求。业务需求必须具有业务导向性、可度量性、合理性及可行性。这类需求既来自于高层,如项目投资人、购买产品的客户、实际用户的管理者、市场营销部门或者产品策划部门;也来自于低层的具体业务要求,如为完成某项任务而采用的具体业务流程。功能需求是一类软件区分其他软件的本质需求,如财务软件的功能需求是不同于合同管理软件的功能需求。

2．性能需求

为了有效地完成软件的功能需求,需要对软件的性能做出要求,如输入输出响应速度、界面的友好性、存储文件的大小、稳健性、可维护性、安全性等。性能要求是软件质量的高层次要求,CMM(软件能力成熟度模型)成熟度越高的软件公司,在性能需求方面做得越好。性能需求是所有软件的共性需求,不是软件彼此之间区分的本质特征。

3．领域需求

软件的类别千差万别,不同领域的软件对需求有着比较明显的差别,涉及国家军事、政治和经济方面的软件有着特定的领域要求,如法律、法规和道德需求,高保密性和安全性需求。涉及自动控制的会引起生命危险的软件,对容错、纠错和维护响应时间的需求非常高。单纯的信息管理软件则对数据安全性的要求比较高。

5.1.2　软件需求分析

在软件工程中,软件需求分析是指在建立一个新的软件系统或改变一个现存的软件系统时,在描述新系统的目的、范围、定义和功能方面所做的全部工作。

软件需求分析是一项软件工程活动,它使系统分析人员能够描绘新软件系统的功能和性能,指明软件和其他系统元素的接口,并且建立系统必须满足的约束。通过对问题及其环境的理解与分析,对涉及的信息、功能及系统行为建立模型,将用户的需求精确化、完整化,最终形成软件需求规格说明。

实际上,软件需求分析是对系统的理解与表达的过程。理解是指开发人员充分理解用户需求,对问题及环境的理解、分析和综合,逐步建立目标系统的模型。表达是指经过调查分析后建立模型,并在此基础上把分析的结果用规格说明等有关文档完全地、精确地表达出来。这一系列的活动构成了软件开发生命周期的需求分析阶段。

在软件工程发展的历史中,人们在很长一段时间里一直都认为需求分析是整个软件工程中最简单的一个步骤。但是,近年来越来越多的人认识到,需求分析是整个软件设计过程中最为关键和重要的环节。在进行软件需求分析时,如果开发人员不能正确掌握用户的真正要求,那么最后开发出的软件产品是不可能满足用户需求的。

5.1.3　需求分析的要求

软件需求分析的目的是使用户需求具体化,并最终使需求满足用户要求。通常软件需求分析的基本要求包括以下几方面。

(1) 完整性。在需求分析中,没有遗漏用户的任何一个必要的要求。

(2) 一致性。在需求分析中,用户和开发人员对于需求的理解应当是一致的。

(3) 现实性。需求应当是以现有的开发技术作为基础来实现的。

(4) 有效性。需求必须是正确且有效的,保证可以解决用户真正存在的问题。

(5) 可验证性。已经定义的需求是可以准确验证的。

(6) 可跟踪性。已经定义的功能、性能可以被追溯到用户最初的需求。

5.1.4　需求分析的重要性

软件需求分析在软件开发过程中具有举足轻重的地位,它是开发出正确的、高质量的软件系统的重要保证之一。因此,无论是在学习软件工程的过程中,还是在开发软件产品的实践中,都要对软件需求分析有足够的重视。

软件需求分析在整个软件开发过程中的重要性主要表现为以下几方面。

1. 软件需求分析是获得用户需求的有效途径

开发软件产品是为用户服务的,要想开发出真正满足用户需要的软件系统,首先必须掌握用户的需求。对软件需求的深入理解是软件产品开发工作获得成功的前提条件,否则如果开发出的软件产品不能真正满足用户需要,软件开发人员即使把设计工作和编程工作做得再好也无济于事。

2. 软件需求分析是项目取得成功的关键因素

软件需求分析是一个项目的开始,也是项目建设的基础。在很多失败的项目中,大部分原因是项目需求不明确造成的。项目的整体风险表现在需求分析不明确、业务流程不合理等方面,造成用户不愿意使用所开发出的软件产品,或者很难使用所开发的软件产品,从而使得项目失败。

3. 软件需求分析是软件设计的坚实基础

软件需求分析过程实际上就是确定用户需求的过程。由于用户掌握自己的需求,但是却不懂得如何使用计算机技术来加以实现,而软件设计人员往往缺乏实际事物的运作过程和商业过程的技巧,这时可以通过系统分析人员缩短商业领域和计算机技术之间的距离。从掌握需求信息的用户那里获得可用数据,并且把它转换成可以使用的形式,从而形成下一阶段软件设计的依据。

4. 软件需求分析是软件质量保证的重要阶段

软件需求分析阶段是项目的开始阶段,同时也是软件质量控制的开始时期。在软件生命周期的每一个阶段都要采用科学的管理方法和先进的技术手段,并且在每个阶段结束之前都要从技术和管理两个角度进行严格审查,待审查合格之后再开始下一阶段的工作。这就使得软件开发工程的整个过程以一种井然有序的方式进行,从而保证了软件的质量,提高了软件的可维护性。

5.2　需求分析的过程、内容和任务

软件需求分析是软件生命周期中非常重要的环节。在完成可行性研究之后,如果软件系统的开发是可行的,就要在软件开发计划的基础上进行需求分析。实际上,软件需求分析是一个不断认识和逐步细化的过程。在这个过程中将软件开发计划中确定的范围逐步细化到可以详细定义的程度,然后分析和提出各种不同的问题,并且为这些问题找到有效的解决方法。

5.2.1　需求分析的过程

软件需求分析的过程主要包括获取用户需求、分析用户需求、编写需求文档、进行需求评审几个阶段,如图 5-2 所示。

1. 获取用户需求

获取用户需求阶段,必须充分地了解用户目标、业务内容、系统流程,通过各种方式与用户进行广泛的交流,然后确定系统的整体目标和工作范围,弄清楚所有数据项的来源及数据的流动情况。

2. 分析用户需求

分析用户需求阶段,分析人员从数据流和数据结构出发,根据功能需求、性能需求和环境需求,分析是否满足要求、是

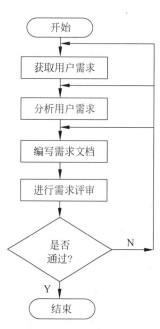

图 5-2　需求分析的过程

否合理,然后把其综合成系统的解决方案,给出目标系统的逻辑模型。分析和综合工作需要反复进行。

3. 编写需求文档

编写需求文档阶段,需要把已经确定的需求清晰、准确地描述出来,描述需求的文档称为需求规格说明书。需求文档可以采用结构化语言编写文本型的文档,也可以建立图形化的模型,还可以使用数学上精确的形式化逻辑语言来定义需求。

4. 进行需求评审

需求分析直接关系到软件项目能否顺利进行,因此要求进行需求评审来控制需求分析的质量。需求评审可以通过内部评审、同行评审、用户评审等方式进行。在需求分析评审中,用户的意见是第一位的。

5.2.2 需求分析的内容

软件需求分析的前提是准确、完整地获得用户需求。用户需求可以分为功能需求和性能需求两类。功能需求定义了系统应该做什么,系统要求输入哪些信息、输出哪些信息,以及如何将输入变换为输出;性能需求则定义了软件运行的状态特征,如系统运行效率、可靠性、安全性、可维护性等。

综合起来,应该获取的用户需求内容主要包括以下几个。

1. 物理环境

物理环境是指系统运行的设备地点及位置有哪些,如是集中式的还是分布式的;对环境的要求有哪些,如对温度、湿度、电磁场干扰等的要求。

2. 软件系统界面

软件系统界面是指与其他系统进行数据交换时的内容与格式、用户对于界面的特定要求、用户在操作时的易接受性等。

3. 软件系统功能

软件系统功能是指系统主要能完成的任务,对于运行速度、响应时间或者数据吞吐量的要求,系统运行的权限规定,对可靠性的要求,对扩充性或者升级的要求等。

4. 数据要求

数据要求是指输入输出数据的种类与格式,计算必须达到的精度,数据接收与发送的频率,数据存储的容量和可靠性,数据或者文件访问的控制权限及数据备份的要求等。

5. 文档规格

系统文档规格是指系统要求交付的各种文档、各类文档的编制规范,以及预期使用的对象等。

6. 维护要求

系统的维护要求是指当系统出错时,对错误修改的回归测试要求、系统运行的日志规格,以及可以允许的最大恢复时间的要求等。

5.2.3 需求分析的任务

软件需求分析要完成的任务是深入描述软件的功能和性能,确定软件设计的限制和软件与其他系统的接口细节,定义软件的其他有效性需求。即对目标系统实现的功能提出完整、准确、清晰、具体的要求。因此,需求分析的任务就是借助当前系统的逻辑模型导出目标系统的逻辑模型,重点解决目标系统"做什么"的问题。软件需求分析的实现步骤如图 5-3 所示。

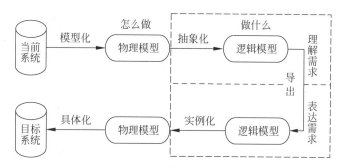

图 5-3 软件需求分析的实现步骤

由图 5-3 可知,软件需求分析的具体任务如下。

1. 确定对软件系统的要求

对软件系统的要求有以下 4 方面。

(1)系统的功能要求。功能要求就是划分出系统需要完成的所有功能。

(2)系统的性能要求。性能要求必须考虑到联机系统的响应时间、系统需要的存储容量,以及后援存储、重新启动、安全性等方面。

(3)系统的运行要求。运行要求主要表现为系统运行时对环境的要求,如支持系统运行的系统软件是什么,采用的数据库管理系统是什么,数据通信接口是什么等。

(4)将来可能提出的要求。应当明确列出那些现在不属于当前系统的开发范畴,但是据分析将来可能会提出的要求,目的是在设计过程中对系统将来可能的扩充和修改做好准备工作。

2. 分析软件系统的数据要求

任何一个软件系统的本质都是信息处理系统,系统必须处理的信息和系统应该产生的信息在很大程度上决定了系统的构成。因此,必须分析系统的数据要求,这是软件需求分析的一个重要任务。通常分析系统的数据要求采用建立概念模型的方法。软件系统的数据要求就是归纳出目标系统的数据结构和数据之间的逻辑关系,描述系统所需要的输入和输出数据、数据库、数据类型及数据的获取和处理方法等。

3. 导出软件系统的逻辑模型

在确定目标系统的要求和数据的基础上,通过一致性分析检查,逐步细化软件功能及各个子功能。同时对数据域进行分解直至分解到各个子功能上,以确定系统的构成,最后通过用数据流图、数据字典和主要的处理算法建立目标软件系统的逻辑模型。

4. 修正软件系统开发计划

根据在分析过程中获得的对软件系统的更深入、更具体的了解,可以准确地估计软件系统的成本和进度,从而修正以前制订的开发计划。

5. 开发原型系统

在计算机硬件和其他许多工程产品的设计过程中经常使用原型系统。建造原型系统的主要目的是检验关键设计方案的正确性及系统是否真正满足用户的需要。对于软件系统的开发,使用原型系统可以使用户通过实践获得对未来系统在运行时的更直接和更具体的认识,从而可以更准确地提出和确定用户自身的要求。

5.3　需求分析的方法

软件需求分析方法是由对软件问题的信息域和功能域的系统分析过程及其表示方法组成。信息域包括三种属性:信息流、信息内容和信息结构。需求分析方法有很多种,根据目标系统被分解的方式不同,基本上可以分为三种方法:20 世纪 70 年代开发出的"结构化分析方法"、20 世纪 90 年代初推出的"面向对象分析方法"和 21 世纪初出现的"面向构件分析方法"。

结构化分析(structured analysis,SA)方法是 20 世纪 70 年代中期由 E. Yourdon 等提出的,适用于分析典型的数据处理系统,以结构化方式进行系统定义的分析方法。这个方法通常与 L. Constantine 提出的结构化设计(structured design,SD)方法结合起来使用。

软件需求分析方法首先用结构化分析对软件系统进行需求分析,然后用结构化设计方法进行系统的总体设计,最后是进行系统的结构化编程(structured programming,SP)。

1. 结构化分析思想

结构化分析方法要求软件系统的开发工作按照规定的步骤,使用一定的图表工具,在结构化和模块化的基础上进行分析。结构化分析是把软件系统功能作为一个大模块,根据分析与设计的不同要求进行模块分解或者组合。

在软件工程技术中,控制复杂性的两个基本手段就是"分解"和"抽象"。对于复杂问题,由于人们的理解力、记忆力有限,因此不可能触及问题的所有方面及全部细节。为了将复杂性降低到人们可以掌握的程度,可以把大问题分割成若干小问题,然后分别解决,这就是"分解"。分解也可以分层进行,即首先考虑问题最本质的属性,暂时把细节忽略,以后再逐步添加细节,直至涉及最详细的内容,这就是"抽象"。

结构化分析方法的基本思路如图 5-4 所示。

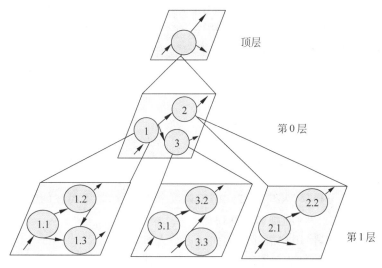

图 5-4 结构化分析方法的基本思路

结构化分析方法使用了"自顶向下,逐步求精"的方式,使人们不至于一下子陷入细节部分,而是有控制地逐步了解更多的细节内容,这有助于理解问题。图 5-4 中的顶层抽象地描述了整个系统,第 1 层(底层)具体地表示了系统的每一个细节,第 0 层(中间层)则是从抽象到具体的逐步过渡过程。按照这种方法,无论问题多么复杂,分析工作都可以有计划、有步骤地进行。

2. 结构化分析步骤

采用结构化分析方法进行系统需求分析,一般包括以下步骤。

(1) 熟悉当前系统的工作流程,构造出当前系统的物理模型。当前系统是指目前正在运行的系统,也是需要改进的系统。通过对当前系统的详细调研,了解当前系统的工作过程,同时收集有关资料、数据、报表等,将所有收集到的信息用图形或文字描述出来,也就是用物理模型来反映对当前系统的理解。

(2) 分析当前系统的物理模型,抽象出当前系统的逻辑模型。当前系统的物理模型反映了系统"怎样做"的具体实现,要构造逻辑模型就要去掉物理模型中的非本质因素,保留本质因素。本质因素是系统固有的,是不随运行环境的变化而变化的。可构造当前系统的逻辑模型,以反映出当前系统"做什么"的功能。

(3) 研究当前系统的逻辑模型,建立起目标系统的逻辑模型。目标系统是指拟开发的新系统。在当前系统逻辑模型的基础上,分析、比较目标系统与当前系统在逻辑上的差别,补充需要变化的部分,明确目标系统确实要"做什么",这样就可以从当前系统的逻辑模型推导出目标系统的逻辑模型。

(4) 进行目标系统的进一步补充和优化。为了对目标系统做完整地描述,还需要对逻辑模型做进一步补充和优化,其中包括要说明目标系统的人机界面,说明系统中的出错处理、启动与结束、输入输出和系统性能方面等需求的细节。对于系统特有的一些性能和限制,也需要用适当的形式做出书面记录。

分析阶段结束时,系统分析人员必须和用户再次认真审查系统文件,力争在系统开始设计之前,尽可能地发现其中还可能存在的错误,并且及时进行改正,直至用户确认这个模型确实表达了他们的需求之后,相关的系统文件才能作为用户和软件开发人员之间的“合同”而最终获得确定。

3. 结构化分析工具

结构化分析是一种建模活动,该方法使用简单易读的符号,根据系统内部数据的传递、变换关系,采用自顶向下、逐层分解的策略描述功能要求的软件模型。下面是使用结构化分析方法的一些指导性原则。

(1) 在开始建立分析模型之前,首先必须认真分析问题,切不可在问题没有被很好地理解之前就产生一个带有错误问题的软件模型。

(2) 开发设计模型,使用户能够了解如何进行人机交互。

(3) 记录每个需求的起源和原因,这样可以有效地保证需求的可追踪性。

(4) 使用多个需求分析视图,用来建立数据、功能和行为模型。

(5) 在需求分析中,应当尽量避免需求的含糊性和二义性。

结构化分析方法利用图形等半形式化的描述方法表达需求,形成需求规格说明书中的主要部分。常用的描述工具有以下几个。

(1) 数据流图。描述系统各部分组成及各部分之间的联系。

(2) 数据字典。定义数据流图中每一个图形元素。

(3) 结构化语言、判断表、判断树。详细描述数据流图中不能被再分解的每个加工。

由于分析中的主要依据是数据传递及数据变换所形成的数据流,因此结构化分析一般采用数据流图的分析方法,最终产生需求规格说明书。该文档包括一套数据流图、对数据流图中的成分进行定义的数据字典及对加工逻辑的描述。

4. 结构化分析特点

结构化分析方法一般包括以下特点。

(1) 结构化分析方法是面向数据流的分析方法之一,它采用图形描述方法来建立分析模型,把软件系统描绘成一个可见模型,为系统的审查和评价提供了有利的条件,也为软件开发人员和用户提供了交换信息的方法,还为系统的设计阶段提供了坚实的依据。

(2) 结构化分析方法简单实用,特别适合瀑布模型,易于开发者掌握,在成功率方面仅次于面向对象的方法。

(3) 结构化分析方法适合数据处理领域。为了使结构化分析方法适用于实时控制系统,还可以在数据流图中加入控制流,这是对结构化分析方法的一种扩充。

(4) 结构化分析方法不能提供对非功能需求的有效理解和建模。

(5) 结构化分析方法通常会产生大量的文档,系统需求的要素会被隐藏在许多细节的描述中。

(6) 采用结构化分析方法建立的分析模型,只能是提供给人们阅读的书面文档,不能被机器阅读和运行。

（7）结构化分析方法一般不容易被用户理解，因而很难验证模型的真实性。

5.4 需求描述工具

软件需求分析方法最初是作为人工使用而开发出来的，但是对于一些大型的软件项目，用人工方法进行分析比较困难。因此，针对这些方法开发出了一些利用计算机的自动工具来帮助分析人员进行需求分析，这样在很大程度上改善了系统分析的质量，提高了系统分析的效率。

软件需求分析的自动工具按照其不同的表现形式分为如下两类。

第一类主要是利用图形记号进行分析，产生一些图示，协助问题进行分解，自动生成和维护系统的规格说明，其特点是将智能处理应用到问题的规格说明中。

第二类是一种特殊的、以自动方式处理的表示方法，用需求规格说明语言来描述需求，其特点是可以产生有关规格说明的一致性和组织方面的诊断报告。

软件需求分析的描述工具有数据流图、数据字典、结构化语言、判定表、判定树、层次方框图、Warnier图、IPO图、需求描述语言等，这里只介绍前5种工具。

5.4.1 数据流图

数据流图（data flow diagram，DFD）是一种从数据传递和加工的角度，以图形的方式描述数据流从输入到输出的移动变换过程。

在数据流图中一般要用到4种基本符号，如图5-5所示。

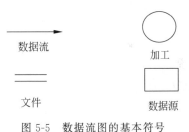

图 5-5　数据流图的基本符号

1. 数据流

数据流是数据在系统中的传输路径，由一系列成分固定的数据项组成，其方向可以是从加工流向加工，从加工流向文件，或者是从文件流向加工。在数据流图中，数据流用带箭头的直线表示。

2. 加工

加工也称为数据处理，用来表示对数据流进行某些加工或处理，是把输入数据转变成输出数据的一种变换，如对数据的算法分析和科学计算。每一个数据加工都应该有一个名字来概括其内容，用来表示其含义。

3. 文件

文件是存储数据的工具，表示数据的静态存储。数据可以存储在磁盘、磁带和其他存储介质中，必须对文件进行命名。文件名应与它的内容一致，写在文件符号内。在数据流图中要注意指向数据文件的箭头方向。读数据的箭头是指向加工处理的，写数据的箭头是指向数据存储的，双向箭头表示既有读数据又有写数据。

4. 数据源(终点)

数据源或终点代表系统外部环境中的实体,可以是人、物或者其他软件系统。它们发出或接收系统的数据,使用起来并不严格,其作用是提供系统和外界环境之间关系的注释性说明,使得数据流图更加清晰。

在绘制数据流图的过程中,应当注意以下几点。

(1) 数据的处理可以是一个程序、一个模块,还可以是一个连贯的处理过程。

(2) 文件是指输入或者输出文件,它可以是文件、文件的一部分、数据库的元素或记录的一部分等。

(3) 数据流和文件是两种不同状态的数据。数据流是指流动状态的数据,而文件是指处于静止状态的数据。

(4) 当目标系统的规模比较大时,为了能清晰地描述和易于理解,通常采用逐层分解的方法,然后画出各分层的数据流图。在分解时,要注意考虑其自然性、均匀性、分解度等一些因素。自然性是指概念上要合理、清晰;均匀性是指把一个大问题尽量分解为规模均匀的几个部分;分解度是指将问题分解的粒度,一般应分解到基本加工为止。

(5) 对数据流图分层细化时,必须保持数据的连续性,即细化前后对应功能的输入数据和输出数据一定要相同。

5.4.2　数据字典

数据字典(data dictionary,DD)是软件需求分析阶段的另一个有力工具。数据流图描述了系统的分解过程,直观而且形象,但是没有对图中各个成分进行准确且完整的定义。数据字典是为数据流图中的每一个数据流、文件、加工及组成数据流或文件的数据项做出说明。

数据流图和数据字典一起构成了系统的逻辑模型。没有数据字典,数据流图就不严格;没有数据流图,数据字典也不起作用。在数据字典中,建立严格一致的定义有助于提高分析人员和用户之间的交流效率,避免许多误解的发生。随着系统的改进,字典中的信息也会发生变化,新的数据会随时加入进来。

数据字典用于定义数据流图中各个图形元素的具体内容,为数据流图中出现的图形元素做出确切的解释。数据字典包含4类条目:数据流、数据存储、数据项和数据加工。这些条目按照一定的规则组织在一起,以构成数据字典。在定义这些规则时,常用的符号如表5-1所示。

表 5-1　数据字典的常用符号

符　号	含　义	示　例
=	被定义为	
+	与	X=a+b 表示 X 由 a 和 b 组成
[…|…]	或	X=[a|b]表示 X 由 a 或 b 组成
m{…}n	重复	X=2{a}6 表示重复 2~6 次 a
{…}	重复	X={a}表示 X 由 0 个或多个 a 组成
(…)	可选	X=(a)表示 a 在 X 中可能出现,也可能不出现
"…"	基本数据元素	X="a"表示 X 是取值为字符 a 的数据元素
..	连接符	X=1..9 表示 X 可取 1~9 中的任意一个值

例如,数据流"应聘者名单"由若干应聘者姓名、性别、年龄、专业、联系电话等数据项组成,那么"应聘者名单"可以表示为:应聘者名单{应聘者姓名+性别+年龄+专业+联系电话}。而数据项"考试成绩"可以表示为:考试成绩=0..100。

又如,某教务系统的学生成绩数据库文件中的数据字典的描述可以表示如下。

- 文件名:学生成绩。
- 记录定义:学生成绩=学号+姓名+{课程代码+成绩+必修[选修]}。
- 学号:由6位数字组成。
- 姓名:2～4个汉字。
- 课程代码:8位字符串。
- 成绩:1～3位十进制整数。
- 文件组织:以学号为关键字递增排列。

数据字典的实现方法既可以采用全人工过程,也可以采用全自动过程或者混合过程。无论使用哪一种方法来实现,数据字典都具有以下特点。

(1) 通过名字可以方便地查询数据定义。

(2) 能够容易地修改和更新信息。

(3) 不重复在规格说明中其他组成部分已经出现的信息。

(4) 可以单独处理描述每个数据元素的信息。

(5) 定义的书写方法简单并且严格。

5.4.3 结构化语言

结构化语言是一种介于自然语言和形式化语言之间的半形式化语言。虽然使用自然语言来描述加工逻辑是最为简单的,但是自然语言往往不够精确,可能存在二义性,而且很难用计算机处理。形式化语言可以非常精确地描述事物,而且还可以使用计算机来处理,但是用户却不容易理解。因此,可以采用一种结构化语言来描述加工逻辑,它是在自然语言的基础上加入了一定的限制,通过使用有限的词汇和有限的语句来严格地描述加工逻辑。

结构化语言主要使用的词汇包括祈使句中的动词、数据字典中定义的名词或数据流图中定义过的名词或动词、基本控制结构中的关键词、自然语言中具有明确意义的动词和少量的自定义词汇等。一般不使用形容词或副词。另外,还可以使用一些简单的算术运算符、逻辑运算符和关系运算符。

结构化语言中的三种基本结构的描述方法如下。

(1) 顺序结构。由自然语言中的简单祈使语句序列构成。

(2) 选择结构。通常采用 IF…THEN…EISE…ENDIF 结构和 CASE…OF…结构。

(3) 循环结构。通常采用 DO WHILE…ENDDO 结构和 REPEAT…UNTIL 结构。

【例 5-1】 某学院依据每个学生每学期已修课程的成绩制定奖励制度。如果优秀比例占 60% 以上,表现优秀的学生可以获得一等奖学金,表现一般的学生可以获得二等奖学金;如果优秀比例占 40% 以上,表现优秀的学生可以获得二等奖学金,表现一般的学生可以获得三等奖学金。

可以对上述例题用结构化语言描述加工逻辑,具体表现形式如下。

计算某学生所获奖学金的等级:

```
IF 成绩优秀比例≥60% THEN
    IF 表现 = 优秀 THEN
        获得一等奖学金
    ELSE
        获得二等奖学金
    ENDIF
ELSEIF 成绩优秀比例≥40% THEN
    IF 表现 = 优秀 THEN
        获得二等奖学金
    ELSE
        获得三等奖学金
    ENDIF
ENDIF
```

5.4.4　判定表

判定表用来描述一些不容易用语言表达清楚或者需要很大篇幅才能用语言表达清楚的加工逻辑。在一些数据处理中,其数据流图的处理需要依赖多个逻辑条件的取值,但是这些取值的组合可能构成多种不同的情况,对应地需要执行不同的动作,在这种情况下使用结构化语言来描述就显得很不方便,应该使用一种描述机制来清晰地表示复杂的条件组合与动作之间的对应关系。判定表就是解决这一问题的有力工具。

一张判定表由 4 部分组成,如表 5-2 所示。

表 5-2　判定表的一般结构

所有的判断条件	各种条件的组合
所有可能操作	条件组合对应的操作

判定表左上部列出所有的判断条件;左下部列出所有的可能操作;右上部的每一列表示各种条件的一种可能组合,填入 T 或 Y 表示条件成立,填入 F 或 N 表示条件不成立,空白表示条件成立与否都不影响操作;右下部的每一列表示一种条件组合相对应的操作,填入√表示在该列上部规定的条件下做该行左边列出的操作,空白表示不做该项工作。

【例 5-2】　将例 5-1 中给出的奖励条件再进行细化。每个学生每学期已修课程成绩的比例情况:优秀比例占 60% 以上,并且良以下比例小于 20%,其中表现优秀的学生可以获得一等奖学金,表现一般的学生可以获得二等奖学金;优秀比例占 60% 以上,并且良以下比例小于 30%,其中表现优秀的学生可以获得二等奖学金,表现一般的学生可以获得三等奖学金;若优秀比例占 40% 以上,并且良以下比例小于 20%,其中表现优秀的学生可以获得二等奖学金,表现一般的学生可以获得三等奖学金;若良以下比例小于 30%,其中表现优秀的学生可以获得三等奖学金,表现一般的学生可以获得四等奖学金。

采用判定表给出加工逻辑,其主要步骤如下。

(1) 列出所有的判断条件,填写判定表的左上限。

(2) 列出所有的可能操作,填写判定表的左下限。

(3) 计算所有可能的,且有意义的条件组合,确定组合的个数,填写判定表的右上限。

（4）将每种组合所指定的操作填写在判定表右下限相应的位置。

（5）合并相同的操作，简化规则。

（6）将简化后的判定表重新排列。

奖学金发放判定表如表 5-3 所示。

表 5-3　奖学金发放判定表

条件	优秀比例≥60%	T	T	T	T	F	F	F	F
	优秀比例≥40%					T	T	F	F
	良以下比例≤20%	T	T	F	F	T	T	F	F
	良以下比例≤30%		T	T				T	T
	表现优秀	T	F	T	F	T	F	T	F
	表现一般	F	T	F	T	F	T	F	T
操作	一等奖学金	√							
	二等奖学金		√	√		√			
	三等奖学金				√		√	√	
	四等奖学金								√

5.4.5　判定树

判定树是判定表的图形化表示。由于判定表不直观，因此需要认真推敲才能看出其中的含义。判定树比判定表直观得多，它是采用一种树图方式来表示多种条件、多个取值所采取的操作。判定树的分支表示各种不同的条件，随着分支层次结构的扩充，各个条件完成自身的取值。判定树的叶子给出应完成的操作。

很明显，使用判定树的优点是直观、易于掌握和易于使用。但是它也有明显的缺点，判定树的简洁性不如判定表，数据元素的同一个值往往需要重复多遍，而且越接近判定树的叶子重复次数就越多。

【例 5-3】　采用判定树表示例 5-2，如图 5-6 所示。

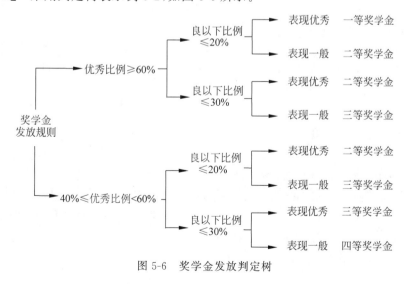

图 5-6　奖学金发放判定树

5.5　需求分析文档

在需求分析阶段,已经确定的用户需求应当得到清晰而准确的描述,软件需求规格说明书是描述需求的主要文档,它以完整的、正确的方式表达了目标系统应该实现的用户需求。软件需求规格说明书应围绕以下4方面组织。

(1) 系统规格方面。系统规格方面主要包括目标系统的总体概貌,系统功能、性能的要求,系统运行的要求,将来可能的修改扩充要求。

(2) 数据要求方面。数据要求方面主要包括建立数据字典,描绘系统数据要求,给出系统逻辑模型的准确的、完整的定义。

(3) 用户描述方面。从用户使用角度对系统进行描述,主要包括系统功能、性能概述,预期的系统使用步骤与方法、用户运行维护要求等。

(4) 开发计划方面。经过需求分析,对系统开发的成本估计、资源使用要求、项目进度计划等的要求。

5.5.1　需求文档完成的目标

软件需求规格说明书是软件工程项目的重要文档,它相当于用户和开发者之间的一项合同。软件需求规格说明书清楚地描述了软件产品做什么,以及产品的约束条件。它为软件设计提供了一个蓝图,为系统验收提供了一个标准集。所以软件需求规格说明书应当完成下列目标。

(1) 在软件产品完成方面,软件需求规格说明书为用户和软件设计人员之间建立的共同协议创立了一个基础,对要实现的软件功能做出了一个全面描述,帮助用户判断所开发的软件系统是否符合他们的要求,或者如何修改软件才能适合他们的要求。

(2) 在提高系统的开发效率方面,编制软件需求规格说明书的过程可以使用户在开始设计之前周密地思考其全部需求,从而减少以后可能的重新设计、重新编码和重新测试所带来的返工。在软件需求规格说明书中,对各种需求认真地进行复查,还可以在开发早期发现若干遗漏、错误和不一致,以便及时加以纠正。

(3) 在成本计价和编制计划进度方面,软件需求规格说明书对所开发的软件系统的描述是软件系统成本核算的基础,并且可以为各方面的费用提供依据。软件需求规格说明书对软件产品的清晰描述有助于估计所有可能用到的资源,并且可以作为编制计划进度的依据。

(4) 在软件系统的移植性方面,有了软件需求规格说明书,可以容易地开发出可移植的软件系统,从而适应新的用户或新的应用平台。用户也易于移植其软件系统到其他部门,软件设计人员同样也易于把系统移植给新的用户。

(5) 软件需求规格说明书是软件系统不断提高的基础。由于软件需求规格说明书所讨论的是软件系统,而不是开发这个系统的设计,因此软件需求规格说明书是软件系统继续提高的基础。虽然软件需求说明书也可能会被修改,但是原来的软件需求规格说明书还是软件系统进行改进的可靠基础。

5.5.2 需求文档的特点

一份好的软件需求规格说明书应该具有以下特点。

（1）正确性。正确性是指软件需求规格说明书应当正确地反映用户的真实意图。正确性是需求规格说明书最重要的属性。为了确保各项需求是正确的，开发人员和用户必须对软件需求规格说明书进行确认。

（2）完整性。完整性是指软件需求规格说明书中没有遗漏一些必要的需求。应该包括该系统应有的全部重要的用户需求；规定每种输入数据的软件响应；全部的术语、图表及文档必须完整，符合需求规范标准。

（3）一致性。软件需求规格说明书中的各项功能、性能要求应该是相容的，不能互相抵触。如描述同一对象不能存在两个以上的不同术语；要求的某一数据的内部属性不能自相矛盾；两个规定的处理在时间上不能产生冲突。

（4）清晰性。清晰的需求让人易读易懂，可以采用反问的方式判断软件需求规格说明书是否清晰。

- 文档的结构、段落是否混乱？上下文是否连贯？
- 文档的语句是否含糊其辞？
- 文档的内容是否表达明确？

（5）可验证性。可验证性是指软件需求规格说明书中的每个功能、性能需求存在有限的人工或机器执行的过程，以确认该需求是否符合用户要求，如"软件系统具有良好的用户界面"的要求，用户和开发人员可以有着不相同的理解，因此是不可验证的。

（6）可修改性。可修改性是指软件需求规格说明书的组织结构在需求发生变化时，对需求的修改能够保证其完整和一致。如果存在需求规格说明内容的列表、索引和交叉引用表，则当某个需求发生变化时，就可以方便地对软件需求规格说明书中必须修改的部分进行定位和修改。

（7）可跟踪性。可跟踪性是指在软件系统开发中，每个需求在软件需求规格说明书中可以追溯出其来源。实现可跟踪性的常用方法是对软件需求规格说明书中的每个段落按层编号，每个需求给予唯一的编码。

5.5.3 需求文档编写的一般原则

对于用户需求通常有三种方法编写其需求规格说明书。第一种方法是用户自己描述并且自己编写需求；第二种方法是以用户为主，开发人员和用户共同编写需求；第三种方法是开发人员代替用户编写需求。用户是最终使用软件系统的人，对需求有着比较深入的了解，但是用户缺乏编写需求的技巧和方法，需要开发人员的指导，因此第二种方法比较好。在编写软件需求规格说明书的过程中要遵循以下基本原则。

1. 用户观点

一份好的用户需求应该站在用户的角度来思考问题，是用户能够利用系统来完成什么，而不是系统自己能够完成什么。

2．整体观念

在软件系统开发初期,最关键的是建立一个高层的需求概况,而不是立即深入到细节。因此需要尽可能全面地发现需求,以及维持一个简单的需求列表。

3．评估依据

以用户为主编写的需求为软件系统的评估提供了依据,在需求初期就进行适当的估算,可以让用户有一个直观的成本概念,为用户在制定需求实现的先后次序上提供指导。

4．统筹安排

在制定最终需求时,虽然用户需求都是有用的,但在次序和数量上是不同的。在每一个用户需求明确了成本之后,用户就能够权衡实际成本和需求,安排需求的优先级。

用户对最终需求的选择直接影响到下一步的计划制订。在第一个版本中,用户希望能够实现哪些需求,经过估算后,这些需求是否还能够在这个版本中实现,且需要多长的时间等,这些都是需求对计划的影响。

5.5.4　需求文档的编写格式

编写需求文档(软件需求规格说明书)是为了使用户和开发人员对该软件系统的初始规定有一个共同的理解,使之成为整个开发工作的基础。每个软件开发组织都应该在其开发的项目中采用一种标准的软件需求规格说明模板来编写软件需求规格说明书。目前已有多种实用的模板可以使用,其中来自 IEEE 830—1998 的模板——"IEEE 推荐的软件需求规格说明的方法"(IEEE 1998)就是一个结构良好、适用多种软件项目的、灵活的模板。

下面就以一个从 IEEE 830 标准改写并扩充的软件需求规格说明书模板为例介绍软件需求规格说明书的编写工作,见附录 A.2。

需要指出的是,软件需求的内容是反映用户对拟开发系统特性的要求,而不是反映系统的开发特性。因此在软件需求规格说明书中一般不包括软件设计、开发里程碑、开发详细费用等方面的内容。

5.6　进行需求评审

有时由分析人员所提供的软件需求规格说明书初看起来是正确的,但是在具体实现时就有可能出现一些问题,如需求不清楚、需求不一致等。有时以需求规格说明书为依据编写测试计划时也会发现需求规格说明书中存在二义性。为了对需求分析阶段的工作进行验证和完善,应该对软件功能的正确性,软件需求规格说明书的一致性、完整性和准确性及其他需求予以评审。

5.6.1　需求评审的方法

需求评审具体所做的工作可以归纳为以下 4 方面。

1. 审查需求文档

对于所提交的需求文档,必须进行全面、认真的审查,以防止理解错误和遗漏需求情况的发生。组织一个包括分析人员、用户、设计人员、测试人员等不同代表组成的小组,对需求规格说明书及相关模型进行认真的检查,对于保证软件质量而言是一个非常有效的方法。

2. 设计测试用例

通过阅读需求规格说明书,一般很难确定在特定环境下系统的行为,可以将功能需求作为基础设计测试用例,让用户通过使用测试用例来确认是否达到了期望的要求。还可以从测试用例追溯功能需求以确保没有需求被遗漏,并且确保所有测试结果与测试用例相一致。同时要使用测试用例来验证需求模型的正确性。

3. 编写用户手册

在需求开发早期起草的用户手册可以作为需求规格说明书的参考资料来辅助需求分析,因为一份好的用户手册一般是用浅显易懂的语言描述出所有对用户可见的功能。

4. 确定合格标准

在需求评审阶段,需要确定合格的评审标准,让用户描述什么样的软件系统才是他们需要的和适合他们使用的。应将合格的测试建立在使用情景描述或使用实例的基础之上。

需求评审究竟需要评审什么?通常要细致到什么程度?严格地讲,应当检查需求文档中的每一个需求、每一行文字、每一张图表。评审需求优劣的主要指标有正确性、清晰性、一致性、必要性、完备性、可实现性、可验证性等。

为了保证软件需求定义的质量,通常评审工作应当由专门指定的人员负责,并按照规定程序严格进行。用户、开发部门的管理者、软件设计人员、软件实现人员、软件测试人员都应当参加评审工作。在评审结束时应该有负责人的结论意见及签字,然后才可以转入设计阶段。

5.6.2 需求评审的内容

需求文档的评审是一项精益求精的技术,它可以发现那些具有二义性的或不确定的需求,以及由于定义不清而不能作为设计基础的需求。评审的主要内容如下。

- 系统定义的目标是否与用户的要求相一致。
- 系统需求分析阶段所提供的文档资料是否齐全。
- 需求文档中的描述是否完整、清晰、准确地反映了用户要求。
- 与所有其他系统成分的重要接口是否都已经被描述。
- 所开发项目的数据流与数据结构是否充足且确定。
- 所有图表是否清楚,在不补充说明时能否被理解。
- 系统主要功能是否已经包括在规定的软件范围之内。
- 设计的约束条件或限制条件是否符合实际要求。
- 开发过程中的技术风险有哪些。

- 是否考虑过将来可能提出的软件需求。
- 是否详细制定了检验标准,它们能否对系统定义的成败进行确认。
- 用户是否检查了初步的用户手册。
- 软件开发计划中的估算是否受到了影响。
- 软件需求中是否还有遗漏、重复或不一致的方面。

需求评审一般按照预先定义好的步骤进行,评审内容需要记录在案,包括确定材料,评审员、评审小组对产品是否完整或是否需要开展进一步工作的评判,以及对所发现的错误和所提出问题的总结。评审小组成员对于评审的质量负责,而开发者对于所开发产品的质量负责。

5.6.3 需求评审的测试

需求评审的测试是对软件的需求分析,需求规格说明的最终审查,是质量保证工作中最为关键的一个环节。与测试相近的一个名词是纠错,其目的是定位和纠正错误,保证软件的质量。测试过程如图 5-7 所示。

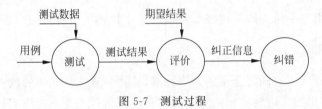

图 5-7   测试过程

如果只是通过阅读软件需求规格说明书,是很难想象出系统在特定环境下的行为的。以功能需求为基础的测试用例可以使项目的参与者了解系统的行为。虽然不可能在实际系统上执行测试用例,但是设计测试用例的过程就可以解释许多需求问题。如果在部分需求稳定时就开始设计测试用例,就可以及早发现问题并以较少的费用解决这些问题。

在开发过程的早期阶段,可以从使用实例中获得概念上的功能测试用例,然后就可以利用测试用例来验证需求规格说明书和分析模型。当分析人员、开发人员和用户通过测试用例进行研究时,他们将对系统如何运行的问题有着更为清晰的认识。这些基于模拟使用的测试用例可以作为用户验收测试的基础。在正式的系统测试中,可以把它们细化为测试用例和过程。

思考题

1. 为什么要进行软件需求分析? 请叙述软件需求分析的主要过程。
2. 什么是结构化分析? 其结构化体现在哪里?
3. 软件需求分析的原则主要有哪些?
4. 软件需求分析的描述工具有哪些?
5. 软件需求规格说明书由哪些部分组成?
6. 数据字典包括哪些内容? 它的作用是什么?
7. 需求评审的主要内容是什么?

第6章 概要设计

目标：

（1）掌握概要设计原理。

（2）了解概要设计文档的种类。

6.1 概要设计概论

在需求分析阶段确定了系统必须做什么之后，软件的设计阶段就要决定怎么做。软件设计的主要任务是设计软件的结构，确定软件中的每项功能都是由哪些模块组成的，掌握模块间的相互关系及具体的实现方法。

对任意的工程产品或系统而言，开发阶段的第一步是确定将来所要构建的制造原型或实际需要的目标构思，这个步骤是由多方面的直觉与判断力来共同决定的。这些方面包括构建类似模型的经验、一组引领模型发展的原则、一套启动质量评价的标准及重复修改直至设计最后定型的过程本身。计算机软件设计与其他工程学科相比还处在不太成熟时期，仍在不断变化中，如更新的方法、更好的算法分析及理解力的显著进化。软件设计方法论的出现也只有 40 多年，仍然缺乏深度、适应性和可量化性，通常更多地与经典工程设计学科相联系。软件设计是一种在设计者计划中通过诸如软件如何满足客户的需要、如何才能容易地实现和如何才能方便地扩展功能以适应新的需求等不同考虑的创造性活动。软件设计有很多设计方法或技巧，可通过借鉴他人的经验让这件事情完成得更好。同时，设计者们也可以利用成熟的标记法将他们的想法和计划传达给开发者及其他相关人员，使他们更好地了解这个系统。

软件设计必须依据软件的需求来进行，根据需求得到软件表示的过程。最初这种表示只是描绘出可直接反映功能、数据、行为需求的软件总体框架，然后进一步细化，在此框架中填入细节，把它加工成在细节上非常接近于源程序的软件表示，从而在编码阶段可以把这个精确表示直接翻译成用某种程序设计语言编写的程序。软件设计的结果基本上决定了最终程序代码的质量，它是开发阶段中重要的步骤，是保证软件开发质量的重要一步。

概要设计的任务是从软件需求规格说明书出发，根据需求分析阶段确定的功能设计软件系统的整体结构，划分功能模块，确定每个模块的接口方案。

在软件分析阶段，通过分析建模，得到数据模型、功能模型和行为模型。这些模型将被传递给软件设计者，以进行数据设计、体系结构设计、接口设计和过程设计。

1. 数据设计

数据设计把分析阶段创建的信息域模型转换成软件所需要的数据结构。ER(实体-关系)图中定义的数据对象和关系及数据字典中给出的详细数据内容可以很好地为数据设计服务。部分数据设计可能和软件体系结构的设计同时进行,更详细的数据设计则可能在设计每个构件时进行。

2. 体系结构设计

体系结构设计定义了程序各模块之间的关系。它可以从系统规约、分析模型和子系统导出。

3. 接口设计

接口设计描述了软件内部、软件和协作系统之间,以及软件与用户之间如何通信,数据流图和控制流图一起提供了接口设计所需要的信息。

4. 过程设计

过程设计把系统体系结构中的结构元素转换成软件结构的过程性描述。它从处理规格说明、控制规格说明及状态转换图中获得信息。

在软件设计阶段做出的各种决策将会直接影响软件的质量,没有好的设计,就没有好的系统。

6.2　概要设计原理

对软件进行设计的过程要考虑的因素有开发类似系统中得到的经验、指导模型演化的原理和启发规则、判定软件质量的标准及导出最终设计表示的迭代过程。

本节将讲述在软件设计过程中应该遵循的基本原理和相关概念。

6.2.1　模块化

模块化是指解决一个复杂问题时,自顶向下逐层把系统划分成若干模块的过程,模块有多种属性,分别反映其内部特性。模块化是一种将复杂系统分解为更简洁的可管理模块的处理方式。模块化用来分割、组织和打包软件,每个模块完成一个特定的子功能,所有的模块按照某种方法组装起来成为一个整体,完成整个系统所要求的功能。例如,子程序、过程、函数、宏等都是模块,又如学生信息管理系统中的学籍管理子程序是一个模块,学生信息汇总过程是一个模块,C语言编写的某函数也是一个模块。

模块具有以下几种基本属性:接口、功能、逻辑和状态。接口、功能、状态反映模块的外部特性,逻辑反映它的内部特性。在系统的结构中,模块是可组合、分解和更换的单元。

如果一个大型程序仅仅由一个模块组成,由于它引用跨度广、变量数目多、总体复杂度大,将很难让人理解。下面的实例可以说明这一点。

设函数 $C(x)$ 为问题 x 的复杂程度,函数 $E(x)$ 为解决问题 x 需要的工作量,对于两个问题 P_1 和 P_2,如果:

$$C(P_1) > C(P_2) \tag{6-1}$$

则有:

$$E(P_1) > E(P_2) \tag{6-2}$$

根据人们解决一般问题的经验,另一个规律是:

$$C(P_1 + P_2) > C(P_1) + C(P_2) \tag{6-3}$$

式(6-3)意味着一个问题由 P_1 和 P_2 两个问题组合而成,那么它的复杂程度大于分别考虑每个问题时的复杂程度之和。由式(6-1)~式(6-3)得到下面的不等式:

$$E(P_1 + P_2) > E(P_1) + E(P_2) \tag{6-4}$$

式(6-4)引出了"分而治之"的结论:把复杂的问题分解成许多容易解决的小问题,原来的问题也就容易解决了,它事实上就是模块化的依据。根据式(6-4)可以得出模块在理论上可以不断细分,就好比一台计算机可以看成由运算器、控制器、存储器、输入设备和输出设备组成的,存储器又可以分解成内存和外存,外存又可以再分解成更细的对象,一直细分下去甚至可以出现分子和原子的模块。

如果无限制地细分模块,最终每个细小模块的工作量是否可以小到被忽略?答案是否定的,因为还有另一个因素在起作用——模块间接口的工作量。它们之间的关系如图6-1所示。

随着模块数的增加,每个模块的规模将减小,开发单个模块需要的成本确实减少了。但是,设计模块间接口所需的工作量将增加,根据这两个因素得出图6-1中的总成本曲线。每个程序都相应地有一个最适当的模块数目 M,使得系统的开发成本最小。

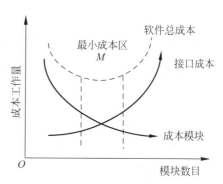

图 6-1 模块化和软件成本

模块评价的标准如下。

- 模块的可分解性。把问题分解为子问题的系统化机制。
- 模块的可组装性。把现有的可重用模块组装成新系统。
- 模块的可理解性。一个模块作为独立单元,不需要参考其他模块来理解。
- 模块的独立性。系统需求的微小修改只导致对个别模块,而不是对整个系统的修改。
- 模块的保护性。当一个模块内出现异常情况时,它的影响局限在该模块内部。

采用模块化的原理设计软件,可以使软件结构更清晰,既容易设计也容易阅读和修改。程序的错误一般容易出现在模块之间的接口中,模块化使得软件容易测试和调试,因此有助于提高软件的可靠性。

6.2.2 抽象化

抽象是一种思维方法,通过这种方法认识事物时,人们将忽略事物的细节,通过事物的本质特性来认识事物。具体地说,就是在现实世界中,一定的事物、状态或过程之间总存在着某些相似的共性,把这些相似的方面集中概括起来,暂时忽略它们之间的差异,这就是抽象。在计算机科学中,抽象化(abstraction)是将数据与程序以它的语义来呈现出它的外观,但是隐藏起它的实现细节。抽象化用于减少程序的复杂度,使得程序员可以专注于处理少数重要的部分。一个计算机系统可以被分成几个抽象层,使得程序员可以将它们分开处理。

抽象就是把一个问题或模型以不同规则或方法得出不同的解。这些不同的解可以合并还原成问题或模型的本身。对软件进行模块设计时,可以将软件分解为不同的抽象层次,在最高抽象层次上,可以使用问题所处环境的语言来描述问题的解法;在较低抽象层次上,可采用过程化的方法把面向问题的术语和面向实现的术语结合起来描述问题的解法;在最低的抽象层次上,用直接可以实现的方式描述问题的解法。

1. 过程的抽象

在软件工程过程中,从系统定义到实现,每进一步都可以看作对软件解决方案的抽象化过程的一次细化。在软件计划阶段,软件被当作整个计算机系统中的一个元素来看待。在软件需求分析阶段,用"问题所处环境的、为大家所熟悉的术语"来描述软件的解决方法。而从概要设计到详细设计的过程中,抽象化的层次逐渐降低,当产生源程序时将到达最低的抽象层次。

2. 数据抽象

数据抽象与过程抽象一样,允许设计人员在不同层次上描述数据对象的细节。例如,可以定义一个 read 数据对象,并将它规定为一个抽象数据类型,用它的构成元素来定义它的内部细节。此时,数据抽象 read 本身是由另外一些数据抽象构成的。而且在定义 read 的抽象数据类型之后,就可以引用它来定义其他数据对象,而不必涉及 read 的内部细节。

3. 控制抽象

控制抽象也可以包含一个程序控制机制而不需要规定其内部细节。控制抽象的例子就是在操作系统中用于协调某些活动的同步信号。

6.2.3　逐步求精

将现实问题经过几次抽象处理,最后到求解域中,只是一些简单的算法描述和算法实现问题。即将系统功能按层次进行分解,每一层不断将功能细化,到最后一层都是功能单一、简单易实现的模块。求解过程可以被划分为若干阶段,在不同阶段采用不同的工具来描述问题。在每个阶段有不同的规则和标准,产生出不同阶段的文档资料。

逐步求精是由 Niklaus Wirth 最初提出的一种自顶向下的设计策略,是人类解决复杂问题时常采用的一种技术。Wirth 是这样阐述逐步求精过程的:"我们对付复杂问题的最重要的办法是抽象,因此对一个复杂的问题不应该立刻用计算机指令、数字和逻辑符号来表示,而应该用较自然的抽象语句来表示,从而得出抽象程序。抽象程序对抽象的数据进行某些特定的运算,并用某些合适的记号来表示。对抽象程序做进一步分解,并进入下一个抽象层次,这样的精细化过程一直进行下去,直到程序能被计算机接受为止。这时的程序可能是用某种高级语言或机器指令编写的。"

在人类认识过程中,一般情况下"一个人在任何时候都只能把注意力集中在 7 个知识块上",这就是 Miller 法则。Miller 法则是人类智力的局限,是人类不可能战胜的自然本性。

在软件设计中,用户的需求往往不止 7 方面,软件的模块数也是远远大于 7 的,此时逐步求精就变得非常重要。求精就是细化过程,可以将众多的知识块以自顶向下的方式排列展开。软件在设计高抽象级别的功能陈述中,仅仅是概念性地描述了功能,并没有涉及功能内部的工作情况。求精要求设计者逐步细化原始的描述,而随着每个后续求精步骤的完成,会出现越来越多的细节。图 6-2 显示了模块逐步求精的细化过程。

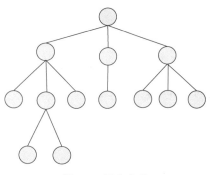

图 6-2　逐步求精

抽象与求精是一对互补的概念,抽象使设计者能够刻画过程和数据,同时却会忽略低层细节。求精则帮助设计者在设计过程中逐步揭示出低层细节。这两个概念都有助于设计者在设计演化过程中构造出完整的设计模型。

逐步求精是人类解决复杂问题时采用的基本方法,也是许多软件工程技术的基础。

6.2.4　信息隐藏和局部化

信息隐藏(information hiding)是 D. L. Parnas 于 1972 年提出的把系统分解为模块时应遵循的指导思想。应用模块化原理时,自然会产生一个问题:"为了得到最好的一组模块,应该怎样分解软件?"信息隐藏原理指出:在设计和确定一个模块时,应该让该模块内包含的信息对于不需要这些信息的模块来说是不能访问的。当程序要调用某个模块时,只需要知道该模块的功能和接口,不需要了解它的内部结构。这就好比使用空调,只需要知道如何使用它,而不需要理解空调里面那些复杂的制冷、制热原理和电路图。

局部化的概念和信息隐藏概念是密切相关的,所谓局部化是指把一些关系密切的软件元素物理地放的彼此靠近。在模块中使用局部数据元素是局部化的一个例子,显然,局部化有助于实现信息隐藏。

信息隐藏意味着有效的模块化可以通过定义一组独立的模块来实现,这些独立模块彼此间交换的仅仅是那些为了完成系统功能而必须交换的信息。抽象有利于定义组成软件的过程实体,而隐藏则定义并加强了对模块内部过程细节或模块使用的任何局部数据结构的访问约束。

6.2.5　模块独立性

模块独立的概念是模块化、抽象、信息隐藏和局部化概念的直接结果。所谓模块的独立性,是指软件系统中每个模块只涉及软件要求的具体的子功能,而和其他模块之间没有过多的相互作用。换句话说,若一个模块只具有单一的功能且与其他模块没有太多联系,那么就认为该模块具有独立性。

具有独立性的模块由于接口简单,在软件开发过程中比较容易被开发,在测试时也容易被测试和维护。

一般使用两个定性标准来衡量模块的独立程度：耦合和内聚。耦合用于衡量不同模块彼此间互相依赖的紧密程度；内聚用于衡量一个模块内部各个元素彼此结合的紧密程度。

1. 耦合

耦合是一个软件结构内不同模块之间互连程度的度量。简单地说，软件工程中对象之间的耦合度就是对象之间的依赖性。在软件设计中应该追求实现尽可能松散耦合的系统，这样开发、测试任何一个模块，不需要对系统的其他模块有太多的了解，如果一个模块发生错误，影响其他模块的可能性就很小。所以，模块耦合越高，维护成本越高。因此软件的设计应使模块之间的耦合最小。

耦合性是程序结构中各个模块之间相互关联的度量，它取决于各个模块之间接口的复杂程度、调用模块的方式及哪些信息通过接口。如果有两个模块，每个模块都能独立的工作，而不需要另一个模块，那么它们之间是完全独立的，它们的耦合程度最低。但是一个系统中不可能所有的模块之间都没有任何联系。

耦合可以分为以下几种，它们之间的耦合度由高到低排列如下。

(1) 内容耦合。当一个模块直接修改或操作另一个模块的数据时，或一个模块不通过正常入口转入另一个模块时，这样的耦合被称为内容耦合。内容耦合是最高程度的耦合，应该避免使用它。

(2) 公共耦合。两个或两个以上的模块共同引用公共数据环境的一个全局数据项，这种耦合被称为公共耦合。在具有大量公共耦合的结构中，确定究竟是哪个模块给全局变量赋予了一个特定的值是十分困难的。公共数据环境包括全局变量、共享的通信区、内存的公共覆盖区、任何存储介质上的文件、物理设备等。

(3) 控制耦合。一个模块通过接口向另一个模块传递一个控制信号，接收信号的模块根据信号值进行适当的动作，这种耦合被称为控制耦合。控制耦合是中等程度的耦合，它增加了系统的复杂程度。控制耦合往往是多余的，在把模块适当分解之后通常可以用数据耦合代替它。

(4) 特征耦合。当模块之间传递的是某些数据结构，但是目标模块只是使用了数据结构中的部分内容时，这种耦合方式称为特征耦合。如模块 A 给模块 B 传递某个书对象时，模块 B 只是使用了该对象的一个书号属性，那么模块 A 与模块 B 就是特征耦合，此时应该把模块 A 给模块 B 传递的参数改为某书的书号，将特征耦合变为数据耦合。

(5) 数据耦合。模块之间通过参数来传递数据，这种耦合被称为数据耦合。数据耦合是最低程度的一种耦合形式，系统中一般都存在这种类型的耦合，因为为了完成一些功能，往往需要将某些模块的输出数据作为另一些模块的输入数据。

(6) 非直接耦合。两个模块之间没有直接关系，它们之间的联系完全是通过主模块的控制和调用来实现的。

耦合是影响软件复杂程度和设计质量的一个重要因素，在设计中应采用以下原则：如果模块间必须存在耦合，就尽量使用数据耦合，少用控制耦合，限制公共耦合的范围，完全不用内容耦合。

2. 内聚

内聚标志着一个模块内各个元素彼此结合的紧密程度,它是信息隐蔽和局部化概念的自然扩展。内聚是从功能角度来度量模块内的联系,一个好的内聚模块应当恰好做一件事。内聚按紧密程度(强度)从低到高排列的次序为偶然内聚、逻辑内聚、时间内聚、过程内聚、通信内聚、顺序内聚、功能内聚。

(1) 偶然内聚。如果一个模块的各成分之间毫无关系,则称其为偶然内聚。也就是说模块完成一组任务,这些任务之间的关系松散,实际上没有什么联系。很多软件设计新手都喜欢把多个本来功能不相干的模块组合在一起形成一个模块,仅仅是为了设计程序上的方便,但是这种偶然内聚会导致软件结构不清晰,难以理解和调试,也为后续模块重用带来麻烦。

(2) 逻辑内聚。几个逻辑上相关的功能被放在同一个模块中,则称其为逻辑内聚。如调用模块在每次调用时传递一个"读"或"写"参数给被调用模块,被调用模块根据该参数选择是"读"一个记录还是"写"一个记录,那么这个被调用模块就属于逻辑内聚。逻辑内聚也会导致模块结构不清晰,难以理解、调试及重用,应把"读"功能和"写"功能分解开,分别形成两个独立的模块。

(3) 时间内聚。如果一个模块完成的功能必须在同一时间内执行(如系统初始化),但这些功能只是因为时间因素关联在一起,则称其为时间内聚。

(4) 过程内聚。如果一个模块内部的处理是相关的,而且这些处理必须以特定的次序执行,则称其为过程内聚。使用程序流程图作为工具设计软件时,常常通过研究流程图确定模块的划分,这样得到的往往是过程内聚的模块。

(5) 通信内聚。如果一个模块的所有元素都使用同一个输入数据和产生同一个输出数据,则称其为通信内聚。例如,某模块要求根据"书号"查询所有书的价格,再根据"书号"更改新书的最新数量,这两个处理动作都使用了相同的输入数据"书号",那么该模块是通信内聚。可以把相同输入或相同输出的这些功能分解为多个模块,以提高内聚程度。

(6) 顺序内聚。如果一个模块的处理元素和同一个功能密切相关,而且这些处理必须按照某种顺序执行,则称其为顺序内聚。顺序内聚表现为一部分的输出是另一部分的输入,显然,如果上一部分没有完成,下一部分是不可能执行的。

(7) 功能内聚。模块的所有成分对于完成某个单一的功能都是必需的,则称其为功能内聚。软件结构中应多使用功能内聚模块。

耦合是软件结构中各模块之间相互连接的一种度量,耦合强弱取决于模块间接口的复杂程度、进入或访问一个模块的点及通过接口的数据。程序讲究低耦合、高内聚。即同一个模块内的各个元素之间要高度紧密,但是各个模块之间的相互依存度却不要过于紧密。内聚和耦合是密切相关的,与其他模块存在高耦合的模块意味着低内聚,而高内聚的模块意味着该模块与其他模块之间是低耦合的。

实践证明,内聚比耦合更为重要,应该把更多的注意力集中到提高模块的内聚度上来。

6.2.6 模块层次化

层次表明了程序模块的组织情况,位于最上层根部的是顶层模块,它是程序的主要模块,与其联系的有若干下属模块,各下属模块还可以进一步引出更下一层的下属模块。

- 程序结构的深度。程序结构的层次数称为结构的深度。结构的深度在一定意义上反映了程序结构的规模和复杂程度。
- 程序结构的宽度。层次结构中同一层模块的最大模块个数称为结构的宽度。
- 模块的扇入和扇出。扇出表示一个模块直接调用的其他模块数目;扇入则被定义为调用一个给定模块的模块个数。多扇出意味着需要控制和协调许多下属模块,而多扇入的模块通常是公用模块。

图 6-3 所示为教务管理系统的模块层次。

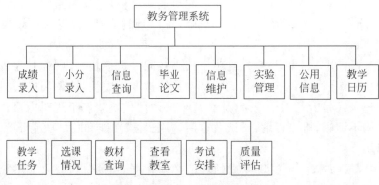

图 6-3　教务管理系统模块层次

一般采用树状结构来清晰表示层次结构,允许上层模块调用下层模块,但不允许下层模块调用上层模块,应避免上层模块越级调用下层模块的情况发生。

6.2.7　启发式规则

人们在开发计算机软件的实践中总结了丰富的经验,汇总得出模块设计的启发式规则。这些规则能够帮助我们找到改进软件设计、提高软件质量的途径。

(1)调整软件结构以提高模块独立性。通过模块的分解或合并,可提高模块间的内聚度,降低模块间的耦合度。

(2)软件结构的深度、宽度、扇入数和扇出数应该适当。深度和宽度能够粗略地反映一个系统的大小和复杂程度,当深度或宽度过大时,应该考虑合并部分模块。

(3)模块的影响范围应该在控制范围之内。模块的影响范围是指所有受该模块的运行所影响的模块的集合。模块的控制范围是指所有直接或间接被该模块调用的模块集合。一个好的模块化设计应当是某模块的运行仅仅影响那些被该模块直接或间接调用的模块。

(4)应降低模块接口的复杂程度。软件错误常常发生在模块接口处,应仔细设计模块接口,使得信息传递简单,并且和模块的功能一致。

(5)模块功能应该是可以预期的。模块功能可以预期是指某模块可以作为黑盒子来对待,开发者在使用该模块时可以不考虑内部处理的细节。带有内部"存储器"的模块的功能可能是不可预测的,因为它的输出可能取决于内部存储器的状态。由于内部存储器对于上级模块是不可见的,因此这样的模块是不可预期的,在使用时应该加以注意。

6.3　概要设计方法总结

设计软件首先要明确软件设计的目标和任务，根据软件的功能需求进行数据设计、系统结构设计和过程设计。其中数据设计侧重于数据结构的定义；系统结构设计用于定义软件系统各主要成分之间的关系；过程设计则是把结构成分转换成软件的过程性描述，在编码步骤中，根据这种过程性描述生成源程序代码，然后通过测试最终得到完整有效的软件。

从工程管理角度看，软件设计分两步完成。

(1) 概要设计。将软件需求转换为数据结构和软件的系统结构。

(2) 详细设计。即过程设计，通过对结构表示进行细化，得到软件的详细数据结构和算法。

在进入软件开发阶段之初，首先应为软件开发组制定在设计时应该共同遵守的标准，以便协调组内各成员的工作，包括以下内容。

(1) 阅读和理解软件需求规格说明书，确认能否实现用户要求，明确实现的条件，从而确定设计的目标及其优先顺序。

(2) 根据目标确定最合适的设计方法。

(3) 规定设计文档的编制标准。

(4) 规定编码的信息形式，与硬件、操作系统的接口规约，命名规则。

基于软件功能层次结构建立系统，采用某种设计方法将系统按功能划分成模块的层次结构，确定每个模块的功能，建立与已确定的软件需求的对应关系，确定模块间的调用关系、模块间的接口、评估模块划分的质量。

在数据结构设计中，确定软件涉及文件系统的结构及数据库的模式和子模式，进行数据完整性和安全性的设计；确定输入、输出文件的详细的数据结构；结合算法设计，确定算法所必需的逻辑数据结构及其操作；确定对逻辑数据结构所必需的那些操作的程序模块；限制和确定各个数据设计决策的影响范围；数据的保护性设计等。

可靠性设计也叫质量设计，在运行过程中，为了适应环境的变化和用户新的要求，需要经常对软件进行改造和修正。在软件开发的一开始就要确定软件可靠性和其他质量指标，考虑相应措施，以使得软件易于修改和维护。

概要设计评审阶段需要检查设计的可追溯性、接口、风险、实用性、技术可行性、可维护性、质量、各种选择方案、限制等方面。

6.4　概要设计文档

在整个软件设计过程中，文档的编写和保存也是非常重要的，规范的文档可方便下一阶段工作的开展，明确阶段任务，保证软件开发的顺利进行。文档是影响软件可维护性的决定性因素，由于长期使用的大型软件系统在使用过程中必然会经过多次修改，因此文档比程序代码更重要。软件系统的文档可分为用户文档和系统文档，用户文档主要描述系统功能和使用方法，并不关心这些功能是怎样实现的；系统文档描述系统设计、实现、测试等各方面的内容。

1. 用户文档

用户文档是用户了解系统的窗口,它使用户获得对系统准确的初步印象,文档的结构方式应该使用户能够方便地根据需要阅读有关的内容。用户文档至少应该包括以下几方面内容。

- 功能描述。说明系统能够做什么。
- 安装文档。阐述如何安装系统、怎样配置硬件。
- 使用手册。简要介绍如何使用这个系统。
- 参考手册。详细描述所有系统设施及它们的使用方法,还应该解释系统可能产生的各种出错信息的含义。
- 操作员指南。说明操作员应该如何处理在使用中出现的各种情况。

2. 系统文档

系统文档是指从问题定义、需求说明到验收测试计划一系列和系统实现有关的文档。描述系统设计、实现和测试的文档对于理解程序和维护程序来说是至关重要的。通过系统文档使读者对系统的框架有一个全方位的认识,引导读者对系统的每个方面、每个特点进行具体深入的认识。

在整个软件开发过程中,也会产生大量的文档资料,如概要设计完成时应编写以下文档:概要设计说明书、数据库设计说明书、用户手册、初步的测试计划。其中,数据库设计说明书包括引言、引用文件、数据库级设计决策、数据库详细设计、用于数据库操作或访问的软件配置项的详细设计、需求的可追踪性、注解、附录等。

这些文档都是开发过程的宝贵资料,保存好这些文档对于日后代码的修改和维护极其重要。

思考题

1. 什么是模块? 什么是模块化?
2. 什么是抽象? 为什么在软件结构化设计中要用到抽象?
3. 请给出逐步求精的定义。抽象与逐步求精之间的关系是什么?
4. 衡量模块独立性的两个标准是什么? 它们各表示什么含义?
5. 模块间的耦合有哪几种? 它们各表示什么含义?
6. 模块间的内聚有哪几种? 它们各表示什么含义?

界面设计

目标：

(1) 掌握界面设计的原则。

(2) 掌握信息输入和输出的几种方式。

(3) 掌握帮助系统的设计方法。

(4) 掌握界面评价的几个属性。

7.1 用户界面设计

计算机系统设计包括从硬件设计到用户界面设计的一系列活动。虽然聘用专家进行硬件设计是常有的事,但几乎没有机构聘用专家进行界面设计。因此,软件工程人员往往既要负责用户界面设计,又要负责界面的软件实现。在大的开发机构中会有人文因素研究专家对设计过程提供帮助,而在比较小的公司里就很少聘用这种专家了。对于动漫和工业设计软件来说,需要一些美工专业的人士参与界面的设计。

好的用户界面设计对一个系统的成功是至关重要的。一个操作困难的界面,轻则会造成用户产生错误;重则导致用户直接拒绝使用该软件,而不管系统的功能如何。如果信息的表达方式使用户容易产生误解,他们进行的一系列操作就有可能破坏数据,甚至灾难性地导致系统失败。

在 20 世纪 80 年代初期,最好的交互设备是一个"哑"字母数字终端,在黑色的背景上显示出蓝色或绿色的字符,用户界面只能是基于文本或表格的。而现在几乎每个计算机用户都拥有一台个人计算机,计算机能提供图形用户界面(graphical user interface,GUI),支持高分辨率的彩色显示器及使用鼠标和键盘进行交互。

尽管基于文本的界面仍被广泛使用,尤其是在遗留系统中,但现在的计算机用户希望应用系统具有某种形式的图形用户界面。表 7-1 给出了这种类型界面的主要特征。

表 7-1　图形用户界面的特点

特　　性	描　　述
窗口	多窗口允许不同的信息被同时显示在用户屏幕上
图标	图标代表不同类型信息,在一些系统中,图标代表文件;而在另外的地方,图标代表过程
菜单	命令是通过菜单选择的,而不是通过输入字符命令
指点	通过指点设备如鼠标来从菜单中选择或指点窗口中感兴趣的选项
图形	在同一个显示中可以既有图形也有文字

图形用户界面具有以下优点。

(1) 比较容易学习和使用。没有计算机基础的用户经过短期培训就能学会使用这种界面。

(2) 用户可利用多屏幕(窗口)与系统进行交互。由一个任务转换到另一个任务时,第一个任务生成的信息仍然可以看见。

(3) 可以实现快速、全屏的交互,能很快地在屏幕的任何地方显示。

图7-1说明了用户界面设计的迭代过程,探索性开发是界面设计的最有效方式。在进入基于屏幕的模拟用户交互的真正设计阶段之前,原型开发过程可能要从简单的基于纸张的方式开始勾画界面模型。应该采用以用户为中心的方法,让系统的最终用户积极参与到设计过程中来。有些时候用户充当评价者,另外一些时候他们则要完全成为设计团队的一员。

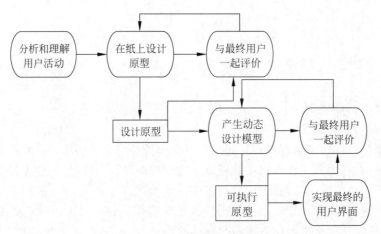

图7-1　用户界面设计过程

关键的用户界面(user interface,UI)设计活动就是分析计算机系统支持的用户活动。如果不知道用户想利用计算机系统做什么,就不可能对有效的用户界面设计进行实际规划。要理解用户的意图,可以使用多种技术,如任务分析、调查研究、用户访谈、观察等,或是这些方法的综合使用。

7.2　用户界面设计原则

用户界面设计者必须考虑软件使用者的体力和脑力。人类具有的短期记忆很有限,而且很容易出错,尤其当需要处理太多信息或压力很大时;另外,人的体力也有很大差别。在设计用户界面时要综合考虑上述所有因素。

人的能力是界面设计原则的基础。表7-2给出的设计原则是一般性的原则,可以适用于所有的用户界面设计。在针对特定的机构或特定类型的系统做设计时,不能生搬硬套这几条一般原则,需要将这些基本原则进一步实例化,结合具体需求添加更详细内容作为具体的设计指南。本·施奈德曼(Ben Shneiderman)于1998年列出了一个有关专门用户界面设计指南的长列表。

表 7-2　用户界面设计原则

原　则	描　述
用户熟悉	界面所使用的术语和概念应该是来自于用户的经验,这些用户是使用系统最多的人
一致性	界面应该是一致的,即尽可能地让相似的操作有同样的触发方式
意外最小化	永远不要让用户对系统的行为感到吃惊
可恢复性	界面应该有一种机制来允许用户从错误中恢复
用户指南	在错误发生时界面应该提供有意义的反馈,并有上下文感知能力的用户帮助功能
用户差异性	界面应该为不同类型用户提供合适的交互功能

“用户熟悉”这一指导原则是指在界面设计中不是让用户被动地适应某个界面,只因为这样的界面容易实现。界面应该使用用户熟悉的术语,由系统操纵的对象应该与用户的环境直接有关。举例来说,如果设计的系统由空中交通管制员来使用,那么被操纵的对象就应该是飞机、飞行航线、指挥塔等。与此相关的操作可能是提高或降低飞行速度、调整航向和改变高度等。而界面实现层的内容,如文件和数据结构等则应该是终端用户看不到的。

用户界面“一致性”原则是指系统的命令和菜单应该有相同的格式,参数应该以相同的方式传递给所有的命令,并且命令标点应该是相似的。一致的界面可以减少用户的学习时间,使用户在一个命令或应用中所学到的知识可以用于系统的其他部分。

在子系统间的界面一致性也同样重要。在不同的子系统中含义相似的命令的表达方式应该尽可能相同。当同一个键盘命令,如 Ctrl+K 或 Ctrl+B 在不同的系统中有不同的含义时,就很容易出错。窗口系统标准通常定义快捷键,应该遵循这些标准以避免再犯类似的错误。

这种一致性是低层次的一致性。界面设计者应该始终争取在用户界面中达到这一层次。有些时候则要达到高层次的一致性。举个例子,让相同的操作(如打印、复制等)在各种类型的系统上都能得到支持,这种做法应该是合适的。

当系统不能按预期执行,用户会很生气,这时“意外最小化”原则就非常重要了。用户在使用一个系统时,头脑中对系统的工作模式有了设想。如果一个上下文中的某个操作引起了某种变化,那么用户就有理由相信在其他上下文中相同操作引起的变化应具有相似的结果。如果发生了完全不同的事情,用户会很吃惊,很困惑。因此界面设计者必须确保类似的操作有类似的结果。

用户在使用系统时,犯错误是不可避免的,所以“可恢复性”原则显得很重要。界面设计能够最低限度地减少这些错误(如使用菜单可避免打字错误),但是错误不可能完全消除。

用户界面应该便于用户恢复到出错之前的状态,有以下两种恢复方式。

(1) 对破坏性操作的确认。如果用户指定的操作有潜在的破坏性,那么在信息被破坏之前,界面应该提问用户是否确实想这样做,这样可使用户对该操作进一步确认。

(2) 设置撤销命令可以使系统恢复到操作执行前的状态。由于用户并不总能马上意识到自己已经犯了错误,多级撤销命令就很有用。

与此相关的一个原则是用户辅助设施。界面应该设置用户辅助设施或帮助功能,这些功能应该与系统整合在一起,并且应该提供不同层次的帮助和建议,涵盖从系统启动的基本信息到系统功能的详细描述。

"用户差异性"原则认为,对许多交互式系统而言,可能有各种类型的用户。有些用户只是偶尔使用系统,与系统的交互是不经常的,而有些用户则可以称得上是"铁杆用户",一天好几个小时地使用系统。偶然使用系统的用户需要界面提供指导,而铁杆用户则需要使他们的交互尽可能地便捷。此外,有些用户的身体还可能有不同类型的缺陷,如果可能的话,应该修改界面以便能妥善处理这些问题,比如界面可能需要具备某些功能,能够放大显示的文本,以文本代替声音,制作很大的按钮等。

承认用户多样性原则可能与其他界面设计原则有冲突,因为有些用户喜欢快速交互而不是其他,如用户界面一致性。同样,不同类型的用户所需指导的层次也全然不同,要开发支持所有用户的界面是不可能的。界面设计者就只能视系统的具体用户而进行具体的调整。

7.3 信息输入方式

计算机用户界面的设计者面临两个主要问题,即来自用户的信息如何传递给计算机系统,以及来自计算机系统的信息如何呈现给用户。一个一致的用户界面必须把信息输入和输出整合起来。

信息输入是把指令和相关数据发送给计算机系统。在早期的计算机上,用户输入的唯一方式是使用专用语言与机器进行交流的命令行界面,这种方法只有专家才能使用。现在许多其他容易使用的方法已经开发出来,分为如下 5 种基本类型。

(1) 直接操纵。用户在屏幕上直接与对象进行交互。例如,用户要删除一个文件,就把它拖到回收站中。

(2) 菜单选择。用户从一列可选的命令(一个菜单)中选择出一个命令。通常情况是一个屏幕对象同时被选中,命令作用于这个对象。用这种方法删除一个文件时,用户先选定这个文件,然后选定删除命令。

(3) 表格填写。用户填写表格的空白栏。有些空白栏可能有相关菜单,表格上可能有操作按钮,在按下时就会开启其他的操作。用基于表格的界面删除文件是一种人工操作,先要填入文件名,然后按"删除"按钮。

(4) 命令语言。用户特定的指令和相关参数发送出去,指示系统该做什么。如果删除一个文件,用户发出删除指令将文件名作为参数。

(5) 自然语言。用户用自然语言发出指令。因此,如果要删除一个文件,用户要输入"删除名为×××的文件"。

每一种类型的交互都有优点和缺点,都能很好地适用于不同类型的应用和用户。表 7-3 给出了这些类型的主要优点和缺点,提出了它们可能适用的应用类型。

当然,这些交互类型可以混合使用,几种不同的类型可以用于相同的应用。举例来说,微软公司的 Windows 系统支持对图标显示的文件和目录的直接操作、基于菜单的命令选择,而对于像配置命令等一些命令,用户必须填写呈现在他们面前的特定表格。

互联网上的用户界面是基于 HTML(用于网页的页面描述语言)和如 Java 这样的语言的,这些语言能够把程序和页面中的组件联系起来。由于这些基于 Web 的界面通常是为偶然使用的用户设计的,因此大多采用基于表格的界面。

表 7-3　各种交互风格的优点和缺点

输入类型	主　要　优　点	主　要　缺　点	应　有　实　例
直接操纵	快速和直观的交互容易学习	较难实现,只适合于任务和对象有视觉意义的情况	视频游戏、CAD 系统
菜单选择	避免用户错误,只需很少的键盘输入	对有经验用户操作较慢,当菜单选择很多时会变得很复杂	绝大多数一般用途的系统
表格填写	简单的数据入口,容易学习	占据很多屏幕空间	库存控制、个人贷款处理
命令语言	强大灵活	较难学习,错误管理差	操作系统、图书馆信息检索系统
自然语言	适合偶然用户,容易扩展	需要输入的太多,自然语言理解系统不可靠	时刻表系统、WWW 信息检索系统

　　理论上讲,把交互方式和通过界面所操纵的实体分离开来应该是可行的。图 7-2 说明了这一点,该图给出了 Linux 操作系统的一个命令语言界面和一个图形界面。

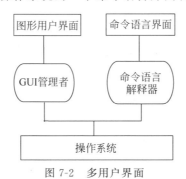

图 7-2　多用户界面

7.4　信息输出方式

　　所有的交互式系统都要提供给用户某种方式的信息输出。信息表示可以是输入信息(如字处理器中的文本)的直接表达,也可以以图形形式表示信息。把用于信息表示的软件与信息本身相分离是一种好的系统设计方法。这在某些程度上与面向对象方法相抵触,在面向对象方法中,对数据的操作应该与数据本身结合起来定义。然而,这需要以对象设计者总能知道信息表达的最佳方式为前提,但这并不总是成立的。在定义数据时,通常很难知道表达数据的最佳方式是什么,对象结构不应使数据表示操作"僵化"。

　　通过从数据中分离出表达系统,用户屏幕上数据表示的改变就不会影响到计算系统,如图 7-3 所示。

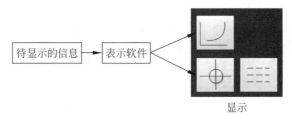

图 7-3　信息表示

模型视图控制器(model view controller,MVC)方法首先广泛应用于 Smalltalk 语言中,如图 7-4 所示,它是支持数据的多重表示的有效方法。用户能够用适当的交互方式与每种表示形式进行交互。要显示的数据被封装到一个模型对象中,每个模型对象可能有许多独立的视图对象与之关联,每个视图都是模型的一种显示表示方式。

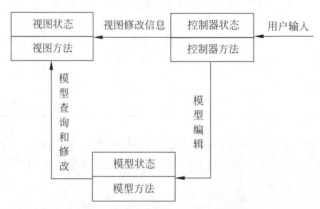

图 7-4　用户交互的 MVC 模型

每个视图都有一个相关的处理用户输入和设备交互的控制器对象。因此,一个表示数字数据的模型可能有一个直方图的数据表示视图,还有一个表格的视图。该模型可以通过变更表格中的值进行编辑,也可以通过拉长或缩短直方图中的方块来编辑。

寻找最佳的信息表示方式需要有关该信息的使用者的背景和他们使用系统方式的知识。设计者在决定如何表达信息时,必须考虑以下几种问题。

(1) 用户对精确信息或不同数据值之间的关系感兴趣吗?

(2) 信息值变更的速度如何? 数值的变更需要马上显示给用户吗?

(3) 用户必须根据信息的变更执行某种动作吗?

(4) 用户需要经由直接操作界面与显示的信息进行交互吗?

(5) 要显示的信息是文本形式的还是数字形式的? 信息项的相对值重要吗?

在一段时间内保持不变的信息可以根据应用的具体情况,或表示为图形形式,或表示为文本形式。文本表示占据的屏幕空间较少,但这种表示不能一眼看清内容。不变的信息应该采用不同的表示方式以和动态信息相区别。例如,所有的静态信息可以用特别的字体表示,也可以用特别的颜色突出显示出来,还可以用一个图标与之关联。

如果需要精确的数字信息并且信息变更相对较慢,信息应该以文本形式表示。如果数据变更较快或者数据之间关系很重要,应该以图形形式表示。

例如,下面来看一个系统,它按月记录并汇总某家公司的销售额。图 7-5 说明了相同的信息既可以用文本形式表示,又可以用图形表示。

研究销售额的管理人员通常对销售趋势或反常的数字感兴趣,而对精确的数字不感兴趣。信息

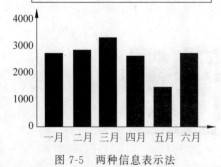

图 7-5　两种信息表示法

的图形表示,比如使用直方图,可以使三月和五月两个月反常的销售额从其他月份中突出显示出来。从图7-5中还可以看出,对相同的信息,文本表示形式比图形表示所占的空间要小。

对于动态变化的数字信息,一般来说,最好使用图形形式模拟量。由于精确的信息难以很快地被理解,不断变化的数字显示容易引起混乱。在需要的时候,可以用图形显示来辅助精确的数字式显示。图7-6给出了表示动态的数字信息的不同方式。

指针与刻度盘 　　 饼图 　　 温度计 　　 水平条

图 7-6 动态变化的数字信息表示方法

连续的模拟量显示给了观察者一个相对量的直观印象。在图7-7中,温度值和压力值大致相同,只不过图形显示表明温度接近于它的最大值,而压力还没有达到其最大值的25%。在只有一个数字值时,阅读者需要知道最大值,他们必须在头脑中计算出该读数的相对状态。在出现问题或操作者的显示屏显示反常数据等情况下往往造成操作者处于高度紧张状态,这在为显示数值信息所需要的额外思考时间中就很容易导致操作错误。

图 7-7 表示相对值的图形信息显示

在表示精确的字母数字信息时,图形表示可以用来从背景中挑选出信息。信息不以行的形式表示,而是显示于一个方框内或用一个图标来指示,如图7-8所示。显示消息的方框覆盖了当前的屏幕显示,用户的注意力就立刻被吸引过来了。

图形化的突出显示还可用来把用户的注意力吸引到显示中的变更部分。不过,如果这些变更发生得迅速就不能使用这种突出显示的方法,因为快速的变更可能引起显示器的闪动,这样会使用户分心和烦躁。

图 7-8 字母数字信息的
文本突出显示

当需要表示大量信息时,可使用连接相关数据项的抽象可视化方法。这样能够揭示出原始数据中不明显的关系。用户界面设计者应该了解可视化的可能性,尤其是在系统用户界面必须表示物理实体时。

界面设计中的颜色除了专门系统、小屏幕系统外,所有的交互式系统都支持彩色显示,用户界面以不同的方式利用颜色。有些系统(如字处理器)中颜色只是用来突出显示,而在另外一些系统(如 CAD 系统)中则用来说明一个设计中的不同分层。

颜色能够改善用户界面,帮助用户了解并处理系统的复杂性。同时颜色也容易被误用,使得生成的用户界面既不醒目,又容易出错。一般而言,用户界面设计者在界面上使用颜色应该保守一些。颜色的使用要注意以下几点。

（1）限制使用颜色的数量，并在如何使用颜色的问题上尽量保守一些，在一个窗口中不应使用4种以上不同的颜色，在一个系统界面中使用的颜色不应超过7种。颜色的使用应该是有选择的，并且应该前后一致。使用颜色并不是简单地为了增加界面的亮度。

（2）利用颜色的变化说明系统状态的变化，显示颜色的变更应该意味着重要事件的发生。在油位表中颜色的变化就可能意味着油位在下降。在显示数百种不同实体的复杂显示中，使用颜色来突出显示尤为重要。

（3）使用彩色编码支持用户想要完成的任务，如果要识别出异常情况，就突出显示；如果要区别相似的情况，也要使用不同的颜色突出显示。

（4）使用彩色编码要慎重，并且前后一致，如果系统的一部分用红色显示错误信息，那么其他的各个部分都应如此，红色不能再用于别处。如果用在别处，用户就可能把红色显示视为错误信息。应该知道，有些用户可能对特定颜色的含义形成思维定式。

（5）注意色彩搭配。由于眼睛的生理特性，人们不能同时凝视红色和蓝色，蓝色背景上的红色显示会使眼睛疲劳。另外的一些色彩组合也可能使视觉紊乱或难以读取。

7.5 帮助系统

用户界面的设计原则之一是应该总是能够提供某种形式的在线帮助系统。帮助系统是一般的用户界面设计中的一方面，也就是为用户提供指导，包括以下三方面。

（1）系统产生消息来响应用户动作。

（2）在线帮助系统。

（3）随系统一起提供的文档。

为用户设计丰富、有用的信息应该被慎重对待，应该和设计或程序遵从相同的质量过程。管理者必须为消息设计留出足够的时间和人力，在设计过程中应包括专业文案和图形设计者。在设计错误消息或帮助文本时，表7-4中所列的各种因素都应该考虑到。

表7-4　在消息措辞上的设计因素

因　素	描　述
上下文	用户指南系统应该能注意到用户当前在干什么，针对当前上下文调整输出消息
经验	因为用户逐渐变得对系统熟悉了，同时也就被冗长、过于详细的消息所激怒。但初学者可能还嫌太短，问题阐述得不够清楚。用户指南系统应该提供两种类型消息并允许用户控制消息的简明程度
技能水平	消息应该根据用户的技能和经验进行裁减。消息应该根据不同类型的用户对象选择不同的表达方式和所用的术语
风格	消息应该是积极的而不是消极的。应该以主动方式去表示出来而不是被动显示。它们决不能是无礼的或者是滑稽怪诞的
文化	消息的设计者应该尽可能地熟悉系统所销售的国家的文化传统。在欧洲、亚洲和美洲之前存在着巨大的文化差异。一条消息对一个地区是适合的，而在另一个地区就可能是不可接受的

7.5.1　错误消息

用户对一个软件系统的第一印象可能来自系统的错误消息。没有经验的用户开始工作时犯了一个初始错误,必须马上读懂由此产生的错误消息。这对熟练的软件工程人员来说可能都有困难,而对不熟练或偶尔使用系统的用户来说通常更是不可能的。

当设计错误消息时,应该预见用户的背景和经验。举例来说,假设系统用户是某医院特护病房的一位护士,病人监控通过一个计算机系统实现。为了查看病人的目前状态(心率、体温等),系统用户从一个菜单中选择"显示"命令,并在方框中输入病人的姓名,如图 7-9 所示。

图 7-9　护士输入病人姓名

在这个例子中,假如病人的名字不是 Bates 而是 Pates,这样护士输入的名字就得不到系统的确认,这样系统就会生成一个错误消息。错误消息应该总是有礼貌的、简洁的、一致的和建设性的,而不应该有侮辱性的成分,也不能伴以嘀嘀的响声或者其他的噪声,以免使用户反感。如果可能,应该给出信息以提示如何改正错误。错误信息应该链接到上下文相关的在线帮助系统上。

图 7-10 给出了一个好的错误信息的例子和一个不好的错误信息的例子。右边的信息设计得不好,它是消极的信息(责怪用户犯了错误),设计不符合用户的技能和经验水平,没有考虑到上下文信息,也没有提示出现这种情况应如何处理。这个例子中使用的是系统的专门术语(病人标识),而不是面向用户的语言。左边的信息就好得多,它是积极的信息,提示出现的问题是系统问题而非用户问题。它用护士的术语识别出问题所在,并为改正错误提供了一个简单易行的方式,即只需按一个按钮。如果有必要,还可以使用帮助系统。

图 7-10　面向系统和面向用户的错误信息

如果用户读不懂面前出现的错误信息,就可以求助于帮助系统以获取更多的信息。帮助的一种形式是"帮助!",意思是"帮帮我,我有麻烦了";另一种请求帮助的形式是"帮助?",意思是"帮帮我,我需要一些信息"。不同的系统设置和信息结构会提供不同类型的帮助。

所有详尽的帮助系统都有复杂的网络结构,从其中的每一个帮助信息画面都可以访问其他的信息画面。网络的结构通常是分层的,同时又是交叉连接的,如图 7-11 所示。一般的信息在层次结构的顶端,详细信息位于底部。

当用户操作出错进入该网络并在其中穿行时,帮助系统的问题就出现了。用户会一度迷失自己,看不到任何希望。他们必须放弃这段历程,在已知的某个网络入口处重新进入。

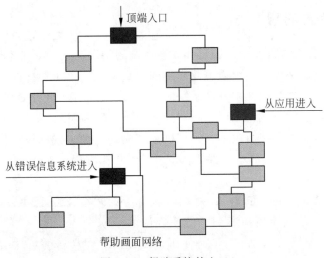

图 7-11　帮助系统的入口

多窗口显示帮助信息能避免上述情形。图 7-12 给出的屏幕显示中有三个帮助窗口。然而，屏幕空间总是有限的，设计者必须知道显示多余的窗口可能会喧宾夺主，其他重要的信息就无法突出显示。

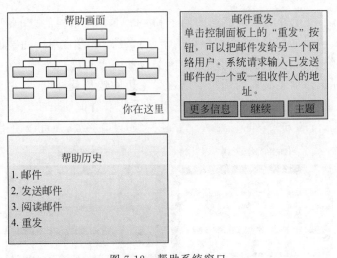

图 7-12　帮助系统窗口

帮助系统中的文本制作应该得到应用专家的帮助。帮助画面不应该只是人们以各种方式从书面或屏幕上读取的用户手册的简单复制。文本本身、文本编排和风格都需要仔细设计，以保证它在较小的窗口中也是易读的。在图 7-12 中，帮助画面（"邮件重发"）比较简短。在任何一个帮助画面中信息都不能太多，以免"淹没"用户。

"历史"窗口显示已经访问过的帮助画面，从目录中选定一项返回到这些帮助画面应该是可行的。导航窗口是帮助系统网络的图解式"地图"，地图中的当前位置应该用颜色、阴影或本例中使用的注释来突出显示。

帮助系统可以通过一组相互链接的 Internet 网页实现，或者使用能够与应用相整合的通用超文本系统来实现。选定了信息中标明为链接的部分，穿越整个层次结构就很容易了。

Internet 系统的优势在于它们易于实现,不需要任何专门的软件。然而,把它们链接到应用上以便提供上下文相关的帮助会很困难。

7.5.2　用户文档

严格地讲,用户文档不是用户界面设计的组成部分,但是设计在线帮助支持与纸面文档相呼应不失为一种好的做法。系统手册提供的信息应该比在线帮助更详细,而且设计的系统手册应该便于各种类型的系统最终用户使用。

为满足不同类型的用户及其不同专业知识水平的需要,至少应该有 5 种文档(或者是单个文件中的几章)与软件系统一并提交给用户,如图 7-13 所示。

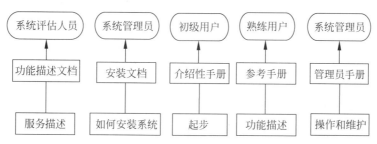

图 7-13　支持用户的文档类型

(1) 功能描述文档。应该简要描述系统能够提供的功能。用户通过介绍性手册应该能够读懂这个文档,并判断出该系统是否是他们所需要的。

(2) 安装文档。应提供系统安装的详细信息。它应该描述所提供的系统是在哪个磁盘上,这些磁盘上有哪些文件及系统所需的最小硬件配置。文档中还应该有安装说明及有关设置与配置相应文件方面的信息。

(3) 介绍性手册。应非正式地介绍系统,说明它的"正确"使用方法。它应该说明如何启动系统,以及最终用户如何使用通用的系统功能。可以使用例子加以说明。还应该包括一些信息,说明如何从错误当中恢复,并重新开始有用的工作。

(4) 参考手册。应该描述系统功能及其用法,提供错误信息的列表及可能的出错原因,并说明如何从发现的错误当中恢复。

(5) 管理员手册。提供给某些类型系统的手册。该手册应该描述系统与其他系统交互时产生的信息,以及如何对这些信息做出反应。如果涉及系统硬件,手册还要说明如何确认和修理与硬件相关的问题,如何连接新的外设等。除了手册外,还可以提供其他简单易用的文档。列出系统可用功能及其使用方法的快速参考卡片,对熟练的系统用户来说尤为方便。

7.6　界面评价

界面评价就是评定一个界面的可使用性并检查它是否符合用户需求的过程。因此,它应该是软件系统正规的检验过程和有效性验证过程的一部分。

理想地,应该针对基于可使用性属性的可使用性描述进行评价,如表 7-5 所示,设计出这些可使用性属性的度量。例如,可学习性度量规定:一个熟悉系统所支持功能的操作人员在经过三个小时的培训之后，应该能够使用系统功能的80%。然而，更常见的是在质量上描述可使用性(如果描述)，而不是使用度量。因此，界面设计者必须在界面评价中运用自己的判断和经验。

表7-5　可用性属性

属　性	描　述
可学习性	新用户需要多长时间才能成为系统熟练用户
操作速度	系统响应与用户工作情况的匹配程度如何
鲁棒性	系统对用户错误的容忍程度如何
可恢复性	系统从用户错误中恢复的能力如何
适应性	系统与单一工作模式结合的紧密程度如何

对一个用户界面设计的系统评价是一个成本很高的过程，需要认知科学家和图形设计者的参与。这一过程中要设计并进行实验以得出有意义的统计数字，实验需要有代表性的用户和专门建造的实验室，实验室中配有监控设备。这种用户界面评价对于由资源有限的小型机构开发的系统而言，在经济上是不现实的。

许多用户界面评价方法更简单、费用也低，能够识别出某一具体的用户界面设计的不足。

(1)问卷调查可以收集用户对界面意见的有关信息。观察在系统使用过程中用户的表现，并听取用户对如何使用系统完成某项任务的"思想交流"。

(2)典型系统使用"快照"功能。在软件中嵌入一段统计代码以收集最常用的功能和最容易犯错误的信息。

通过问卷的形式进行用户调查是界面评价费用相对较低的一种方式。所问的问题应该是精确的，而不是泛泛的问题。提问诸如"请对界面的可使用性发表你的看法"之类的问题毫无意义，因为被调查者的回答可能会千差万别，很难从中找出共同点。而"请评定错误信息的易理解性的等级，等级范围是1~5。等级为1表示非常明白，等级为5表示不能理解"等详细而又明确的问题就比较好，此类问题既易于回答，又极有可能提供改进界面的有用信息。

应该要求用户在填写问卷调查表时注明他们自身的经历和背景。这样界面设计者就可以知道具有任一特定背景的用户是否都有界面方面的问题。问卷调查甚至可以在可运行的系统可用之前进行，前提是界面的纸上实物模型已经建造完毕并已评价。

基于观察的评价仅仅包括在用户使用系统时观察他们，看他们所使用的功能、所犯的错误等。还可以听取用户的"思想交流"，听用户谈论他们想达到什么目的、他们对系统是如何理解的，以及他们是如何使用系统来实现他们的目标的。

成本相对较低的视频录制设备能够支持直接观察，可以记录用户的操作以备日后分析之用。全部使用视频分析成本太高，需要特别装备的界面评价，它配有数个聚焦用户和屏幕的摄像头。但是，选定的用户操作的视频记录有助于发现问题。还必须使用其他的评价方法以发现哪些操作用户使用起来有困难。

记录分析可以使设计者了解界面上的手部移动是否太多(有些系统有这个问题，用户必须不停地把他们的手从键盘移动到鼠标)，看看不自然的眼部运动是否必需。一个需要频繁转移视线的界面会使用户出错多,并遗漏部分显示。

可以在界面程序中安插能收集界面使用情况的代码来检测界面,这种方法允许界面在多个方面进行改进,能检测最常用的操作。界面能够被重新组织以便在最短的时间内选定它。举个例子,如果使用弹出或下拉菜单,最频繁的操作应该位于菜单的上部,而具有破坏性的操作应该靠下。通过代码检测还可以发现和修改易出错的命令。

通过给每个程序配备一个"把手 Gripe"命令,利用这个命令用户可以把消息传递给工具维护者。这样可以使用户感觉到他们的观点得到了考虑,界面设计者和其他工程人员就能得到关于个别问题的快速反馈。

在这些相对简单的用户界面评价方法中没有一种是极其简单的,也不可能检查出所有的用户界面问题。然而,在系统发布之前使用这些方法,再加上志愿者的参与,可以节省很多资源,用户界面设计中许多很糟糕的问题就能够被发现并改正。

思考题

1. 界面设计的原则是什么?
2. 信息输入的方式有哪些?
3. 信息输出的方式有哪些?
4. 帮助系统的方式有哪些?
5. 界面评价的属性有哪些?

第 8 章

详细设计

目标：

（1）掌握详细设计的作用。

（2）掌握详细设计的表达工具——程序流程图。

8.1 详细设计的作用

概要设计是完成软件整体结构的设计，如同设计一栋楼房的整体结构，如楼房有几层、每层有多少房间。界面设计是将概要设计的结果映射到可视化界面上来。仅有概要设计和界面设计是无法完善软件功能的，还需要通过详细设计来完成每个模块的逻辑功能。详细设计如同对每个房间进行设计，如灯、桌子等如何放置。楼房完成整体和局部设计之后，工人就可以按照图纸进行施工；软件完成概要设计、界面设计和详细设计之后，编程人员就可以编写代码。因此，详细设计的作用是为每一个模块的业务流程设计相应的逻辑流程，实现软件从需求分析到编码的顺利过渡。

概要设计如同画楼房的总图，一栋楼房往往只有一张图，详细设计需要为每个房间进行设计，由于房间众多，因此一栋楼房需要很多张详细设计图纸。同样的道理，软件的概要设计结果往往是一张图纸，详细设计则是很多张图纸。

概要设计是需求分析形成的数据流图中加工的映射，界面设计又是概要设计的映射，详细设计是需求分析形成的结构化语言、判定表和判定树的映射，映射工具是程序流程图。

数据流图分为事务型和加工型两大类，一个项目的数据流图往往是由这两种类型的数据流图组合起来的。事务型数据流图是实际工作中的并行业务流程，例如，科研管理工作分为横向项目管理、纵向项目管理、论文管理、著作管理、专利管理、获奖管理等，每个事务是并行进行的，原则上数据互相不影响。加工型数据流图是实际工作中的串行业务流程，如填写科研项目申报书、审批科研项目申报书、生效的科研项目申报书等，这是串行业务，必须由申请人先填写项目申报书，然后由主管部门依次审批，最后一级审批完毕之后才成为生效的项目申报书，显然数据是共享的，前面业务的数据加工成后面业务的数据。概要设计就是将数据流图转换成模块结构图。

界面设计分为框架设计和页面设计。框架设计的依据是模块结构图，模块是分级的，所以界面也是分级的。当某一级的模块不超过 9 个时，往往采用菜单模式来映射，如 Office 系列产品；当某一级的模块超过 9 个时，往往采用树状结构模式来映射，如资源管理器。页面设计的依据是 ER 图和数据字典,原则上一个实体对应一个界面,一个数据项对应一个录入框。当数据规律性很强并且需要批量录入时,往往采用表格方式来映射,如学生信息:学号、年龄、性别、籍贯等,采用表格录入比较合理;当数据规律性不强并且离散录入时,往往采用文本框来映射,如横向项目,项目名称、委托单位等各不相同,而且是离散录入的,采用文本框录入比较合理。

　　详细设计的依据是软件需求分析中用结构化语言、判定表、判定树、层次方框图、Warnier 图、IPO 图、需求描述语言等表达出来的需求。这些工作的工作量非常大,在软件工程实践中,很多小团队限于人力和财力的原因,往往忽略了详细设计。在工业界详细设计没有得到足够的重视,在教育界也是如此,教材和论著很少将详细设计作为一章来详细论述。原因可能是详细设计已经非常接近代码,编写代码直接代替详细设计可能是更为现实的方式。与建筑工人不一样的是,编写代码的员工能够胜任详细设计任务。

8.2　详细设计的工具

　　详细设计的工具是程序流程图(program flow diagram,PFD),包含顺序、选择和循环三种常用结构。程序流程图在各种程序设计语言课程中已经涉及,每种编程语言都提供了顺序、选择和循环三种结构的语句。这说明软件工程过程中经过详细设计以后,可以用任意一种编程语言来映射程序流程图。

　　程序流程图独立于任何一种编程语言,比较直观、清晰,易于理解和学习。顺序结构表示先后执行的语句、函数、子过程或模块,如图 8-1 所示;选择有两种情况选择和多种情况选择,如图 8-2 所示;循环有先判断后循环和后判断先循环这样的区别,如图 8-3 所示。

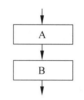

图 8-1　顺序结构

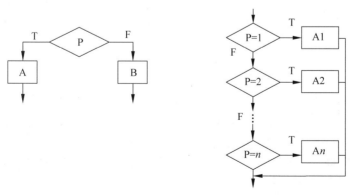

图 8-2　两种选择结构

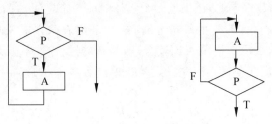

图 8-3　两种循环结构

思考题

1. 详细设计的作用是什么?
2. 详细设计的工具是什么?

第9章

测 试

目标：

(1) 掌握软件测试的定义。

(2) 掌握软件测试的模型。

(3) 掌握软件测试的方法。

(4) 了解测试过程及相关的文档。

9.1 软件测试定义

编码结束后，开始进入测试阶段。无论采用何种模型开发出来的系统，在设计中都有可能存在错误或漏洞，在编码过程中也可能会引入新的错误，所以在软件交付使用之前，必须进行严格测试，通过测试找出软件在需求分析、设计和编码阶段隐藏的错误，并加以改正。

由于软件产品具有逻辑复杂性，因此软件测试的工作量和工作难度不亚于软件分析和设计。据统计，测试工作量占软件开发总工作量的 40%~50%，而测试的范围存在于软件的整个生命周期，不仅仅局限在程序编码阶段。

为了发现程序中的错误而执行程序的过程被称为测试。软件开发的前几个阶段是构建软件系统，而软件测试的目的则是尽力找出软件的失败和不足之处。从表面上看，设计是建设性的，测试是破坏性的。事实上这两个过程都是为了提高软件的质量。测试是保证软件质量的重要手段之一。

9.1.1 测试的目的

软件测试是对软件计划、软件设计和软件编码进行纠错的活动，测试的目的是找出整个软件开发周期中各个阶段的错误，分析错误的性质和位置并加以纠正。纠正的过程包括对文档和代码的修改，找错的活动被称为测试，而纠错的过程被称为调试。

正确地认识测试十分重要，如果为了表明程序是正确的而进行测试，就会设计出一些不易暴露错误的测试方案；相反，如果测试是为了发现程序中的错误，就会力求设计最能暴露错误的测试方案。

测试的目的决定了测试方案的设计，Grenford J. Myers 给出了软件测试的目的。

(1) 测试是为了发现程序中的错误而执行程序的过程。

(2) 好的测试方案是极有可能发现迄今尚未发现的尽可能多的错误的。

(3) 成功的测试是发现了迄今尚未发现的错误的测试。

怎样才能实现测试目的呢? 为了设计有效的测试方案,软件工程师必须深入理解并正确运用指导软件测试的基本准则。这些基本准则如下。

- 所有测试都应该能追溯到用户需求。
- 应该在测试之前就制订出测试计划。
- 应该从"小规模"测试开始,逐步进行"大规模"测试。
- 穷举测试是不可能的。
- 为了达到测试效果,应该由独立的第三方从事测试工作。

9.1.2　测试的基本原则

为了达到测试的要求,测试人员在进行程序测试时应该遵循一些测试原则。

- 在测试前要认定被测试的软件有错,不要认为被测试的程序是正确的。
- 尽量避免测试自己编写的程序。
- 测试时要考虑合理的输入数据和不合理的输入数据。
- 测试时应以软件需求规格说明书中的需求为标准。
- 要确定找到的新错与已找到的旧错成正比。Grenford J. Myers 认为"一个或多个模块中存在错误的概率与其中已经发现的错误个数成正比",因此应该对已经发现错误集中的模块进行重点测试,以找出相关的可能错误,提高测试效率。
- 所有的测试用例都应该被记录下来,以供今后的测试和维护使用。

9.2　软件测试模型

1. V 模型

在软件测试方面,V 模型是最广为人知的模型,尽管很多富有实际经验的测试人员还是不太熟悉 V 模型。V 模型已存在了很长时间,和瀑布开发模型有着一些共同的特征,由此也和瀑布模型一样受到了批评和质疑。V 模型中的过程从左到右描述了基本的过程和测试行为。

V 模型的优点在于它非常明确地标明了测试过程中存在的不同级别,并且清楚地描述了这些测试阶段和开发过程中各阶段的对应关系。V 模型的缺点在于它把测试作为编码之后的最后一个活动,需求分析等前期产生的错误直到后期的验收测试时才能被发现。V 模型如图 9-1 所示。

2. W 模型

V 模型的局限性在于没有明确地说明早期的测试,无法体现"尽早地和不断地进行软件测试"的原则。在 V 模型中增加软件各开发阶段应同步进行的测试,则 V 模型就演化为

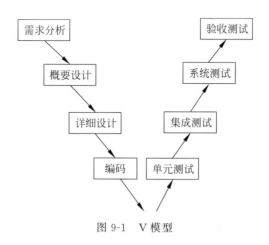

图 9-1 V 模型

了 W 模型。在模型中不难看出,开发是 V,在软件的需求和设计阶段的测试活动应遵循 IEEE 1012—2016 *IEEE Standard for Software Verification and Validation* 的原则。

W 模型由 Evolutif 公司提出,相对于 V 模型,W 模型更科学。W 模型是 V 模型的发展,强调的是测试伴随着整个软件开发周期,而且测试的对象不仅仅是程序,需求、功能和设计同样要被测试。测试与开发是同步进行的,从而有利于尽早地发现问题。图 9-2 为在 V 模型中增加同步测试的方法。

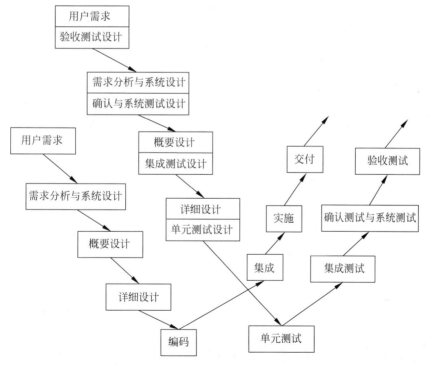

图 9-2 在 V 模型中增加同步测试的方法

W 模型也有局限性。W 模型和 V 模型都把软件的开发视为需求、设计、编码等一系列串行的活动,无法支持迭代、自发性及变更调整。W 模型如图 9-3 所示。

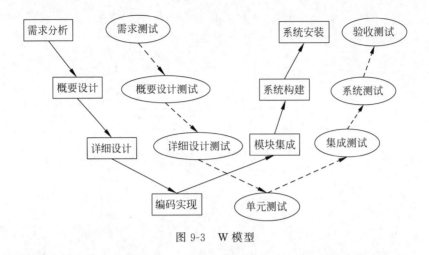

图 9-3   W 模型

3. X 模型

X 模型也是对 V 模型的改进,X 模型提出针对单独的程序片段进行相互分离的编码和测试,此后通过频繁的交接,通过集成最终合成为可执行的程序。

然后再对这些可执行程序进行测试。已通过集成测试的成品可以进行封装并提交给用户,也可以作为更大规模和范围内集成的一部分。多条并行的曲线表示变更可以在各个部分发生。由图 9-4 可见,X 模型还定位了探索性测试,这是不进行事先计划的特殊类型的测试,这一方式往往能帮助有经验的测试人员在测试计划之外发现更多的软件错误。但这样可能对测试人造成人力、物力和财力的浪费,对测试人员的熟练程度要求比较高。

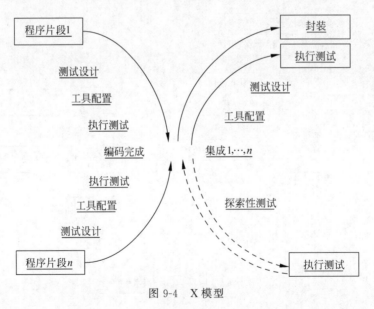

图 9-4   X 模型

4. H 模型

在 H 模型中,软件测试过程活动完全独立,贯穿于整个产品周期,与其他流程并发地进行,当某个测试点准备就绪时,就可以从测试准备阶段进入测试执行阶段。软件测试可以尽早地进行,并且可以根据被测物的不同而分层次进行。

图 9-5 演示了在整个生产周期中某个层次上一次测试的"微循环"。图 9-5 中标注的"其他流程"可以是任意的开发流程,如设计流程或编码流程。也就是说,只要测试条件成熟,测试准备活动完成,测试执行活动就可以进行了。

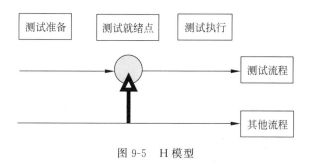

图 9-5　H 模型

H 模型揭示了一个原理:软件测试是一个独立的流程,贯穿产品整个生命周期,与其他流程并发地进行。H 模型指出软件测试要尽早准备,尽早执行。不同的测试活动可以是按照某个次序先后进行的,但也可能是反复进行的,只要某个测试达到准备就绪点,测试执行活动就可以展开。

9.3　软件测试方法

根据利用的被测对象信息的不同,可以将软件测试方法分为黑盒测试、白盒测试、灰盒测试。

9.3.1　黑盒测试方法

黑盒测试也称为功能测试,它是通过测试来检测每个功能是否都能正常使用。在测试中,把程序看作一个不能打开的黑盒子,在完全不考虑程序内部结构和内部特性的情况下,在程序接口进行测试,它只检查程序功能是否按照需求规格说明书的规定正常使用,程序是否能适当地接收输入数据而产生正确的输出信息。黑盒测试着眼于程序外部结构,不考虑内部逻辑结构,主要针对软件界面和软件功能进行测试。

具体的黑盒测试用例设计方法包括等价类划分法、边界值分析法、错误推测法、因果图法、判定表驱动法、正交试验设计法、功能图法、场景法等。

1. 等价类划分法

等价类划分法是把程序的输入域划分成若干部分(子集),然后从每部分中选取少数代表性数据作为测试用例。每类的代表性数据在测试中的作用等价于这一类中的其他值。

等价类划分可有两种不同的情况:有效等价类和无效等价类。有效等价类是指由对于程序的规格说明来说是合理的、有意义的输入数据构成的集合。利用有效等价类可检验程序是否实现了规格说明中所规定的功能和性能。无效等价类与有效等价类的定义恰巧相反。设计测试用例时,要同时考虑这两种等价类。因为软件不仅要能接收合理的数据,也要能经受意外的考验。进行这样的测试才能确保软件具有更高的可靠性。划分等价类的原则有以下几个。

(1) 在输入条件规定了取值范围或值的个数的情况下,可以确立一个有效等价类和两个无效等价类。

(2) 在输入条件规定了输入值的集合或规定了"必须如何"的条件的情况下,可确立一个有效等价类和一个无效等价类。

(3) 在输入条件是一个布尔量的情况下,可确定一个有效等价类和一个无效等价类。

(4) 在规定了输入数据的一组值(假定 9 个),并且程序要对每一个输入值分别处理的情况下,可确立两个有效等价类和一个无效等价类。

(5) 在规定了输入数据必须遵守的规则的情况下,可确立一个有效等价类(符合规则)和若干无效等价类(从不同角度违反规则)。

(6) 在确认已划分的等价类中各元素在程序处理中的方式不同的情况下,应再将该等价类进一步划分为更小的等价类。

对划分出的等价类可按以下三个原则设计测试用例。

(1) 为每一个等价类规定一个唯一的编号。

(2) 设计一个新的测试用例,使其尽可能多地覆盖尚未被覆盖的有效等价类。重复这一步,直到所有的有效等价类都被覆盖为止。

(3) 设计一个新的测试用例,使其仅覆盖一个尚未被覆盖的无效等价类。重复这一步,直到所有的无效等价类都被覆盖为止。

2. 边界值分析法

长期的测试工作经验证明,大量的错误是发生在输入或输出范围的边界上,而不是发生在输入或输出范围的内部。因此针对各种边界情况设计测试用例,可以查出更多的错误。边界值分析法是对等价类划分方法的补充,边界值分析法既重视输入条件边界,也重视输出域边界。

使用边界值分析方法设计测试用例,首先应确定边界情况。通常输入和输出等价类的边界就是应重点测试的边界情况。应当选取正好等于、刚刚大于或刚刚小于边界值的值作为测试数据,而不是选取等价类中的典型值或任意值作为测试数据。

基于边界值分析方法选择测试用例的原则有以下几个。

(1) 如果输入条件规定了值的范围,则应选取刚达到这个范围的边界值,以及刚刚超出这个范围边界的值作为测试输入数据。

(2) 如果输入条件规定了值的个数,则用最大个数、最小个数、比最小个数少一、比最大个数多一的数作为测试数据。

(3) 如果程序的规格说明给出的输入域或输出域是有序集合,则应选取集合的第一个元素和最后一个元素作为测试用例。

(4) 如果程序中使用了一个内部数据结构,则应当选择这个内部数据结构的边界值作为测试用例。

（5）分析规格说明，找出其他可能的边界条件。

3. 错误推测法

错误推测法是基于经验和直觉推测程序中所有可能存在的错误，从而有针对性地设计测试用例的方法。

错误推测法的基本思想：列举出程序中所有可能有错误的和容易发生错误的特殊情况，根据它们选择测试用例。例如，在单元测试时曾列出的许多在模块中常见的错误、以前产品测试中曾经发现的错误等。还有输入数据和输出数据为 0 的情况，输入表格为空或输入表格只有一行。这些都是容易发生错误的情况，可选择这些情况下的例子作为测试用例。

4. 因果图法

前面介绍的等价类划分法和边界值分析法都是重点考虑输入条件，但未考虑输入条件之间的联系、相互组合等。考虑输入条件之间的相互组合，可能会产生一些新的情况。但要检查输入条件的组合不是一件容易的事情，即使把所有输入条件划分成等价类，它们之间的组合情况也相当多。因此必须考虑采用一种适合描述多种条件的组合，相应产生多个动作的形式来设计测试用例，这就需要利用因果图（也被称为逻辑模型）法。

因果图方法最终生成的就是判定表，它适合检查程序输入条件的各种组合情况。用因果图法生成测试用例的步骤如下。

（1）分析软件规格说明描述，哪些是原因（即输入条件或输入条件的等价类）、哪些是结果（即输出条件），并给每个原因和结果赋予一个标识符。

（2）分析软件规格说明描述中的语义。找出原因与结果之间、原因与原因之间对应的关系，根据这些关系画出因果图。

（3）由于语法或环境限制，有些原因与原因之间、原因与结果之间的组合情况是不可能出现的。为表明这些特殊情况，应在因果图上用一些记号标明约束条件或限制条件。

（4）把因果图转换为判定表。

（5）把判定表的每列拿出来作为依据，设计测试用例。

从因果图生成的测试用例包括了所有输入数据取 true 与取 false 的情况，构成的测试用例数目达到最少，且测试用例数目随着数据数目的增加而线性增加。

9.3.2　白盒测试方法

白盒测试也称为结构测试或逻辑驱动测试，它是按照程序内部的结构测试程序，通过测试来检测产品内部动作是否按照需求规格说明书的规定正常进行，检验程序中的每条通路是否都能按预定要求正确工作。这一方法是把测试对象看作一个打开的盒子，测试人员依据程序内部逻辑结构相关信息，设计或选择测试用例，对程序的所有逻辑路径进行测试，通过在不同点检查程序的状态，确定实际的状态是否与预期的状态一致。

白盒测试包含 6 种情况。

1. 语句覆盖

语句覆盖(statement coverage)就是设计足够多的测试用例,运行要测试的程序,使得每一条可执行的语句至少执行一次。这是最常用、也是最常见的一种覆盖方式。

使用语句覆盖的一个规则是设计的测试用例越少越好。语句覆盖率的公式可以表示如下:

$$语句覆盖率 = 被评价到的语句数量 / 可执行的语句总数 \times 100\%$$

语句覆盖常常被人指责为"最弱的覆盖",它只管覆盖代码中的执行语句,却不考虑各种分支的组合等。假如只要求达到语句覆盖,那么换来的实际测试效果不明显,很难更多地发现代码中的问题。这里举一个简单的例子。

```
int fun (int a, int b)
{
    return a/b;
}
```

假如测试人员编写如下测试案例:

```
Test Case: a = 100, b = 50
```

测试人员的测试结果会告诉你,他的代码覆盖率达到了 100%,并且所有测试案例都通过了。然而遗憾的是,语句覆盖率虽然达到了所谓的 100%,但是却没有发现最简单的 bug。例如,当 b=0 时会抛出一个除 0 异常。

2. 路径覆盖

利用基本路径测试方法设计测试用例是在给出程序控制流的基础上,分析控制结构的环路复杂性,导出基本的可执行路径,并把覆盖的路径压缩到一定范围内,保证程序中的循环体最多只执行一次。设计出的测试用例要保证在测试中,程序中的每一条语句至少要被执行一次,而且每个条件在执行时都将分别取"真""假"两种值。

使用基本路径测试技术设计测试用例的步骤如下。

(1) 画出程序的控制流图。

(2) 计算流图的环路复杂度。

(3) 确定独立路径的基本集合。

(4) 设计测试用例。

3. 判定覆盖

判定覆盖又称为分支覆盖,就是设计足够多的测试用例,运行被测程序,使得程序中每个判定的取真分支和取假分支至少被测试一次。

判定覆盖的优点是判定覆盖具有比语句覆盖更强的测试能力,而且具有和语句覆盖一样的简单性,不需要细分每个判定就可以得到测试用例。判定覆盖的缺点是往往大部分的判定语句是由多个逻辑条件组合而成(如判定语句中包含 AND、OR、CASE),若仅仅判断

其整个最终结果,而忽略每个条件的取值情况,必然会遗漏部分测试路径。例如下面的程序段:

```
int a,b;
if(a||b)
    执行语句 1
else
    执行语句 2
```

要达到这段程序的判断覆盖,应设计测试用例:

```
a = true,b = true
a = false,b = false
```

4. 条件覆盖

条件覆盖是指选择足够多的测试用例,使得运行这些测试用例后,能使每个判断中每个条件的可能取值至少满足一次。条件覆盖要检查每个符合谓词的子表达式值为"真"和"假"两种情况,要独立衡量每个子表达式的结果,以确保每个子表达式的值为"真"和"假"两种情况都被测试到。以上例来说,要达到条件覆盖,应设计测试用例为:

```
a = true,b = true
a = true,b = false
a = false,b = true
a = false,b = false
```

条件覆盖通常比判定覆盖强,因为它使判定表达式中每个条件都取到了两个不同的结果,判定覆盖却只关心整个判定表达式的值。

5. 判定/条件覆盖

单独使用判定覆盖和条件覆盖,测试结果都不够全面,如果将两种覆盖结合,就会起到互相补充的作用,这就是判定/条件覆盖。判定/条件覆盖就是设计足够多的测试用例,使得判断中每个条件的所有可能取值至少被执行一次,同时每个判断的所有可能判定结果也至少被执行一次。

6. 条件组合覆盖

在白盒测试法中,应选择足够多的测试用例,使得每个判定中条件的各种可能组合都至少出现一次。显然,满足"条件组合覆盖"的测试用例是一定满足"判定覆盖""条件覆盖"和"判定/条件覆盖"的。

9.3.3 灰盒测试方法

灰盒测试是介于白盒测试与黑盒测试之间的。可以这样理解:灰盒测试关注输出对于输入的正确性,同时也关注内部表现。但这种关注不像白盒那样详细、完整,只是通过一些表征性的现象、事件、标志来判断内部的运行状态,有时候输出是正确的,但内部其实已经错误了。这种情况非常多,如果每次都通过白盒测试来操作,效率会很低,因此需要采取这样的一种灰盒测试的方法。

灰盒测试通常与 Web 服务应用一起使用,因为尽管应用程序复杂多变,并不断发展进步,Internet 仍可以提供相对稳定的接口。由于不需要测试者接触源代码,因此灰盒测试不存在侵略性和偏见。

灰盒测试相对白盒测试更加难以发现并解决潜在问题。尤其在单一的应用场景中,通过白盒测试可完全掌握系统的内部细节。灰盒测试结合了白盒测试和黑盒测试的要素,它考虑了用户端、特定的系统知识和操作环境。它在系统组件的协同性环境中评价应用软件的设计。灰盒测试由方法和工具组成,这些方法和工具取材于应用程序的内部知识和与之交互的环境,能够用于黑盒测试以提高测试效率、错误发现和错误分析的效率。

9.4　测试过程与测试文档

在测试一个大规模的软件系统之前,测试人员应该清楚测试的整个过程。

1. 测试过程

测试过程(testing procedure)是指设置、执行给定测试用例并对测试结果进行评估的一系列详细步骤。测试过程可分为 5 个步骤:单元测试、集成测试、确认测试、系统测试和发布测试。

(1) 单元测试集中对用源代码实现的每一个程序单元进行测试,检查各个程序模块是否正确地实现了规定的功能。

(2) 集成测试把已测试过的模块组装起来,主要对与设计相关的软件体系结构的构造进行测试。

(3) 确认测试则是要检查已实现的软件是否满足了需求规格说明中确定了的各种需求,以及软件配置是否完整和正确。

(4) 系统测试把已经经过确认的软件纳入实际运行环境中,与其他系统成分组合在一起进行测试。

(5) 对于通用软件来说,在投入市场之前要进行发布测试,当错误出现率低于某个值时,要终止测试并发布软件。

单元测试往往采用的是白盒法,集成测试可能采用白盒法、黑盒法和灰盒法,确认测试、系统测试和发布测试采用黑盒法。

整个软件测试步骤如图 9-6 所示。

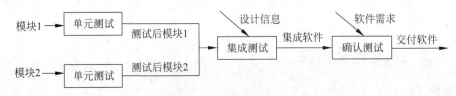

图 9-6　软件测试步骤

软件测试过程中需要三类信息:软件配置、测试配置和测试工具。软件配置包括需求规格说明、软件设计规格说明、源程序等。测试配置包括测试方案、测试用例、测试驱动程序等。测试工具是指相关计算机辅助测试的工具,如测试数据自动生成工具、静态分析程序、动态分析程序、测试结果分析程序、驱动测试的测试数据库。整个测试过程如图 9-7 所示。

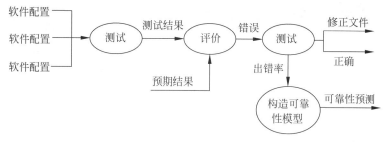

图 9-7 测试过程

2.测试文档

软件测试需要的文档有以下 5 个。

(1)测试方案。主要设计测试什么内容和采用什么样的方法,经过分析,在这里可以得到相应的测试用例列表。

(2)测试执行策略。主要包括哪些可以先进行测试,哪些可以放在一起进行测试之类的策略。

(3)测试用例。主要根据测试用例列表写出每个用例的操作步骤、紧急程度。

(4)bug 描述报告。主要包括对测试环境的介绍、预置条件、测试人员、问题出现的操作步骤和当时测试的现场信息。

(5)整个项目的测试报告。从设计和执行的角度对项目测试情况进行介绍,从分析中总结此次设计和执行做得好的地方和需要努力的地方,并对此项目进行质量评价。

思考题

1. 什么是软件测试?软件测试的基本准则是什么?

2. 软件测试的目的是什么?为什么把软件测试的目的定义为只是发现错误?

3. 黑盒测试方法有哪些?

4. 白盒测试方法有哪些?

5. 测试模型有哪些?

6. 单元测试、集成测试、确认测试各自的主要目标是什么?相互之间有什么关系?

7. 根据你自己的经验,总结在程序调试中常用的纠正差错的方法。

第 10 章

维护和演化

目标：

（1）掌握维护和演化的类型。

（2）掌握软件演化与软件维护的关系。

（3）了解软件演化的产生。

10.1 软件维护

软件是逻辑产品，是根据人的需求而逐步构造出来的，在满足需求目标的情况下，经过大量测试工作后，对于通用软件来说可以投放市场，对于定制产品来说可以上线投入使用。

由于软件逻辑的复杂性，软件中隐藏的缺陷会逐渐暴露出来，这时需要软件开发商进行修改，以修正这些缺陷；由于需求的易变性，软件开发商需要针对变化的需要而做改动；由于软件环境和硬件的变化，软件开发商需要针对软硬件环境的变化而做改动；用户在使用软件的过程中，从使用方便性的角度也会提出一些修改建议；软件开发商随着经验的积累，从其他项目中获得的一些新技术也会改进到原来的软件中。基于这些原因，软件维护是不可避免的。

根据引起维护的原因，可以将维护分为如下三类。

（1）改正性维护。软件的一些错误在测试过程中没有被发现，而是在实际使用环境中暴露出来，修改这些错误而产生的工作称为改正性维护。一般来说，软件投入使用的早期，改正性维护量比较大。这些错误会引起软件运行异常，用户的业务流程无法继续进行，因此这种维护是必不可少的。

（2）完善性维护。软件在使用的过程中，为了操作的方便、界面的美观、运行的流畅等，用户会提出一些维护，称为完善性维护。一般来说，这些维护不是紧急的，不影响业务流程的执行。在软件运行到一定程度时，用户熟练使用软件之后会提出这些维护需求。

（3）适应性维护。在软件使用若干年后，由于操作系统的更新、浏览器的升级、硬件的升级等引起一些维护，称为适应性的维护。在软件生命周期中，这类维护量比较少。

从影响软件能否运行的重要性来看，改正性维护最重要，是马上需要进行的必不可少的维护，在软件运行的早期比较多；适应性维护也是必不可少的，在软件运行的后期才有；完善性维护不影响软件业务的运行，是必需的，但不是马上要进行的维护，一般是在软件运行一段时间后才有的。

由于软件是为人类提供计算服务的逻辑产品，追求方便、快捷、美观是人类永恒的主题，因此完善性维护量最大，其次是改正性维护，再次是适应性维护。

各类维护工作量的一个经验性估计如图 10-1 所示。

随着复用等技术的使用，原始软件开发的比例越来越少，二次开发和维护的比例越来越大，维护在软件生命周期中占据越来越重要的地位，维护的质量决定软件开发商的信誉等级，维护的质量往往决定用户的满意程度。

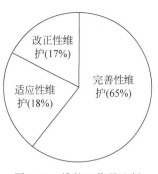

图 10-1　维护工作量比例

10.2　软件演化的产生

在传统的软件开发周期模型中，软件产品一旦交付使用就进入软件维护阶段。然而，以纠错、完善和适用为目的的软件维护仅仅是消极地对软件做某些局部的改变，没有涉及较高层次的结构，因而无法积极地适应在新环境下用户需求的改变。也就是说，随着时间的推移，它不可避免地导致软件生存状况恶化（因文档的逐渐缺失和开发人员的离去而导致信息丢失）。由于在较低层次做出的调整无法满足新的技术、规范和需求的引入，这就迫使软件工程师寻求新的方法学，软件再工程因此应运而生。软件再工程通常可以定义为：为提高人们对软件的理解、准备和改善软件本身以增强软件的可维护性、可复用性和可演化性的一些活动。

随着观念和技术的进步，人们开始在软件再工程活动中区分软件维护和软件演化。软件维护通常可以定义为细粒度的局部的短期活动，系统的结构保持不变，并且这种改变产生的经济和策略利益较小，在增强软件复用方面作用不大。这种方法倾向于零散地响应软件需求，只有改变软件的结构才能为将来的软件开发提供类似于杠杆的作用，这就要求系统在体系结构层次进行演化。

软件演化是一种粗粒度、高层次、结构化的形式改变，使得软件系统更容易维护。演化允许系统考虑广泛的新需求，并且获得完整的新功能，不仅仅是在指令级改变软件，而是在体系结构级做出改变，从而使得它更容易与其他软件集成，使得遗留系统成为财产而不是债务。随着 Internet、电子商务、构件技术（诸如 CORBA、COM 和 EJB）的兴起和可扩展标记语言（XML）标准的出现，以及对数据的重新认识，遗留系统也显示出了新的含义和重要性。而在对遗留系统的处理上，人们也开始从消极的局部的改变活动转向更为积极的软件体系结构的演化。随着时间的推移，遗留系统的用户需求在不同程度上发生改变，软件的实现技术和计算环境也在不断地改变，如在数据访问技术方面，计算资源的增长和数据访问技术的增强驱动了更多访问的需求。新计算模型（如对象和 Agent 的计算模型）的不断推出使人们能更精确地刻画、理解和分析问题域（problem domain）。新的软件工程方法学，如基于构件的软件工程允许在构件的基础上装配符合需求的系统，所有这些情况的改变都要求软件工程师在考虑新的用户需求和技术的情况下，分析遗留系统应该扮演什么样的角色，以及它与新需求之间的关系，而演化的商业和组织环境也要求软件具有可演化特性以适应未来持续变化的操作环境与用户需求。将这些与计算模型的调整、新需求的引入、技术的增强和环境的改变所引起的软件调整和适应统称为软件演化。

随着软件生产要求的不断提高及软件工业的逐步成熟,基于构件的软件开发方法(component based software development,CBSD)被提了出来。它是在汲取经典软件开发方法经验的基础上出现的一种全新的、高效的软件开发方法。构件和基于构件的软件工程是当前软件工程领域的研究热点。因此,对软件构件和软件系统演化的研究是提高软件系统的可靠性、可维护性、演化性、生产效率和产品质量的有效途径。

一个软件系统开发完毕正式投入使用之后,如果需求发生变化或者要将该系统移植到另一个环境运行,且新环境的需求也有相应的变化时,就要对软件进行修改,这就是软件演化。软件演化是一个程序不断调整以满足新的软件需求的过程,也就是对一个已有软件不断进行修改、补充、完善以适用新需求和新环境的过程。在这一点上讲,软件演化、垂直领域复用及软件的完善性维护在很大程度上是重叠的。今后软件质量更为重要的方面将体现在可维护性及系统应付不断变化的能力,即软件的演化性。

软件演化是一个复杂的过程,这种复杂性决定了对软件的演化研究首先应该从宏观层面入手,软件体系结构作为软件的蓝图和支撑骨架,为人们宏观把握软件演化提供了一条有效途径。

杨芙清院士指出:"随着软件技术的发展及应用需求的变化,软件必须持续不断地演化,这是软件的本质特征之一。"当前,IT技术日新月异,市场和业务不断变化,导致软件需求不断发生变化,如何快速地满足客户不断变化的需求成为软件成功的关键。另外,在许多重要的应用领域(如医疗、金融、电力、电信、银行及空中交通管制等)中,系统的持续可用性是一个关键性的要求,运行时刻的系统演化可减少因关机和重新启动带来的损失和风险。因此,对软件演化的研究具有极其重要的意义。

10.3　软件演化理论

软件演化是指在软件系统的生命周期内软件维护和软件更新的动态行为。在现代软件系统的生命周期内,演化是一项贯穿始终的活动,系统需求的改变、功能实现的增强、新功能的加入、软件系统结构的改变、软件缺陷的修复和运行环境的改变无不要求软件系统具有较强的演化能力,能够快速适应改变,减少软件维护的代价。

软件演化的核心问题是软件如何适应改变。软件的演化能力主要体现在如下四方面。

(1) 可分析性(analyzability)。根据演化需求,定位待修改部分的能力。具有良好演化能力的软件应该容易分析、理解,从而可以根据变化迅速定位需要改变的部分。

(2) 可修改性(changeability)。实现特定部分修改的能力。具有良好演化能力的软件可以方便地修改,以支持变化。

(3) 稳定性(stability)。避免软件修改造成不良后果的影响。

(4) 可测试性(testability)。验证软件修改有效性的能力。

10.3.1　演化与维护的关系

从软件演化的概念来看,软件演化和软件维护有着密切联系,但软件维护是对现有的已交付的软件系统进行修改,使得目标系统能够完成新的功能,或是在新的环境下完成同样的功能,主要是指在软件维护期的修改活动。而软件演化则是着眼于软件的整个生命周期,从系统功能行为的角度来观察系统的变化,这种变化是软件的一种向前的发展过程,主要体现在软件功能的不断完善。在软件维护期,通过具体的维护活动可以使得系统不断向前演化。因此,软件维护和软件演化可以归结为这样一种关系:前者是后者特定阶段的活动,并且前者是后者的直接组成部分。

10.3.2　软件演化的分类

按照演化发生的时机,软件演化可以分为如下四类。

(1) 设计时演化(design-time evolution)。设计时演化是目前在软件开发实践中应用最广泛的演化形式。设计时演化在软件编译前,通过修改软件的设计、源代码、重新编译、部署系统来适应变化。目前有多种技术可以提高软件的设计时演化能力,如基于构件的开发、基于软件框架(framework)的开发和设计模式(design pattern)等。

(2) 运行前演化(pre-execution evolution)。运行前演化是指在软件编译后、运行前进行演化。因为系统尚未开始执行,这类演化不涉及系统状态的维护问题。为了执行这种演化,要求编译后的软件系统含有足够的系统运行时信息。如由于 Java 类文件中包含了程序运行的元数据,通过修改元数据可以实现 Java 类的演化,包括增添新的方法、添加接口、数据成员等操作。

(3) 有限制的运行时演化(constrained runtime evolution)。这类演化系统通常在设计时规定了演化的具体条件,如通过将系统置入一种"安全"模式,在这种模式下可以进行一些规定好的演化操作。

(4) 动态演化(dynamic evolution)。动态演化是最复杂也是最有实际意义的演化形式。动态演化是指在软件运行过程中,可以根据应用需求和环境变化,动态地进行软件配置、维护和更新,其表现形式包括系统元素数目的可变性、结构关系的可调节性和结构形态的动态可配置性。软件的动态演化特性对于适应未来软件发展的开放、动态环境具有重要意义。

思考题

1. 维护分为哪几类?
2. 演化分为哪几类?
3. 维护和演化的关系是怎样的?

软件开发方法篇·
基于构造粒度的方法

　　软件是一种产品,一方面要经历一系列的生产过程,因此从生产过程角度提出了一系列的生产方法;另一方面它一定是有结构的,采用何种粒度的大小来构造软件又形成了一系列的生成方法。

　　面向对象方法在类的级别来构造软件,类使得软件复用的级别在代码级,比之前的面向过程方法的函数和子过程的构造粒度大,软件生产效率提高。

　　面向构件方法在构件的级别上构造软件,构件使得软件复用的级别在二进制级,比之前的面向对象方法的类的构造粒度大,并且复用范围可以跨越编程语言,软件生产效率提高。

　　面向 Agent 方法构造和复用级别与构件相同,不同的是 Agent 是带有情感的构件,软件构造的自由度增大,软件可以自主地选择性结合。

　　面向 SOA 方法在服务的级别上构造软件,服务使得软件复用的级别在二进制级,但比之前的面向构件方法和面向 Agent 方法的构造粒度大,并且复用范围可以跨越操作系统平台,软件生产效率提高。

　　面向云计算方法是在服务的级别上构造软件,是一种新的成功的商业模式,使软件进入新的使用模式,软件可以像水电、煤气一样按缴费开关就可使用。这一商业模式使软件体现了其提供计算服务的本质属性。

第11章

面向对象方法

目标：

(1) 了解 UML 的发展历史。

(2) 掌握 UML 的定义。

(3) 掌握利用 UML 图形进行建模。

11.1 UML 概述

1995—1997 年间统一建模语言(unified modeling language，UML)出现，在世界范围内，UML 很快成为面向对象技术领域内占主导地位的标准建模语言。UML 带来的好处是：首先，之前的数十种面向对象建模语言都是相互独立的，UML 的出现消除了许多潜在的和不必要的差异，统一了面向对象技术领域的建模语言，便于用户使用；其次，通过统一的语义和符号表示，稳定了面向对象技术市场，使项目根植于一种成熟的标准建模语言，从而大大拓宽了所开发软件系统的适用范围，提高了其灵活程度。

11.1.1 UML 产生的背景

公认的面向对象建模语言出现于 20 世纪 70 年代中期。从 1989 年到 1994 年，其数量从不到 10 种增加到了 50 种。面对众多的建模语言，每种语言的创造者努力推广自己的产品，并在实践中不断完善。但是，面向对象方法的用户并不了解各种建模语言的优缺点及相互之间的差异，因而很难根据应用特点选择合适的建模语言，于是爆发了一场"方法大战"。1995 年前后，一批新方法出现了，其中较为引人注目的是 Booch、OMT 和 OOSE 等。

Booch 是面向对象方法最早的倡导者之一，他提出了面向对象软件工程的概念。1991 年，他将以前面向 Ada 语言的工作扩展到整个面向对象设计领域。Booch 方法比较适用于系统的设计和构造。

Rumbaugh 等提出了面向对象的建模技术(object modeling technology，OMT)方法，采用了面向对象的概念，并引入各种独立于语言的表示符。这种方法用对象模型、动态模型、功能模型和用例模型共同完成对整个系统的建模，所定义的概念和符号可用于软件开发的分析、设计和实现的全过程，软件开发人员不必在开发过程的不同阶段进行概念和符号的转换。OMT 特别适用于分析和描述以数据为中心的信息系统。

Jacobson 于 1994 年提出了 OOSE 方法，其最大特点是面向用例(use case)，并在用例的描述中引入了外部角色的概念。用例的概念是精确描述需求的重要工具,用例贯穿于整个开发过程,包括对系统的测试和验证。OOSE 比较适合支持商业工程和需求分析。

此外,还有著名的 OOA/OOD,它是最早的面向对象的分析和设计方法之一,该方法简单易学,适用于面向对象技术的初学者使用。但由于该方法在处理能力方面的局限,目前已很少使用。

概括起来,建模语言具有以下特点。

(1) 面对众多的建模语言,用户由于没有能力区别不同语言之间的差别,因此很难找到一种比较适合其应用特点的语言。

(2) 众多的建模语言实际上各有千秋。

(3) 虽然不同的建模语言大多雷同,但仍存在某些细微的差别,极大地妨碍了用户之间的交流。因此,客观上有必要比较不同建模语言的优缺点,根据应用需求"取其精华,去其糟粕,求同存异"。

面向对象技术和 UML 的发展过程可用图 11-1 来表示,标准建模语言的出现是其重要成果。在美国,截至 1996 年 10 月,UML 获得了工业界、科技界和应用界的广泛支持,已有 700 多家公司表示支持采用 UML 作为建模语言。1991 年年底,UML 已稳占面向对象技术市场的 85%,成为可视化建模语言事实上的工业标准。1997 年 11 月 17 日,对象管理组织 OMG 采纳 UML 1.1 作为基于面向对象技术的标准建模语言,之后被改良,目前最新的版本是于 2017 年 12 月发布的 UML 2.5 版。

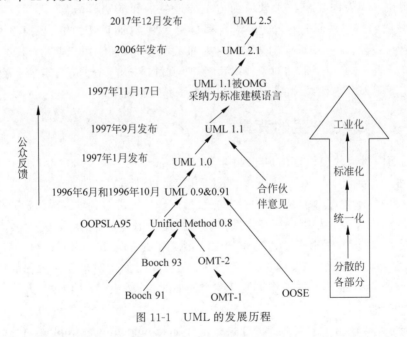

图 11-1 UML 的发展历程

11.1.2 UML 定义

UML 是一种定义良好、易于表达、功能强大且普遍适用的建模语言。它融入了软件工程领域的新思想、新方法和新技术。它的作用域不仅仅限于支持面向对象的分析与设计,而是全面支持从需求分析开始的软件开发的全过程。

UML 是一种有助于完成下列工作的语言：描述、可视化和理解文档；在问题解决过程中获取、交流和利用知识；描述、可视化和构造解决方案。

（1）UML 融合了 Booch、OMT 和 OOSE 方法中的概念，它是可以被上述及其他方法的使用者广泛采用的一门简单的、一致的和通用的建模语言。

（2）UML 扩展了现有方法的应用范围。UML 的开发者们把并行分布式系统的建模作为 UML 的设计目标，也就是说，UML 具有处理这类问题的能力。

（3）UML 是标准的建模语言，而不是一个标准的开发流程，也不是一种方法。在原理上，任何方法都应由建模语言和建模过程两部分构成。其中建模语言提供了这种方法中用于表示设计的符号（通常是图形符号）；建模过程则描述进行设计所需要遵循的步骤。UML 统一了面向对象建模的基本概念、术语及其图形符号，为人们建立了便于交流的共同语言。然而，人们可以根据所开发软件的类型、环境和条件，选用不同的建模过程。

11.2 UML 的研究内容

统一建模语言有着广泛的应用范围，它为人们提供了从不同角度去观察和展示系统的各种特征的一种标准方法。在 UML 中，从任何一个角度对系统所做的抽象都可能需要几种模型图来描述，而这些来自不同角度的模型图最终组成了系统的完整图像。

一般而言，可以从以下几种常用的视角来描述一个系统。

（1）系统的使用实例。从系统外部操作者的角度描述一个系统的功能。

（2）系统的逻辑结构。描述系统内部的静态结构和动态行为，即从内部描述如何设计实现系统功能。

（3）系统的构成。描述系统由哪些程序构件组成。

（4）系统的并发特性。描述系统的并发性，强调并发系统中存在的各种通信和同步问题。

（5）系统的配置。描述系统的软件和各种硬件设备之间的配置关系。

可见，前两种视角对任何系统的开发都是必要的，而后三种对于大多数复杂系统，特别是分布式及并发系统而言也是十分重要的。UML 提供了 5 类 9 种视图来综合刻画整个系统的全貌，模型图由一些基本的模型元素构成，这些元素分别表示一些公共的面向对象概念。

11.2.1 UML 语言的定义

UML 规范主要从抽象语法（abstract syntax）、良构规则（well-formedness rules）和语义（semantics）三方面来定义 UML 语言，其定义式是半形式化的。

一种语言的语法是定义语言中有哪些单元以及它们是如何用其他单元构成的。UML 的抽象语法是通过用它自己的一个子集来描述一个模型的方式给出的。

良构规则定义语言的静态语义，即定义语言构造物体的一个实例应该如何与其他实例相连接才有意义。这些规则是以语言构造物实例的不变式的形式给出的，当其不变式被满足时该单元才有意义。每个不变式都是用 UML 的对象约束语言（object constraint language，OCL）表达式给出的。

这里的语义指的是动态语义，它定义一个良构的单元的含义。UML 规范中只是对具体单元的动态语义进行定义,而不定义抽象单元的动态语义。

11.2.2　UML 的图形表示法

UML 的表示法定义了 UML 的符号表示,为开发者的建模提供图形表示方法。这些符号或文字表达是应用级的模型,在语义上是 UML 元模型的实例。

统一建模语言的重要内容可以由 5 类图(共 9 种图形)来定义:用例图(use case diagram)、类图(class diagram)、对象图(object diagram)、状态图(state diagram)、活动图(active diagram)、时序图(sequence diagram)、协作图(collaboration diagram)、组件图(component diagram)和配置图(deployment diagram)。UML 中的 9 种图彼此不是孤立的,各个模型图之间存在着信息的重叠和相互交织。通过对这些图的综合运用来全面刻画整个系统的全貌。UML 还提供了一些通用机制,包括对模型元素的语义定义、内容描述、附加注释、语言的扩展机制等。

1. 用例图

用例图显示多个外部参与者及他们与系统提供的用例之间的连接。用例是系统中的一个可以描述参与者与系统之间交互作用的功能单元。用例仅仅描述系统参与者从外部观察到的系统功能,并不描述这些功能在系统内部的具体实现。用例图的用途是列出系统中的用例和参与者,并显示哪个参与者参与了哪个用例的执行。图 11-2 所示是一个用例图的例子。

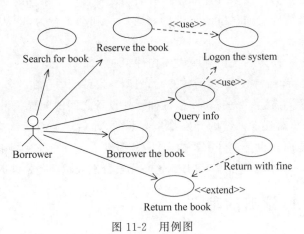

图 11-2　用例图

2. 类图

类是对应领域或应用解决方案中概念的描述。类图以类为中心组织,类图中的其他元素或属于某个类,或与类相关联。

类可以以多种方式相连:关联、依赖(一个类依赖或使用另一个类)、特殊化(一个类是另一个类的特殊化),这些连接成为类之间的关系。所有的关系连同每个类的内部结构都在类图中显示。关系用类框之间的连线表示,不同的关系用连线上和连线端口处的修饰符来区别。图 11-3 所示是类图的一个例子。

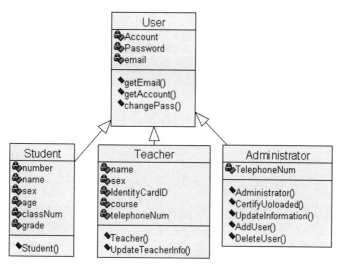

图 11-3　类图

3. 对象图

对象图是类图的变体，它使用与类图相似的符号描述，不同之处在于对象图显示的是类的多个对象实例而非实际的类。可以说，对象图是类图的一个例子，用于显示系统执行的一个可能的快照，即在某一时间点上系统可能呈现的样子。

4. 状态图

状态图是对类描述的补充，它用于显示类的对象可能具备的所有状态，以及引起状态改变的事件。状态的变化称为转换。状态图由对象的各个状态和连接这些状态的转换组成。每个状态对一个对象在其生命期中满足某种条件的一个时间段建模。事件的发生会触发状态间的转换，导致对象从一种状态转换到另一种新的状态。图 11-4 所示是状态图的一个例子。

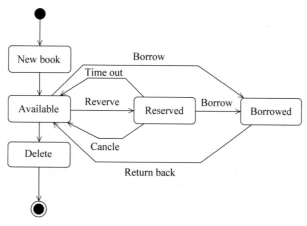

图 11-4　状态图

实际建模时,并不需要为所有的类都绘制状态图,仅对那些具有多个明确状态并且这些状态会影响和改变其行为的类才有绘制状态图的必要。此外,还可以为系统绘制整体状态图。

5. 时序图

时序图显示多个对象之间的动态协作,重点是显示对象之间发送消息的时间顺序。时序图也显示对象之间的交互,就是在系统执行时,某个指定时间点将发生的事情。时序图的一个用途是用来表示用例中的行为顺序,当执行一个用例行为时,时序图的每条消息对应了一个类操作或状态机中引起转换的触发事件。图 11-5 所示为时序图的一个例子。

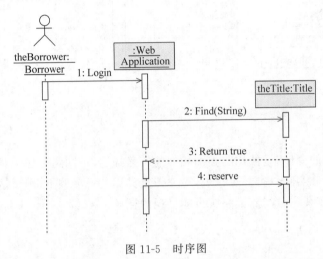

图 11-5　时序图

6. 协作图

协作图对在一次交互中有意义的对象和对象间的链接建模。除了显示消息的交互以外,协作图也显示对象及它们之间的关系。协作图是对象图的另一种表达方式,它描述系统中的对象及其相互之间的通信关系。

时序图和协作图都可以表示各对象间的交互关系,但它们的侧重点不同。时序图用消息的几何排列关系来表达消息的时间顺序,各角色之间的关系是隐含的。协作图用各个角色的几何排列来表示角色之间的关系,并用消息来说明这些关系。在实际运用中可以根据需要选用这两种图:如果重点强调时间或顺序,那么选择时序图;如果重点强调上下文,那么选择协作图。图 11-6 所示为协作图的一个例子。

7. 活动图

活动图是状态图的一个变体,用来描述执行算法的工作流程中涉及的活动。动作状态代表了一个活动,即一个工作流步骤或一个操作的执行。活动图由多个动作状态组成,当一个动作完成后,动作状态将会改变,转换为一个新的状态(在状态图内,状态图在进行转换之前需要标明显示的事件)。这样,控制就在这些互相连接的动作状态之间流动。此外,在活动图中还可以显示决策和条件,以及动作状态的并发执行。

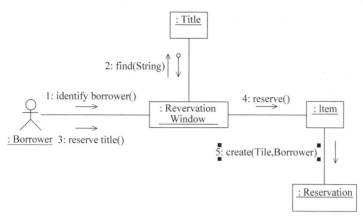

图 11-6　协作图

8. 组件图

组件图用代码组件来显示代码物理结构,组件可以是源代码组件、二进制组件或一个可执行的组件。一个组件包含它所实现的一个或多个逻辑类的相关信息,根据组件图中显示的组件之间的依赖关系,可以容易分析出某个组件的变化将会对其他组件产生什么样的影响。通常来说,组件图用于实际的编程工作中。

图 11-7 所示为组件图的一个例子。

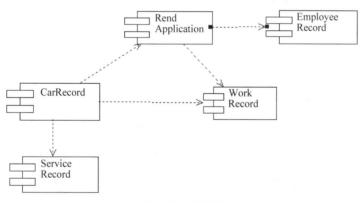

图 11-7　组件图

9. 配置图

配置图用于显示系统中硬件和软件的物理结构。配置图不仅可以显示实际的计算机和设备(节点),还可以显示它们之间的连接和连接的类型。在配置图中显示那些节点内已经分配的可执行的组件和对象,以表明这些软件单元分别在哪个节点上运行。

11.3　UML 建模过程与在 RUP 中的应用

对于系统的分析和设计,不可能在很短的时间内完成,需要一个过程。因此,选取合适的过程对开发和设计的效率是很重要的。UML 只是一种建模语言,准确地说,它是一种表示法,是一种"记录问题"的机制,可以发现应用领域的本质所在。因此,在实际的开发和设计中需要具体的过程来支持。

11.3.1　UML 建模过程

过程主要描述做什么、怎么做、什么时候做及为什么要做,描述一组以某种顺序完成的活动。过程的结果是一组有关的系统文档(模型和其他一些描述),以及对最初问题的解决方案。

UML 的创始人 Booch、Rumbaugh 和 Jacobson 在创建 UML 的同时,在 Rational 公司的支持下综合了多种软件开发过程的长处,提出了一种新的面向对象的软件开发过程,称为统一过程(rational unified process,RUP)。RUP 是一种以用例驱动、构架为中心、迭代和增量的开发过程。它与 UML 在实际开发过程中的结合使得对系统的分析和设计变得直观、清晰,降低了系统的开发风险。它还具有控制整个系统的开发过程,维护系统完整性的优点。

RUP 的核心思想认为软件开发是一个迭代、递增式的开发过程,是一个用例驱动的开发过程,是一个以体系结构为中心的开发过程。

RUP 提供了如何在开发组织中严格分配任务和职责的方法。它是一个过程产品,具有自己的过程框架,这个框架可以被改造和扩展。它是以一种大多数项目和开发组织都能适应的形式,总结了很多现代软件开发中的最佳实践。特别是它包含迭代的软件开发、需求管理、应用基于构件的构架、为软件建立可视化的模型、不断地验证软件质量、控制软件的变更等实践活动。

RUP 除了包含最佳实践外,还具有以下几个重要的特征。

(1) 用例对开发的很多方面都有驱动的作用。

(2) 需要软件开发工具来支撑过程。

(3) 作为过程框架,RUP 是可裁剪的过程。它建立了简洁和清晰的过程结构,为开发过程提供较大的通用性。同时,还可以对它进行裁剪,以适应特定组织的需要。

(4) RUP 中的软件生命周期在时间上被分解为 4 个顺序的阶段,分别是初始阶段(inception)、细化阶段(elaboration)、构造阶段(construction)和交付阶段(transition)。

RUP 规定了 9 个核心工作流,分为 6 个核心过程工作流和 3 个核心支持工作流。6 个核心过程工作流分别为业务建模、需求分析、系统分析与设计、实现、测试、部署。它们是 RUP 过程的核心工作流,也是软件开发的主要开发活动。3 个核心支持工作流为配置和变更管理、项目管理和环境。

在 RUP 过程中将建立 9 种模型,它们是业务模型、领域模型、用例模型、分析模型、设计模型、过程模型、配置模型、实现模型和测试模型。

11.3.2　UML 在 RUP 中的应用

RUP 是由 UML 提出者开发的,所以能够与 UML 更好地结合。实际上,UML 在 RUP 中的应用表现在以下 4 方面。

(1) 用例驱动。传统的面向对象开发方法因为缺乏贯穿整个开发过程的线索,所以很难阐述清楚一个软件系统是如何实现其功能的。RUP 是一个用例驱动方法，系统所定义的用例是开发过程的基础。用例模型贯穿于系统的各个阶段，驱动了 RUP 大量的开发活动。

（2）UML 模型对工作流程的描述。模型是对系统架构进行可视化、指定、构造和编制文档的手段和工具。RUP 的每个工作流程都由相应的一个或多个模型来描述，而这些模型就是用 UML 图来表达的。

（3）UML 对迭代开发过程的支持。RUP 支持迭代的开发，它的生命周期的每个阶段都由一个或多个连续的迭代组成，每个迭代都是一个完整的开发过程，是一个具体的迭代工作流从头到尾地执行。迭代的开发软件可以在生命周期的早期确定项目中存在的风险，能够容易地进行变更管理，提高复用的程度和产品的整体质量。

（4）UML 的"用于软件开发过程的 UML 剖面（profile）"。在 UML 的扩充中定义了两个"UML 剖面"。剖面就是一套预定的扩展机制（衍型、约束等）和表示法图标，其作用是用户可以使用自己的元素。第一个剖面叫作"用于软件开发过程的 UML 剖面"，另一个剖面是"用于业务建模的 UML 剖面"，第一个剖面中所指的开发过程就是针对 RUP 过程。在该扩充中定义了对 RUP 建模过程中所需要的特殊衍型、标记值、约束和表示法图标，并给出对 UML 概念的一些特殊应用规则。

思考题

1. 什么是 UML？
2. 一般从哪几种常用的视角来描述一个系统？
3. UML 的图形表示法有哪些？

第12章

面向构件方法

目标：

(1) 了解软件体系结构是如何形成的。

(2) 掌握软件体系结构的相关概念。

(3) 掌握软件体系结构的三要素。

(4) 掌握软件体系结构的作用。

(5) 了解基于 SA 的软件开发过程。

12.1 软件体系结构的形成

12.1.1 无体系结构阶段

1946 年，随着第一台通用计算机 ENIAC(Electronic Numerical Integrator And Computer) 的出现，软件行业开始在美国和欧洲的实验室出现。1955—1965 年的 10 年间，计算机的运算速度越来越快，价格越来越低，为软件的发展提供了硬件基础，但软件主要应用于学术界、政府、军队和私人公司。针对不同的计算机，软件工作人员反复开发相同或类似的软件，使得人们思考能否使一种计算机的汇编语言程序自动移植到另一台机器上，但是研究人员发现汇编语言很难实现这个愿望。

在这样的背景下，高级语言应运而生。20 世纪 50 年代中期 FORTRAN 语言诞生，50 年代后期 COBOL 语言出现，60 年代早期 ALGOL 语言出现。尤其是在以 ALGOL68 为代表的高级语言出现以后，人们开始逐渐使用高级语言来编写程序，软件的编写为更多人所接受。

但总体来说，这个时期的软件系统规模很小，没有软件体系结构的概念，一般不进行软件系统的建模工作。

12.1.2 萌芽阶段

1968 年北大西洋公约组织的一次会议上，"软件工程"的概念首次被提出。自此，相关人士围绕软件项目开展了有关开发模型、方法及支持工具的研究。瀑布模型、结构化开发技术、结构化程序设计语言（如 Pascal 语言、Ada 语言）、费用估算、文档复用等方法和工具逐渐产生。

20 世纪 70 年代后期，结构化开发技术出现，以 Pascal、COBOL 等程序设计语言和关系数据库系统为标志,以强调数据结构化、程序模块化为特征,采用自顶向下逐步求精的设计方法和单入口单出口的控制结构。伴随结构化开发技术的广泛应用,出现了以数据流和控制流设计为主要任务的概要设计和详细设计,软件工程的范围从单纯的编码扩展到问题定义、需求分析、设计、编码、测试、运行、维护等具有明确的生命周期阶段。

此期间,软件体系结构已经是系统开发中一个明确的概念,也是一个可见的对象。结构化程序中,由语句组成模块,由模块的聚集和嵌套形成结构化程序的体系结构。

由于软件规模不大,结构化程序设计采用自顶向下逐步求精的方法,并注意控制模块的耦合性,因此软件具有良好的结构。体系结构在当时的条件下比较好地得到解决,没有作为一个重要的问题来进行单独研究。

12.1.3　初级阶段

20 世纪 80 年代初,面向对象开发技术逐渐兴起,此后出现了几十种面向对象的软件开发方法,其中 Booch、Coad/Yourdon 和 Jacobson 提出的三种面向对象技术成为当时的主流。在 1995 年前后,Booch、Rumbaugh 和 Jacobson 三人共同努力,推出了统一建模语言。他们结合了各自方法的优点,统一了符号,吸收了彼此许多经过实际检验的经验和技术。此后,面向对象的技术逐渐流行起来。

面向对象开发技术以对象作为最基本的元素,将软件系统看成离散对象的集合,一个对象包括数据和行为。面向对象方法都支持三种基本的活动:识别对象和类,描述对象和类之间的关系,以及通过描述每个类的功能定义对象的行为。对象技术的优点在于:它能让分析者、设计者及用户更清楚地表述概念,相互交流;同时它作为描述、分析和建立软件文档的一种手段,大大提高了软件的易读性、可维护性、可复用性;使得从软件分析到软件设计的过渡非常自然,因此可显著降低软件开发成本。另外,面向对象技术中的继承、封装和多态性等机制直接为软件复用提供了进一步的支持。在面向对象开发方法阶段,由于对象是对数据及其操作的封装,因此数据流设计与控制流设计统一为对象。

随着抽象数据类型和面向对象技术的出现,体系结构研究逐渐得到重视。这是由以下因素决定的:对象的封装降低了模块间的耦合,为构件层次上的软件复用提供了可能。此外,类库的构造、分布式应用系统的设计等规模大、复杂性高的系统也需要对体系结构进行研究。

12.1.4　高级阶段

20 世纪 90 年代后,软件开发技术进入了基于构件的软件开发阶段。软件开发的目标是软件具备很强的自适应性、互操作性、可扩展性和可复用性,软件开发强调采用构件化技术和体系结构技术。

软件构件技术与面向对象技术有着重要的不同,面向对象技术中的软件复用主要是源代码形式的复用,设计者在复用软件时必须理解其设计思路和编程风格。软件构件技术实现了二进制级别的复用,这样构件的实现完全与实现语言无关。任何一种过程化语言均可用来开发构件,并且任何一种程序设计语言都可以直接或稍作修改后使用构件技术。一个软件被切分成一些构件,这些构件可以单独开发、单独编译、单独调试与测试。当完成了所有构件的开发后,组合成一个完整的系统。在投入使用后,不同的构件还可以在不影响系统其他部分的情况下,分别进行维护和升级。

在这种情况下,软件体系结构逐渐成为软件工程的重要研究领域,并最终作为一门学科得到了业界的普遍认可。在基于构件和体系结构的软件开发方法下,程序开发模式也相应地发生了根本变化。软件开发不再是"算法+数据结构",而是"构件开发+基于体系结构的构件组装"。软件体系结构作为开发文档和中间产品,开始出现在软件过程中。

从软件技术的发展过程可以看出,软件体系结构的问题是一直存在的,只是随着软件系统的规模和复杂性的日益膨胀才逐渐表露,被人们发现和研究。从最初的"无体系结构"设计到今天的基于体系结构的软件开发,软件体系结构技术大致经历了无体系结构阶段:开发主要采用汇编语言,规模小;萌芽阶段:主要采用结构化的开发技术;初级阶段:主要采用面向对象的开发技术,从多种角度对系统建模;高级阶段:以 Kruchten 提出的"4+1"模型(该模型由 5 个视图构成:逻辑视图、开发视图、进程视图、物理视图、场景视图)为标志,软件开发的中心是描述系统的高层抽象结构模型,不同于传统的软件结构更关心具体的建模细节。

12.2 软件体系结构的概念

由"工程"一词不禁想到了一个庞大复杂的建筑,要保证其质量和效率,并能按时完成任务,首先要设计一个不但正确而且要精确的图纸,然后再根据图纸来建造。而一个复杂的大型软件的开发就相当于建一座复杂的大楼,这样一个庞大的工程也是首先要设计出它的图纸,而这个图纸就是"软件体系结构",没有这个图纸便不可能保质高效地开发出一个好的软件系统,也不利于软件的维护、演化和升级。那么,什么是软件体系结构呢?

软件体系结构最初仅为了解决从软件需求顺利过渡到软件实现阶段,现在发展到对软件开发各阶段的广泛支持。迄今为止还没有一个为大家所公认的定义,有关软件体系结构的定义不下百余种。不同的定义从不同的角度和侧面对软件体系结构进行了描述,目前较为典型的定义有如下几种。

(1) Mary Shaw 和 David Garlan 定义软件体系结构是软件设计过程中的一个层次,这一层次超越了计算过程中的算法设计和数据结构设计。体系结构问题包括总体组织和全局控制,通信协议、同步和数据存取,给设计元素分配特定功能,设计元素的组织、规模和性能,在各设计方案间进行选择等。

(2) Hayes Roth 认为软件体系结构是一个抽象的系统规范,主要包括用其行为来描述的功能构件和构件之间的相互连接、接口和关系。

(3) David Garlan 和 Dewne Perry 于 1995 年在 IEEE 软件工程学报上采用如下的定义:软件体系结构是一个程序/系统各构件的结构、它们之间的相互关系及进行设计的原则和随时间进化的指导方针。

(4) Barry Boehm 和他的学生提出:一个软件体系结构包括一个软件和系统构件、互联及约束的集合,一个系统需求说明的集合,一个用于说明构件及其互联和约束能够满足系统需求的基本原理。

(5) Len Bass、Paul Clements 和 Pick Kazman 于 1997 年在《软件构架实践》一书中给出如下的定义:一个程序或计算机系统的软件体系结构包括一个或一组软件构件、软件构件的外部可见特性及其相互关系,其中"软件外部的可见特性"是指软件构件提供的服务、性能、特性、错误处理和共享资源使用等。

（6）Dewayne Perry 和 Alex Wolf 的定义：软件体系结构是具有一定形式的结构化元素，即构件的集合，包括处理构件、数据构件和连接构件。处理构件负责对数据进行加工；数据构件是被加工的信息；连接构件将体系结构的不同部分组合连接起来。

这一定义注重区分处理构件、数据构件和连接构件，这一方法在其他的定义和方法中基本上得到保持。由定义不难看出，软件体系结构研究的主要内容之一就是各种构件。

12.3　软件体系结构的要素

软件体系结构是指可预制和可重构的软件架构结构。构件是可预制和可复用的软件部件，是组成体系结构的基本计算单元或数据存储单元；连接件也是可预制和可复用的软件部件，是构件之间的连接单元；构件和构件之间的关系用约束来描述。一般把软件体系结构写成：软件体系结构＝构件＋连接件＋约束。

除了构件、连接件和约束三个最基本的组成元素外，软件体系结构还包括端口和角色两种元素。构件作为一个封装的实体，仅通过其接口与外部环境交互，而构件的接口由一组端口组成，每个端口表示了构件和外部的交换点。连接件作为软件体系结构建模的主要实体，同样也有接口，连接件的接口由一组角色组成，连接的每个角色定义了该连接表示的交互参与者。

图 12-1 形式化地描述了软件体系结构的基本概念。

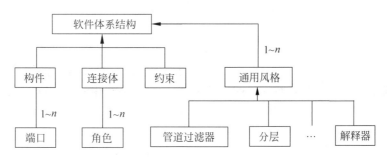

图 12-1　软件体系结构的基本概念

其中：

软件体系结构::= 软件体系模型|软件体系风格
软件结构模型::=(构件,连接件,约束)
构件::={端口1,端口2,…,端口n}
连接件::={角色1,角色2,…,角色n}
约束::={(端口i,角色j),…}
软件体系风格::={管道过滤器,客户服务器,…,解释器}

12.3.1　构件

1. 构件的概念及特点

构件（component）是体系结构的基本要素之一。一般认为，构件是指具有一定功能，可明确辨识的软件单位,并且具备以下特点:语义完整、语法正确、有可复用价值。这就意味着,在结构上,构件是语义描述、通信接口和实现代码的复合体,是一个计算或数据存储单元。也就是说,构件是计算与状态存在的场所。更具体地,可以把构件视为用于实现某种计算和逻辑的相关对象的集合,这些对象或是结构相关(嵌套对象,被嵌对象是嵌套对象的一部分),或是逻辑相关(若干聚集对象完成某功能)。在体系结构中,构件可以有不同的粒度。一个构件可以小到只有一个过程,也可以大到包含一个应用程序。它可以包括函数、例程、对象、二进制对象、类库、数据包等。

从抽象程度来看,尽管面向对象技术以类为封装单位达到了类级的代码复用,但这样的复用粒度还太小,仍不足以解决异构互操作和效率更高的复用。构件将抽象的程度提到一个更高的层次,它是对一组类的组合进行封装,并代表完成一个或多个功能的特定服务,也为用户提供了多个接口。

构件之间是相互独立的。构件隐藏其具体实现,只通过接口提供服务。如果不用指定的接口与它通信,则外界不会对它的运行造成任何影响。因此,构件可以作为独立单元被用于不同的体系结构、不同的软件系统中,实现构件的复用。构件的定制和规范化十分重要,构件的使用及其开发也是独立的。

构件内部包含了多种属性,如端口、类型、语义、约束、演化、非功能属性等。端口是构件与外部世界的一组交互的接口,构件端口说明了构件提供的那些服务(消息、变量),它定义了构件能够提交的计算委托及其用途上的约束,构件类型是实现构件复用的手段,保证了构件自身能够在体系结构描述中多次实例化。

如果把软件系统看作构件的集合,那么从构件的外部形态来看,构成一个系统的构件可分为如下五类。

(1)独立而成熟的构件。独立而成熟的构件得到了实际环境的多次检验,该类构件隐藏了所有接口,用户只需用规定好的命令使用即可。如数据库管理系统和操作系统等。

(2)有限制的构件。有限制的构件提供了接口,指出了使用的条件和前提,这种构件在装配时会产生资源冲突、覆盖等影响,在使用时需要加以测试。例如,各种面向对象程序设计语言中的基础类库等。

(3)适应性构件。适应性构件对构件进行了包装或使用了接口技术,对不兼容性、资源冲突等进行了处理,可以直接使用,这种构件可以不加修改地使用在各种环境中。如ActiveX等。

(4)装配的构件。装配的构件在安装前已经装配在操作系统、数据库管理系统或信息系统不同层次上,使用胶水代码(blue code)就可以进行连接使用。目前一些软件商提供的大多数软件产品都属于这一类。

(5)可修改的构件。可修改的构件可以进行版本替换,如果对原构件进行错误修改或增加新功能,可以利用重新"包装"或写接口来实现构件的替换。这种构件在应用系统开发中使用得比较多。

2. 构件的描述

对软件的描述有多种方法,可以采用形式化的规格描述方法,也可以用其他非形式化的技术。举一个简单的例子,用于初步介绍和感性认识构件。

例：用 Rapide 体系结构语言描述一个客户端/服务器结构中的服务器端构件。

```
Type App is Interface
    Public action Results(Msg: String)
    Extern action Receive(Msg: String)
    Behavior
        (∃M∈Msgs (App)) ∧ Receive(M) ⇒ Results(M)
End App
```

3. 构件的实现

在构件的实现上,有一点需要明确:软件体系结构中讨论的构件不同于具体开发技术中的组件。前者是可构造系统的成员,是一种逻辑上的概念;而后者是一种实现技术。一个构件可以有多种实现方法,如用 COM 实现或用 Java Bean 实现,甚至可以用高级语言实现。在讨论中如不特殊声明,本书用"构件"一词来指体系结构中逻辑上的构件;用"组件"一词来指具体的编程组件,如 COM 组件。

基于构件的软件开发通常包括构件获取、构件分类和检索、构件评估、适应性修改,以及将现有构件在新的语境下组装成新的系统。构件获取可以有如下多种不同的途径。

(1) 从现有构件中获得符合要求的构件,直接使用或适当修改,得到可复用的构件。

(2) 通过遗产工程,将具有潜在复用价值的构件提取出来,得到可复用的构件。

(3) 从市场上购买现成的商业构件,即 COTS 构件。

(4) 开发新的符合要求的构件。

一个企业或组织在进行以上决策时,必须考虑到不同方式获取构件的一次性成本和以后的维护成本,从而做出最优的选择。

12.3.2　连接件

1. 连接件的概念及特点

连接件(connector)是用来建立构件间的交互及支配这些交互规则的体系结构构造模块。构件之间的交互包括消息或信号量的传递,功能或方法调用,数据的传送和转换,构件之间的同步关系、依赖关系等。在最简单的情况下,构件之间可以直接完成交互,这时体系结构中的连接件就退化为直接连接。在更为复杂的情况下,构件间交互的处理和维持都需要连接件来实现。常见的连接件有管道(pipe)(管理过滤器体系结构中)、通信协议或通信机制(客户服务器体系结构中)等。

连接件的接口由它与所连接构件之间的一组交互点构成,这些交互点被称为角色。角色代表了参与连接的构件的作用和地位,并体现了连接所具有的方向性。因此,角色有主动和被动、请求和响应之分。

体系结构级的通信需要用复杂协议来表达,为了抽象这些协议并使之能够复用,可以将连接件构造为类型。构造连接件类型可以将那些用通信协议定义的类型系统化,并独立实现,或者作为内嵌的、基于它们的实现机制的枚举类型。为了保证体系结构中的构件连接件连接及它们之间的通信正确,连接件应该导出所期待的服务作为它的接口。为完成接口的有用分析、保证跨体系结构抽象层的细化一致性、强制互联与通信约束等,体系结构描述提供了连接件协议及变换语法。为了确保执行计划的交互协议,建立起内部连接件依赖关系,强制用途边界,就必须说明连接件约束。

连接件的主要特性有可扩展性、互操作性、动态连接性和请求响应特性。连接件的可扩展性是连接件允许动态改变被关联构件的集合和交互关系的性质。互操作性指的是被连接的构件通过连接件对其他构件进行直接或间接操作的能力。动态连接性即对连接的动态约束,指连接件对于不同的所连接构件实施不同的动态处理方法的能力。请求响应特性包括响应的并发性、时序性。在并行或并发系统中,多个构件有可能并行或并发地提出交互请求,这就要求连接件能够正确协调这些交互请求之间的逻辑关系和时序关系。

对于构件而言,连接件是构件的黏合剂,是构件交互的实现。连接件和构件的区别主要在于它们在体系结构中承担着不同的作用。连接件也是一组对象,它把不同的构件连接起来,形成体系结构的一部分,一般表现为框架式对象或转换式对象(调用远程构件资源),如"桩""代理"对象等。

对于约束而言,从构件和连接件能够推导出体系结构约束的形成情况。体系结构约束中要求构件端口与连接件角色的显式连接。

2. 连接件的描述

对连接件的描述也可以采用多种方法,既可以用形式化的规格描述方法,也可以用其他非形式化的技术。此处仅举一个例子,用于初步介绍和感性认识连接件。

【例 12-1】 用 Wright 描述一个客户端/服务器体系结构的连接件。

```
Type C - S is Connector
        Role C: Start = ∀x ∈C ∧ x. request →Start ∨ √
        Role S: Start = ∀y ∈S ∧ S. Invoke →∀y ∈S ∧ y. return →Start ∨ √
        Behavior
            Start = ∃x ∈C ∧ x. request → ∀y ∈S ∧ y. Invoke →∃y ∈S
            ∧ y. return →∃x ∈C ∧ x. result →Start ∨ √
End C - S
```

该连接件有两个角色 Role(C) 和 Role(S),分别负责与客户端和服务器端连接。Role(C)的事件集为 Event = {Start, request, √ },Role(S)的事件集为 Event = {Start, Invoke, return, √}。其中:Start 表示开始,request 表示请求,return 表示结果,√ 表示成功,Invoke 表示激发,return 表示结果返回。

12.3.3 约束(配置)

1. 约束的概念及特点

体系结构约束描述了体系结构配置和拓扑要求,确定了体系结构的构件与连接件的连接关系。它是基于规则和参数配置的。体系结构约束提供限制来确定构件是否正确连接、接口是否匹配、连接件构成的通信是否正确,并说明实现要求行为的组合语义。

体系结构往往用于大型的、生存期长的软件系统的描述。为了更好地在一个较高的抽象层上理解系统的分析和设计,同时为了方便系统开发者、使用者等多种有关人员之间的交流,就需要简单的、可理解的语法来配置结构化(拓扑的)信息。理想的情况是从约束说明中澄清系统结构,即不需研究构件与连接件就能使构建系统的各种参与者理解系统。

2. 约束的描述

与对构件、连接件的描述相同,对约束的描述也可以采用多种方法。此处仅举一个简单的例子,用于初步介绍和感性认识约束。

【例12-2】 用 Rapids 描述的基于 X/Open 的应用系统。

```
Architecture X/Open_Architecture(NumRMs: Integer)return X/Open is
Component
      AP: Application_Program(NumRMs);
      TM: Transaction_Manager(NumRMs);
      RMs: array(Integer of Resource_Manager);
Connect
      AP.TX to TM.TX;
      FOR I: integer in 1…NumRMs generate
          TM.XAs(i) to RMs[i].XA
          AP.AR(i) to RMs[i].AR
      End
Constraint
      Never (?RM,?RM' in Resource_Manager)(?x in xid)?RM.XA.commit_ret(?x,xa_ok)
~?RM'.XA.rollback_ret(?x,xa_ok);
… End Architecture X/Open_Architecture
```

12.4 软件体系结构的作用

软件体系结构在系统开发的全过程中起着基础的作用,是设计的起点和依据,同时也是装配和维护的指南。良好的软件体系结构对于软件系统的重要意义在软件生命周期中各个阶段都有体现。

在系统分析阶段,软件体系结构发挥着巨大的作用。一方面,借助于软件体系结构进行描述,可以使问题得以进一步抽象,使整个系统更易于被系统分析设计人员把握,使他们更清晰地认识系统,完善对系统的理解,还可为系统分析设计人员提供新的思路;另一方面,它能够帮助软件系统的各有关权益方形成统一认识,互相交流。在软件开发过程中,软件体系结构对系统生命周期的影响最大。软件体系结构是系统实现的基本约束,即系统的后继开发工作要遵循体系结构所描述的设计决策。软件体系结构决定了开发和维护项目的组织结构,它也会反映到后继开发工作的分解,以及项目的人员组织。软件体系结构对于软件质量控制也具有重要的意义,好的软件体系结构是成功的必要条件。体系结构技术的研究,使软件复用从代码复用发展到设计复用和过程复用,实现多层次的软件复用。

传统的软件开发过程可以划分为从概念直到实现的若干阶段,包括问题定义、需求分析、软件设计、软件实现及软件测试等。如果采用传统的软件开发模型,软件体系结构的建立应在需求分析之后,概要设计之前。

基于体系结构的软件开发包含以下几个主要阶段。

(1)通过对特定领域应用软件进行分析,提炼出其中的稳定需求和易变需求,建立可复用的领域模型。依据领域模型和用户需求,产生应用系统的需求规格说明。

(2) 在领域模型的基础上,根据需求规格说明提炼出特定领域的软件体系结构。这是系统的高层设计,其目标是通过复用领域体系结构库中已有的高质量的体系结构,生成最适合该用户需求的体系结构,并加以提炼入库,以备将来的复用,并在此体系结构的指导下,把系统逐步分解成相应的组件和连接件,直至组件和连接件可以被设计模式和面向对象方法处理为止。

(3) 这个阶段主要解决具体组件和连接件的设计问题。通过复用可复用组件库中模式、对象和其他可复用的设计件,或重新设计的组件,并提炼入库,然后通过具体的编程实现,就可得到可运行的程序。

软件体系结构的理论指导软件设计的优点如下。

(1) 能识别出重要的通用范型,这样就能理解系统与系统之间的高级关系,新系统能在旧系统的基础上经过变换得到。

(2) 使软件系统设计成功的要素是正确的体系结构,错误的体系结构会导致灾难性的后果。软件体系结构可作为满足需求分析的框架,为系统的设计和管理提供技术和管理的基础。

(3) 软件体系结构风格通常对分析和描述复杂系统的高级属性是必要的。

(4) 便于软件复用,体系结构可帮助解决软件复用所遇到的障碍,对系统部件约束最小的地方复用性最大,而作为系统早期设计的体系结构对部件的约束最小,基于软件体系结构的复用为软件复用开拓了一条新的道路。

因此,软件体系结构研究的最大贡献在于对软件生产率的提高和维护的简化。提高软件生产率的关键在于软件相关部分的复用,而简化维护的关键是减少软件开发的成本和提高软件的质量,这就是研究软件体系结构的目的。

12.5　基于体系结构的软件开发过程

自 20 世纪 90 年代开始,软件体系结构(software architecture,SA)的研究受到了广泛的关注和重视,经过多年的开发实践,它被认为将会在软件开发中发挥十分重要的作用,是软件系统成功的关键,而不合适的软件体系结构将会带来灾难性的后果。软件体系结构将大型软件系统的总体结构作为研究的对象,认为系统中的计算元素和它们之间交互的高层组织是系统设计的一个关键方面。其研究和实践旨在将一个系统的体系结构显式化,以在高抽象层次处理诸如全局组织和控制结构、功能到计算元素的分配、计算元素间的高层交互等设计问题。作为其最重要的一个贡献,SA 的研究将构件之间的交互显式地表现为连接子(connector),并将连接子视为系统中与构件同等重要的一阶实体。这样,SA 提供了一种在较高抽象层次观察设计系统并推理系统行为和性质的方式,也提供了设计和实现可复用性更好的构件,甚至复用连接子的途径。

软件体系结构的提出,使开发方法中高层设计和详细设计相互联系,并能借鉴前人设计经验,还将软件设计和实现更加紧密地联系在一起。软件体系结构能为领域内高层设计提供可借鉴的设计,并将自己的设计经验保留入库,以备复用。

SA 研究的主要成果表现为体系结构描述语言(architecture description language,

ADL)。从构件组装的角度来看,ADL 可以视为对构件描述语言(component description language,CDL)的进一步扩展。构件描述语言的基本思想是将构件看成一个黑盒,通过描述构件接口的语法和语义,使得复用者不必过多地涉及构件代码细节就可以在构件描述这一抽象层次之上进行构件组装。而 ADL 除了描述构件接口的语法和语义之外,还负责描述系统中包括的构件和连接子、它们之间的交互关系、构件的非功能类性质及构件间协议,从而为构件组装提供更为有力的支持。经过 10 多年的研究,SA 在理论上已经较为成熟。Mary Shaw 在文献 *The coming-of-age of software architecture research*(第 23 届国际会议软件工程)中提出,软件体系结构的研究已经度过了开始的发展时期,开始进入完善和应用的阶段。近年来也有一些将 SA 实用化的尝试,如 Bass 等人对体系结构的风格进行分类整理,试图给出在实际系统开发中应用软件体系结构的指导方法。Mary Shaw 在 Unicon 中通过预定义构件和连接子的种类,从而可以利用工具在一定程度上自动生成系统(代码)。但是这些尝试都不是很成功,其原因首先在于大多数 SA 的研究都还集中在对体系结构的描述和高层性质验证上,对体系结构的求精和实现的支持能力明显不足,例如,对于如何在系统开发中选择适当的体系结构风格现在还缺乏行之有效的指导方法。就像 Clements P 和 Northrop L 指出的,SA 的研究现在还主要是对已有的软件系统进行整理、描述,而不是如何去指导软件的开发。另一个重要原因是从 SA 模型到实际系统实现之间存在着较大的距离。由于目前主流的设计和实现语言都是面向对象的,如何从高层抽象的 SA 模型转换到具体的底层实现一直都没有一个比较好的解决方法。对于这个问题,现在也有一些将构件、连接约束等体系结构概念引入编程语言的努力。

SA 也是一种基于构件的思想。它从系统的总体结构入手,将系统分解为构件和构件之间的交互关系,可以基于构件的复用途径。而已被业界广泛接受的在高层抽象上指导和验证构件组装过程,提供了一种自顶向下基于构件的软件开发(component based software development,CBSD)技术,其相关技术和主要的构件规范已经相当成熟。它不仅定义了构件如何在运行时刻进行交互,而且还提供了使用对象来构造构件的手段,这就在高层的 SA 模型和详细的 OO 设计模型及具体的 OO 语言实现之间提供了一个现实可行的桥梁。因此,梅宏、杨芙清等在 *Software Component Composition Based On ADL and Middleware* 中提出了基于构件的软件开发(architecture based component composition,ABC)方法,即将 SA 与 CBSD 相结合,以 SA 模型作为系统蓝图指导系统的开发全过程,把分布式构件技术作为构件组装的实现框架和运行时的支撑,使用工具支持的映射规则缩小设计和实现间的距离,自动地组装和验证所需要的系统。

ABC 方法的根本思想是在构件组装的基础上,使用 SA 的理论与概念来指导软件开发,以提高系统生成的效率和可靠性。

1. 基本思想

软件体系结构是软件生命周期中的重要产物,它影响软件开发的各个阶段。首先,SA 为系统的不同参与者(客户、开发人员、用户等)提供了交流的基础,也是系统理解和演化的基础。其次,SA 体现了系统最早的一组设计决策,对系统的整体特性后续开发和组织进行了约定。此外,使用 SA 方法不仅可以对软件构件进行复用,还可以实现更高层次上的复用,如对 SA 模型本身的复用。进一步来说,SA 应该不仅仅局限在高层设计的描述中,而是要扩展到软件开发的全过程,充分地发挥 SA 模型在软件开发中的指导作用,并在软件生命周期的各阶段间保持良好的可追踪性。因此,提出了基于软件体系结构的软件开发过程,如图 12-2 所示。

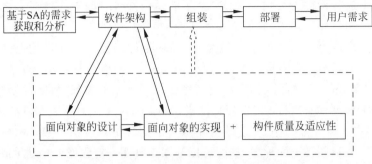

图 12-2　基于软件体系结构的软件开发过程

在这个开发过程中,首先是基于 SA 的需求获取和分析,将 SA 的概念引入需求空间,从而为分析阶段到设计阶段的过渡提供了更好的支持。在得到需求分析结果的基础上进行体系结构的设计,考虑系统的总体结构及系统的构成成分,根据构成成分的语法和语义要求在构件库中寻找匹配的构件。当不存在符合要求的构件时,需根据具体情况或者根据 CBSD 的原则和方法开发新的构件,或将某些已有构件进行组装而得到满足需求的构件。在组装阶段,每个系统构件都具有了实现体,在经过语法和语义检查以后,这些构件将会通过胶水代码组装到一起,最后被部署到相应的中间件平台上。在实践中整个开发过程将呈现多次迭代性。

目前,ABC 方法主要关注的还是从 SA 建模到系统的组装、部署阶段的工作,应该在不同的抽象层次上实现构件复用与组装。基于构件的软件复用没有理由局限在实现层次上,而应该在不同的层次上,针对不同的对象来进行。ABC 方法复用的构件包含多个层次、多个生命周期阶段的产品,需求分析文档 SA 规约 OOD 设计到源代码和二进制代码等。在实现层,利用现有的二进制构件规范(EJB、CORBA、COM),可以对运行级的构件进行复用和组装。在设计层上,一是复用基于 OO 范型的详细设计,也就是说,在构造系统时,不但要组装可运行的构件,也要能够在一定程度上将构件的 OOD 模型组装成系统的总体模型;二是对于使用 ADL 描述的系统的高层设计,也应该能够进行复用和组装。这就要求在构件的开发和系统的组装过程中,统一使用 ABC 方法来指导并遵循一定的规范。

从 SA 描述到 OOD 和具体实现的映射是必需的。软件工程研究的最终目标是为了提高软件的质量和生产率,若 SA 仅仅局限于对系统的描述和验证,则其作用是有限的。由于当前软件开发的主流是 OO 范型,要想在软件开发中真正发挥 SA 的指导作用,实现一套有自动工具支持的从 SA 到 OOD 和具体实现的映射机制是非常必要的。

SA 到 OOD 的转换现在还没有一个很好的方法,关于这方面的研究有不少,但主要还是集中在如何使用 OO 建模语言(如 UML 等)来描述 SA 结构上。ABC 方法则是希望能够用 OOD 来缩小 SA 设计到实现的距离,保持系统开发各阶段间的可追踪性,所以,从构件组装的特点出发,提出了一个两阶段的映射方法来解决这个问题。

有效的工具支持是必要的。作为一个完整的软件开发方法,ABC 提出了自己的概念、建模语言和开发步骤,而要有效地应用到实际工作中,工具支持是不可或缺的。工具可以屏蔽技术细节,提高系统的可视化程度,减少开发人员的重复性劳动,从而提高开发的效率与质量。

2. 基本概念和建模语言

作为基于 SA 的软件开发方法,ABC 的基本概念主要有构件、连接子和体系结构风格(style),并汲取了面向 Aspect(aspect-oriented)的软件开发的研究成果,引入了 Aspect 这一概念,以更好地描述实际系统。

构件是指系统中较为独立的功能实体。构件模型是面向构件的软件开发方法的核心,是构件的本质特征及构件间关系的抽象描述,它将构件组装所关心的构件类型、构件形态和表示方法加以标准化,使关心和使用构件的外部环境(如使用构件构造出的应用系统、构件组装辅助工具和构件复用者等)能够在一致的概念模型下观察和使用构件。针对不同的需求,不同的方法采用的构件模型也是不同的。梅宏在他的 *A Component Model for Perspective Management of Enterprise Software Reuse* 中根据用途将现有的构件模型分为描述/分类模型、规约/组装模型和实现模型。ABC 方法从组装的需要出发,定义构件模型,如图 12-3 所示。

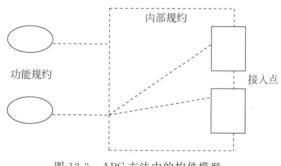

图 12-3　ABC 方法中的构件模型

ABC 方法中的构件模型主要分为外部接口(external interface)和内部规约(internal specification)两部分。

外部接口主要描述构件提供给使用者的信息,分为两类:功能规约(function specification),构件供外部使用的接口;接入点(entry point),构件使用到的外部接口。

内部规约主要包括构件自身结构的语法约束(如功能规约和接入点的依赖关系,即要提供某个功能需要哪些外部接口)、语义模型(如与其他构件交互的协议)及其他一些服务特性(如吞吐量等)。同时,构件还可以拥有自己的内部体系结构,这样的构件被称为复合构件。利用复合构件的概念,开发人员可以逐步精化系统的体系结构模型,更好地进行设计与开发。

连接子是 SA 研究的重要贡献之一,它显式地描述了构件之间的交互关系或交互协议,而在传统的程序设计中,构件间交互的描述往往散布在发生交互的各个构件之中。通过连接子,SA 提供了一种在较高抽象层次观察、设计系统并推理系统行为和性质的方式,也提供了设计和实现可复用性更好的构件,甚至复用连接子的途径。在 ABC 方法中,连接子模型的定义如图 12-4 所示。

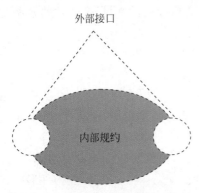

外部接口

内部规约

图 12-4　ABC 方法中的连接子模型

在 ABC 方法中,连接子与构件类似,有外部接口和内部规约两部分,也可以拥有自己的内部结构(具有内部结构的连接子称为复杂连接子)。这样可以为设计人员提供更强的抽象描述能力,并且能够将高层的复杂连接子逐步精化到最终的实现上。但是,与构件可以在多个交互中扮演不同的角色相比,连接子只能在一个交互中起作用。这在接口上表现为构件可以有若干相互无关的接口,而连接子只能有一组相关联的接口。

体系结构风格是 SA 中另一个重要的概念。它可以从一组特定的构件类型、一组特定的连接子类型、表示构件之间运行时刻联系的拓扑结构及一组语义约束这四方面加以定义。体系结构风格是对 SA 的一种分类,每种体系结构风格表示了一组具有相似特性的软件体系结构,为设计提供了一个统一的术语空间。它的引入有以下优点:可以更为准确和方便地在体系结构的层次上进行交流;可以对不同的体系结构风格设计不同的形式化描述,有利于系统的形式化验证和不同风格之间的比较。另外,不同的风格具有不同的系统特性,通过对体系结构风格的研究,可以更好地使用 SA 来指导软件开发。Bass、Clements 等归纳总结了五类共十几种体系结构风格,并给出了一些如何选择合适的风格的经验规则。ABC 方法允许用户自定义体系结构风格,并在设计中作为构件模板来使用。

Aspect 是指软件系统中一些贯穿全局(cross-cutting)的特性,如事务、日志等。在现有的软件开发中,这些特性的实现或者对其调用大多分散在系统的各个部分中。这样就容易造成系统结构不清晰,使得软件的开发、维护和升级都比较困难。面向 Aspect 的软件开发的研究试图将这种特性的实现模块化,并与其他功能性的实现体(如构件)分离开来,使用声明的方式将这些特性插入到系统实现中。这样,使得系统的结构和行为更为清晰,便于开发与维护。在基于构件的分布式系统中,构件运行平台集成了一些应用,易于理解,从而满足软件的设计系统所需的公共服务,这些公共服务的实现独立于应用系统,并通过构件平台提供的机制作用于应用系统。这与 Aspect 的概念也有类似性。同时,面向 Aspect 的编程(aspect-oriented programming,AOP)在实际开发中开始得到应用。ABC 方法也引入了 Aspect 这一概念,以更好地描述系统的结构和行为。

在上述基本元素的基础上,ABC 方法定义了自己的建模语言 ABC/ADL。作为描述软件体系结构的工具,ADL 是 SA 研究的重点之一。研究者从不同的角度出发,针对不同的目标提出了多种通用的或专用的 ADL,如 Wright、Rapide、Unicon 等。ABC/ADL 设计的目标是在现有的 SA 方法研究的基础上,更好地为系统的开发提供支持。因此,ABC/ADL 定义了一个可扩展的开放语言框架,用户可以根据自己的需要来定义体系结构风格、构件和连接子类型等,更好地描述特定领域的应用系统。

ABC/ADL 的语言设施包括三个层次:元语言层为用户提供了定义体系结构风格和构件模板连接子模板等方面的能力;定义层提供了用户用于声明构造系统所需类型的语言设

施,这些类型声明必须基于元语言层中已定义的模板;实例层则提供了用户用来声明并连接实例的语言设施,这些实例必须是从定义层中的类型定义实例化而来的。通过区分这三个层次,不仅提供了一个易于扩展的语言框架,而且有利于对不同层次的语言设施进行复用。显然,抽象层次越高,可复用性也越高。而且,这还有助于在不同层次上处理系统的语义和约束,如类型定义中的连接约束和实例的多对多关系等。

3. 转换规则、支持工具和构件平台

ABC 方法的一个主要目标是缩短 SA 设计到实现的距离,提高基于构件的软件开发的效率。为此,ABC 方法定义了从 ADL 描述到 UML 的转换规则,提供了根据 SA 模型自动组装基于构件运行平台的应用系统的工具,并开发了自己的构件平台以提供更好的运行支持。

面向对象的设计和语言在现行软件开发中占据主导地位,即使是分布式构件系统,它最终还是要基于面向对象的语言来实现。因此,如何从 SA 模型转换到 OO 设计或实现是缩短 SA 和具体实现之间距离的关键。由于 SA 和 OO 描述的侧重点不同,因此两者之间并没有一个等价的映射方法。ABC 方法在两个阶段上建立了从 SA 到 OO 设计语言(现在主要是针对 UML)的转换规则,为构件开发和构件组装提供了支持,提高了系统开发的可追踪性。

首先,在根据 ADL 规约制作原子构件(不包含内部结构的构件)时,将 ADL 规约映射成构件的 OOD 框架,用户在这个框架的基础上进一步精化设计,得到构件的详细 OOD 模型并具体实现。其次,在组装目标系统或制作复合构件时,将已有构件的 OOD 模型合成为目标系统的基本 OOD 模型,作为进一步工作的基础。两个阶段的映射规则分别如下。

(1) 从 ADL 构件到 UML 构件的映射规则如表 12-1 所示。需要注意的是,将接入点映射到抽象类上,这个类在开发构件时并没有真正实现;而是在组装系统时,由工具根据构件间的关联关系和底层平台的规范,自动生成调用远端构件的代码,真正实现这个类,并将构件连接在一起。

表 12-1　从 ADL 构件到 UML 构件的映射规则

ADL 构件	UML 构件
组件	包
复杂连接器	包
功能规范	接口
接入点	抽象类
组件内部规范	说明

(2) 从 SA 模型合成 UML 模型。按照 SA 模型合成系统的 OOD 模型就是将构件和构件之间(或者如果构件之间使用复杂连接子,则是构件和复杂连接子之间)的关联映射到类(调用者的接入点类和被调用者实现接口的类)之间的关系(association)。进一步地,在关联的基础上可以生成基本的系统协作图(collaboration diagram)。

工具支持是 ABC 方法付诸实用的基础。工具对用户屏蔽了 ABC 方法的技术细节,如 ABC/ADL 语言的 ABC/ADL 到 UML 的转换等,一方面减轻了用户学习和使用 ABC 方法

的负担；另一方面也可以避免用户因疏忽而造成的错误，保证了开发过程的质量。同时，自动组装系统的工作必须由工具来完成。已经实现了 ABC 方法的支持工具 ABCTool 的原型，其主要功能如下。

(1) 图形化的 SA 建模。用户可以用直观的图形建模方式生成系统的类型图和配置图。

(2) 构件库管理。提供用户管理构件库中可复用构件的能力。

(3) SA 模型到 OOD 设计模型的映射。即把应用系统的体系结构模型映射为 OOD 的设计模型。

(4) SA 模型到代码的映射。即把应用系统的体系结构模型直接转换成实现代码的框架。

(5) 新构件的开发。即支持用户根据自己的需要开发新的构件。

(6) 系统语法和语义一致性检查。保证组装系统的正确性。

(7) 构件自动组装。生成可运行于中间件支撑平台的应用系统。

ABCTool 的系统整体结构如图 12-5 所示(图中的矩形框表示功能构件，椭圆表示各模块的处理对象)。

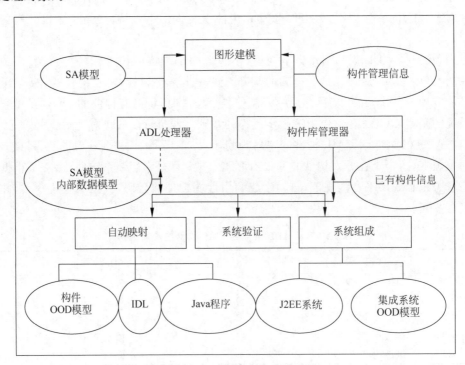

图 12-5　ABCTool 的系统整体结构

ABC 方法并不特定于某一种构件运行平台进行组装，目前的工具首先支持的是 J2EE 平台。由于 J2EE 平台也存在多种实现，不同实现在生成胶水代码(主要是部署描述文件)时的要求不同，因此 ABCTool 允许用户针对不同的平台开发不同的组装插件，提高了工具的普适性。同样地，ABCTool 也可以将组装的范围扩展到其他类型的构件平台上，如支持 CCM 的 ORB 平台。

现有的构件平台主要关注的还是构件的运行时刻模型和构件间的互操作,对 ABC 方法的支持都还不充分,如平台服务固定,这样就限制了 Aspect 的效果;又如平台上运行的都是原子构件,没有保留应用系统结构的层次关系,失去了 SA 模型中的很多信息,使得系统结构难以理解,对系统维护和演化造成困难。因此,梅宏、杨芙清等设计开发了构件运行平台 PKUAS,从平台本身的灵活性、运行时刻信息的保持等方面为 ABC 方法提供了更好的支持。

建模语言和基于构件的软件开发是近年来软件工程界关注的重点。ABC 方法以 SA 作为系统开发的指导,结合现在较为成熟的 CBSD 方法,将构件运行平台作为组装和运行支持,利用工具支持的自动转换机制,提供了一整套从系统高层设计到最终实现的系统化的解决方案。

进一步的研究工作包括如何从需求分析得到系统高层的 SA 设计。一般可从两方面着手,一方面将 SA 的概念引进到问题域空间;另一方面是在领域工程中使用 SA 相关概念来建立领域模型。另外,还需要进一步加强 ADL 的语义描述能力,主要是对构件行为和协议的形式化描述,以及对系统整体特性的描述,并在此基础上加强系统的验证能力。

思考题

1. 简述软件体系结构发展的历史。
2. 什么是软件体系结构?
3. 软件体系结构的组成要素是什么?
4. 软件体系结构的作用是什么?

第13章

面向 Agent 方法

目标：
(1) 掌握 Agent 的概念。
(2) 了解什么是面向 Agent 的软件工程。
(3) 掌握面向 Agent 的几种开发方法。

13.1 面向 Agent 的技术

面向 Agent 技术是面向过程技术、面向对象技术和面向组件技术的继承和发展。Agent 系统和多 Agent 系统(multi-agent system,MAS)已经成为一种应对各种复杂 IT 情景的强大技术,有大量研究是定义合适的模型、工具和技术以支持开发复杂的 MAS 软件系统。MAS 不仅仅是一种有效的技术,还代表了一种新型的软件开发通用范型:基于自主软件实体(Agent)的设计和开发应用。这种实体位于某个环境中,可以通过高层协议和语言的交互来灵活实现其目标,这些特点非常适合解决现时情景下的复杂软件开发,原因如下。

(1) Agent 是自治的应用组件,反映了现代分布式系统内在的分散性,并且可视为系统被不同的利益相关者所拥有,在模块化和封装概念上进行了自然延伸。

(2) Agent 运行和交互所采取的灵活方式,适应于现代软件在动态和不可预知的情况下运行。

(3) Agent 的概念为人工智能的成果提供了一个统一的观点,通过使用 Agent 和 MAS 作为存放智能行为的、可靠的和易管理的知识库,从而利用人工智能的成果解决现实世界中的问题。

虽然目前的企业级系统大多数采取分布式计算结构,但是所有的系统架构都是由组件构成的,每个组件都必须以稳健的方式进行开发,所以已经提出的方法还是有价值的。系统在向分布式系统迁移时,难以将目前所存在的各个信息孤岛连接起来以获得额外价值。这里关键的一个问题就是在不同信息源中存储的信息会出现语义不匹配。最为常见的是根本无法对语义进行建模,可以采用静态信息模型或数据库模式对各种不同的资源进行建模,然后将这些资源集成起来。任何单个模型的变化都会导致整个集成模式的失效。

Web 服务架构把每个组件看作一个服务,服务所提供的一系列能力被定义为方法,服务可以被调用,也可以交换文档。Web 服务架构能够对大型系统进行灵活的配置,正在快速成为构建大型系统的事实标准。但是它存在一些缺点,首先,没有对所要处理的信息和服务语义进行编码,匹配过程是依据语法条件进行处理的;其次,在特定的环境中缺乏可信度和适用性的概念。

面对当前环境下的挑战,传统的计算科学无法提供强有力的抽象和灵活的技术。这些问题需要更宽阔的视野来看待。换言之,真正的世界在某种意义上一直是开放的,只是采用构建和管理过程的技术对它们施加了一定的限制。现在需要引进一种技术来避免这些限制,这就是 Agent 出现的原因。Web 服务的层次架构在很多方面都体现了 Agent 的重要特征,如果把 Agent 系统开发看成 Web 服务的上层结构,对于改进 Web 服务架构很有价值,应该避免在 Web 中试图复制 Agent 的每一个思想,这样会使系统出现冗余,变得难以理解。

13.1.1　Agent 的基本概念

关于 Agent 有两种观点:一种是弱概念,另一种是强概念。Agent 的弱概念在主流计算中很流行,这种观念认为 Agent 类似于 UNIX 进程,具有自治、社交、反应和行动等属性。自治是指 Agent 在没有人为干预的情况下的工作能力,可以控制它们自己的状态和行为;社交是指与其他 Agent 进行高层对话的通信能力;反应是指对外界变化做出及时的感应和响应;行动是指 Agent 选择本身的目标,并且依照目标进行动作的能力。相比之下,Agent 的强概念在人工智能领域中很常见,认为 Agent 是一个计算机系统。除了这些属性外,还可以被概念化或模型化,具有人类的特征,如知识、信念、目的、义务等思维概念。

开放系统的挑战和 Agent 自身具有的潜在灵活性都表明 Agent 将为现实应用提供一个优秀的解决方案。基于 Agent 的软件开发能够充分挖掘 Agent 主要特性的技术和方法。下面介绍与 Agent 概念相关的几个主要特性。

1. 自治性

在相同的框架下,实现自治的参与者也可以自如地处理基础机制的变化。为了给出完整的计算模型,或者做出可靠的预测,必须假设参与者的自治性在某种程度上受到约束。典型地,根据协议进行交互就可以实现对自治性的限制。

2. 异构性

在设计一个开放系统时,一定要有对共同性的说明。就信息模型而言,通过一个共享本体来捕捉共同性,这是同 Agent 相关的,它的产生源于将异构信息源组合起来。从过程模型来看,可以通过确定典型外部事件来捕捉共同性。Agent 的行为标记是指对外部事件的响应结果,而不需要暴露内部的构造细节。这些标记具有标准化的潜力。

3. 动态性

Agent 所倡导的动态配置技术有一些变种,主要目的在于如何从几个可能发现的服务中选择一个最合适的服务实现。

4. 通信

Agent 能够通过环境进行持续交互,然而通过交互可能会影响交互各方的自治性。通信概念是基于自治的,交互能够保留相关各方的自治性。在低层次上,通信是基于某种物理手段来实现的,如通过一个数据链路来发送数据包。但是,如果上升到各方能根据自己的意愿进行通信,那么可以把通信看作一个交互。通信语义的研究目前主要有两种方法,分别基于心理概念和社会概念,心理概念主要处理 Agent 的内部结构,因此并不适用于开发环境。社会概念主要处理 Agent 之间的交互,以达到解决问题的目的。

5. 协议

很难对通信进行研究,当没有办法去查看 Agent 的内部结构时,对通信行为的组合进行标识更为合适。这些组合就是协议,协议简述了一个 Agent 应该何时,以及如何同其他 Agent 进行通信。要兼容灵活性是非常有挑战的,尤其是需要保证 Agent 的行为能够正确符合一个协议的规定。

6. 承诺

可以将"承诺的可复用交互模式"形式化,这些模式可以用作设计多 Agent 系统的基础,并确保最终产生交互具有某些属性。

13.1.2　Agent 的体系架构

Agent 体系架构可以分为慎思型、反应型和混合型。慎思型体系架构是最早出现的,其标志就是采用明确表示世界的符号模型,基于模式匹配的决策进程和符号操作技术。因此,其体系架构需要解决的问题是:如何把真实世界转换为符号,以及如何准确有效地描述决策进程。反应型体系架构一般可以避免任何以符号为核心的世界模型或复杂的符号推理,这种类型的 Agent 对于环境变化可能会反应更迅速。由于它们简单,不可能用于考虑那些"行为强依赖于执行历史"或具有"复杂推理"的 Agent。混合型体系架构包括两个独立的构件,一个是慎思型,另一个是反应型。慎思型负责规划和推理行为,反应型构件处理需要快速响应的重要事件。

信念-期望-意图(belief-desire-intention,BDI)体系架构是混合体系架构的一个重要类型。BDI 体系架构是 Agent 的表示形式,Agent 的行为可以被描述成好像拥有信念、期望和意图等思维状态。信念表示 Agent 拥有的知识;期望描述 Agent 追求的目标;意图说明 Agent 选择计划以实现哪些目标。BDI 在 Agent 社区中很流行,主要出于下面两个关键的原因。

(1) 基于意图概念对系统进行建模,对人类来说更加自然。

(2) 大部分 BDI 体系架构有一个基础良好的哲学和理论背景。

这些体系架构更灵活。BDI 不仅用于研究,还成功应用于商业领域和工业领域。例如,空中交通管理系统(OASIS)。

BDI 架构的成功取决于以下方面。

(1) 应用程序编制时基于计划构建,方便于模块化和渐增式的开发。

(2) 由系统来管理反应行为和面向目标行为之间的平衡,终端用户不需要参与复杂的低级语言编程,这改进了可靠性。

(3) 终端用户采用人类的思维状态进行编码,而不是低级语言。

1．包容性体系结构

包容性体系架构是 Brooks 对反应型体系架构的改进，是一种反应性机器人体系结构，与基于行为的机器人技术密切相关。每个行为都计划完成一个明确的任务，并且将感知到的输入和行为联系在一起。低层行为可以抑制高层行为，层次越高，行为就越抽象。包容性体系结构如图 13-1 所示。

2．PRS

在 PRS(process reasoning system，过程推理系统)中，信念、期望和意图被明确地描述，并且一起决定系统的行为。它们还会随着推理机制动态改变。PRS 由解释程序和几个模块构成，模块包括数据库、目标栈、知识区域库和意图结构，PRS 架构的主要组件如图 13-2 所示。数据库包含关于当前世界的事实，知识区域库所包含的知识区域分别是"如何完成任务的知识"和"如何在特定环境下做出反应的知识"。在 PRS 中，目标代表了系统所期望的行为，而不是所要达到的静止状态。它们不仅是在目标栈中被实现的，还作为 KA(知识区域)的一部分。意图是系统选择立即执行或将来执行的任务，由一个初始 KA 和完成任务过程中所调用的其他一些子程序构成。

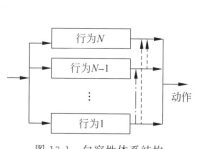

图 13-1　包容性体系结构

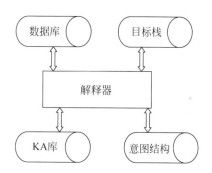

图 13-2　PRS 架构的主要组件

简言之，系统运行中的解释程序如下：在一个给定时间，系统具有某些目标且持有某些信念，根据这些，某些 KA 变得可用，其中一个 KA 被选择执行且被置于意图结构中。当执行 KA 时会产生一些目标被置于目标栈中。如果请求新的信念，就会应用一致性检查过程。新的理念和新的目标也可以激活某些新的 KA，在这种情况下，解释程序可以决定去执行其他某些目标。这使得 Agent 更少忠于意图，更多去感知环境。事实上，PRS 中的 KA 可以实现对环境变化的快速响应，这就形成了混合体系架构中的反应组件，虽然并不是作为一个单独的体系架构组件。

13.1.3　Agent 的组织类型

MAS 中的每一个 Agent 负责追踪一个或几个明确定义的责任，这些责任一般是通过与其他角色的交互来完成的。然而，两个角色之间的交互不仅是联合的关系，事实上还是一个建立权威的关系，这是角色定义的一部分。角色、交互和权威关系定义了组织的结构。组织可以指导系统中的 Agent 通过完成各自和全局的目标，并影响它们如何分配和协调资源,以及相互之间的从属关系。组织可以帮助简单的 Agent 完成复杂的任务,帮助复杂的 Agent 降低过程的复杂性。组织提出了可测量性、冗余和灵活性的不同标准。虽然没有两个组织是相同的,但是根据它们交互所形成的拓扑结构和 Agent 之间所展示的权威关系,把它们归为某一类型是可能的。下面是最常用的组织类型或范型。

1. 层次

一般地,低层 Agent 会为高层 Agent 产生数据,高层 Agent 会执行更为复杂的处理。实际上,著名的合同网协议倾向于产生分层结构。在合同协议中,Agent 可以通过广播来分配子任务,在其他 Agent 所提供的服务中选择一个最为方便的服务,从而协助它完成任务。

2. 组合

在组合范型中,系统被认为由基本单元构成,即每个子模块可以被看作由其他模块构成。组合的关键是子模块的局部自治,因为缺乏自治性就会退化为分层,完全的自治又会导致无组织群体。每个子模块代表着一个复杂的子组织,需要进一步分解。把系统建模成一个分层嵌套结构,已经被证明适合对特定的实际问题进行建模。静态创建的子模块用于表示环境实体,而动态创建的子模块用于表示新任务,中介者类型子模块用于管理次序和协调资源。

3. 团队

团队就是多个 Agent 追求共同目标的系统。因为没对它们的交互类型加以制约,团队的拓扑结构往往是比较随意的。然而,团队成员经常共享它们的思维状态,尤其是对于“共同目标、相互信任和团队行为”的通用表示。

4. 市场

在这种特殊类型的组织中,Agent 可以购买和出售类似于服务或任务这样的项目。在每种特定的方法中,组织表述的方式各不相同。总之,将组织方法应用于多 Agent 范型是一种有前途的工具,可以处理目前软件系统的复杂性。组织提供了一个概念性的框架,其中 Agent 所执行的复杂交互可以被适当地建模。这个概念性的框架建立了一个位于顶部的抽象层次,由 Agent 进行补充。

13.1.4　Agent 与组件的对比

软件工程发展历史进程中,基本建模单元的粒度在不断地增大,使得可复用的成分在不断地增加。组件的粒度远远大于对象,Agent 的粒度又大于组件。下面从几方面来比较 Agent 和组件,如表 13-1 所示。

表 13-1　Agent 元模型和相应组件的特征

特　　征	面向 Agent	面向组件
状态	精神状态	属性和关系
通信	ACL	元对象协议
责任委派	任务和责任委派	任务委派
各方之间的关系	能力描述	接口
与环境交互	新的概念	事件

1. 状态表达

Agent 和组件都是包含状态的抽象,但它们采用了非常不同的手段来对外部世界描述和展示状态。组件的状态包括一组属性和一组与其他组件之间的关联。属性和关联可能是公开的,即其他组件可以直接操作它们。每个 Agent 都有思维状态,一般采用如下要素进行表示,如它所知道的和它当前所追求的。表示执行状态的模型之间的主要区别如下。

（1）一个 Agent 无法直接操作其他 Agent 的状态,但是可以通过通信来影响它。

（2）Agent 对于它们的目标有一个明确的表示。

（3）Agent 对于它们所处的环境,以及环境中的其他 Agent 有着明确的认知。

（4）除了唯一识别符外,Agent 没有公开属性。

Agent 的一个优势在于可以采用通用的推理技术来支持推导和“手段-目的”推理。相反地,组件的状态属性和关联不是在一个逻辑框架中构建,因此难以使用通用技术,必须在组件方法中对推理规划进行明确编码。

2. 通信

Agent 和组件之间的主要区别在于它们采用的通信机制。Agent 采用发布性的 Agent 通信语言,而组件则使用元对象协议。在面向 Agent 的方法中,消息发送仅仅是发送者试图将部分思维状态传递给接收者。使用结构化 ACL（agent communication language, Agent 通信语言）的好处除了能够更加自然地交换目标表达式之外,还可以简化具备复杂交互能力的反应式 Agent 的开发。没有推理能力的反应式 Agent 能够利用 ACL 的行为原语作为触发器,用于激活底层交互协议的状态自动机。JADE（java agent development framework,基于 Java 语言的开发 Agent 的工作框架）和类似平台提供了这样的机制。

在面向组件的方法中,消息发送是出于两个原因:第一个原因是为了直接操作接收者的状态。通信的使用违反了组件的自治性原则,自治性要求组件应该单独为它自己的状态负责。用于实现组件的大多数技术禁止对状态的直接操作,这样是为了尽量满足软件工程的目标,将组件间的耦合性降低到最小。第二个原因是发送者可以强迫接收者为其执行一个方法主体,而不明确地与接收者通信告诉它为什么这样做。这样,执行的责任就完全在于方法主体,它负责保证前提成立,以及在方法的完全执行过程中可能引起系统其余部分发生变化。

3. 责任委派

不管是 Agent 还是组件,责任委派都是基于通信的,它们在责任委派方式上的不同也正好说明了通信模式的区别。在面向组件的模型中,发送者仅仅负责一条消息的可能结果,也就是说,除了“请根据我的责任这么做”之外,发送者并不需要对接收者说更多。严格来说,组件根本就没有向其他组件委派责任。在面向 Agent 的模型中,接收者仅仅负责它自己的个体行为结果,发送者还需要说明为什么它要请求这个服务。Agent 所能执行的一个非常重要的通信行为就是将目标之一委派给其他 Agent。

组件的元模型并不包括目标模型,只使用了任务委派,组件通过强迫其他组件执行动作来实现它们的目标;Agent 或许通过将目标委派给其他 Agent 来实现它们的目标。这也是为什么一般把面向 Agent 的通信模型称为"发布性的消息传递"：Agent 可能告诉其他 Agent 想要它们做什么,但是却没有明确陈述怎么做。相反,"强制性的"消息则被用于面向组件的方法,因为组件不可能只告诉其他组件做什么,而不说怎么去做。

对于组件而言,仅仅使用任务委派可能是一个很大的局限,因为目标委派是一个更加通用的机制。首先,任务委派是目标委派的一种特例,被委派的目标采取形式 done(a),a 表示一个行动,就像是 FIPA ACL(the foundation for intelligent physical agents ACL)中为了获取合理的结果所要求的原语;其次,任务委派或许会抑制优化。

4. 各方之间的关系

不同的通信方式影响着 Agent 和组件如何将自身向外部世界发布。组件使用接口来列举它们所提供的服务,告诉客户如何同它们建立联系,复杂的组件模型会给接口配上前提和后置条件。面向 Agent 的方法没有采用接口方式,而是提供了能力描述符,描述了一个 Agent 能够做什么,也就是它所采取行为的可能后果,以及它如何同其他 Agent 进行交互。能力描述和后置条件之间的主要区别在于,前者能够表示在完全执行一个行为以后,环境的状态如何变化;后置条件仅仅能够断言,在一个行为执行后,组件的状态如何改变,因为环境并不是组件元模型的一部分。

5. 与环境的交互

环境是 Agent 元模型的一个结构组成部分,却不是组件元模型的组成部分。Agent 在一个能够获取知识的环境中运行,因为它是处于一定的上下文抽象中。Agent 能够感知环境且从中接收事件。这两种情况都会使 Agent 的思维状态发生一定的变化,进而导致对环境的变化产生反应。这同面向组件的方法有着根本的区别,组件仅仅通过具体的事件来同环境进行交互。组件可能对事件产生反应,仅仅依靠事件本身的具体化来构造关系。

面向组件的方法似乎比面向 Agent 的方法能够更好地实现封装：只有决定改变组件本身以对事件做出反应时,组件的状态才会改变。面向 Agent 的方法也重视封装。Agent 具有组件推理能力,其与事件产生反应,这都是由推理来决定的,思维状态依然保持封装。

13.1.5　语义复用的 Agent 和组件

可复用性的目的在于：加速新系统的实现,通过组合大量的组件,确保所实现系统的质量。任何复用性的技术必须考虑到三方面：语义互操作性、语义组合性和语义扩展性。

1. 语义互操作性

组件的语义互操作性概念来自于对语法互操作性的合理扩展,语法互操作性抑制了组件的自动装配,因为当客户决定执行服务组件的方法时,并没有提供手段去推导这个调用的结果。语义互操作就是采用方法调用结果的形式化描述来实现对组件接口的扩展,从而允许客户自主决定什么时候,以及如何调用这个方法。

如果考虑到一个多 Agent 系统,其中的 Agent 仅仅打算进行语义互操作,那么具有 achieve 原语的基本 ACL 就已经够用了。这一点也不奇怪,因为 ACL 的工作很容易通用化。语义互操作的成果不仅是改进可复用性的一种方式，也是促进优化的一种可能方式。通过采用日常的语法进行互操作，一个 Agent 要求其他 Agent 执行动作，从而实现目标，即利用向其他 Agent 委派任务来实现自己的目标。语义互操作充分利用了目标委派，这或许会促进交叉优化。

2. 语义组合性

通过组装 Agent 来实现 MAS，不仅是 Agent 采用最佳方式进行通信的问题，还要允许它们能够互相找得到。对于组合性来说，互操作性是必要但不充分的。语义组合性所隐含的基本思想是：应该将组件所提供的一组服务自由组合，而不受以下限制，即定位合适的服务提供者，接口与服务提供者不匹配等。这就要求被组合的组件不仅要有兼容的接口，而且要对其做出一致性假定。如果不对 Agent 委派的目标加以限制，可以说两个 Agent 在语义上是可以组合的。

3. 语义扩展性

可复用性不仅要构造可复用的组件，还要使这样的组件具有扩展性。扩展性主要提供如下两种关于复用的可能性。

（1）新组件作为现有组件的扩展实现。

（2）用一个不同的组件来代替现有组件，而不引起系统的其余部分发生变化。

语义扩展背后的思想是：能够用一个对初始组件的扩展版本来替代这个组件，同时保持操作语义不变，客户仍然能够像替代之前那样操作。如果把 Agent 看作可复用的原子单元，那么语义扩展性与语义组合性一起将 Agent 的可复用性最大化。Agent 可以根据它们的目标自由组合，并且可能被其他具有扩展能力的 Agent 所代替，最终实现完全复用，即由替代 Agent 完全构成 MAS。

4. 大致语义可复用性

组件和 Agent 提供了不同的近似，在复用性方面 Agent 比组件所具有的优势正来自于这些不同的近似。Parade 框架给出的语义可复用性大致如下。

（1）Agent 的知识接近于 Agent 所相信的，即通过环境感知运用稳定规则推导出来。

（2）Agent 的目标近似于意图，能够从信念和计划引擎所派生出来的规则计算出来。

（3）Agent 所能解决的目标近似于它行动的后续条件。这些后续条件考虑了 Agent 的状态和行动完全施行以后的环境状态。

组件的元模型依赖于更强的假设。

（1）组件的知识接近于组件的状态，即它的属性值与其他组件的联系。

（2）组件的目标接近于包含所激发组件方法后续条件的集合。

（3）组件能解决的目标接近于它的方法后续条件。这样的后续条件在一个方法完全施行以后根据组件的状态进行定义，但是并没提及环境的状态。

Agent 比组件的可复用性好，因为框架的要素负责客户和服务提供者之间的信息流畅通，对于如何执行它的工作有着更加准确的信息。当组件方法的后续条件在方法完全施行后只考虑服务提供者的状态时，Agent 在语义可扩展性上比组件更好，因为它们使用能力描述标志来构成 Agent 周围环境的条件。Agent 不仅适用于非通用类型的应用,而且还是其他成熟技术的一个有效替代。

(1) 为开发人员提供了比目前其他技术更高层次的抽象。

(2) 就可复用性而言,比组件有着更具体的好处。

对于第一点,采用更高层次的抽象工作,有一个普遍的缺点:缓慢的执行速度,为了能够充分利用 Agent 的可能性,需要实施一个具备推理能力的 Agent 模型,这种 Agent 可能速度比较慢。对于第二点,Agent 需要为复用性的改善付出一定的代价,速度会更慢。使用目标委派取代任务委派会要求"手段-目的"推导,会面临实施低速 Agent 的可能性。

如果对速度有迫切需求时,可以依靠反应 Agent 或组件。这种判断标准应该是很好的,因为一个 Agent 越复杂,附加值越多,就越想复用它,以及采用它来构成其他 Agent。而且,反应 Agent 与组件是完全等效的,因此使用面向 Agent 的方法来代替面向组件并不会失去什么。

13.2 面向 Agent 的软件工程

面向 Agent 的软件工程(agent-oriented software engineering,AOSE)是软件工程领域的一个新方向。下面介绍其主要研究内容和软件开发过程。

13.2.1 面向 Agent 的研究内容

AOSE 的核心思想是把 Agent 作为工程化软件系统的主要设计观念,属于一个正在发展的领域,其目标在于提供方法、技术和工具,从而有助于以一种可复用的、系统的和受控的方式来开发基于 Agent 的应用程序。AOSE 的关键主题包括需求工程、开发语言、建模语言、平台和方法学。

1. 需求工程

需求工程是对一个系统应该具有的功能性和非功能性能力进行挖掘、建模和分析。它是开发过程的前期行为,在所有阶段的变更管理中发挥着重要作用。面向目标的需求工程与面向 Agent 的需求工程密切相关,通过把非功能性需求展示为特殊的目标,从而可以明确捕获如可靠性、灵活性、完整性、适应性等需求。

2. 开发语言

Java 和 C 是构建 Agent 系统最常用的语言。不过,从面向 Agent 的观点来看,这些语言工作在一个低层次上,难以实现 Agent 的特征,除非使用额外的平台或框架。使用框架的一个选择就是使用实现 Agent 概念的高级语言,被称为面向 Agent 的编程语言。Agent 采用高层对话进行交流,因此 Agent 通信语言绕过了物理通信这样的低级特征,侧重于通信行为和域概念的交换。

3. 建模语言

建模语言是一种允许表示系统计划或部分计划的语言。建模语言不是提出一个方法去设计系统,而仅仅是提供一个方法去表达设计。AUML(agent unified modeling language)主要在顺序图和类图上对 UML 进行扩展。在 AUML 中,对象类被扩展成为 Agent 类。Agent 名称前需加上前缀,用来和对象的名字加以区别。AUML 中的行为可以是两种类型。

(1) 行动型。那些由 Agent 自己触发的行为。

(2) 反应型。那些由 Agent 自己发送的消息所触发。方法类似于 UML 操作,但是增加了前提和后置条件。

4. 平台

"平台"用来表示为方便多 Agent 系统运行所提供的基础设施。

(1) JADE。

JADE(java agent development framework)用于开发多 Agent 系统的工具,包括应用编程接口(API),它可以很方便地构建个体 Agent 及系统中全部 Agent 的联合协作。JADE 提供了实现 Agent 基本功能的类,独立于任何特殊的体系结构,以用于个体 Agent 的构建。这种类的功能基于自治性和社会性的概念,把 Agent 看作一个活动对象,通过异步消息协议进行多次对话。为了构建一个 Agent,开发者扩展了 Agent 类,使得 Agent 可以访问私有消息队列。为了实施 Agent 任务,JADE 使用行为的概念,通过扩展所提供的"行为类"而获得。通过将行为置于一个行为堆栈列表中来执行,采取一种循环的、非抢占式的调度策略,但是也提供了更复杂的调度机制。

虽然没有提供软件工具用于指导 MAS 的开发过程,但是 JADE 提供了完整的 API 文档、程序员指南和许多例子来对其进行支持。

(2) ZEUS。

用于开发基于 Agent 系统的一个平台,开发 ZEUS 的目的是提供一个平台,用于信息发现、通信、定义本体、Agent 的协调,以及 Agent 与遗留系统的集成等。Agent 是由具有共同功能的组件组成,包括计划、调度、通信技能、协调和本体支持。在 ZEUS 中,多 Agent 系统由两种特殊的 Agent 组成,即 Agent 命名服务和 Facilitator。前者作为白页目录运行,并且提供系统同步时钟;而后者作为黄页目录。ZEUS 提供了三种类型的工具用于 Agent 之间的协作:协议(基于合同网协议);采用角色(如同级和上下级)来定义组织结构;计划。

5. 方法学

面向 Agent 的程序开发主要有三种方法学。

(1) 扩展对象范型的方法学。

扩展对象技术的方法学有两个例子,分别是 MASE 和 KGR 方法。MASE 是一种方法学,定义了两种语言来对基于 Agent 的系统进行建模:Agent 建模语言和 Agent 定义语言。前者是一种图形语言,用于描述 Agent 类型,以及它们与其他 Agent 的接口;后者则是基于一阶谓词逻辑,用于描述 Agent 的内部行为。KGR 方法把设计分为两部分:一部分是对 Agent 之间的交互进行建模,另一部分则是对每个 Agent 的内部结构进行建模。对于后者,KGR 使用 BDI 架构。

使用对象技术作为 Agent 方法学的基础还有以下几个好处。

① MASE 和 KGR 方法,两者都封装了知识和行为。并且,两种范型都是通过消息传递来完成通信的。Agent 是活跃对象或是具有态度的对象。

② 面向对象的语言已被用来实施 Agent 程序设计框架,如 JADE。虽然这种框架工作在更高的抽象层次上,但是它们仍然反映了对象范型的特点。

③ 面向对象方法学所使用的静态模型,可以很圆满地适用于 Agent。静态观点用于表示知识属性,并用于对 Agent 内部结构和它们之间的静态关系建模。动态观点用于描述系统元素在运行时如何交互,主要表示 Agent 之间的交互协议。

④ 基于对象分析与设计中的一些著名技术,可以被成功扩展到基于 Agent 的系统中。

⑤ 面向对象方法论的流行会增加面向 Agent 方法论的潜在用户数量。

(2) 基于知识工程技术的方法学。

知识工程以知识为处理对象,借用工程化的思想,利用人工智能的原理、方法和技术,设计、构造和维护知识型系统。知识工程中的知识组织以计算机可理解的方式描述知识,知识的粒度比较小,以知识元(或称知识点)为单位。

(3) 基于多 Agent 系统概念的方法学。

虽然以对象范型为基础的 Agent 方法学在一定程度上已经成功,但是仅仅通过扩展对象模型并不能发挥多 Agent 范型的全部潜能。多 Agent 系统是指由两个或者更多个相对独立同时又相互作用的 Agent 所构成的系统,其多个 Agent 成员之间相互协调,相互服务,共同完成一个任务。它的目标是将大而复杂的系统建设成小的、彼此互相通信和协调的,易于管理的系统。

各 Agent 成员之间的活动是自治独立的,其自身的目标和行为不受其他 Agent 成员的限制,它们通过竞争和磋商等手段协商和解决相互之间的矛盾和冲突。MAS 的主要研究目的是通过多个 Agent 所组成的交互式团体来求解超出 Agent 个体能力的大规模复杂问题。

13.2.2　面向 Agent 的开发过程

面向 Agent 的开发过程由分析、设计、实现、测试 4 个子过程组成。

(1) 分析。在 Agent 领域,有的方法直接处理这些需求,还有一些混合方法适合采用 Agent 概念。需要考虑 Agent 在分析目的中的角色,使用 Agent 概念的范型语言,以及这些语言的支持工具。

(2) 设计。考虑如何使用 Agent 概念和技术来简化 MAS 的设计。为了能够转换分析规范,有必要知道如何从头构建 Agent,如何使用 Agent 开发环境。

(3) 实现。这一部分主要使用 Agent 技术来实现面向 Agent 的设计。

(4) 测试。用来检查一个 MAS 是否满足初始要求,已经构建的是否没有错误。

下面详细介绍每个过程。

1. 分析

Agent 集中于功能性和非功能性需求的定义。功能性需求是描述系统必须提供的服务,即描述一些计算是如何执行的。非功能性需求包括限制所开发系统的产品性需求,运用于开发过程的过程需求,以及外部需求。Agent 模型决定了需要什么样的元素来定义 Agent,以及构建一个预定义的行为。

（1）专注于定义需求的 Agent 方法。将 Agent 同需求工程集成起来并不容易。指出 Agent 本身就是一个被划分的不同需求的概念，如分布、智能、自治等。一旦获取了 Agent 的清晰需求，就可以将角色分配给 Agent。

（2）运用形式化方法的分析。形式化方法就是在软件工程中运用数学建模技巧，以获取对所构建系统清晰而正确的说明。形式化方法的期望输出是一个形式化的描述说明。这个形式化说明除了形式化验证之外，还可以应用于不同的目的。

（3）使用图形进行分析。一些方法使用图形来表示部分的分析结果。基于表达式的图形可能并不形式化。还有一些方法提出了能够被开发人员解释的图形，如 UML。在这些方法中，不同的开发人员能够派生出不同的解释。有两种基于图形的方法：第一种将 UML 运用于 Agent 领域；第二种则是将元模型语言作为 MAS 分析层次的说明语言。

① 基于 UML 的方法。这个领域中最常用的方法是 AUML，AUML 的相关成果之一是协议图形符号，它正在被考虑成为标准 UML 的新符号，用于表示并行和决策。

② 采用元模型作为标记语言。元模型就是对模型进行描述的一种技术。元模型包括描述对象模型、它们的属性和联系，以及它们如何一起出现在一个模型中。这个描述被称为一个元模型。模型就是元模型的实例，符合元模型中所定义的一组限制条件。

2. 设计

设计行为主要包括图形的定义。这些工作依赖于一个特定的开发环境，用于将图形转换为代码。

（1）使用开发环境进行设计。构建 MAS 的开发环境是面向快速原型的。第一个 MAS 的开发环境就是将一个图形界面同 MAS 框架组合起来。图形界面的目的就是为了方便 MAS 框架的配置。一个快速原型工具或许并不能满足各种类型的开发需求，特殊情况是没有足够的预算来购买好的商业工具。

（2）不使用开发环境的设计。不使用开发环境意味着开发者需要付出更多的劳动来选择合适的理论、方法和软件。为了方便开发人员在他们的系统中进行选择和应用，对研究人员在这方面的努力进行回顾是十分有益的。

① Agent 架构。Agent 架构展现了如何将不同的软件组件放在一起，使它们能够交互。Agent 架构将提供一个框架用于实现研究人员对 Agent 所要求的各种特征。在刚刚开始研究 Agent 时，Agent 架构采用关联模块之间的数据流来定义，模块功能采用自然语言进行定义。

② 组件的分布。这一步需做出的决定可能包括 Agent 跨网络的分布，MAS 或仅仅一个 Agent 的内部结构。无论如何，Agent 在不同机器上的分布都暗示着需要考虑如下课题：通信如何发生，正在通信的内容是什么，如何使用通信来组织一个系统行为。

- 通信技术。有利于组件间通信的典型技术包括共享空间元组、远程过程调用和消息传递。
- Agent 通信语言。Agent 通信语言描述了两个或多个 Agent 之间交互的消息格式和语义。
- 本体。本体决定了一个消息内容中所允许的条目、具体的语义，以及和本体其他要素的关系。

- 协调。协调语言描述了交互应该随着时间如何执行。

③ Agent 特征。研究人员将 Agent 同某些具体特征相联系,如自治性、社会性和智能性。这一部分收集了同设计这些特性相关的研究工作。为什么要在设计部分考虑这些要素呢?因为 Agent 能力是同 Agent 模型相关联的。

④ Agent 平台和框架。"框架"是表示一个领域的应用架构,可以通过在开发中复用框架、组件或库来提高效率。可以把 Agent 平台理解为一组服务,允许 Agent 管理和通信。

3. 实现

实现就是将设计概念转换为程序,然后编译或解释成为执行代码。为了实现一个MAS,语言可以是传统的,也可以是面向 Agent 的。在缺乏专用的分析符号和设计模型时,使用专门的 AO 语言进行开发在大型系统中可能是不现实的。

(1) 说明性语言(功能性的,基于逻辑的)。

(2) 面向 Agent 的语言(吸收了 Agent 理论中的通用概念,但是没有提供原语用于处理并发或时序逻辑)。

4. 测试

(1) MAS 的测试。形式验证是基于存在一个采用形式语言表示的规范。在分析部分,回顾了能够用于形式化规范的不同语言。验证本身能够在任何时候使用。现有的方法可以被定为公理化方法和模型检查方法。

(2) MAS 的调试。调试 MAS 类似于调试开放的分布式系统或并行系统。

本节简单介绍了开发人员和研究人员在创建 MAS 方面的研究成果。对于开发者而言,给出了目前可以获得哪些工具、软件库、框架、理论和方法。如何从 Agent 理论跳到MAS 实现,选择一个具体 Agent 架构的结果是什么,如何在别的开发中复用现有的 MAS开发经验,需要什么样的概念来处理 MAS 的每个方面。Agent 团体为了回答这些问题付出了巨大的努力。

13.3   面向 Agent 的经典开发方法

面向 Agent 的方法是一个新的研究领域,并且 Agent 范型与新的概念相关联,目前的工作主要集中于过程的前三个阶段:需求、分析和设计。但是有很多工作与 Agent 平台相关联,可以用于开发和部署阶段。面向 Agent 的经典开发方法有 Gaia 方法、Tropos 方法和MASE 方法。

13.3.1   Gaia 方法

Gaia 方法是第一个用于多 Agent 系统分析和设计的完整方法。然而,它的最初版本有一定的局限性,仅仅适合分析设计封闭式的多 Agent 系统,没有采用标准的符号表示技术。由一系列模型组成,这些模型的目的在于从宏观和微观角度来描述 MAS,一般认为它是由一个社会组织的个体构成。在分析阶段,构建角色模型和交互模型,将系统描述成一组交互的抽象角色。然后将这两个模型用做设计阶段的输入,设计阶段包括 Agent 模型、服务模型和熟人模型(acquaintance model),最终形成 MAS 的一个完整设计规范,可以用于后续的实现阶段。

1. 分析阶段

在分析阶段,确认系统中的角色,然后对它们之间的交互进行建模。角色是用来进行概念化描述的抽象结构,在现实系统中并没有具体的对应物。Gaia 中的角色都是原子结构,不能用其他角色来定义。角色范型主要用来对 Agent 行为进行半形式化的描述,对一个系统进行完整的角色范型集合就是完整的角色模型。对于每个角色范型从 4 个属性进行定义:权限、职责、行为和协议。

2. 设计阶段

分析阶段的抽象结构,即角色和交互模型中所展现的角色和协议,在设计阶段需要被映射成具体的结构,也就是在运行时能够实例化的 Agent 类型。要求在设计阶段产生三个模型:Agent 模型确定了构成实际系统的 Agent 类型,服务模型确定了这些 Agent 类型所要实现的服务,熟人模型则描述了 Agent 类型之间的通信链接。把角色分派给 Agent 类型就产生了 Agent 模型。每个 Agent 类型或许会被分派一个或多个角色。对于每个 Agent 类型,设计者都需要详细说明这个 Agent 类型在运行时的主要实例。它的一个服务就是指一组功能的集合,独立于实现细节。服务模型列出了 Agent 类型所提供的服务,这些服务派生于角色的行为和协议。对于每个服务,需要确定 4 个属性,即输入、输出、前提和结果。它们能够很容易地从属性、角色模型和交互模型中派生出来。熟人模型是 Agent 类型之间的一个有向图。这个目的就在于允许设计人员把 Agent 类型之间的耦合程度可视化。在这个模型中,像消息类型这些进一步的细节被忽略了。

13.3.2　Tropos 方法

Tropos 方法主要提出了两个关键理念。首先,Agent 的概念和相关的思维概念贯穿于软件开发的各个阶段,从早期分析到最终实现。其次,涵盖了早期阶段的需求分析,从而加深对所开发软件最终运行环境的了解。

Tropos 方法采用 I 模型,它将行为者、目标、行为者的依赖关系作为早期需求分析时应用建模的基本概念。Tropos 方法的目的是支持软件开发的 4 个阶段:早期需求分析,通过研究其组织设置来理解问题,包括相关的功能和质量;后期需求分析,产生一个需求规格说明;架构设计,采用了子系统来定义系统的整体架构,子系统通过数据、控制和其他相关依赖关系相互关联;详细设计,对每个组件的行为做出更加详细的定义。

1. 早期需求分析

早期需求分析阶段侧重于将系统所有者的意图建模为目标。通过某种面向目标的分析,这些初始目标最终会导出所构建系统的功能性和非功能性需求。在 I 模型中,所有者被表示为行为者,在所要实现的目标、所要执行任务和拥有的资源上彼此互相依赖。I 架构包括战略依赖模型,用于描述行为者之间的关系网络;战略基本模型,用于描述和支持每个行为者通过与其他行为者的关联进行推理。战略依赖模型是一个图,包括相互之间有战略依赖关系的行为者。所谓依赖性就是指依赖者和被依赖者之间的一种协议描述。依赖性的类型描述了协议的本质。目标依赖性用于表示为了完成目标而实行的责任委派。软目标依赖性类似于目标依赖性,但不能对其是否圆满完成进行精确的界定。任务依赖性用于以下场合:要求被依赖者执行某一给定的活动。资源依赖性要求被依赖者向依赖者提供一种资源。

2. 后期需求分析

后期需求分析阶段最终会产生一个需求规格说明,描述所构建系统的所有功能性和非功能性需求。在 Tropos 方法中,系统采用一个或多个参与"策略依赖模型"的行为者,以及来自于系统运行环境的其他行为者共同表示。换言之,通过一个或多个行为者合作实现系统所有者的目标,从而形成了一幅系统视图。

在进行后期需求分析时,系统被赋予了额外的责任,最终作为几个依赖关系的被依赖者。战略基本模型通过"手段-目的"分析,确定了如何利用其他行为者的贡献来圆满完成在早期需求分析阶段所定义的系统目标。战略基本模型是一个图形,具有 4 种类型的节点(目标、任务、资源、软目标)和两种类型的联系手段(目的连接、分解连接)。战略基本模型捕捉每个行为者目标和依赖性之间的关系,行为者希望通过这些关联圆满完成这些依赖。

3. 架构设计

架构设计是由一个相对较小的、可管理的系统模型组成,描述了系统组件如何工作在一起。Tropos 方法已经作为协作、动态和分布式应用定义了组织架构风格,以指导系统体系结构的设计。这些组织架构的风格来自于组织管理研究领域所提出的概念和设计方案选择。这样,它们帮助一个 MAS 的结构与系统运行的组织上下文进行匹配。

4. 详细设计

详细设计阶段为系统中每个架构组织引入了额外的细节。特别地,这一阶段确定了如何采用设计模式来圆满完成指派给每个行为者的目标。设计模式很早就受到关注,但是基本上侧重于面向对象的模式,而不是和这里相关的意图和社会模式。在 Tropos 方法中,社会模式通过确定组织形式和相关的质量属性,为在架构层次上定义的一个具体目标找到解决方案。Tropos 方法中的细节设计包括 Agent 通信和 Agent 的行为规范。为了支持这项任务,建议采用现有的 Agent 通信语言。

13.3.3 MASE 方法

MASE 方法提供了一种分析设计 MAS 的详细方法,它将几种已有的模型通过组合形成了一个完整的方法,并提供了一整套的转换步骤,说明如何从现有的模型派生出新的模型。这样,MASE 方法就能够在分析、设计、开发过程中给予开发人员以指导。MASE 方法的后续研究工作主要集中于:基于组织理论方法对其进行专业化,以用于自适应的 MAS 和协作的机器人系统,为一组软件或硬件 Agent 能够自动适用环境变化提供所需的知识,通过组织和再组织以实现团队目标。MASE 方法已经捕捉了组织模型所需的很多信息。

这是一个覆盖完整生命周期的开发方法,包括了异构 MAS 的分析、设计和开发。为了做到这一点,MASE 方法使用了大量从标准 UML 中派生出来的图形化模型,用于描述系统中的 Agent 类型,Agent 之间的交互以及结构独立的详细 Agent 架构的内部设计。MASE 方法主要侧重于指导设计人员如何从一组初始需求出发,经过分析、设计到最后的 MAS 运行实现。

MASE 方法把 MAS 看作面向对象范型的进一步抽象,把 Agent 看作特殊的对象。简单对象的方法需要依靠别的对象来激活,而 Agent 是通过对话进行相互合作的,自发行动来完成整个或个体的目标。因此,MASE 方法是建立在完善的面向对象技术之上,并将它们应用于 MAS 的规范和设计。

MASE 方法的分析阶段由三个步骤组成:捕捉目标、使用用例、定义角色。设计阶段有四个步骤:创建 Agent 类、构建对话、组建 Agent 类、系统设计。虽然被依次排列,但是该方法实际上是迭代的。这样,设计者可以在不同的阶段和步骤之间自由往返,每个步骤的完成都会增加额外的细节,最终产生一个完整细致的系统设计。

MASE 方法的强项之一在于整个过程中的追踪变更能力。在分析设计阶段所创建的每个对象都能够通过不同的步骤向前或向后同其他对象关联。举个例子,从"捕捉目标"步骤所派生出来的目标能够被追溯到一个特定的角色、任务和 Agent 类。同样地,一个 Agent 类也能够通过任务和角色反向追溯到在设计阶段确定要满足的系统级目标。

1. 分析阶段

MASE 方法在分析阶段产生了一组角色和任务,描述了一个系统如何满足它的整体目标。目标是对详细需求的抽象,由角色来完成。典型地,一个系统有一个整体目标和一组子目标,通过实现子目标来达到系统目标。MASE 方法之所以使用目标,是因为它们能够捕捉到系统目标要实现什么,相对于功能、过程或信息结构而言,可能在实践上更能保持稳定。角色描述了系统中执行某些功能的实体。在 MASE 方法中,每个角色负责实现特定的系统目标。MASE 方法的分析阶段所采用的方法很直接:根据一系列需求定义系统目标,然后定义必要的角色来实现这些目标。为了帮助设计者定义角色来满足这些特定目标,MASE 方法使用了用例图和时序图。

(1) 捕捉目标。捕捉目标的目的是将系统的初始要求转换成一套结构化的系统目标。初始系统的上下文是 MASE 方法分析的起点,经常是一个软件需求说明,包含一组定义良好的需求。分析人员可以根据这些需求了解系统必须提供的服务,以及系统根据输入和当前状态应该如何行动或不行动。捕捉目标过程有两个子步骤:识别目标和构建目标。首先,必须根据初始系统上下文识别出来目标;其次,分析这个目标,将其放到一个层次表中。

(2) 使用用例。"使用用例"在将目标转换为角色和相关任务的过程中相当重要。用例由需求派生而来,定义了所期望系统行为的事件顺序,它们是系统该如何行为的例子。为了帮助确定 MAS 中的实际通信,用例被转换成了时序图。MASE 方法中的时序图类似于标准的 UML 时序图,但是可以用于描述角色之间的事件顺序,并定义扮演这些角色的 Agent 之间的通信。这里识别出来的角色形成了初始角色集,能够被用于下一个步骤,而事件随后也被用来定义任务和会话。

使用用例的第一步就是从系统初始上下文抽取用例,包括积极的和消极的用例。积极的用例描述了系统在正常运行时应该发生什么。然而,消极用例定义了一个失败或错误。虽然用例不能捕捉到每个可能的需求,但是它们有助于获得通信途径和角色。对派生出来的目标进行最终分析和交叉检查用例提供了一个冗余的方法来派生系统行为。

(3) 定义角色。定义角色的目的就是为了将目标层次时序图转换成角色和相关任务,也就是更适合实际 MAS 的形式。角色形成了 Agent 类的基础,对应于设计阶段的系统目标。该方法认为,如果每个目标同一个角色相关联,每个角色又是由一个 Agent 类所扮演,那么就能够满足系统目标。将目标转换为角色一般是一对一的关系,即每个目标对应于一个角色。然而,有很多情况一个角色可能会负责多个目标。

(4) 分析阶段总结。一旦每个角色的并发任务被定义,分析阶段就宣告结束了。MASE 方法的分析阶段总结如下。

① 识别系统目标,形成一个目标层次结构。

② 识别用例,创建时序图以帮助确认角色和通信途径。

③ 将目标转换为一整套角色。

2. 设计阶段

用 MASE 方法设计系统时,一般有 4 个步骤:第一步是创建 Agent 类,设计者将角色分配给具体的 Agent 类;第二步是构建对话,即定义 Agent 类之间的对话;第三步是组装 Agent 类,设计 Agent 类的内部结构和推理过程;第四步是系统设计,设计者定义了系统中部署 Agent 的数目和位置。

(1) 创建 Agent 类。

在创建 Agent 类的步骤中,根据分析阶段的角色来创建 Agent 类。这个阶段产生了一个 Agent 类图,描述了由 Agent 类所组成的整个 Agent 系统组织,以及它们之间的对话。Agent 类是系统中一类 Agent 的模板,根据它们所扮演的角色及所参与的对话来进行定义。如果角色是 MAS 设计的基础,那么 Agent 类是实现 MAS 的基石。这两个抽象是从两个不同的系统角度进行控制。角色允许分配系统目标,而 Agent 类则允许考虑通信和其他资源的使用。

第一步就是将角色分配给每个 Agent 类。如果被分配了多个角色,Agent 类就会同时或顺序扮演。为了确保考虑到系统目标,每个角色必须被分配至少一个 Agent 类。因为角色能够按照模块进行操作,所以分析人员能够在设计中很容易地改变组织和 Agent 类中的角色分配。这就允许考虑各种不同的设计问题,主要是基于标准的软件工程概念,如功能、通信。

在这个步骤中还要确认不同 Agent 类必须参与的对话。一个 Agent 的对话源自于 Agent 所分配角色的外部通信。举个例子,角色 A 和角色 B 通信,如果 Agent1 扮演角色 A,Agent2 扮演角色 B,那么在 Agent1 和 Agent2 之间肯定有一个对话。

(2) 构建对话。

构建对话是 MASE 方法的下一个设计步骤,迄今为止,设计人员仅仅确定了对话,这一步的目标就是基于当前任务的内部细节来定义这些对话的细节。

对话定义了两个 Agent 之间的协作协议,使用两个通信类图进行阐述:一个用于发起者,另一个用于响应者。通信类图类似于并发任务模型,定义了两个参与 Agent 类的对话状态。发起者通过发送第一个消息开始对话,当另一个 Agent 收到消息后,它就同目前处于激活状态的对话进行比较。如果找到了一个匹配,Agent 就把合适的对话迁移到一个新的状态,执行任何所要求的行为或动作;否则,Agent 假设这个消息是新的对话要求,然后与可以进行的对话加以比较。如果 Agent 发现了一个匹配,就开始一个新的对话。

（3）组装 Agent。

在组装 Agent 的步骤中设计 Agent 类的内部细节,包括两个子步骤:定义 Agent 的架构,定义架构的组件。设计人员可以选择自己设计 Agent 的架构,或者使用预先定义的架构。类似地,一个设计人员可以使用预先定义好的组件,或者从头开发。组件由一系列属性、方法,或者一个子系统架构构成。

（4）系统设计。

系统设计使用部署图来展示一个系统中 Agent 实例的数目、类型和位置。会议管理系统的一个部署图如图 13-3 所示。系统设计实际上是 MASE 方法最简单的步骤,因为大部分工作已经完成。设计人员应该在实现之前定义部署,因为 Agent 很明确地要求部署模型信息,如主机名称和地址,以用于通信。部署图也为设计人员提供了一个使系统适应环境的机会,使可获得的计算处理能力和网络带宽最大化。在某些情况下,设计人员或许会确定系统中特定数量的 Agent,或者 Agent 所必须依赖的特定计算机。设计人员在将 Agent 分配给计算机时应考虑到通信和处理要求。为了降低通信负载,设计人员或许会将 Agent 部署在同一台机器上。然而,太多的 Agent 在同一台机器上,将会失去 MAS 的分布性所带来的好处。MASE 方法的另一个优点就是设计人员在设计系统组织后能够做出某些修改,这样能够产生各种系统配置。

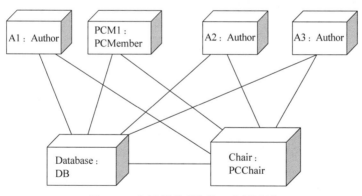

图 13-3 会议管理系统的一个部署图

3. 设计阶段总结

完成部署图之后,MASE 方法的设计阶段就结束了,可以总结如下。

（1）向 Agent 分派角色,确认对话。

（2）构建对话,增加消息/状态来获得稳健性。

（3）定义 Agent 内部结构。

（4）使用部署图来定义最终的系统结构。

思考题

1. Agent 概念的几个主要特征是什么?
2. Agent 的组织类型有哪些?
3. 简单描述一下 Agent 元模型和相应组件的特征之间的区别。
4. 面向 Agent 的经典开发方法有哪些?

第14章

面向SOA方法

目标：

（1）了解 SOA 架构是如何形成的。

（2）掌握 SOA 的基本概念。

（3）掌握软件分层架构的概念。

（4）掌握 Web Service 的几个技术。

14.1 面向服务体系架构的产生

软件工程发展的初期，人们把软件设计的重点放在数据结构和算法的选择上。但是随着软件系统规模的扩大，对于大规模的软件系统来说，对整个系统的结构和规格的考量比对算法和数据结构的选择逐渐变得更加重要。在此背景下，人们认识到软件体系结构的重要性，并认为在软件体系结构方面的深入探索对提高软件生产率和软件质量有很大的帮助。

软件体系结构贯穿于软件开发和维护的全过程。开发过程中它能够帮助软件设计者全面而深刻地理解各层次之间的关系，从而更好地分析系统的性能。同时，软件体系结构是软件设计者和用户之间快速、高效交流的工具，能够将用户提供的业务信息和设计者的设计思想更好地融合在一起，提高了需求分析和软件设计的效率。维护过程中，需要参照原有的软件体系结构，能够保证在不破坏完整性的前提下，对系统进行维护、扩充和升级。软件体系结构是应付复杂需求、提高开发效率、改善系统维护性的有效措施。在体系结构全局思想指导下的任何维护、扩充和升级，不会因其修改和扩充而破坏系统的完整性。总而言之，软件体系结构是应付复杂需求、提高开发效率、改善系统维护性的有效措施。

为了应付不断增加的软件复杂度，进一步提高软件的开发效率，软件体系结构也在不断地改进中，大体上可以分为三个阶段：传统的软件体系结构阶段、基于组件的软件体系结构阶段、面向服务的体系结构阶段。

14.1.1 传统的软件体系结构

早期的软件开发中，由于程序规模不大，并没有特别地考虑软件体系结构的问题，只是以语句为基本单位，由语句组成模块，通过模块的聚集和嵌套形成层层调用的程序结构，这就是最初的软件体系结构。由于结构化程序设计时代程序规模不大，通过强调结构化程序设计方法学，自顶向下、逐步求精，并注意模块的耦合性就可以得到相对良好的结构。这个阶段的应用程序把操作的数据、用户的接口,以及所有业务逻辑的处理都混杂在一个可以执行的包中,如图14-1所示。

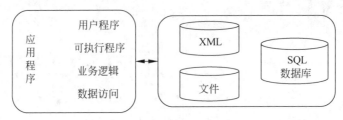

图 14-1　传统的应用程序

　　这种软件设计的方法仍然在规模较小、系统复杂度较低的系统中被大量使用,因为它仅需要少量的开发队伍和较短的开发周期,因为它的简单性会减少开发时间。但是它的简单化处理会存在一些问题:可复用性差,由于软件在特定平台下为特定的应用而写,因此不能被其他应用所复用;可维护性差,不同应用目的的程序交杂在一起,一个地方的改动会影响到系统的其他地方;系统集成性较差,不同平台上的系统在集成时需要在两者之间专门构造集成系统,因而时间和成本较高。

14.1.2　基于组件的软件体系结构

　　随着系统复杂度和规模的大幅度增加,基于组件的软件体系结构应运而生。组件是具有一定的功能、能够独立工作或能同其他组件装配起来协调工作的程序体。从软件复用的角度看,面向对象技术实现了类级复用,它以类为封装的单位,这样的复用粒度还太小,不足以解决异构互操作和效率更高的复用。组件技术将复用提到一个更高的层次上,它是对一组类的组合进行封装,并代表完成一个或多个功能的特定服务,也为用户提供了多个接口。整个组件隐藏了具体的实现,只用接口提供服务。随着独立组件的出现,软件的架构出现了多次的概念,其中三层架构把应用程序从下到上划分为数据访问层、逻辑层和表示层。功能独立的各层可以复用所需的组件,从而使得生产率大大提高。

　　如图14-2所示,数据层中涵盖了所有的数据格式。数据访问层独立出来执行连接、查询或修改操作,并给逻辑层提供一个统一的数据视图。逻辑层独立出来专门处理系统的业务逻辑,屏蔽了底层数据访问差异和表示层的呈现差异。表示层只需要把请求交给逻辑层,不需要考虑业务逻辑,然后从逻辑层得到返回结果并以不同的方式呈现给用户。

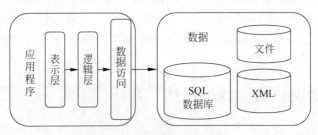

图 14-2　基于组件的多层结构

　　比较流行的组件模型有 CORBA 和 COM。然而在基于组件架构中,组件的使用上存在一些问题。首先,语言环境复用性较差,在 VB 中编写的组件很难在 C# 的环境中使用;其次,在异构系统调用困难,跨过防火墙调用更加困难。如果要在组织内部的所有异构系统中共用业务逻辑,或者跨过防火墙和外部合作伙伴信息共享,就必须解决两个问题。首先,各基于组件的应用程序有共同的交互语言;其次,摒弃数据细节、过程细节和组件细节的交互方式思维,必须从一个更高的层次上来考虑如何交互。所以需要在新一代软件体系结构中解决组织内部的所有异构系统中共用业务逻辑和跨过防火墙与外部合作伙伴之间实现信息共享这两个问题。

14.1.3　面向服务的体系结构

面向服务的体系结构(service-oriented architecture,SOA)的定义为:"一种应用程序体系结构,在这种体系结构中将所有功能都定义为独立的服务,使这些服务带有定义明确的可调用接口,可以以定义好的顺序调用这些服务来形成业务流程。"所有的服务都是独立的,服务的内部实现对于服务的使用者来说是透明的,服务的使用者只需通过服务提供的接口来调用服务,他所关心的不是功能如何实现,而是该服务是否能返回所期望的结果。也就是说,在体系结构的层面上,它们究竟是本地的还是远程的,是用什么互联或协议来调用或需要什么样的基础架构组件来连接,都是无关紧要的。无论从技术角度,还是地理位置角度来看,服务的可调用性并不局限在某一个特定的范围内,服务可能是在相同的应用程序中,也可能是在公司内部网内完全不同的系统上的不同地址空间中,还有可能是在合作伙伴的系统上的应用程序中。服务可能是用 C 语言开发的,也可能是用 Visual Basic 开发的,甚至可能是用任何一种已经存在的语言开发的。

图 14-3 描述了一个完整的面向服务的体系结构模型。所有的功能都被定义成了独立的服务,服务之间通过交互、协同作业,从而完成业务的整体逻辑。所有的服务通过服务总线或流管理器来连接服务和提供服务请求的路径。流管理器处理定义好的执行序列或服务流,它们将按照适当的顺序调用所需的服务来产生最后的结果。这种松散耦合的体系结构使得各服务在交互过程中无须考虑双方的内部实现细节、部署在什么平台之上。应用程序的松散耦合还提供了一定级别的灵活性和互操作性,这种灵活性和互操作性完全高于传统方法构建的高度集成的、跨平台的程序。

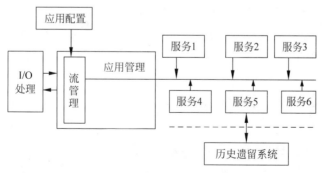

图 14-3　面向服务的体系结构

下面就从微观角度,看看独立的单个服务内部的结构模型。一个独立的服务基本结构如图 14-4 所示,可以看出与前面的组件模型区别之处在于服务模型的表示层从逻辑层分离出来,中间加了服务对外的接口层。服务接口的意义在功能上表现为更多更灵活的功能可以在服务接口中实现,比如路由、事务及安全性的处理等。此外,更加变革性的突破在于通过服务接口的标准化描述,使得该服务可以提供给在任何异构平台中的任何用户接口使用。这一描述囊括了与服务交互需要的全部细节,包括消息格式(详细描述操作)、传输协议和位置。该接口隐藏了实现服务的细节,允许实现服务所基于的硬件或软件平台和编写服务所用的编程语言使用服务。这允许并支持基于 Web 服务的应用程序成为松散耦合、面向组件和跨技术实现。比如,使用简单的基于统一的交互语言 XML 的消息传递 Scheme,Java 应用程序能够调用基于分布式组件对象模型(distributed component object model,DCOM)、遵循公共对象请求代理体系结构(common object request broker architecture,CORBA)、甚至是使用 COBOL 语言编写的应用程序。最振奋人心的是,调用程序很有可能根本不知道该服务在哪里运行、是由哪种语言编写的及消息的传输路径。只需提出服务请求,然后就会得到答案。同时,由于服务模型中的业务逻辑构件之上加了一层可以在大部分系统都认可的协议,从而使得系统的集成不再是一个问题。

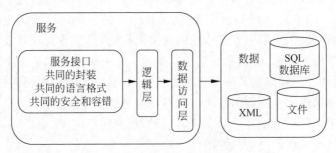

图 14-4 单个服务内部结构

粗略地总结一下软件体系结构的发展过程。从传统体系结构开始,首先是应用程序的所有信息(处理、数据)都集中在一个可执行的包中,没有任何层次概念,完全呈现出线性的特征。再到面向组件的体系结构中,独立出一些具有特定功能的组件,使用组件来搭建软件结构,呈现出一些多维的特征。最后到面向服务的体系结构中,在组件模型的基础上把软件架构搭建在完全由各独立服务模型交互协调运作的基础之上,呈现出更高层次上的多维特征。实践证明,要构造一门关于复杂系统的比较正规的理论,有一条路就是求助于层级理论,在一个复杂性必然是从简单性进化而来的世界中,复杂系统是层级结构的。对于软件这样复杂的人造事物,发现层级和运用层级是分析和构建的基本原则。软件体系结构的演变,以及网络 7 层协议模型的形成和成功的应用都证实了这一论断。

14.2 SOA 的基本概念

14.2.1 SOA 的定义

从软件发展史上来看,已经经历了面向过程、面向对象、面向构件,面向 Agent 等几个阶段。由于面向过程高度耦合而不适合较大软件系统的开发,面向对象技术只能支持同种语言,而面向构件虽然能做到构件二进制级别共享,但还是局限于特定平台。因此,一种称为面向服务的体系结构(SOA)的软件设计方法被提出来,它通过发布可发现的接口为其他的应用程序提供服务,而其中的服务可以通过网络进行调用。通过 SOA 框架,可以最大限度地减少系统间的耦合,从而提高可复用性。

SOA 的概念是由 Gartner 公司给出的,SOA 的定义为"客户端/服务器的软件设计方法,一项应用由软件服务和软件服务使用者组成"。SOA 与大多数通用的客户端/服务器模型的不同之处在于它着重强调软件组件的松散耦合,并使用独立的标准接口。其核心如下。

(1) SOA 是一种软件架构思想,它并不是一个新概念。有人就将 CORBA 和 DCOM 等组件模型看成 SOA 架构的前身,SOA 架构的实质就是将系统模型与系统实现分离,将其作为创建任务的应用程序和过程的"指导原则"。

(2) SOA 是一种业务驱动的 IT 架构方式,支持对业务进行整合,使其成为一种互相联系、可复用的业务任务或者服务。

(3) SOA 不仅仅是一个组件模型,而且还是一个业务开发框架,它能够将不同类别、不同平台的服务结合在一起,动态地、实时地更新和维护一个跨区域的多功能的应用实体。

(4) SOA 并不是一种变革,而是一种进化。因为它是构建在许多一直在使用的技术之上,它将应用程序的不同功能单元——服务(service),通过服务间定义良好的接口和契约(contract)联系起来。接口采用中立的方式定义,独立于具体实现服务的硬件平台、操作系统和编程语言,使得构建在这样的系统中的服务可以使用统一和标准的方式进行通信。

这种具有中立的接口定义(没有强制绑定到特定的实现上)的特征称为服务之间的松耦合。松耦合系统的好处是:SOA 的灵活性,能够及时地对企业业务和信息的变化做出快速的反应。当每个服务的内部结构和实现逐渐地发生改变时,SOA 能够继续存在。而紧耦合意味着应用程序的不同组件之间的接口与其功能是紧密相连的,因而当需要对部分或整个应用程序进行某种形式的更改时,它就显得非常脆弱。

14.2.2 SOA 的架构

SOA 尝试着给出在特定环境下推荐采用的一种架构,从这个角度上来说,它其实更像一种架构模式(pattern),一种理念架构,是人们面向应用服务的解决方案框架。服务是整个 SOA 实现的核心。SOA 架构的基本元素是服务,SOA 指定一组实体(服务提供者、服务消费者、服务注册表、服务条款、服务代理和服务契约),这些实体详细说明了如何提供和消费服务。遵循 SOA 观点的系统必须要有服务,这些服务是可互操作的、独立的、模块化的、位置明确的、松耦合的,并且可以通过网络查找其地址。

在 SOA 架构下,任何一种应用都由若干种服务组成,这些服务在开发之初就已经考虑到复用问题,提供了标准的接口,可以被各种应用和其他服务所调用。另外,以服务或组件形式出现的业务逻辑可以被共享、复用和配置,因此企业应用集成、定制和系统的升级与维护变得轻而易举。所以说面向服务的体系结构是能够帮助人们把现有资产带到未来的最好平台,同时也使得迅速开发未来的程序成为可能。

SOA 为企业提供的威力和灵活性是强大的。如果一个组织将它的 IT 基础设施抽象出来,并以粗粒度的服务方式表示它的功能,那么服务的消费者(不管他们在同一个公司还是这家公司的合作伙伴)就能够以独立于底层实现的方式访问。而且,当服务可用并且活动时,如果服务消费者能够发现和绑定到服务,那么隐藏于这些服务之后的 IT 基础设施就能够为调用者提供额外的灵活性。图 14-5 展示了面向服务体系架构中的协作,这些协作遵循

"查询、绑定和调用"范例,其中服务请求者执行动态服务定位,方法是查询服务注册中心来查找与其标准匹配的服务。如果服务存在,注册中心就给请求者提供接口协议和服务的端点地址。

图 14-5　SOA 架构中典型的角色

(1) 服务提供者(或简称为服务)。它们一般有定义良好的接口(对内的和对外的),并且接口的定义是平台和语言中立的,接口的描述信息被发布到目录服务(或称为服务注册表)中,这样就可以被动态发现和调用。

(2) 服务消费者(或称为服务请求者)。在需要某项服务的时候,先查询服务目录,得到相关服务的描述信息,然后动态地被绑定到相关服务,这样就可以以一种对服务消费者透明的方式调用服务。

(3) 目录服务。它是连接服务提供者和服务消费者的桥梁。服务提供者可以向它注册服务,服务消费者可以通过它查询服务描述信息。在目录中注册的服务可以按某种准则分类,方便服务消费者查询。服务提供者和服务消费者通过发送消息通信,这种消息不是指令性的,没有携带任何底层通信协议的语义,而仅仅是对服务接口契约的描述。

服务,通过接口描述了服务的行为,接收的消息和返回的消息。这种描述是平台中立和语言中立的。这就要求消息的格式必须也是平台中立的,而且消息格式还要提供无限制的类型定义能力,以满足平台中立和语言中立要求。XML 无疑满足了这种需求,消息通信使用的协议也应该是平台中立和语言中立的,被网络服务(web service)采用作为应用层消息传输协议的简单对象访问协议(simple object access protocol,SOAP)正是这样一种协议。满足上述要求的架构提供了服务选择的灵活性和应用程序间的无缝集成能力。

SOA 架构将服务提供者和服务消费者分离开来。这里的服务就是服务提供者(个人或者商业组织)提供的功能单元,服务消费者是任何需要这个功能单元的系统。这种分离是通过一种称为服务联络(service contract)的机制来实现的。

目前,必须通过某种途径得到服务提供者发布的服务联络,然后才能定位服务及正确使用服务。这种分离给架构带来的直接影响是服务提供者和服务消费者之间的关系极其松散,并且易于重配置。在 SOA 架构出现之前,为了集成企业的遗留系统和 C/S 结构的应用系统,常采用的办法是将这些系统的功能封装进对象,然后发布这些对象的接口。如果服务提供者和服务消费者共享同一个运行环境,调用过程是一个很简单的工作。但如果被调用对象处于远程,就需要借助文档对象模型(document object model,DOM)、CORBA、远程方法调用(remote method invocation,RMI)等技术。这些技术虽然可以解决问题,但利用它们去解决问题,从实现技术难度到系统的后期维护都不是一件容易的事情。

SOA 各层次的角色与职责说明如下。

(1) 信息与访问。该层提供服务给其他层服务调用或用户应用直接使用,以适当粒度组织的上层服务能够通过一定的接口合约对这层的服务进行访问。对于信息接入,一方面进行封装(资源接入接口)，另一方面进行数据集成(数据的完整视图获取)。

（2）共享业务服务。该层利用和建于信息存取服务之上，提供核心业务功能的梳理和整合。该层执行服务的集成和协调，以及信息存取服务层的访问过程，主要目的是协调其他服务，为上层应用提供基础。

（3）表示服务。该层提供标准化、个性化的信息和功能展现方式。

（4）复合应用。该层利用企业已经存在的服务组件，通过结合与协调下层服务组件使其更容易被组合成复合应用，实现高层的、多步骤业务流程逻辑，而这些业务逻辑通过组合其他服务层提供的服务而成。

（5）基础架构服务。该层是服务与复合应用创建和部署的公共基础，对整体进行集中化的管理和监控。该层主要包括如下。

- 公共服务。共享给企业内所有服务，如安全、日志、异常处理，提供一致性的实现。
- 企业服务总线。提供服务交互所需的信息传输、翻译、转换和消息路由，异步和同步传输模式。
- 服务管理。提供所有 SOA 参与者的管理能力，包括服务目录、版本、监控和配置。

14.2.3　SOA 的优点

SOA 以其高度的抽象性和灵活性，无论是从软件开发技术角度还是对资源的整合角度，都有着诸多的优势。

（1）从技术开发角度讲，SOA 提供了一个更加灵活的企业开发架构模式，使得软件企业无论是开发方法、实现技术还是开发的效率都到了革命性的变革。具体地讲，SOA 开发的采用从技术上有如下一些优点。

① 屏蔽了业务逻辑组件的复杂性。服务架构通过服务提供者和服务使用者的松散耦合关系，屏蔽了系统内部复杂的业务逻辑。对于系统的表示层而言，只能看到服务接口，对于接口内部的具体实现细节不需要关心。

② 跨平台和复用性。通过标准接口，不同服务之间可以自由地引用，而不必考虑所要引用的服务在什么地方，处于什么平台，或者是由什么语言开发的，从而实现了真正意义上的远程、跨平台和跨语言。SOA 的核心思想是通过松散耦合的服务组合来完成系统，因此提供了更高层次的复用性。

③ 易维护和良好的伸缩性。依靠服务设计、开发和部署所采用的架构模型实现了伸缩性。服务提供者可以独立调整服务以满足新的需求，服务使用者可以通过组合变化的服务来实现新的需求。服务提供者和服务使用者的松散耦合关系及对开放标准的采用确保了系统的易维护性和良好的伸缩性。

④ 开发角色更加明确。SOA 要求应用程序分层，业务流程组织人员只专注于高层的服务组织来实现业务，服务组件开发人员只负责服务组件的实现，而客户端开发人员则只根据自己熟悉的平台去开发自己的界面。在项目中，不同层的开发小组的专业分工提高了开发的效率，使得大规模流水线生产成为可能。

⑤ 支持更多的客户端类型。只要遵循标准的协议，客户端的开发可以使用任何平台及任何开发语言。通过精确定义的服务接口和对 XML、Web 服务标准的支持，可以支持多种客户类型，甚至包括掌上电脑、手机这样的新型访问渠道。

（2）从资源的整合角度讲,SOA 可以基于现有的系统投资来发展,而不需要完全重新创建系统。如果组织将开发力量集中在创建服务、利用现有的技术、结合基于组件的方法来开发软件上,将获得如下几方面好处。

① 利用现有资源。通过使用适当的 SOA 框架并使其可用于整个企业,可以将业务服务构造成现有组件服务的集合。使用这种新的服务只需要知道它的接口和名称。服务的内部细节及在组成服务的组件之间传送的数据的复杂性都对外界隐藏了。这种组件的匿名性使组织能够利用现有的投资,从而可以通过合并构建在不同的机器上、运行在不同的操作系统中、用不同的编程语言开发的组件来创建服务。遗留系统可以通过 Web 服务接口来封装和访问。

② 商品化基础架构。在所有不同的企业应用程序之间,基础架构的开发和部署将变得更加一致。现有的组件、新开发的组件和从厂商购买的组件可以合并在一个定义良好的 SOA 框架内。这样的组件集合将被作为服务部署在现有的基础构架中,从而可以更多地将基础架构作为一种商品化元素来加以考虑。

③ 更快的产品上市速度和较低的成本。易组织的服务库将成为采用 SOA 框架组织的核心资产。SOA 通过对现有服务和组件的新的创造性复用,从而缩短了设计、开发、测试和部署产品的时间,加快了产品的上市速度。同时,通过采用 SOA 框架和服务库,组织现有的服务来增强或创建新的服务的成本也大大地减少了。

14.3　支持 SOA 的 Web Service 技术

14.3.1　SOA 的基本原则

因为 SOA 是一种企业架构,所以它起始于企业的需求。SOA 与其他架构方法的区别在于 SOA 提供的业务敏捷性。业务敏捷性就是公司面对变化能做出快速有效的反应,并且能够利用这种变化获得竞争优势。对于架构师来说,构建业务敏捷的架构意味着创建一种符合未知需求的系统,这种需要使传统的 IT 规划和设计变得不合适。为了满足敏捷企业的这种需求,SOA 实践要遵守下列准则。

（1）业务驱动服务,服务驱动技术。本质上,服务作为业务层与技术层之间的抽象层,SOA 架构师必须理解业务需求与可用服务间的动态关系,并且提供这层抽象的底层技术。

（2）业务敏捷性是基本的业务需求,SOA 不处理具体的业务需求,而是考虑下一层抽象,应对需求变化的能力在于“元需求”。整个架构,从硬件往上必须满足业务敏捷的需求,因为任何瓶颈都会破坏整个架构的灵活性。

（3）成功的 SOA 总处于变迁中,为了知道 SOA 是如何工作的,最好考虑一个有机体。SOA 与现今流行的 Web Service 紧密相连,Web Service 是一项技术,其规范包括网络服务描述语言(web services description language,WSDL)、简单对象访问协议、统一描述、发现和集成(universal description discovery and integration,UDDI)。Web Service 由 WSDL 描述,通过 UDDI 发现,并通过 SOAP 去访问。Web Service 提供了技术,SOA 提供了应用这种技术的框架。这种有效的组合引起了软件业界普遍的关注。

服务是整个 SOA 实现的核心,其中关于服务及 SOA 的一些重要特征如下。

(1) 封装性(encapsulation)。将服务封装成用于业务流程的可复用组件的应用程序函数。

(2) 复用性(reuse)。服务的可复用性设计显著地降低了成本。

(3) 互操作(interoperability)。在 SOA 中,通过服务之间既定的通信协议进行互操作。主要有同步和异步两种通信机制。

(4) 自治的(autonomous)功能实体。服务是由组件组成的组合模块,是自包含和模块化的。

(5) 松耦合度(loosly coupled)。服务请求者到服务提供者的绑定与服务之间应该是松耦合的。

(6) 位置透明性(location trans-parency)。要想真正实现业务与服务的分离,就必须使得服务的设计和部署对用户来说是完全透明的。

14.3.2　基于 SOA 的解决方案

1. 良好定义的接口和规则

良好定义的联络接口(contract)是 SOA 的一个关键概念。所有的服务都要发布一个联络接口。这个联络接口封装了服务客户端和服务双方都同意遵守的、彼此相互理解的通信规则。当服务消费者查找服务时,它想要得到的也就是服务的接口。接口包含使用服务的所有必要信息。使用接口所包含的信息去访问和利用服务就称为绑定(binding)。

2. 服务代表业务域

一个服务既可以代表业务域,也可以代表技术域。技术功能就是最常见的一种服务。注册、安全验证和日志记录都是应用中起着重要作用的服务。但 SOA 真正强大的地方在于它对业务域的建模能力。对企业内部和外部而言,完成能代表业务域的服务比完成代表技术域的服务困难更大,同时价值也更大。

3. 服务使用模块化设计的思想

模块化设计的思想对 SOA 来说很重要。一个模块可以想象成用来执行一个特定功能的软件子单元或子系统。一个模块应该彻底地执行一个功能,也就是说,一个模块只包含用来执行特定功能的所有子单元。

4. 服务之间的松耦合

服务消费者和服务提供者之间的关系应该是松耦合,也就是这两者之间不存在静态的编译时依赖。服务向外部隐藏其功能实现也是松耦合的一种表现。让服务的使用者知道服务的实现细节只会产生不必要的依赖性。

5. 服务是可查找的

SOA 的弹性和可复用性的另一方面体现在支持服务的动态发现和绑定。编译客户端模块时,不需要与服务保持静态连接。同样,编译服务端的模块时,也不需要与任何客户端处于静态连接状态。

6. 服务传输机制的独立性

服务消费者使用网络连接来访问和使用服务,SOA 架构要求使用服务时,无须关注网络连接的类型,也不用关心服务数据的传输机制。

7. 服务地址的透明性

企业在进行架构重构时可以选择第三方提供的服务。用户在使用某个服务时,甚至不知道这个服务的操作可能分散在许多不同的服务点。

8. 服务的平台无关性

理想情况下,服务的平台无关性是指服务运行平台的无关性,与机器型号无关,与操作系统无关。也就是说,服务运行在哪个平台不影响运行在某个特定平台上的用户的访问和使用。例如,利用运行在 Windows 平台上的.NET 编写的服务,允许运行在任何平台上的用户通过 Web Service 访问,他们之间的通信使用的是 SOAP 协议。

采用 SOA 技术能够像生产硬件一样进行工厂化生产基础构件和规范性构件,能够辅导用户自己(或者以出售服务的方式由厂商帮助用户)编写针对个性化业务的事务处理类构件。这些构件只处理特定事务,它们相互之间没有关联,可以采用公共的标准化方式调用,并以服务的形式统一发布在 SOA 环境上,通过工作流引擎串联成为相关的管理活动。由于用户可以通过工作流提供的工具自己进行管理过程的建立和维护,而提供特定事务处理的服务又是相互无关的松耦合,使得管理信息系统不再要求刚性的过程管理需求。这种柔性化的实现手段为管理的持续性优化和拓展提供了良好的支持。

SOA 是一种架构模型,它可以根据需求通过网络对松散耦合的粗粒度应用组件进行分布式部署、组合和使用。服务层是 SOA 的基础,可以直接被应用调用,从而有效控制系统中与软件代理交互的人为依赖性。SOA 的几个关键特性:一种粗粒度、松耦合服务架构,服务之间通过简单、精确定义接口进行通信,不涉及底层编程接口和通信模型。SOA 存在以下几个特别的优点。

(1) 采用商务流程管理工具,能够更容易地对复合的系统进行配置。

(2) 能够更快地集成第三方的软件。

(3) 通过平台管理和版本控制,能够更安全地升级某个单独的服务。

(4) 按照服务来划分开发任务,更好地支持了分布式的协同开发。

SOA 采用自顶向下的设计思路,是处理分布式架构的整合工具。当前企业所面临的业务环境复杂多变,SOA 继承和发展了过去的技术,能够有效地构造复杂的企业应用系统。提高业务流程的灵活性,使企业加快发展速度,降低总体成本,有助于开发出灵活应变的应用系统,快速实现商务价值,使企业适应快速变化的业务需求。在基于 SOA 架构的系统中,利用不同的方法对粗粒度、可复用的服务等进行组装整合,以构成各种新的应用。SOA 架构的服务独立于具体的实现技术,能提供很好的交互能力和位置透明性。通过企业服务总线等架构模式来达成系统的重要架构特征,如松散耦合、可复用、可组装、避免一个地方的变化扩散等。

14.3.3　Web Service 技术

面向服务架构最常用的一种实现方法是 Web Service 技术,Web Service 技术使用一系列标准和协议实现相关的功能。其中 XML 作为 Web Service 技术的基础,是开放环境下描述数据和信息的标准技术。服务提供者可以用 WSDL(Web 服务描述语言)描述 Web 服务,用 UDDI(universal description discovery and integration,统一描述、发现和集成)向服务注册代理发布和注册 Web 服务,服务请求者通过 UDDI 进行查询,找到所需的服务后,利用 SOAP(简单对象协议)来绑定、调用这些服务。

实现 Web 服务的主流开发平台有 J2EE 平台和 Microsoft. NET 平台。由于 J2EE 最主要的特点是与平台无关性,它是简化的、基于组件的开发模型,具有随处运行的可移植性,遵循 J2EE 标准的所有服务器都支持该模型,因此使得基于 J2EE 的应用程序不依赖任何特定操作系统、中间件或硬件,具有很好的可复用性。因此,设计合理的基于 J2EE 的程序只需开发一次就可以部署到各种平台,这在典型的异构企业环境中是十分关键的。图 14-6 是采用 J2EE 平台实现 ERP 系统的 Web 服务体系结构。其中 JAXR(Java API for XML Registries,用于 XML 注册表的 Java API)使得应用程序能够在注册表中注册,或者查询其他公司提供的 Web 服务。JAXM(Java API for XM Messaging,用于 XML 消息交换的 Java API)提供了 Web 服务环境中的异步消息交换功能,并可以通过内部网和 Internet 进行 XML 文档交换。JAXM 是基于 SOAP1.1 规范和 SOAP 附件定义的消息交换协议的一种 API 框架。

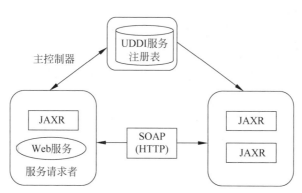

图 14-6　基于 J2EE 的 Web 服务体系

该系统的运行过程为服务请求者向主控制器发出 HTTP(hypertext transfer protocol,超文本传输协议)请求,主控制器读出请求内容,利用 JAXR 发现 UDDI 服务注册表中的服务,然后根据请求内容创建一条 SOAP Message,利用 JAXM 把 SOAP Message 提交给服务提供者调用相关的 Web 服务,由 Web 服务程序处理数据库。服务提供者用 JAXR 向 UDDI 服务注册表发布 Web 服务,使用 JSP(Java server pages,Java 服务器页面)和 JSTL(Java server pages standard tag library,JSP 标准标签库)来实现,JSTL 标记将辅助完成条件处理和对 Web 服务所返回 XML 数据的分析,并将最后的结果用浏览器形式通过页面显示给用户。

SOA 的重点是面向服务,此服务包括企业的内部与外部的每一个业务细节,比如企业中财务应收发票的处理就是一个服务。SOA 的思想是把这些服务从复杂的环境中独立出来——组件化封装,然后通过标准的接口使不同的服务之间相互调用。SOA 是一种软件架构思想,通过使企业中一个个细化的服务标准化来达到企业的 IT 系统跟随企业业务动态变化的目的。

SOA 架构出现后,在实现新旧应用的集成方面有了新的思路。当构建新的应用时,将业务逻辑尽可能地从业务流程中分离出来,并以服务的形式实现它,最后将这种服务发布部署到网络。提供这个服务的系统就充当了服务提供者的角色。当需要这个业务逻辑功能时,通过某种类似于 UDDI 的方式查找到所需要的服务。JNDI(Java naming and directory interface,Java 命名和目录接口)是人们熟悉的一种查找远程对象的方式。定位到服务之后,就可以像消费者一样来消费这个服务。使用这个服务的系统就成为服务消费者的角色。至于如何消费,就得参照服务提供者提供的服务联络(service contract)。

不同的 SOA 实现方式会存在不同形式的 contract。在传统的 CORBA 规范中,contract 就是使用 IDL 定义的接口。如果使用 Web Service 实现技术,contract 是一个使用 WSDL 描述服务的 XML 文件。SOA 可以是一个简单对象、复杂对象、对象的集合、包含许多对象的流程、包含其他流程的流程,甚至还可以是输出单一结果的应用程序的整体集合。在服务之外,它可以看作单个实体。但是在其自身中,它可以具有任何级别的复杂性(如果必要的话)。出于性能方面的考虑,大多数 SOA 服务并没有下降到单一对象的粒度,并且更适合大中型组件。

面向服务构架引起了很多讨论,例如它如何为组织带来利益,尤其是那些拥有业务线(line of business,LOB)应用系统的组织。已经有很多由中间件研究机构推出的被广泛认可的 SOA 计划,这标志着针对企业级应用程序集成的 SOA 方法是成熟和可行的。这些独立软件开发商、咨询公司和消费者都认为:采用面向服务的解决方案正在迅猛增长。对于美国的组织,75%的企业计划为这项技术进行投资,并且为 SOA 安排人员。

SOA 技术的一个重要实现是 Web Service 技术,Web 服务是一种基于 XML 数据交换、能够通过 Internet 标准网络协议被调用的自描述的、自包含的应用模块。Web 服务秉承了组件开发和 Web 应用的双重优点,其提供了像黑盒一样可复用的应用功能,调用者只要遵从标准的 SOAP 协议而无须考虑这些功能是如何实现的,即可得到 Service 提供方执行运算的结果。

Web Service 和 SOA 分别作为实现分布式系统和应用整合的技术与架构出现。面向服务的体系结构 SOA 和 Web 服务的体系结构是两个不同层面的问题,前者是概念模式,面向应用;后者是实现模式,面向技术框架。Web Service 实际上是 SOA 的一个特定实现;SOA 作为一个概念模式上的模型,它将网络、传输协议及安全等具体的细节遗留给特定的实现。

Web Service 是建立在一组成熟的标准技术基础上,以 XML 为基础,通过基于 XML 技术的 Web 服务描述语言对提供的服务进行封装,然后通过 UDDI 在 Internet 上发布该服务及相关信息。Web 服务的请求者通过基于 HTTP 的简单对象访问协议(SOAP)访问所需的服务。几种技术分别如下。

1. XML

XML(extensible markup language,可扩展标记语言)标准是一个基于文本的 World

Wide Web 组织（W3C）规范的标记语言。与 HTML 使用标签来描述外观和数据不同，XML 严格地定义了可移植的结构化数据。它可以作为定义数据描述语言的语言，如标记语法或词汇、交换格式和通信协议。

2. SOAP

简单对象访问协议（SOAP）是一个基于 XML 的，用于在分布式环境下交换信息的轻量级协议。SOAP 在请求者和提供者对象之间定义了一个通信协议。

3. WSDL

Web 服务描述语言（WSDL）是一个提供描述服务 IDL（接口描述语言）标准方法的 XML 词汇。Web 服务描述语言规范定义了一个 XML 词汇表，该词汇表依照请求和响应消息，在服务请求者和服务提供者之间定义了一种契约。

4. UDDI

统一描述、发现和集成（UDDI）规范提供了一组公用的 SOAP API，使得服务代理得以实现。UDDI 为发布服务的可用性和发现所需服务定义了一个标准接口（基于 SOAP 消息），UDDI 将发布和发现服务的 SOAP 请求解释为用于基本数据存储的数据管理功能调用。SOA 不需要使用 UDDI，但由于 UDDI 是建立在 SOA 上来完成自身工作的，因此 UDDI 是服务发现的一个好的解决方案。

5. ESB

企业服务总线（enterprise service bus，ESB）是 SOA 架构的一个支柱技术。作为一种消息代理架构，它提供消息队列系统，使用诸如 SOAP 或 JMS（Java message service，Java 消息服务）等标准技术来实现。

14.3.4　SOA 架构的不足

作为一个具有发展前景的应用系统架构，SOA 尚处在不断发展中，肯定存在许多有待改进的地方。随着标准和实施技术的不断完善，这些问题将迎刃而解，SOA 应用将更加广泛。其不足之处如下。

1. 可靠性

SOA 还没有完全为一些相关要求做好准备，比如事务的最高可靠性（reliability）——不可否认性（nonrepudiation）、消息一定会被传送且仅传送一次（once-and-only-once delivery）及事务撤回（rollback）。不过标准和实施技术成熟到可以满足这一需求的程度并不遥远。

2. 安全性

在过去，访问控制只需要登录和验证。而在 SOA 环境中，由于一个应用软件的组件很容易与属于不同域的其他组件进行对话，因此确保迥然不同又相互连接的系统之间的安全性(security)就复杂得多。

3. 编排

统一协调分布式软件组件构建有意义的业务流程是最复杂的,但它同时也最适合面向服务类型的集成,原因很明显,建立在 SOA 上面的应用软件被设计成可以按需要拆散、重新组装的服务。作为目前业务流程管理(BPM)解决方案的核心,编排(orchestration)功能使 IT 管理人员能够通过已经部署的套装或自己开发的应用软件的功能,把新的元应用软件(meta-application)连接起来。事实上,最大的难题不是建立模块化的应用软件,而是改变这些系统表示所处理数据的方法。

4. 遗留系统处理

SOA 中提供集成遗留系统(legacy support)的适配器,遗留应用适配器屏蔽了许多专用 API 的复杂性和晦涩性。一个设计良好的适配器好比一个设计良好的 SOA 服务,它提供了一个抽象层,把应用基础设施的其余部分与各种棘手问题隔离开来。集成遗留系统的工作始终是一种挑战。

5. 语义

定义事务和数据的业务含义一直是 IT 管理人员面临的最棘手的问题。语义(semantics)关系是设计良好的 SOA 架构的核心要素。就目前而言,没有哪一项技术或软件产品能够真正解决语义问题。为针对特定行业和功能的流程定义并实施功能和数据模型是一项繁重的任务,它最终必须由业务和 IT 管理人员共同承担。

6. 性能

性能(performance)是影响 SOA 采用的一个障碍,但技术的标准化总需要在速度方面有一些牺牲。这种怀疑观点通常针对两方面:SOA 的分布性质和 Web 服务协议的开销。不可否认,任何分布式系统的执行速度都不如独立式系统,这完全是由网络的制约作用造成的。当然,有些应用软件无法容忍网络引起的延迟,如那些对实时性要求很高的应用软件。所以在应用 SOA 架构之前,搞清楚它的适用范围就显得很重要了。

7. 软件设计

软件设计通常可分为概要设计和详细设计,概要设计的任务是确定软件系统的结构,进行模块划分,确定每个模块的功能、接口及模块间的调用关系,对全局数据结构进行设计。详细设计的任务是为每个模块设计实现的细节,还应对局部数据结构进行设计。其中软件体系结构的建立位于需求分析之后,属于概要设计的一个首要内容,通过对体系结构的选择,在软件需求和设计之间架起一座桥梁,重点解决软件系统的结构和需求向实现平坦过渡的问题。SOA 带给软件设计一个根本性的思维转变。

随着社会对软件的依赖程度越来越明显,对软件的要求也越来越高。对于大规模的复杂软件系统,其总体的系统结构设计和规格说明比起对计算的算法和数据结构的选择已经变得明显重要得多。同时,软件即服务的思想也得到普遍的认同。面向服务架构则是这种思想的很好体现,通过在系统架构层采用基于服务的体系架构设计,加快了开发速度,减少了开发成本。因为对现有服务和组件复用缩短了设计、开发、测试和部署产品的时间。在进行面向服务架构的创建过程中,单个服务可以用面向对象等其他方法设计。但是整个 SOA 的设计却是面向服务的。这其中重要的是学会如何以服务来表示基本的业务流程,改变开发方式需要文化的变迁,具体解决技术难题只是一种智力操练。

14.4　适于 SOA 的建模方法

14.4.1　MDA

在软件工程领域有两个越来越流行的趋势,一个是架构上的,一个是方法学上的。两者都对 SOA 实践很有裨益。第一个趋势是 MDA(model-driven architecture)——模型驱动的架构,由曾经提出 CORBA 规范的 OMG 提出。MDA 的核心思想就是架构师应该从被构建系统的一个正规模型开始,这个模型可以用 UML 表示。MDA 首先给出一个与平台无关的模型来表示系统的功能需求和用例,根据系统搭建的平台,架构设计师可以由这个平台无关的模型得到平台相关的模型。这些平台相关模型足够详细,以至于可以用来直接生成需要的代码。

MDA 从平台独立的模型(platform independent model,PIM)开始,这种模型必须完全表达系统的功能需求(或用例)。平台架构师能够根据需要,通过明确指定系统的设计方案,从这个模型映射到任何特定平台的模型(platform depend model,PSM),这种映射是借助工具自动完成的。PSM 具有详细的和实现有关的平台信息,可以用来自动生成代码。

MDA 的核心思想在于系统的设计是完全明确的,构建系统时很少会出现偏差。这样的模型可以直接生成代码,然而当前还存在一些缺陷。首先,它假定在设计模型以前,业务需求是可以明确指定的,这在典型的动态业务环境中是不可能的。其次,MDA 没有提供循环反馈。如果开发者需要修改当前模型,目前没有办法保持模型是最新的。随着 MDA 的成熟,这些问题将会被解决,但是当前对于架构师来说,重要的是理解并考虑到 MDA 的限制。

14.4.2　敏捷方法

SOA 的第二个趋势是敏捷方法(agile method,AM)。这种方法中最著名的要数极限编程(extreme programming,XP)。敏捷方法为在需求不明确或需求总在变动的环境中构建软件系统,它提供了一个灵活的迭代的开发过程。像 XP 这样的 AM 提供了在需求未知或者多变的环境中创建软件系统的过程。XP 要求在开发团队中有一个用户代表,他帮助书写测试用例来指导开发人员的日常工作。开发团队中的所有成员都参与到设计之中,设计要尽量小,并且非形式化。敏捷方法的目标是构建用户刚好需要的功能,避免在正式模型中为一些不切实际的功能做多余的工作。敏捷方法的核心作用在于它的敏捷性,即应付需求变化的能力。AM 的目标是仅仅创建用户想要的,而不是在一些形式化模型上耗费工作量。AM 的核心思想在于其敏捷性——处理需求变更的敏捷性。AM 在其规模上有限制,例如

XP 在一个小团队和中型项目中效果不错,但是当项目规模增大时,如果没有一个一致的、清晰的计划,项目成员很难把握项目中的方方面面。

从表面看来,MDA 和 AM 似乎是相互独立的,MDA 假定需求是固定的,而 AM 恰恰相反;MDA 的中心是形式化的模型,而 AM 恰恰要避开它们。但是,我们还是决定冒险把这些不同方法中的一些元素提取出来,放入一个一致的架构实践中。

按照 SOA 的第一准则:业务驱动服务、服务驱动技术。AM 将业务模型直接和实践连接起来,表现在平台相关的模型之中。MDA 并没有把业务模型和平台无关模型分开来,而是把平台无关模型作为起点。SOA 必须连接这些模型,或者说抽象层次,得到单一的架构方法。

从表面上看,MDA 和 AM 是相反的。MDA 假定存在固定的需求,AM 使用迭代方法应对变化的需求。MDA 以正式模型为中心,而 AM 截然相反。应该试着从各种方法中抽出一定元素并将它们结合成一个协调一致的架构实践。图 14-7 显示了 MDA 和 AM 是怎样融合到 SOA 中的。

图 14-7 中的椭圆代表了 SOA 中三个级别的抽象,完全遵守前面提到的 SOA 的第一个原则:业务驱动服务,服务驱动技术。换句话说,这三个椭圆各自代表了一种类型的模型,或称为元模型。业务域由业务模型表示,技术域由服务模型表示,平台特定的模型在它的最右边。服务模型成为业务域与技术域之间的联系点,并充当跨企业通信的通道。AM 直接将业务模型和实现联系起来,实现是用平台特定的模型表示的。MDA 没有从平台独立的模型隔离出业务模型,而是把平台独立的模型作为起点。SOA 必须将这些模型,或者说不同级别的抽象结合到一种架构方法中。

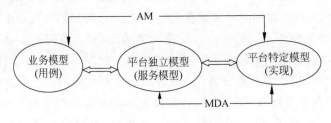

图 14-7　SOA 元模型

14.4.3　SOA 的五视图法

企业架构师必须从不同的角度来考虑 IT 架构,Philippe Kruchten(RUP 的开发负责人)根据这些不同的角度提出了架构的五视图模型,把它应用到 SOA,如图 14-8 所示。

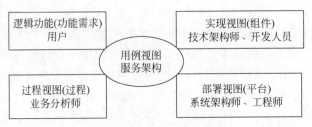

图 14-8　SOA 的五视图

图中的 4 个长方形表示看待架构的不同方式,第 5 个视图即用例视图,和其他的视图均相交,它在架构中扮演了一个特殊的角色。部署视图把软件映射到底层平台和相关的硬件,这是从系统专家的角度看待架构的视图。实现视图描述了软件代码的组织,这是从程序员的角度看待架构的视图。业务分析师使用过程视图,它解决了软件的运行问题。逻辑视图表示用户的功能需求。在 SOA 的实践中,架构师必须根据用例视图中的用例建立用户跟服务的联系,以及服务与底层技术的联系。

图 14-8 也显示了两个重叠的领域,使用逻辑视图和过程视图的业务用户关心的是粗粒度的业务服务,他们可以根据业务需求的变化将这些服务编组成业务过程。技术专家专注于构建和维护服务和底层技术之间的抽象层,中间模型表示服务本身,充当了业务的轴心。

SOA 元模型从 MDA 中平台独立的模型和平台特定的模型继承而来,而且添加了敏捷方法中的用户交互和迭代的敏捷反馈循环。同样,这个元模型通过引入服务模型的中间抽象层解决了敏捷方法的扩展性问题。用户就可以处理日常业务,在服务模型中反映变化的需求。技术专家也就可以迅速高效地对这种需求变化做出反应,因为底层的技术是模型驱动的。元模型通过引入由中心的服务模型提供的中间层抽象解决了 AM 在伸缩性方面的问题。这样,服务模型中任何需求的变化都会反映到用户每天的业务处理中。同样,由于底层技术是模型驱动的,技术专家也可以根据这些变化的需求迅速而有效地做出应变。SOA 实践和过去解决企业架构传统方式的不同之处就在于其对敏捷性的支持。如前所说,SOA 的第三条原则就在于它总在变化之中。这种恒在的变化性环境是 SOA 实践的基石。

SOA 与传统方法的区别就是 SOA 提供的敏捷性。在业务域,厂商必须提供面向服务的业务过程、工作流、服务编制工具和服务。建模工具必须以敏捷的平台和独立的方式充分表现业务服务,技术专家必须有相应的工具从模型生成代码,而且当代码改变的时候可以更新模型。

14.5　基于 SOA 架构的软件开发方法

构件是对象概念的延伸和发展,相对于由对象构成的系统而言,构件系统中的构件具有大粒度和小数量的特点。构件的出现给软件复用带来了根本改变,实现了分析、设计、类等多层次上的复用。软件架构研究则为实现基于构件的复用提供了一种自顶向下的途径,三层体系结构的缺陷导致产生面向服务的体系结构。SOA 的出现被认为是软件开发方法的一个里程碑,对基于 Internet 的业务集成和系统扩展性的提高都有很大帮助。SOA 架构和构件技术的有机结合引导软件开发从应用系统开发转变为应用系统集成,帮助人们在各种日益复杂的应用环境中运行和调用 Web Service。

14.5.1　面向服务的架构

面向服务的体系结构是一种架构模型,作为企业信息化应用的下一代解决方案。SOA具有以下 5 个特点。

(1) 独立的功能实体。

（2）服务间的复用。

（3）服务间的互操作。

（4）服务是位置透明的。

（5）服务是松耦合的。

这种架构代表一种将软件资源作为网络上的服务的分布式计算方式,它并不是什么新的东西,CORBA、DCOM就是类似的例子。然而,这些技术存在着一些问题。它们是紧密耦合的,就是说每个分布式计算连接的两端需要在API的细节上达成协议。这样的架构是专有的,尽管CORBA是一个基于标准的技术,但是实现一个CORBA架构应用必须针对某个厂商的特定情况。

现在基于SOA构建的应用是基于标准的,同时是松散耦合的。像XML和SOAP这样的开放标准可以提供不同厂商的解决方案间的互操作性。这样,对交互中某一方的接口改变不会破坏另一方。这两个核心原则使公司可以实现服务,而不需要知道消费这项服务的任何细节。

SOA为企业提供的威力和灵活性是强大的,如果一个组织将它的IT基础设施抽象出来,并以粗粒度的服务方式表示它的功能,那么服务的消费者就能够独立与底层的方式来访问。而且,当服务可用并且活动时,如果服务消费者能够发现和绑定到服务,那么隐藏于这些服务之后的IT基础设施就能够为调用者提供额外的灵活性。

14.5.2　基于 SOA 架构技术的优势

在面向服务的体系结构中,映射到业务功能的服务是在业务流程分析的过程中确定的。服务可以是细粒度的,也可以是粗粒度的,这取决于业务流程。每个服务都有定义良好的接口,通过该接口就可以发现、发布和调用服务。企业可以选择将自己的服务向外发布到业务合作伙伴,也可以选择在组织内部发布服务。服务还可以由其他服务组合而成。

服务是粗粒度的处理单元,它使用和产生由值传送的对象集,它与编程语言术语中的对象不同。相反,它可能更接近于业务事务[如CICS(客户信息控制系统)或IMS(IP多媒体子系统)事务]的概念而不是远程CORBA对象的概念。

服务是由一些构件组成的,这些构件一起工作,共同提供服务所请求的业务功能。因此,相比之下,构件比服务的粒度更细。另外,虽然服务映射到业务功能,但是构件通常映射到业务实体和操作它们的业务规则。

在基于构件的设计中,可以创建构件来严格匹配业务实体,并且封装匹配这些实体所期望的行为。在面向服务的设计中不能基于业务实体设计服务。相反,每个服务都是管理一组业务实体中操作的完整单元。这意味着服务是一个管理器对象,是创建和管理它的一组构件。

面向构件技术之于软件业的意义正如由生产流水线之于工业制造,是软件业发展的必然趋势。研究现在的软件体系不难发现:现在的软件专家们仍需要与大量的需求、设计、编码的细节打交道。构件技术让软件回归了简洁表达,并轻而易举地实现像制造行业一样的标准化,这种生产方式的转变将极大地提高软件的生产力,并可以获得更稳定的软件质量。用户选择软件一般都有定制的要求,尤其是系统管理软件,如企业资源规划(ERP)、客户关系管理(CRM)等。这对于采用了SOA架构和构件技术的软件开发方法来说有什么优势呢?

(1) 构件化技术满足了不同用户的定制要求,把常用功能做成可供选择的构件,用户就有了更为灵活的选择。没用构件化技术时,软件系统的各个部分是紧密结合在一起的,因而会"牵一发而动全身"。采用了构件化技术后,软件的各个功能模块就可以独立地实现、升级,而不会影响系统整体。

(2) SOA 架构采用的是面向服务的商业建模技术和 Web 服务技术,故能实现系统之间的松耦合,从而实现系统之间的整合与协同。这样企业就能对业务的变化做出快速的反应,并利用已有的应用作为服务,保护现有的 IT 基础建设投资。

(3) SOA 和其他架构的不同之处就在于 SOA 提供的业务灵活性。

从本质上看,SOA 架构体现的是一种复合的概念:它不仅为一个企业商业流程的组织和实现提供了一种指导模式,同时也为具体的底层 Service 开发提供了指导。而构件是一种软件开发技术,适用于企业应用的开发,采用构件技术可以大大节省开发成本,缩短开发周期。现在,构件技术和 SOA 架构正逐步趋向融合。这种有机结合可提高系统的自由度和执行效率,同时降低软件开发成本,提高软件质量,大大减少目前各软件厂商之间相同软件部分重复开发的问题。信息社会的快速发展对软件开发技术带来了更多的需求和挑战。结合面向对象方法和软件复用思想,基于 SOA 架构和构件技术的软件开发方法能适应 Internet 时代开放、动态和多变的特点,满足企业快速变化的业务需求,使之随需应变,是近年来软件工程界关注的重点。构件技术的软件开发还存在许多有待解决的问题,如构件及其标准化,特定领域软件的构架等仍需深入研究。

SOA 架构将服务提供者和服务消费者分离开来。这里的服务就是服务提供者(个人或者商业组织)提供的功能单元,服务消费者是任何需要这个功能单元的系统。这种分离是通过一种称为服务联络(service contract)的机制来实现的,也就是说服务消费者在使用服务之前,必须通过某种途径得到服务提供者发布的服务联络,然后才能定位服务及正确使用服务。这种分离给架构带来的直接影响是服务提供者和服务消费者之间的关系极其松散,并且易于重配置。在 SOA 架构出现之前,为了集成企业的遗留系统和 C/S 结构的应用系统,常采用的办法是将这些系统的功能封装进对象,然后发布这些对象的接口。如果服务提供者和服务消费者共享同一个运行环境,那么调用过程是一个很简单的工作。但如果被调用对象处于远程,就需要借助 DOM、CORBA、RMI 等技术。这些技术虽然可以解决问题,但利用它们去解决问题,从技术实现到系统的后期维护都不是一件容易的事情。

对松耦合系统的要求来源于业务需要业务应用程序变得更加灵活,以适应不断变化的环境,比如经常改变的政策、业务级别、业务重点、合作伙伴关系、行业地位及其他与业务有关的因素,这些因素甚至会影响业务的性质。将能够灵活地适应环境变化的业务称为按需(on demand)业务。在按需业务中,一旦需要,就可以对完成或执行任务的方式进行必要的更改。

对现代企业而言,SOA 能带来巨大好处。它不仅为集成原有应用系统方面提供了新方式,而且使基于 SOA 构建的新应用在可用性、交互性、维护性和可行性方面都有了很大的提升。对于整个企业,SOA 的应用带来了更低的操作费用、更低的开发费用、更高的质量标准和更大的企业灵活度。

　　SOA 的好处主要来自于将应用拆分成有着良好定义的联络接口的诸多模块,这样服务和应用之间是一种松耦合关系。这种松耦合关系给服务消费者带来的好处在于,当作为服务提供者的服务实现发生变化时,作为服务消费者的应用则无须改变,并且服务消费者可以在多个服务之间作出选择。对服务提供者也是大有好处,形成系统松耦合的一次实现可以映射到更多的商业流程中。除此之外,由 SOA 组装实现的应用和工作流程维护费用更低,更易于修改以满足业务的变化,这些无疑会增强企业的竞争力。

　　一旦 SOA 的基础架构(infrastructure)被构建起来,并且应用开发人员明白了怎样使用它,SOA 基础架构的大量代码都是可以被复用的。建立新系统的工作就如同即插即用(plug-and-play)的操作。这种即插即用的能力来自于系统业务逻辑功能已经被分离成组件,并且这些组件彼此之间完全松耦合。复用将会减少新系统测试的时间和费用,缩短产品的开发时间。组件中的大量代码和逻辑已经被广泛测试过,因此测试工作成为增量测试,而不是全面测试。比降低那些必须经过测试的代码量更为重要的是,SOA 降低了很多其他的难度,如数据传输、资源访问和保证业务逻辑的不变。使用 SOA 开发新应用的风险会降低,原因在于新系统是由很多已经经过正确测试过的组件组合而成。系统中的新组件与原有组件之间的松耦合关系无疑会增加系统开发人员的信心指数。

　　好的 SOA 实现也会降低应用的维护费用。处于每一层的组件以模块形式存在,一旦它们被很好地测试和调试过,当开发人员需要这些组件的时候就可以很有信心地使用它们。基于 SOA 的不同层中的各个组件的独立性也是减低维护费用的一个原因。也就是说,某个组件的变化不会给整个系统带来副作用。进行产品支持的员工往往只需熟悉较少组件的代码,对于新系统,将会配备更少的产品技术支持人员。SOA 给企业带来的最大好处是它能增大企业的灵活度。这种灵活性体现在 SOA 对新的变化和新的机遇能作出更快的反应。

14.5.3　SOA 应用的构建步骤

　　要创建 SOA 应用,通常需要经历 4 个阶段:构建、部署、使用和管理。

　　(1) 在构建阶段中,可以定义业务模型或流程、软件模型和 SOA 模型。之后,开发人员就可以创建一组服务,这组服务可以与已发布的通用接口一起复用。构建阶段是整个 SOA 构建过程中最为耗时的一步。因为要让服务保持足够的灵活性和后续的可扩展性是一件不容易的事情。

　　从实现的过程看,需要项目经理、分析员、架构师、建模人员、开发人员、测试人员及部署和操作人员,各个不同的 RUP 角色的参与。从实现的技术层面看,可以采用通用对象请求代理体系结构(common object request broker architecture,CORBA)和 Web Service。

　　(2) 在部署阶段,需要提取前一阶段创建的服务,并把它们放在一个可执行、可管理的环境之中。

　　(3) 在使用阶段,根据前面所讲的 SOA 和软件模型来装配应用程序,并且测试其软件质量及非功能性需求,比如性能、可伸缩性等。应用程序现在已经准备完毕,并且可交付给用户。

　　(4) 管理阶段是一个长期的过程,在这个阶段中可以监控并管理安全性,以及在许多可能已经为 SOA 制定好的服务级协定或策略相对应的方面比较其性能。

14.5.4　SOAD 与传统软件开发的区别

伴随着 SOA 理念的普及和认可,SOA 已经进入到如何部署和实施阶段。而如何在软件开发和业务构建阶段就以服务和业务为导向,实施 SOA 开发(SOA development,SOAD)是人们目前比较关注的话题。

对 SOAD 的理解有两个含义:一是 SOA development,它包含了从业务需求分析、业务流程分析、服务的抽象到服务组装、业务监控管理等完整的过程;二是 service oriented analysis&design(面向服务的分析和设计),这与传统的面向对象的分析和设计相区别,后者概念的内涵与前者相比要窄。

与传统的软件开发相比,基于 SOA 的软件开发有如下变化。

(1) SOAD 的软件开发与传统软件开发的区别之一就是 SOA 是业务驱动的,传统的软件开发是 IT 驱动的。SOAD 强调的是从业务需求出发,在业务目标和需求推动下设计、开发和测试,从而将业务流程转换为对业务进行了自动整合服务。服务的抽象或生成可以有如下三种方式:一是自顶向下的方式。即通过对业务流程的分析,对业务流程进行分解并抽象成服务,通过对服务的组合快速生成新的服务,而且可以实现服务的复用。二是自底向上。通过对遗留系统的分析抽取业务封装成服务。服务的抽象可以通过适配器或者包装方式,实现对遗留系统的复用,保护原有投资。三是由内向外。在相应输出可用时迭代地用于验证通过领域分解和现有资产分析技术确定的候选服务列表的完整性。不是所有的业务都有流程,可以从具体的业务目标出发进行分析,形成相应的服务。寻找服务或服务生成的三种方式,也就是 SOAD 与传统软件开发的不同点之一。

(2) 基于 SOA 的模式。未来将会有成千上万的服务,SOA 需要对这些服务进行管理、监控,并实现服务的复用。由于 SOA 中的服务是开放的,不仅要为企业内部服务,同时还可以为企业的客户、供应商等提供服务,因此对服务的有效管理和监控也是 SOAD 与传统开发的不同。

(3) 对服务的组装。例如可以通过服务组装生成业务流程语言,并部署到运行平台上,这是传统的软件开发没有涉及的。SOAD 与传统软件开发的区别一直伴随着 SOA 理念的普及和认可,SOA 已经进入到如何部署和实施阶段。而如何在软件开发和业务构建阶段就以服务和业务为导向实施 SOAD 是人们目前比较关注的话题。

思考题

1. SOA 与大多数通用的客户端/服务器模型的不同之处在哪?
2. 如何理解 SOA 架构? 请画图给出面向服务体系结构中的协作进行的过程。
3. 服务是 SOA 的核心,有哪些特征?
4. Web Service 包含哪些技术?

第15章 面向云计算方法

目标：

(1) 了解云计算是如何提出的。

(2) 掌握云计算的概念。

(3) 掌握云计算与网格计算等计算模型的联系。

(4) 掌握 Google 云计算的 4 种技术。

15.1 云计算的基本概念和主要特征

15.1.1 云计算的基本概念

随着数字技术和互联网的急速发展，特别是 Web 2.0 的发展，互联网上的数据量高速增长，导致了互联网数据处理能力的相对不足。但互联网上同样存在着大量处于闲置状态的计算设备和存储资源，如果能够将其聚合起来统一调度提供服务则可以大大提高其利用率，让更多的用户从中受益。目前，用户往往通过购置更多数量或更高性能的终端和服务器来增加计算能力和存储资源，但是不断提高的技术更新速度与昂贵的设备价格让人望而却步。如果用户能够通过高速互联网租用计算能力和存储资源，就可以大大减少对自有硬件资源的依赖，而不必为一次性支付大笔费用而烦恼。

这正是云计算（cloud computing）要实现的重要目标之一。通过虚拟化技术将资源进行整合，形成庞大的计算与存储网络，用户只需要一台接入网络的终端就能够以相对低廉的价格获得所需的资源和服务而无须考虑其来源，这是一种典型的互联网服务方式。云计算实现了资源和计算能力的分布式共享，能够很好地应对当前互联网数据量高速增长的势头。

云计算这个概念的直接起源是亚马逊 EC2（elastic compute cloud）产品和 Google-IBM 分布式计算项目。这两个项目直接使用到了 Cloud Computing 这个概念。之所以采用这样的表述形式，很大程度上是由于这两个项目与网络的关系十分密切，而"云"的形象又常常用来表示互联网。因此，云计算的原始含义即为将计算能力放在互联网上。当然，云计算发展至今，早已超越了其原始的概念。

虽然云计算是在 2007 年第 3 季度才诞生的新名词，但仅仅过了半年多，其受到关注的程度就超过了网格计算(grid computing)，如图 15-1 所示。

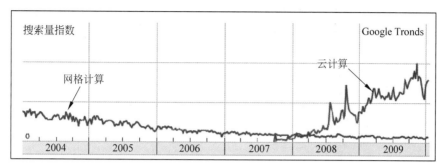

图 15-1 云计算和网格计算在 Google 中的搜索趋势

云计算至今为止没有统一的定义，不同的组织从不同的角度给出了不同的定义，根据不完全的统计至少有 25 种以上。例如，Gartner 认为，云计算是一种使用网络技术并由 IT 使能而具有可扩展性和弹性能力作为服务提供给多个外部用户的计算方式。美国国家标准与技术实验室对云计算的定义是："云计算是一个提供便捷的通过互联网访问一个可定制的 IT 资源共享池能力的按使用量付费模式(IT 资源包括网络、服务器、存储、应用和服务)，这些资源能够快速部署，并只需要很少的管理工作或很少的与服务供应商的交互"。随着应用场景的变化和使能技术的发展，关于云计算的定义还在不断产生新的观点。

云计算将网络上分布的计算、存储、服务构件、网络软件等资源集中起来，基于资源虚拟化的方式，为用户提供方便快捷的服务，它可以实现计算与存储的分布式与并行处理。如果把"云"视为一个虚拟化的存储与计算资源池，那么云计算则是这个资源池基于网络平台为用户提供的数据存储和网络计算服务。互联网是最大的一片"云"，其上的各种计算机资源共同组成了若干庞大的数据中心及计算中心。

云计算是一种商业计算模型，它将计算任务分布在大量计算机构成的资源池上，使用户能够按需获取计算力、存储空间和信息服务。

这种资源池称为"云"，它是一些可以自我维护和管理的虚拟计算资源，通常是一些大型服务器集群，包括计算服务器、存储服务器、宽带资源等。云计算将计算资源集中起来，并通过专门软件实现自动管理，无须人为参与。用户可以动态申请部分资源，支持各种应用程序的运转，无须为烦琐的细节而烦恼，能够更加专注于自己的业务，有利于提高效率、降低成本和技术创新。云计算的核心理念是资源池，这与早在 2002 年就提出的网格计算池(computing pool)的概念非常相似。网格计算池将计算和存储资源虚拟成为一个可以任意组合分配的集合，池的规模可以动态扩展，分配给用户的处理能力可以动态回收复用。这种模式能够大大提高资源的利用率，提升平台的服务质量。

之所以称为"云"，一是因为它在某些方面具有现实中云的特征：云一般都较大；云的规模可以动态伸缩，它的边界是模糊的；云在空中飘忽不定，无法也无须确定它的具体位置，但它确实存在于某处。二是因为云计算的鼻祖之一亚马逊公司将大家曾经称为网格计算的东西取了一个新名称"弹性计算云"(elastic computing cloud)，并取得了商业上的成功。

有人将这种模式比喻为从单台发电机供电模式转向电厂集中供电的模式。它意味着计算能力也可以作为一种商品进行流通，就像煤气、水和电一样，取用方便，费用低廉。最大的不同在于,它是通过互联网进行传输的。

云计算是并行计算(parallel computing)、分布式计算(distributed computing)和网格计算(grid computing)的发展,或者说是这些计算科学概念的商业实现。云计算是虚拟化(virtualization)、效用计算(utility computing)、将基础设施作为服务(infrastructure as a service,IaaS)、将平台作为服务(platform as a service,PaaS)和将软件作为服务(software as a service,SaaS)等概念混合演进并跃升的结果。

15.1.2　云计算的主要特征

从研究现状上看,云计算具有以下特点。

(1) 超大规模。"云"具有相当的规模,Google 云计算已经拥有 100 多万台服务器,亚马逊、IBM、微软、雅虎等公司的"云"均拥有几十万台服务器。"云"能赋予用户前所未有的计算能力。

(2) 虚拟化。云计算支持用户在任意位置、使用各种终端获取服务。所请求的资源来自"云",而不是固定的有形的实体。应用在"云"中某处运行,但实际上用户无须了解应用运行的具体位置,只需要一台笔记本或一个 PDA,就可以通过网络服务来获取各种能力超强的服务。

(3) 高可靠性。"云"使用了数据多副本容错、计算节点同构可互换等措施来保障服务的高可靠性,使用云计算比使用本地计算机更加可靠。

(4) 通用性。云计算不针对特定的应用,在"云"的支撑下可以构造出千变万化的应用,同一片"云"可以同时支撑不同的应用运行。

(5) 高可扩展性。"云"的规模可以动态伸缩,满足应用和用户规模增长的需要。

(6) 按需服务。"云"是一个庞大的资源池,用户按需购买,像自来水、电和煤气那样计费。

(7) 极其廉价。"云"的特殊容错措施使得可以采用极其廉价的节点来构成云;"云"的自动化管理使数据中心管理成本大幅降低;"云"的公用性和通用性使资源的利用率大幅提升;"云"设施可以建在电力资源丰富的地区,从而大幅降低能源成本。因此"云"具有前所未有的性能价格比。Google 中国区前总裁李开复称,Google 每年投入约 16 亿美元构建云计算数据中心,所获得的能力相当于使用传统技术投入 640 亿美元,节省了 40 倍的成本。因此,用户可以充分享受"云"的低成本优势,需要时花费几百美元、一天时间就能完成以前需要数万美元、数月时间才能完成的数据处理任务。

云计算有如下 4 个显著特点。

(1) 云计算提供了最可靠、最安全的数据存储中心,用户不用再担心数据丢失、病毒入侵等麻烦。

很多人觉得数据只有保存在自己看得见、摸得着的计算机里才最安全,其实不然。你的计算机可能会因为自己不小心而被损坏,或者被病毒攻击,导致硬盘上的数据无法恢复,而有机会接触你的计算机的不法之徒则可能利用各种机会窃取你的数据。

反之,当你的文档保存在类似 GoogleDocs 的网络服务上,当把自己的照片上传到类似 GooglePicasaWeb 的网络相册里,就再也不用担心数据的丢失或损坏。因为在"云"的另一端有全世界最专业的团队来帮你管理信息,有全世界最先进的数据中心来帮你保存数据。

同时,严格的权限管理策略可以帮助你放心地与你指定的人共享数据。这样,你不用花钱就可以享受到最好、最安全的服务,甚至比在银行里存钱还方便。

(2) 云计算对用户端的设备要求最低,使用起来也最方便。

大家都有过维护个人计算机上种类繁多的应用软件的经历。为了使用某个最新的操作系统,或使用某个软件的最新版本,就必须不断升级自己的计算机硬件。为了打开朋友发来的某种格式的文档,就不得不疯狂寻找并下载某个应用软件。为了防止在下载时引入病毒,不得不反复安装杀毒和防火墙软件。所有这些麻烦事加在一起,对于一个刚刚接触计算机,刚刚接触网络的新手来说是一场噩梦。如果你再也无法忍受这样的计算机使用体验,云计算也许是你的最好选择。只要有一台可以上网的计算机,有一个你喜欢的浏览器,你要做的就是在浏览器中输入 URL,然后尽情享受云计算带给你的无限乐趣。可以在浏览器中直接编辑存储在"云"的另一端的文档,可以随时与朋友分享信息,再也不用担心你的软件是否是最新版本,再也不用为软件或文档染上病毒而发愁。因为在"云"的另一端有专业的 IT 人员维护硬件、安装和升级软件、防范病毒和各类网络攻击、做以前在个人计算机上所做的一切。

(3) 云计算可以轻松实现不同设备间的数据与应用共享。

大家不妨回想一下,你自己的联系人信息是如何保存的。一个最常见的情形是你的手机里存储了几百个联系人的电话号码,你的个人计算机或笔记本式计算机里则存储了几百个电子邮件地址。为了方便在出差时发邮件,你不得不在个人计算机和笔记本式计算机之间定期同步联系人信息。买了新的手机后,你不得不在旧手机和新手机之间同步电话号码。还有你的 PDA 及你办公室里的计算机。考虑到不同设备的数据同步方法种类繁多,操作复杂,要在这许多不同的设备之间保存和维护最新的一份联系人信息,必须为此付出难以计数的时间和精力。这时,你需要用云计算来让一切都变得更简单。在云计算的网络应用模式中,数据只有一份,保存在"云"的另一端,你的所有电子设备只需要连接互联网就可以同时访问和使用同一份数据。

仍然以联系人信息的管理为例,当你使用网络服务来管理所有联系人的信息后,你可以在任何地方用任何一台计算机找到某个朋友的电子邮件地址,可以在任何一部手机上直接拨通朋友的电话号码,也可以把某个联系人的电子名片快速分享给好几个朋友。当然,这一切都是在严格的安全管理机制下进行的,只有对数据拥有访问权限的人才可以使用或与他人分享这份数据。

(4) 云计算为人们使用网络提供了几乎无限多的可能,为存储和管理数据提供了几乎无限多的空间,也为人们完成各类应用提供了几乎无限强大的计算能力。

想象一下,当你驾车出游的时候,只要用手机连入网络,就可以直接看到自己所在地区的卫星地图和实时的交通状况,可以快速查询自己预设的行车路线,可以请网络上的好友推荐附近最好的景区和餐馆,可以快速预订目的地的宾馆,还可以把自己刚刚拍摄的照片或视频剪辑分享给远方的亲友……离开了云计算,单单使用个人计算机或手机上的客户端应用,人们是无法享受这些便捷的。个人计算机或其他电子设备不可能提供无限量的存储空间和计算能力,但在"云"的另一端,由数千台、数万台甚至更多服务器组成的庞大的集群却可以轻易地做到这一点。个人和单个设备的能力是有限的,但云计算的潜力却几乎是无限的。当把最常用的数据和最重要的功能都放在"云"上时,有理由相信,你对计算机、应用软件乃至网络的认识会有翻天覆地的变化,你的生活也会因此而改变。

互联网的精神实质是自由、平等和分享。作为一种最能体现互联网精神的计算模型,云计算必将在不远的将来展示出强大的生命力,并将从多个方面改变人们的工作和生活。无论是普通网络用户,还是企业员工;无论是 IT 管理者,还是软件开发人员,他们都能亲身体验到这种改变。

15.1.3　云计算的分类

云计算按照服务类型大致可以分为三类:将基础设施作为服务、将平台作为服务和将软件作为服务,如图 15-2 所示。

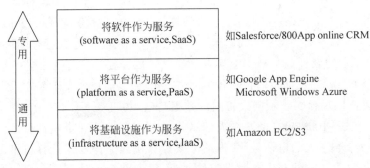

图 15-2　云计算的服务类型

IaaS 将硬件设备等基础资源封装成服务供用户使用,如亚马逊云计算(amazon web services,AWS)的弹性计算云(EC2)和简单存储服务(S3)。在 IaaS 环境中,用户相当于在使用裸机和磁盘,既可以让它运行 Windows,也可以让它运行 Linux,因而几乎可以做任何想做的事情,但用户必须考虑如何才能让多台机器协同工作起来。AWS 提供了在节点之间互通消息的接口简单队列服务(simple queue service,SQS)。IaaS 最大的优势在于它允许用户动态申请或释放节点,按使用量计费。运行 IaaS 的服务器规模达到几十万台之多,用户因而可以认为能够申请的资源几乎是无限的。同时,IaaS 是由公众共享的,因而具有更高的资源使用效率。PaaS 对资源的抽象层次更进一步,它提供用户应用程序的运行环境,典型的如 Google App Engine。微软公司的云计算操作系统 Microsoft Windows Azure 也可大致归入这一类。PaaS 自身负责资源的动态扩展和容错管理,用户应用程序不必过多考虑节点间的配合问题。

但与此同时,用户的自主权降低,必须使用特定的编程环境并遵照特定的编程模型。这有点像在高性能集群计算机里进行消息传递界面(message passing interface,MPI)编程,只适用于解决某些特定的计算问题。例如,Google App Engine 只允许使用 Python 和 Java 语言、基于称为 Django 的 Web 应用框架、调用 Google App Engine SDK 来开发在线应用服务。

SaaS 的针对性更强,它将某些特定应用软件功能封装成服务,如 Salesforce 公司提供的在线客户关系管理服务。SaaS 既不像 PaaS 一样提供计算或存储资源类型的服务,也不像 IaaS 一样提供运行用户自定义应用程序的环境,它只提供某些专门用途的服务供应用调用。

需要指出的是,随着云计算的深化发展,不同云计算解决方案之间相互渗透融合,同一种产品往往横跨两种以上类型。例如,Amazon Web Services 是以 IaaS 发展的,但新提供的弹性 MapReduce 服务模仿了 Google 的 MapReduce,简单数据库服务 SimpleDB 模仿了 Google 的 Bigtable,这两者属于 PaaS 的范畴,而它新提供的电子商务服务 FPS 和 DevPay 及网站访问统计服务 Alexa Web 服务则属于 SaaS 的范畴。

15.1.4 云计算与网格计算

网格(grid)是 20 世纪 90 年代中期发展起来的下一代互联网核心技术。网格技术的开创者(Ian Foster)将之定义为"在动态、多机构参与的虚拟组织中协同共享资源和求解问题"。网格是在网络基础之上基于 SOA 使用互操作、按需集成等技术手段,将分散在不同地理位置的资源虚拟成为一个有机整体,实现计算、存储、数据、软件和设备等资源的共享,从而大幅提高资源的利用率,使用户获得前所未有的计算和信息能力。

国际网格界致力于网格中间件、网格平台和网格应用建设。就网格中间件而言,国外著名的网格中间件有 Globus Toolkit、UNICORE、Condor、gLite 等,其中 Globus Toolkit 得到了广泛采纳。就网格平台而言,国际知名的网格平台有 TeraGrid、EGEE、CoreGRID、D-Grid、ApGrid、Grid3、GIG 等。美国 TeraGrid 是由美国国家科学基金会计划资助构建的超大规模开放的科学研究环境。TeraGrid 集成了高性能计算机、数据资源、工具和高端实验设施。目前 TeraGrid 已经集成了超过每秒 750 万亿次计算能力、30PB 数据,拥有超过 100 个面向多个领域的网格应用环境。欧盟 E-science 促成网格(enabling grids for e-science,EGEE),是另一个超大型、面向多个领域的网格计算基础设施。目前已有 120 多个机构参与,包括分布在 48 个国家的 250 个网格站点、68 000 个 CPU、20PB 数据资源,拥有 8000 个用户,每天平均处理 30 000 个作业,峰值超过 150 000 个作业。就网格应用而言,知名的网格应用系统数以百计,应用领域包括大气科学、林学、海洋科学、环境科学、生物信息学、医学、物理学、天体物理、地球科学、天文学、工程学、社会行为学等。

我国在"十五"期间有 863 支持的中国国家网格(CNGrid,863-10 主题)和中国空间信息网格(SIG,863-13 主题)、教育部支持的中国教育科研网格(ChinaGrid)、上海市支持的上海网格(ShanghaiGrid)等。中国国家网格拥有包括香港地区在内的 10 个节点,聚合计算能力为每秒 18 万亿次,目前拥有 408 个用户和 360 个应用。中国教育科研网格连接了 20 所高校的计算设施,运算能力达每秒 3 万亿次以上,开发并实现了生物信息、流体力学等 5 个科学研究领域的网格典型应用。"十一五"期间,国家对网格支持的力度更大,通过 973 和 863、自然科学基金等途径对网格技术进行了大力支持。973 计划有"语义网格的基础理论、模型与方法研究"等,863 计划有"高效能计算机及网格服务环境""网格地理信息系统软件及其重大应用"等,国家自然科学基金重大研究计划有"网络计算应用支撑中间件"等项目。

就像云计算可以分为 IaaS、PaaS 和 SaaS 三种类型一样,网格计算也可以分为三种类型:计算网格、信息网格和知识网格。计算网格的目标是提供集成各种计算资源的、虚拟化的计算基础设施。信息网格的目标是提供一体化的智能信息处理平台,集成各种信息系统和信息资源,消除信息孤岛,使得用户能按需获取集成后的精确信息,即服务点播(service on demand)和一步到位的服务(one click is enough)。知识网格研究一体化的智能知识处理和理解平台,使得用户能方便地发布、处理和获取知识。

需要说明的是,目前大家对网格的认识存在一种误解,认为只有使用 Globus Toolkit 这样的知名网格中间件的应用才是网格。可以认为,只要是遵照网格理念,将一定范围内分布的异构资源集成为有机整体,提供资源共享和协同工作服务的平台,均可以认为是网格。这是因为,由于网格技术非常复杂,必然有一个从不规范到规范化的过程,应该承认差异存在的客观性。虽然网格界从一开始就致力于构造能够实现全面互操作的环境,但由于网格处于信息技术前沿、许多领域尚未定型、已发布的个别规范过于复杂而造成易用性差等原因,现有网格系统多针对具体应用采用适用的、个性化的框架设计和实现技术等,造成网格系统之间互操作困难,这也是开放网格论坛(open grid forum,OGF)提出建立不同网格系统互通机制计划(grid interoperation now,GIN)的原因。从另一个角度看,虽然建立全球统一的网格平台还有很长的路要走,但并不妨碍网格技术在各种具体的应用系统中发挥重要的作用。

网格计算与云计算的关系如表 15-1 所示。

表 15-1　网格计算与云计算的比较

对 比 项	网 格 计 算	云 计 算
目标	共享高性能计算力和数据资源,实现资源共享和协同工作	提供通用的计算平台和存储空间,提供各种软件服务
资源来源	不同机构	同一机构
资源类型	异构资源	同构资源
资源节点	高性能计算机	服务器/PC
虚拟化视图	虚拟组织	虚拟机
计算类型	紧耦合问题为主	松耦合问题
应用类型	科学计算为主	数据处理为主
用户类型	科学界	商业社会
付费方式	免费(政府出资)	按量计费
标准化	有统一的国际标准 OGSA/WSRF	尚无标准,但已经有了开放云计算联盟(OCC)

网格计算在概念上争论多年,在体系结构上有三次大的改变,在标准规范上花费了大量的人力,所设定的目标又非常远大——要在跨平台、跨组织、跨信任域的极其复杂的异构环境中共享资源和协同解决问题,所要共享的资源也是五花八门——从高性能计算机、数据库、设备到软件,甚至知识。云计算暂时不管概念、不管标准。Google 云计算与亚马逊云计算的差别非常大,云计算只是对它们以前所做事情新的共同的时髦叫法,所共享的存储和计算资源暂时仅限于某个企业内部,省去了许多跨组织协调的问题。以 Google 为代表的云计算在内部管理运作方式上的简洁一如其界面,能省的功能都省略,Google 文件系统甚至不允许修改已经存在的文件,只允许在文件后追加数据,大大降低了实现难度,而且借助其无与伦比的规模效应释放了前所未有的能量。

网格计算与云计算的关系就像是 OSI 与 TCP/IP 之间的关系。国际标准化组织(ISO)制定的 OSI(开放系统互联)网络标准考虑得非常周到,也异常复杂,在多年之前就考虑到了会话层和表示层的问题。虽然很有远见,但过于理想,实现的难度和代价非常大。当 OSI 的一个简化版——TCP/IP 诞生之后,将 7 层协议简化为 4 层,内容也大大精简,因而迅速取得了成功。在 TCP/IP 一统天下之后多年,语义网等问题才被提上议事日程,开始为 TCP/IP 补课,增加其会话和表示的能力。因此,可以说 OSI 是学院派,TCP/IP 是现实派;

OSI 是 TCP/IP 的基础,TCP/IP 又推动了 OSI 的发展。两者不是"成者为王、败者为寇", 而是滚动发展。

没有网格计算打下的基础,云计算也不会这么快到来。云计算是网格计算的一种简化实用版,通常意义的网格是指以前实现的以科学研究为主的网格,非常重视标准规范,也非常复杂,但缺乏成功的商业模式。云计算是网格计算的一种简化形态,云计算的成功也是网格的成功。网格不仅要集成异构资源,还要解决许多非技术的协调问题,也不像云计算有成功的商业模式推动,所以实现起来要比云计算难度大很多。但对于许多高端科学或军事应用而言,云计算是无法满足需求的,必须依靠网格来解决。

目前,许多人声称网格计算失败了,云计算取而代之了,这其实是一种错觉。网格计算已经有十多年历史,不如刚兴起时那样引人注目是正常的。事实上,有些政府主导、范围较窄、用途特定的网格已经取得了决定性的胜利。代表性的有美国的 TeraGrid 和欧洲的 EGEE 等,这些网格每天都有几十万个作业在上面执行。未来的科学研究主战场将建立在网格计算之上。在军事领域,美军的全球信息网格(GIG)已经囊括超过 700 万台计算机,规模超过现有的所有云计算数据中心计算机总和。

相信不久的将来,建立在云计算之上的"商业 2.0"与建立在网格计算之上的"科学 2.0"都将取得成功。

15.1.5　云计算的现状和发展趋势

云计算技术指的是基于互联网服务模式的增加而诞生的一种计算方式,这种计算方式拥有着规模大、可靠性强、虚拟化等优势。当下这个时代是追求效率的时代,云计算技术在很多网络相关服务中的应用已经十分普遍,操作者在输入简单指令之后就能够得到需要的相关信息,云计算的普及能够大大提升人们的办事效率,能够让人们不再借助其他移动存储设备,将数据文档在云端进行分享、发送及存储。在过去的十几年中,云计算从被质疑到成为新一代 IT 标准,从单纯技术上的概念到影响到整个 ICT 产业的业务模式。

亚马逊能够向企业提供包括弹性云计算 EC2(elastic compute cloud)、亚马逊简单储存服务(Amazon S3)、亚马逊简单数据库(Amazon SimpleDB)、亚马逊简单队列服务(Amazon simple queue service)、弹性 MapReduce 服务等 20 多种云服务,逐渐完善了 AWS(Amazon web services)的服务种类。2018 年,AWS 分别发布了首款自研 ARM 架构云服务器 CPU Graviton、首款云端 AI 芯片 Inferentia。进一步降低产品成本,亚马逊走上了云、芯一体的技术优化道路。

Google 发布了面向开发者的新机器学习平台,并开放语音识别 API,部分服务初期将免费向开发者开放。通过这个新的平台,开发者可以很容易地使用 Google 已经在使用的强大的机器学习技术和能力,如收件箱智能应答功能(该服务目前是有限制的预开放状态)。Google 云机器学习平台主要包括两部分:一部分允许开发人员用自己的数据建立机器学习模型,另一部分为开发人员提供一个预先训练模型。开发人员可以借助 Google 的云服务工具方便地获取数据,如 Google Cloud Dataflow、Google BigQuery、Google Cloud Dataproc、Google Cloud Storage,以及 Google Cloud Datalab。另外,Google 的语音识别 API:Google Cloud SPeech API 将覆盖超过 80 种语言,并可以适配应用程序的实时流媒体或批处理模式,提供适用于各种实时语音识别和翻译的应用的全套 API。对于人工智能,谷歌提供了其云机器学习引擎,这是一项托管服务,使用户能够构建和训练机器学习模型。各种 API 也可用于语音、文本、图像和视频的翻译和分析。

IBM 在 2007 年 11 月推出了"改变游戏规则"的"蓝云"计算平台,为客户带来即买即用的云计算平台。2013 年 6 月,斥资 20 亿美元收购 SoftLayer,标志着 IBM 正式进入公有云市场。这一收购加速了 IBM 公有云基础设施建设,加强了整合公有云和私有云的能力。此外,IBM 还先后收购了高速传输技术公司 Aspera、数据库公司 Cloudant、云服务解决方案提供商 Bluewolf 等云计算相关企业。2019 年 6 月,IBM 宣布推出 Cloud Paks,基于红帽公司的 OpenShift、Red Hat Linux,从应用、数据、集成、自动化、多云管理和安全等方面提供预集成的软件和解决方案,以容器化的中间件帮助企业关键应用向任何云环境迁移。2020 年,在年度 Think Digital 大会上,IBM 发布了又一款混合云产品 IBM Cloud Satellite 技术预览,将 IBM Cloud 公有云服务延伸到任何客户需要的地方,无论是云端、本地数据中心、托管数据中心或边缘数据中心。同时,还发布了 IBM 边缘计算应用管理器(IBM edge computing application manager),为边缘计算提供自主管理解决方案。

2010 年 1 月,微软发布 Microsoft Azure 云平台服务。2010 年 11 月 9 日,微软在 Tech Ed 大会上发布了私有云产品 Hyper-V Cloud,以帮助企业更快更方便地建立私有云。2014 年,微软公司开始与红帽、甲骨文、SUSE 以及 Canonical 等厂商紧密合作,推动 Azure 发展成为最理想的 Linux 系统运行环境。2015 年,微软收购了 Revolution Analytics,并借此将极具人气的 R 语言引入 Azure 数据平台。2016—2018 年,微软全力投资容器与 Kubernetes。2018—2020 年,长期以来在数据库、大数据、物联网以及 AI 领域的投入,帮助微软公司构建起一套拥有极高 AI 集成度的端到端数据平台,进而推动微软旗下 Intelligent Cloud(智能云)与 Intelligent Edge(智能边缘)方案的发展普及。

在我国,云计算的发展也非常迅猛。阿里云创立于 2009 年,是亚洲最大的云计算平台和云计算服务提供商,和亚马逊 AWS、微软 Azure 共同构成了全球云计算市场第一阵营。腾讯云于 2013 年 9 月正式对外全面开放,腾讯云经过 QQ、QQ 空间、微信、腾讯游戏等业务的技术锤炼,从基础架构到精细化运营,从平台实力到生态能力建设,腾讯云得到了全面的发展,使之能够为企业和创业者提供集云计算、云数据、云运营于一体的云端服务体验。华为云成立于 2011 年,专注于云计算中"公有云"领域的技术研究与生态拓展,致力于为用户提供一站式的云计算基础设施服务,是目前国内大型的公有云服务与解决方案提供商之一。百度云于 2015 年正式开放运营。百度云秉承"用科技力量推动社会创新"的愿景,不断将百度在云计算、大数据、人工智能的技术能力向社会输出。云计算在中国有着巨大的发展潜力,现在各个云商家都在想尽办法扩大市场份额,当然也有数不尽的小型云商家正在迅猛发展。

未来几年,云计算行业市场规模年均复合增速将达 22%,到 2025 年,中国云计算市场规模将达 3868.6 亿元。获取海量数据集访问权限的最重要的新趋势之一是支持人工智能的云平台。使用机器学习技术,他们可以使用这些数据来优化其关键能力。人工智能还用于解决各种与云计算相关的挑战。因此,云计算服务将是扩大人工智能系统规模的唯一途径。此外,云计算将使人工智能能够进行更快的计算和更好的资源管理。

我国云计算展现中国特色,产业呈现五大特点。我国数字经济规模已经连续多年位居世界第二,取得显著成绩。但同世界数字经济大国、强国相比,我国数字经济还有很大的成长空间。伴随中国从全球第二大经济体再向前迈进的总攻,中国云计算产业将再一次获得"浴火重生"的机会。

　　当前,我国云计算发展呈现"中国特色":一是政策指引转向深度上云用云,标准建设拓展至新技术应用;二是产业集聚效应明显,布局发展从东部向中西部逐步扩散;三是市场需求持续更迭,多种部署模式并存发展;四是行业应用水平参差不齐,阶梯状发展特点明显。

　　在中国特色云计算的背景下,我国云计算产业在技术、管理、安全、应用、模式等方面呈现出新的发展特点。立足当下,展望未来,云计算还将裂变出无限的机会和可能,带着人们在探索的路上发现更多未知的精彩。

15.2　云计算的原理与关键技术

15.2.1　云计算的原理

　　在典型的云计算模式中,用户通过终端接入网络,向"云"提出需求,"云"接受请求后组织资源,通过网络为"端"提供服务。用户终端的功能可以大大简化,诸多复杂的计算与处理过程都将转移到终端背后的"云"上去完成。用户所需的应用程序并不需要运行在用户的个人计算机、手机等终端设备上,而是运行在互联网的大规模服务器集群中。用户所处理的数据也无须存储在本地,而是保存在互联网上的数据中心里。提供云计算服务的企业负责这些数据中心和服务器正常运转的管理和维护,并保证为用户提供足够强的计算能力和足够大的存储空间。在任何时间和任何地点,用户只要能够连接至互联网,就可以访问云,实现随需随用。

15.2.2　云计算的实现机制

　　由于云计算分为 IaaS、PaaS 和 SaaS 三种类型,不同的厂家又提供了不同的解决方案,目前还没有一个统一的技术体系结构,这对人们了解云计算的原理构成了障碍。图 15-3 构造了一个供参考的云计算体系结构,它概括了不同解决方案的主要特征,每一种方案或许只实现了其中部分功能,或许还有其他相对次要的功能尚未概括进来。

　　云计算技术体系结构分为 4 层:物理资源层、资源池层、管理中间件层和 SOA 构建层。物理资源层包括计算机、存储器、网络设施、数据库、软件等。资源池层是将大量相同类型的资源构成同构或接近同构的资源池,如计算资源池、数据资源池等。构建资源池更多的是物理资源的集成和管理工作,例如研究在一个标准集装箱的空间如何装下 2000 个服务器、解决散热和故障节点替换的问题并降低能耗。管理中间件层负责对云计算的资源进行管理,并对众多应用任务进行调度,使资源能够高效、安全地为应用提供服务。SOA 构建层将云计算能力封装成标准的 web services 服务,并纳入 SOA 体系进行管理和使用,包括服务接口、服务注册、服务查找、服务访问、服务工作流等。管理中间件层和资源池层是云计算技术的最关键部分,SOA 构建层的功能更多依靠外部设施提供。

　　云计算的管理中间件层负责资源管理、任务管理、用户管理、安全管理等工作。资源管

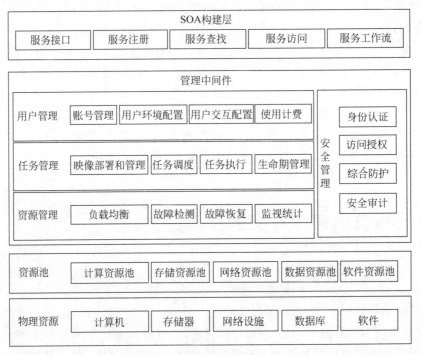

图 15-3　云计算技术体系结构

理负责均衡地使用云资源节点,检测节点的故障并试图恢复或屏蔽,并对资源的使用情况进行监视统计。任务管理负责执行用户或应用提交的任务,包括完成用户任务映象(image)的部署和管理、任务调度、任务执行、任务生命期管理等。用户管理是实现云计算商业模式的一个必不可少的环节,包括提供用户交互接口、管理和识别用户身份、创建用户程序的执行环境、对用户的使用进行计费等。安全管理保障云计算设施的整体安全,包括身份认证、访问授权、综合防护、安全审计等。

　　基于上述体系结构,以 IaaS 云计算为例,简述云计算的实现机制,如图 15-4 所示。

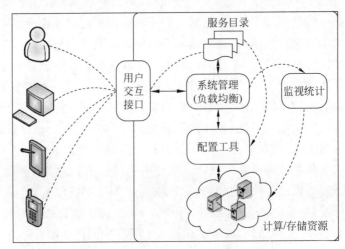

图 15-4　简化的 IaaS 云计算实现机制图

用户交互接口给应用以 web services 方式提供访问接口,获取用户需求。服务目录是用户可以访问的服务清单。系统管理模块负责管理和分配所有可用的资源,其核心是负载均衡。配置工具负责在分配的节点上准备任务运行环境。监视统计模块负责监视节点的运行状态,并完成用户使用节点情况的统计。执行过程并不复杂,用户交互接口允许用户从目录中选取并调用一个服务,该请求传递给系统管理模块后,它将为用户分配恰当的资源,然后调用配置工具为用户准备运行环境。

15.2.3　Google 云计算技术

Google 拥有全球最强大的搜索引擎。除了搜索业务以外,Google 还有 Google Maps、Google Earth、Gmail、YouTube 等各种业务。这些应用的共性在于数据量巨大,而且要面向全球用户提供实时服务,因此 Google 必须解决海量数据存储和快速处理问题。Google 的诀窍在于它发展出简单而又高效的技术,让多达百万台的廉价计算机协同工作,共同完成这些前所未有的任务,这些技术是在诞生几年之后才被命名为 Google 云计算技术。

Google 云计算技术具体包括 Google 文件系统(Google file system,GFS)、分布式计算编程模型 MapReduce、分布式锁服务 Chubby 和分布式结构化数据存储系统 Bigtable 等。其中,GFS 提供了海量数据的存储和访问能力,MapReduce 使得海量信息的并行处理变得简单易行,Chubby 解决了分布式环境下并发操作的同步问题,Bigtable 使得海量数据的管理和组织十分方便。下面对这 4 种核心技术进行详细介绍。

1. Google 文件系统

Google 文件系统是一个大型的分布式文件系统。它为 Google 云计算提供海量存储,并且与 Chubby、MapReduce 及 Bigtable 等技术结合十分紧密,处于所有核心技术的底层。由于 GFS 并不是一个开源的系统,人们仅能从 Google 公布的技术文档来获得一点了解,而无法进行深入的研究。在 Google 公布的关于 GFS 的最为详尽的技术文档,它从 GFS 产生的背景、特点、系统框架、性能测试等方面进行了详细的阐述。

当前主流分布式文件系统有 RedHat 的 GFS(global file system)、IBM 的 GPFS、Sun 的 Lustre 等。这些系统通常用于高性能计算或大型数据中心,对硬件设施条件要求较高。以 Lustre 文件系统为例,它只对元数据管理器(MDS)提供容错解决方案,而对于具体的数据存储节点(OST)来说,则依赖其自身来解决容错的问题。例如,Lustre 推荐 OST 节点采用磁盘阵列(redundant arrays of independent disks,RAID)技术或存储区域网(storage area network,SAN)来容错。但由于 Lustre 自身不能提供数据存储的容错,一旦 OST 发生故障就无法恢复,因此对 OST 的稳定性就提出了相当高的要求,从而大大增加了存储的成本,而且该成本会随着规模的扩大线性增长。

正如李开复所说的那样,创新固然重要,但有用的创新更重要。创新的价值取决于一项创新在新颖性、有用性和可行性这三方面的综合表现。Google GFS 的新颖之处并不在于它采用了多么令人惊讶的技术,而在于它采用廉价的商用机器构建分布式文件系统,同时将 GFS 的设计与 Google 应用的特点紧密结合,并简化其实现,使之可行,最终达到创意新颖、有用、可行的完美组合。GFS 使用廉价的商用机器构建分布式文件系统,将容错的任务交由文件系统来完成,利用软件的方法解决系统可靠性问题,这样可以使得存储的成本成倍下降。由于 GFS 中服务器数目众多,在 GFS 中服务器死机是经常发生的事情,甚至都不应当将其视为异常现象,那么如何在频繁的故障中确保数据存储的安全、保证提供不间断的数据存储服务是 GFS 最核心的问题。GFS 的精彩在于它采用了多种方法,从多个角度,使用不同的容错措施来确保整个系统的可靠性。

1) 系统架构

GFS 的系统架构如图 15-5 所示。GFS 将整个系统的节点分为三类角色:客户端(client)、主服务器(master)和数据块服务器(chunk server)。Client 是 GFS 提供给应用程序的访问接口,它是一组专用接口,不遵守 POSIX 规范,以库文件的形式提供。应用程序直接调用这些库函数,并与该库链接在一起。Master 是 GFS 的管理节点,在逻辑上只有一个,它保存系统的元数据,负责整个文件系统的管理,是 GFS 文件系统中的大脑。Chunk Server 负责具体的存储工作。数据以文件的形式存储在 chunk server 上,chunk server 的个数可以有多个,它的数目直接决定了 GFS 的规模。GFS 将文件按照固定大小进行分块,默认是 64MB,每一块称为一个 chunk(数据块),每个 chunk 都有一个对应的索引号(index)。

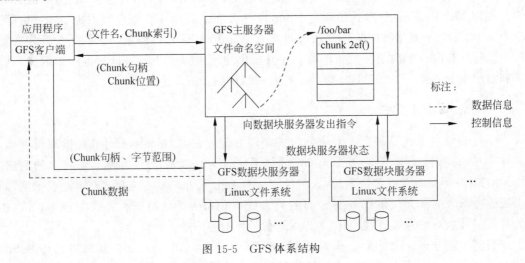

图 15-5　GFS 体系结构

客户端在访问 GFS 时,首先访问 master 节点,获取将要与之进行交互的 chunk server 信息,然后直接访问这些 chunk server 完成数据存取。GFS 的这种设计方法实现了控制流和数据流的分离。Client 与 master 之间只有控制流,而无数据流,这样就极大地降低了 master 的负载,使之不成为系统性能的一个瓶颈。Client 与 chunk server 之间直接传输数据流,同时由于文件被分成多个 chunk 进行分布式存储,client 可以同时访问多个 chunk server,从而使得整个系统 I/O 高度并行,系统整体性能得到提高。

相对于传统的分布式文件系统,GFS 针对 Google 应用的特点从多个方面进行了简化,从而在一定规模下达到成本、可靠性和性能的最佳平衡。具体来说,它具有以下几个特点。

(1) 采用中心服务器模式。GFS 采用中心服务器模式来管理整个文件系统,可以大大简化设计,从而降低实现难度。Master 管理了分布式文件系统中的所有元数据。文件划分为 chunk 进行存储,对于 master 来说,每个 chunk server 只是一个存储空间。Client 发起的所有操作都需要先通过 master 才能执行。这样做有许多好处,增加新的 chunk server 是一件十分容易的事情，chunk server 只需要注册到 master 上即可，chunk server 之间无任何关系。如果采用完全对等的、无中心的模式，那么如何将 chunk server 的更新信息通知到每一个 chunk server 会是设计的一个难点，而这也将在一定程度上影响系统的扩展性。Master 维护了一个统一的命名空间，同时掌握整个系统内 chunk server 的情况，据此可以实现整个系统范围内数据存储的负载均衡。由于只有一个中心服务器，元数据的一致性问题自然得到解决。当然，中心服务器模式也带来一些固有的缺点，比如极易成为整个系统的瓶颈等。GFS 采用多种机制来避免 master 成为系统性能和可靠性上的瓶颈，如尽量控制元数据的规模、对 master 进行远程备份、控制信息和数据分流等。

（2）不缓存数据。缓存机制是提升文件系统性能的一个重要手段，通用文件系统为了提高性能，一般需要实现复杂的缓存（cache）机制。GFS 文件系统根据应用的特点，没有实现缓存，这是从必要性和可行性两方面考虑的。从必要性上讲，客户端大部分是流式顺序读写，并不存在大量的重复读写，缓存这部分数据对系统整体性能的提高作用不大；而对于 chunk server，由于 GFS 的数据在 chunk server 上以文件的形式存储，如果对某块数据读取频繁，本地的文件系统自然会将其缓存。从可行性上讲，如何维护缓存与实际数据之间的一致性是一个极其复杂的问题，在 GFS 中各个 chunk server 的稳定性都无法确保，加之网络等多种不确定因素的存在，一致性问题尤为复杂。此外，由于读取的数据量巨大，以当前的内存容量无法完全缓存。对于存储在 master 中的元数据，GFS 采取了缓存策略，GFS 中 client 发起的所有操作都需要先经过 master。master 需要对其元数据进行频繁操作，为了提高操作的效率，master 的元数据都是直接保存在内存中进行操作，同时采用相应的压缩机制降低元数据占用空间的大小，提高内存的利用率。

（3）在用户态下实现。文件系统作为操作系统的重要组成部分，其实现通常位于操作系统底层。以 Linux 为例，无论是本地文件系统如 Ext3 文件系统，还是分布式文件系统如 Lustre 等，都是在内核态实现的。在内核态实现文件系统，可以更好地和操作系统本身结合，向上提供兼容的 POSIX 接口。然而，GFS 却选择在用户态下实现，主要基于以下考虑。

① 在用户态下实现，直接利用操作系统提供的 POSIX 编程接口就可以存取数据，无须了解操作系统的内部实现机制和接口，从而降低了实现的难度，并提高了通用性。

② POSIX 接口提供的功能更为丰富，在实现过程中可以利用更多的特性，而不像内核编程那样受限。

③ 用户态下有多种调试工具，而在内核态中调试相对比较困难。

④ 用户态下，master 和 chunk server 都以进程的方式运行，单个进程不会影响到整个操作系统，从而可以对其进行充分优化。在内核态下，如果不能很好地掌握其特性，效率不但不会高，甚至还会影响到整个系统运行的稳定性。

⑤ 用户态下，GFS 和操作系统运行在不同的空间，两者耦合性降低，从而方便 GFS 自身和内核的单独升级。

（4）只提供专用接口。通常的分布式文件系统一般都会提供一组与 POSIX 规范兼容的接口。其优点是应用程序可以通过操作系统的统一接口来透明地访问文件系统，而不需要重新编译程序。GFS 在设计之初是完全面向 Google 的应用的，采用了专用的文件系统访问接口。接口以库文件的形式提供，应用程序与库文件一起编译，Google 应用程序在代码中通过调用这些库文件的 API，完成对 GFS 文件系统的访问。采用专用接口有以下好处。

① 降低了实现的难度。通常与 POSIX 兼容的接口需要在操作系统内核一级实现,而 GFS 是在应用层实现的。

② 采用专用接口可以根据应用的特点对应用提供一些特殊支持,如支持多个文件并发追加的接口等。

③ 专用接口直接和 client、master、chunk server 交互,减少了操作系统之间上下文的切换,降低了复杂度,提高了效率。

2) 容错机制

(1) Master 容错。具体来说,master 上保存了 GFS 文件系统的三种元数据。

① 命名空间(name space),也就是整个文件系统的目录结构。

② Chunk 与文件名的映射表。

③ Chunk 副本的位置信息,每一个 chunk 默认有三个副本。

首先就单个 master 来说,对于前两种元数据,GFS 通过操作日志来提供容错功能。第三种元数据信息则直接保存在各个 chunk server 上,当 master 启动或 chunk server 向 master 注册时自动生成。因此当 master 发生故障时,在磁盘数据保存完好的情况下,可以迅速恢复以上元数据。为了防止 master 彻底死机的情况,GFS 还提供了 master 远程的实时备份,这样在当前的 GFS master 出现故障无法工作的时候,另外一台 GFS master 可以迅速接替其工作。

(2) Chunk server 容错。GFS 采用副本的方式实现 chunk server 的容错。每一个 chunk 有多个存储副本(默认为三个),分布存储在不同的 chunk server 上。副本的分布策略需要考虑多种因素,如网络的拓扑、机架的分布、磁盘的利用率等。对于每一个 chunk,必须将所有的副本全部写入成功才视为成功写入。在其后的过程中,如果相关的副本出现丢失或不可恢复等状况,master 会自动将该副本复制到其他 chunk server,从而确保副本保持一定的个数。尽管一份数据需要存储三份,好像磁盘空间的利用率不高,但综合比较多种因素,加之磁盘的成本不断下降,采用副本无疑是最简单、最可靠、最有效,而且实现难度最小的一种方法。

GFS 中的每一个文件被划分成多个 chunk,chunk 的默认大小是 64MB,这是因为 Google 应用中处理的文件都比较大,以 64MB 为单位进行划分是一个较为合理的选择。Chunk server 存储的是 chunk 的副本,副本以文件的形式进行存储。每一个 chunk 以 block 为单位进行划分,大小为 64KB,每一个 block 对应一个 32 位的校验和。当读取一个 chunk 副本时,chunk server 会将读取的数据和校验进行比较,如果不匹配,就会返回错误,从而使 client 选择其他 chunk server 上的副本。

3) 系统管理技术

从严格意义上来说,GFS 是一个分布式文件系统,包含从硬件到软件的整套解决方案。除了上面提到的 GFS 的一些关键技术外,还有相应的系统管理技术来支持整个 GFS 的应用,这些技术可能并不一定为 GFS 所独有。

(1) 大规模集群安装技术。安装 GFS 的集群中通常有非常多的节点,最大的集群超过 1000 个节点,而现在的 Google 数据中心动辄有万台以上的机器在运行。那么,迅速地安装、部署一个 GFS 的系统,以及迅速地进行节点的系统升级等都需要相应的技术支撑。

（2）故障检测技术。GFS 是构建在不可靠的廉价计算机之上的文件系统，由于节点数目众多，故障发生十分频繁，如何在最短的时间内发现并确定发生故障的 chunk server 需要相关的集群监控技术。

（3）节点动态加入技术。当有新的 chunk server 加入时，如果需要事先安装好系统，那么系统扩展将是一件十分烦琐的事情。如果能够做到只需将裸机加入就会自动获取系统并安装运行，那么将会大大减少 GFS 维护的工作量。

（4）节能技术。有关数据表明，服务器的耗电成本大于当初的购买成本，因此 Google 采用了多种机制来降低服务器的能耗，例如对服务器主板进行修改，采用蓄电池代替昂贵的 UPS（不间断电源系统），提高能量的利用率。Rich Miller 称这个设计让 Google 的 UPS 利用率达到 99.9%，而一般数据中心只能达到 92%～95%。

2. 并行数据处理 MapReduce

MapReduce 是 Google 提出的一个软件架构，是一种处理海量数据的并行编程模式，用于大规模数据集（通常大于 1TB）的并行运算。"Map（映射）""Reduce（化简）"的概念和主要思想都是从函数式编程语言和矢量编程语言借鉴来的。正是由于 MapReduce 有函数式和矢量编程语言的共性，使得这种编程模式特别适合非结构化和结构化的海量数据的搜索、挖掘、分析与机器智能学习等。

1）产生背景

MapReduce 这种并行编程模式思想最早是在 1995 年提出的，首次提出了 map 和 fold 的概念，和现在 Google 所使用的 Map 和 Reduce 思想相吻合。与传统的分布式程序设计相比，MapReduce 封装了并行处理、容错处理、本地化计算、负载均衡等细节，还提供了一个简单而强大的接口。通过这个接口可以把大尺度的计算自动地并发和分布执行，从而使编程变得非常容易。还可以通过由普通 PC 构成的巨大集群来达到极高的性能。另外，MapReduce 也具有较好的通用性，大量不同的问题都可以简单地通过 MapReduce 来解决。

MapReduce 把对数据集的大规模操作分发给一个主节点管理下的各分节点共同完成，通过这种方式实现任务的可靠执行与容错机制。在每个时间周期，主节点都会对分节点的工作状态进行标记，一旦分节点状态标记为死亡状态，则这个节点的所有任务都将分配给其他分节点重新执行。

据相关统计，每使用一次 Google 搜索引擎，Google 的后台服务器就要进行 1011 次运算。这么庞大的运算量，如果没有好的负载均衡机制，有些服务器的利用率会很低，有些则会负荷太重，有些甚至可能死机，这些都会影响系统对用户的服务质量。而使用 MapReduce 这种编程模式，就保持了服务器之间的均衡，提高了整体效率。

2）编程模型

MapReduce 的运行模型如图 15-6 所示。图中有 M 个 Map 操作和 R 个 Reduce 操作。简单地说，一个 Map 函数就是对一部分原始数据进行指定的操作。每个 Map 操作都针对不同的原始数据，因此 Map 与 Map 之间是互

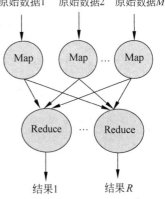

图 15-6　MapReduce 的并行运行模型

相独立的,这就使得它们可以充分并行化。一个 Reduce 操作就是对每个 Map 所产生的一部分中间结果进行合并操作,每个 Reduce 所处理的 Map 中间结果是互不交叉的,所有 Reduce 产生的最终结果经过简单连接就形成了完整的结果集,因此 Reduce 也可以在并行环境下执行。

在编程的时候,开发者需要编写两个主要函数:

```
Map: (in_key, in_value)  .{(keyj, valuej) | j = 1…k}
Reduce: (key, [value1,…,valuem])  .(key, final_value)
```

Map 和 Reduce 的输入参数和输出结果根据应用的不同而有所不同。Map 的输入参数是 in_key 和 in_value,它指明了 Map 需要处理的原始数据是哪些。Map 的输出结果是一组＜key,value＞对,这是经过 Map 操作后所产生的中间结果。在进行 Reduce 操作之前,系统已经将所有 Map 产生的中间结果进行了归类处理,使得相同 key 对应的一系列 value 能够集结在一起提供给一个 Reduce 进行归并处理。也就是说,Reduce 的输入参数是(key, [value1,…,valuem])。Reduce 的工作是需要对这些对应相同 key 的 value 值进行归并处理,最终形成(key, final_value)的结果。这样,一个 Reduce 处理了一个 key,所有 Reduce 的结果并在一起就是最终结果。

例如,假设想用 MapReduce 来计算一个大型文本文件中各个单词出现的次数,Map 的输入参数指明了需要处理哪部分数据,以＜在文本中的起始位置,需要处理的数据长度＞表示,经过 Map 处理形成一批中间结果＜单词,出现次数＞。而 Reduce 函数则是把中间结果进行处理,将相同单词出现的次数进行累加,得到每个单词总的出现次数。

3) 实现机制

实现 MapReduce 操作的执行流程图如图 15-7 所示。

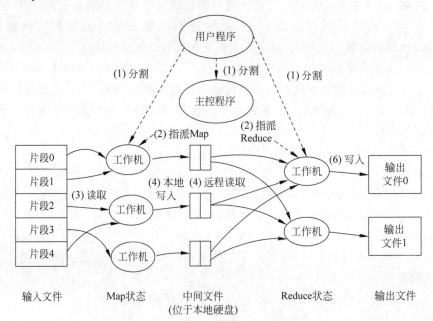

图 15-7　MapReduce 执行流程图

当用户程序调用 MapReduce 函数就会引起如下操作(图中的数字标示和下面的数字标示相同)。

(1) 用户程序中的 MapReduce 函数库首先把输入文件分成 M 块,每块大概 16～64MB(可以通过参数决定),接着在集群的机器上执行处理程序。

(2) 这些分派的执行程序中有一个程序比较特别,它是主控程序 Master。剩下的执行程序都是作为 Master 分派工作的 Worker(工作机)。总共有 M 个 Map 任务和 R 个 Reduce 任务需要分派,Master 选择空闲的 Worker 来分配这些 Map 或者 Reduce 任务。

(3) 一个分配了 Map 任务的 Worker 读取并处理相关的输入块。它处理输入的数据,并且将分析出的<key,value>对传递给用户定义的 Map 函数。Map 函数产生的中间结果<key,value>对暂时缓冲到内存。

(4) 这些缓冲到内存的中间结果将被定时写到本地硬盘,这些数据通过分区函数分成 R 个区。中间结果在本地硬盘的位置信息将被发送回 Master,然后 Master 负责把这些位置信息传送给 Reduce Worker。

(5) 当 Master 通知 Reduce 的 Worker 关于中间<key,value>对的位置时,它调用远程过程来从 Map Worker 的本地硬盘上读取缓冲的中间数据。当 Reduce Worker 读到所有的中间数据,它就使用中间 key 进行排序,这样可以使得相同 key 的值都在一起。因为有许多不同 key 的 Map 都对应相同的 Reduce 任务,所以排序是必需的。如果中间结果集过于庞大,那么就需要使用外排序。

(6) Reduce Worker 根据每一个唯一中间 key 来遍历所有排序后中间数据,并且把 key 和相关的中间结果值集合传递给用户定义的 Reduce 函数。Reduce 函数的结果输出到一个最终的输出文件。

(7) 当所有的 Map 任务和 Reduce 任务都已经完成的时候,Master 激活用户程序。此时 MapReduce 返回用户程序的调用点。

由于 MapReduce 是用在成百上千台机器上处理海量数据的,因此容错机制是不可或缺的。总的来说,MapReduce 是通过重新执行失效的地方来实现容错。

(1) Master 失效。在 Master 中会周期性地设置检查点(Checkpoint),并导出 Master 的数据。一旦某个任务失效,就可以从最近的一个检查点恢复并重新执行。不过由于只有一个 Master 在运行,如果 Master 失效了,则只能终止整个 MapReduce 程序的运行并重新开始。

(2) Worker 失效。相对于 Master 失效而言,Worker 失效算是一种常见的状态。Master 会周期性地给 Worker 发送 ping 命令,如果没有 Worker 的应答,则 Master 认为 Worker 失效,终止对这个 Worker 的任务调度,把失效 Worker 的任务调度到其他 Worker 上重新执行。

4) 案例分析

单词计数(word count)是一个经典的问题,也是能体现 MapReduce 设计思想的最简单算法之一。该算法主要是为了完成对文字数据中所出现的单词进行计数,如图 15-8 所示。

伪代码如下:

```
Map(K,V)
{
```

```
       For each word w in V
           Collect(w, 1);
   }
   Reduce(K,V[ ])
   {
       int count = 0;
       For each v in V
           count += v;
       Collect(K, count);
   }
```

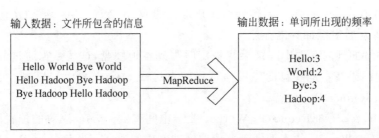

图 15-8　单词计数

下面就根据 MapReduce 的 4 个执行步骤对这一算法进行详细的介绍。

(1) 根据文件所包含的信息分割(Split)文件,在这里把文件的每行分割为一组,共三组,如图 15-9 所示。这一步由系统自动完成。

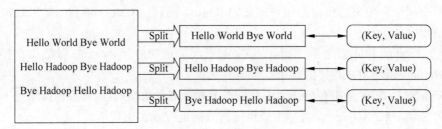

图 15-9　分割过程

(2) 对分割之后的每一对＜key,value＞利用用户定义的 Map 进行处理,再生成新的＜key,value＞对,如图 15-10 所示。

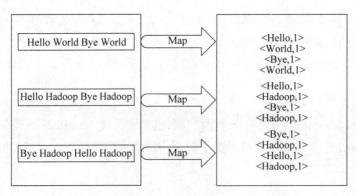

图 15-10　Map 过程

（3）Map 输出之后有一个内部的 Fold 过程，和第（1）步一样，都是由系统自动完成的，如图 15-11 所示。

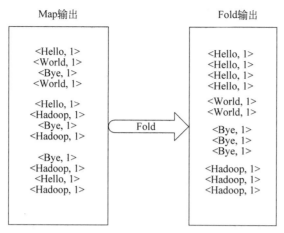

图 15-11　Fold 过程

（4）经过 Fold 步骤之后的输出与结果已经非常接近，再由用户定义的 Reduce 步骤完成最后的工作即可，如图 15-12 所示。

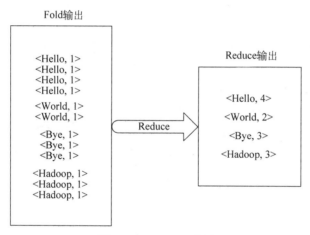

图 15-12　Reduce 过程

3. 分布式锁服务 Chubby

Chubby 是 Google 设计的提供粗粒度锁服务的一个文件系统，它基于松耦合分布式系统，解决了分布的一致性问题。通过使用 Chubby 的锁服务，用户可以确保数据操作过程中的一致性。不过值得注意的是，这种锁只是一种建议性的锁（advisory lock）而不是强制性的锁（mandatory lock），如此选择的目的是使系统具有更大的灵活性。

GFS 使用 Chubby 来选取一个 GFS 主服务器，Bigtable 使用 Chubby 指定一个主服务器并发现、控制与其相关的子表服务器。除了最常用的锁服务之外，Chubby 还可以作为一个稳定的存储系统存储包括元数据在内的小数据。同时 Google 内部还使用 Chubby 进行名字服务（name server）。首先简要介绍 Paxos 算法，因为 Chubby 内部一致性问题的实现用到了 Paxos 算法；然后围绕 Chubby 系统的设计和实现展开讲解。读者应该对分布式系统中一致性问题的一般性算法有初步的了解，着重掌握 Chubby 系统设计和实现的精髓。

1) Paxos 算法

Paxos 算法是由供职于微软的 Leslie Lamport 最先提出的一种基于消息传递(messages passing)的一致性算法。在目前所有的一致性算法中，该算法最常用且被认为是最有效的。要想了解 Paxos 算法，首先需要知道什么是分布式系统中的一致性问题，因为 Paxos 算法就是为了解决这个问题而提出的。简单地说，分布式系统的一致性问题就是如何保证系统中初始状态相同的各个节点在执行相同的操作序列时，看到的指令序列是完全一致的，并且最终得到完全一致的结果。在 Lamport 提出的 Paxos 算法中节点被分成了三种类型：proposers、acceptors 和 learners。其中 proposers 提出决议(value)，acceptors 批准决议，learners 获取并使用已经通过的决议。一个节点可以兼有多重类型。在这种情况下，满足以下三个条件就可以保证数据的一致性。

(1) 决议只有在被 proposers 提出后才能批准。

(2) 每次只批准一个决议。

(3) 只有决议确定被批准后 learners 才能获取这个决议。

Lamport 通过约束条件的不断加强，最后得到了一个可以实际运用到算法中的完整约束条件：如果一个编号为 n 的提案具有值 v，那么存在一个多数派，要么他们中没有人批准过编号小于 n 的任何提案，要么他们进行的最近一次批准具有值 v。为了保证决议的唯一性，acceptors 也要满足一个如下的约束条件：当且仅当 acceptors 没有收到编号大于 n 的请求时，acceptors 才批准编号为 n 的提案。

在这些约束条件的基础上，可以将一个决议的通过分成两个阶段。

(1) 准备阶段。proposers 选择一个提案并将它的编号设为 n，然后将它发送给 acceptors 中的一个多数派。Acceptors 收到后，如果提案的编号大于它已经回复的所有消息，则 acceptors 将自己上次的批准回复给 proposers，并不再批准小于 n 的提案。

(2) 批准阶段。当 proposers 接收到 acceptors 中这个多数派的回复后，就向回复请求的 acceptors 发送 accept 请求，在符合 acceptors 一方的约束条件下，acceptors 收到 accept 请求后即批准这个请求。

为了减少决议发布过程中的消息量，acceptors 将这个通过的决议发送给 learners 的一个子集，然后由这个子集中的 learners 去通知所有其他的 learners。一般情况下，以上的算法过程就可以成功地解决一致性问题，但是也有特殊情况。根据算法，一个编号更大的提案会终止之前的提案过程，如果两个 proposer 在这种情况下都转而提出一个编号更大的提案，那么就可能陷入活锁。此时需要选举出一个 president，仅允许 president 提出提案。

以上只是简要地向大家介绍了 Paxos 算法的核心内容，关于更多的实现细节可以参考 Lamport 关于 Paxos 算法实现的文章。

2) Chubby 系统设计

通常情况下，Google 的一个数据中心仅运行一个 Chubby 单元(Chubbycell)，而这个单元需要支持包括 GFS、Bigtable 在内的众多 Google 服务。这种苛刻的服务要求使得 Chubby 在设计之初就要充分考虑到系统需要实现的目标及可能出现的各种问题。

Chubby 的设计目标主要有以下几点。

（1）高可用性和高可靠性。这是系统设计的首要目标，在保证这一目标的基础上再考虑系统的吞吐量和存储能力。

（2）高扩展性。将数据存储在价格较为低廉的随机存取存储器（random access memory，RAM），支持大规模用户访问文件。

（3）支持粗粒度的建议性锁服务。提供这种服务的根本目的是提高系统的性能。

（4）服务信息的直接存储。可以直接存储包括元数据、系统参数在内的有关服务信息，而不需要再维护另一个服务。

（5）支持通报机制。客户可以及时地了解到事件的发生。

（6）支持缓存机制。通过一致性缓存将常用信息保存在客户端，避免了频繁地访问主服务器。

前面提到在分布式系统中保持数据一致性最常用也最有效的算法是 Paxos，很多系统就是将 Paxos 算法作为其一致性算法的核心。但是 Google 并没有直接实现一个包含了 Paxos 算法的函数库，相反，Google 设计了一个全新的锁服务 Chubby。Google 做出这种设计主要是考虑到以下几个问题：

（1）通常情况下开发者在开发的初期很少考虑系统的一致性问题，但是随着开发的不断进行，这种问题会变得越来越严重。单独的锁服务可以保证原有系统的架构不会发生改变，而使用函数库的话很可能需要对系统的架构做出大幅度的改动。

（2）系统中很多事件的发生是需要告知其他用户和服务器的，使用一个基于文件系统的锁服务可以将这些变动写入文件中。这样其他需要了解这些变动的用户和服务器直接访问这些文件即可，避免了因大量的系统组件之间的事件通信带来的系统性能下降。

（3）基于锁的开发接口容易被开发者接受。虽然在分布式系统中锁的使用会有很大的不同，但是和一致性算法相比，锁显然被更多的开发者所熟知。

一般来说，分布式一致性问题通过 quorum 机制（根据少数服从多数的选举原则产生一个决议）做出决策，为了保证系统的高可用性，需要若干台机器，但是如果使用单独的锁服务，一台机器也能保证这种高可用性。也就是说，Chubby 在自身服务的实现时利用若干台机器实现了高可用性，而外部用户利用 Chubby 则只需一台机器就可以保证高可用性。

正是考虑到以上几个问题，Google 设计了 Chubby，而不是单独地维护一个函数库（实际上，Google 有这样一个独立于 Chubby 的函数库，不过一般情况下并不会使用）。在设计的过程中有一些细节问题也值得关注，比如在 Chubby 系统中采用了建议性的锁而没有采用强制性的锁。两者的根本区别在于用户访问某个被锁定的文件时，建议性的锁不会阻止这种行为，而强制性的锁则会，实际上这是为了便于系统组件之间的信息交互行为。另外，Chubby 还采用了粗粒度（coarse-grained）锁服务而没有采用细粒度（fine-grained）锁服务，两者的差异在于持有锁的时间。细粒度的锁持有时间很短，常常只有几秒甚至更少，而粗粒度的锁持有的时间可长达几天，做出如此选择的目的是减少频繁换锁带来的系统开销。当然，用户也可以自行实现细粒度锁，不过建议还是使用粗粒度的锁。

图 15-13 就是 Chubby 的基本架构。很明显，Chubby 被划分成两部分：客户端和服务器端，客户端和服务器端之间通过远程过程调用（RPC）来连接。在客户这一端每个客户应用程序都有一个 Chubby 程序库（ChubbyLibrary），客户端的所有应用都是通过调用这个库中的相关函数来完成的。服务器一端称为 Chubby 单元，一般是由 5 个称为副本（replica）

的服务器组成,这 5 个副本在配置上完全一致,并且在系统刚开始时处于对等地位。这些副本通过 quorum 机制选举产生一个主服务器(master),并保证在一定的时间内有且仅有一个主服务器,这个时间就称为主服务器租约期(master lease)。如果某个服务器被连续推举为主服务器,这个租约期就会不断地被更新。租续期内所有的客户请求都是由主服务器来处理的。客户端如果需要确定主服务器的位置,可以向 DNS 发送一个主服务器定位请求,非主服务器的副本将对该请求做出回应,通过这种方式客户端能够快速、准确地对主服务器做出定位。

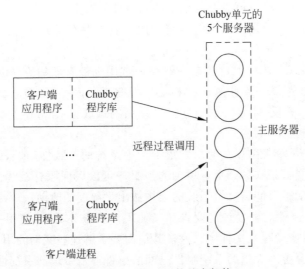

图 15-13　Chubby 的基本架构

3) Chubby 文件系统

Chubby 系统本质上就是一个分布式的、存储大量小文件的文件系统,它所有的操作都是在文件的基础上完成的。例如在 Chubby 最常用的锁服务中,每一个文件就代表了一个锁,用户通过打开、关闭和读取文件,获取共享(shared)锁或独占(exclusive)锁。选举主服务器的过程中,符合条件的服务器都同时申请打开某个文件并请求锁住该文件。成功获得锁的服务器自动成为主服务器并将其地址写入这个文件夹,以便其他服务器和用户可以获知主服务器的地址信息。

Chubby 的文件系统和 UNIX 类似。例如在文件名/ls/foo/wombat/pouch 中,ls 代表 lock service,这是所有 Chubby 文件系统的共有前缀;foo 是某个单元的名称;/wombat/pouch 则是 foo 这个单元上的文件目录或者文件名。由于 Chubby 自身的特殊服务要求,Google 对 Chubby 做了一些与 UNIX 不同的改变。例如 Chubby 不支持内部文件的移动;不记录文件的最后访问时间;另外,在 Chubby 中并没有符号连接(symbolic link,又叫软连接,类似于 Windows 系统中的快捷方式)和硬连接(hard link,类似于别名)的概念。在具体实现时,文件系统由许多节点组成,分为永久型和临时型,每个节点就是一个文件或目录。节点中保存着包括访问控制列表(access control list,ACL)在内的多种系统元数据。为了用户能够及时了解元数据的变动,系统规定每个节点的元数据都应当包含以下 4 种单调递增的 64 位编号。

(1) 实例号(instance number)。新节点实例号必定大于旧节点的实例号。

（2）内容生成号（content generation number）。文件内容修改时该号增加。

（3）锁生成号（lock generation number）。锁被用户持有时该号增加。

（4）ACL 生成号（ACL generation number）。ACL 名被覆写时该号增加。

用户在打开某个节点时就会获取一个类似于 UNIX 中文件描述符（file descriptor）的句柄（handles），这个句柄由以下三部分组成。

（1）校验数位（check digit）。防止其他用户创建或猜测这个句柄。

（2）序号（sequence number）。用来确定句柄是由当前还是以前的主服务器创建的。

（3）模式信息（mode information）。用于新的主服务器重新创建一个旧的句柄。

在实际的执行中，为了避免所有的通信都使用序号带来的系统开销增长，Chubby 引入了 sequencer 的概念。sequencer 实际上就是一个序号，只不过这个序号只能由锁的持有者在获取锁时向系统发出请求来获得。这样一来，Chubby 系统中只有涉及锁的操作才需要序号，其他一概不用。在文件操作中，用户可以将句柄看作一个指向文件系统的指针，这个指针支持一系列的操作。常用的句柄操作函数如表 15-2 所示。

表 15-2　常用句柄函数及其作用

函 数 名 称	作　　用
Open()	打开某个文件或者目录来创建句柄
Close()	关闭打开的句柄，后续的任何操作都将中止
Poison()	中止当前未完成及后续的操作，但不关闭句柄
GetContentsAndStat()	返回文件内容及元数据
GetStat()	只返回文件元数据
ReadDir()	返回子目录名称及其元数据
SetContents()	向文件中写入内容
SetACL()	设置 ACL 名称
Delete()	如果该节点没有子节点则执行删除操作
Acquire()	获取锁
Release()	释放锁
GetSequencer()	返回一个 sequencer
SetSequencer()	将 sequencer 和某个句柄进行关联
CheckSequencer()	检查某个 sequencer 是否有效

4）通信协议

客户端和主服务器之间的通信是通过 KeepAlive 握手协议来维持的，图 15-14 就是这一通信过程的简单示意图。

图 15-14 中从左到右时间在增加，斜向上的箭头表示一次 KeepAlive 请求，斜向下的箭头则是主服务器的一次回应。M1、M2、M3 表示不同的主服务器租约期。C1、C2、C3 则是客户端对主服务器租约期时长做出的一个估计。KeepAlive 是周期发送的一种信息，它主要有两方面的功能：延迟租约的有效期和携带事件信息告诉用户更新。主要的事件包括文件内容被修改、子节点的增删改、主服务器出错和句柄失效等。正常情况下，通过 KeepAlive 握手协议租约期会得到延长，事件也会及时地通知给用户。但是由于系统有一定的失效概率，引入故障处理措施是很有必要的。通常情况下系统可能会出现两种故障：

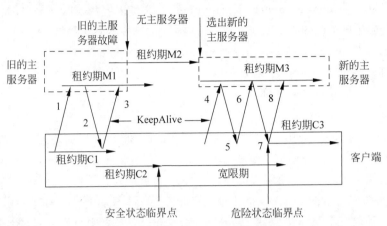

图 15-14　Chubby 客户端与服务器端的通信过程

客户端租约期过期和主服务器故障,对于这两种情况系统有着不同的应对方式。

(1) 客户端租约过期。刚开始时,客户端向主服务器发出一个 KeepAlive 请求(见图 15-14 中的 1),如果有需要通知的事件时则主服务器会立刻做出回应,否则主服务器并不立刻对这个请求做出回应,而是等到客户端的租约期 C1 快结束的时候才做出回应(见图 15-14 中的 2),并更新主服务器租约期为 M2。客户端在接到这个回应后认为该主服务器仍处于活跃状态,于是将租约期更新为 C2 并立刻发出新的 KeepAlive 请求(见图 15-14 中的 3)。同样,主服务器可能不是立刻回应而是等待 C2 接近结束,但是在这个过程中主服务器出现故障停止使用。在等待了一段时间后 C2 到期,由于并没有收到主服务器的回应,系统向客户端发出一个危险(jeopardy)事件,客户端清空并暂时停用自己的缓存,从而进入一个称为宽限期(grace period)的危险状态。这个宽限期默认是 45s。在宽限期内,客户端不会立刻断开其与服务器端的联系,而是不断地做探询。图 15-14 中新的主服务器很快被重新选出,当它接到客户端的第一个 KeepAlive 请求(见图 15-14 中的 4)时会拒绝(见图 15-14 中的 5),因为这个请求的纪元号(epoch number)错误。不同主服务器的纪元号不相同,客户端的每次请求都需要这个号来保证处理的请求是针对当前的主服务器。客户端在主服务器拒绝之后会使用新的纪元号来发送 KeepAlive 请求(见图 15-14 中的 6)。新的主服务器接受这个请求并立刻做出回应(见图 15-14 中的 7)。如果客户端接收到这个回应的时间仍处于宽限期内,则系统会恢复到安全状态,租约期更新为 C3。如果在宽限期未接到主服务器的相关回应,则客户端终止当前的会话。

(2) 主服务器出错。在客户端和主服务器端进行通信时可能会遇到主服务器故障,图 15-14 就出现了这种情况。正常情况下旧的主服务器出现故障后系统会很快地选举出新的主服务器,新选举的主服务器在完全运行前需要经历以下 9 个步骤。

① 产生一个新的纪元号以便今后客户端通信时使用,这能保证当前的主服务器不必处理针对旧的主服务器的请求。

② 只处理主服务器位置相关的信息,不处理会话相关的信息。

③ 构建处理会话和锁所需的内部数据结构。

④ 允许客户端发送 KeepAlive 请求,不处理其他会话相关的信息。

⑤ 向每个会话发送一个故障事件,促使所有的客户端清空缓存。

⑥ 等待直到所有的会话都收到故障事件或会话终止。

⑦ 开始允许执行所有的操作。

⑧ 如果客户端使用了旧的句柄,则需要为其重新构建新的句柄。

⑨ 一定时间段后(1min),删除没有被打开过的临时文件夹。

如果这一过程在宽限期内顺利完成,则用户不会感觉到任何故障的发生,也就是说新旧主服务器的替换对于用户来说是透明的,用户感觉到的仅仅是一个延迟。使用宽限期的好处正是如此。

在系统实现时,Chubby 还使用了一致性客户端缓存(consistent client-side caching)技术,这样做的目的是减少通信压力,降低通信频率。在客户端保存一个和单元上数据一致的本地缓存,这样需要时客户可以直接从缓存中取出数据而不用再和主服务器通信。当某个文件数据或者元数据需要修改时,主服务器首先将这个修改阻塞;然后通过查询主服务器自身维护的一个缓存表,向所有对修改的数据进行了缓存的客户端发送一个无效标志(invalidation);客户端收到这个无效标志后会返回一个确认(acknowledge),主服务器在收到所有的确认后才解除阻塞并完成这次修改。这个过程的执行效率非常高,仅仅需要发送一次无效标志即可,因为主服务器对于没有返回确认的节点就直接认为其是未缓存的。

5)正确性与性能

(1)一致性。前面提到过每个 Chubby 单元是由 5 个副本组成的,这 5 个副本中需要选举产生一个主服务器,这种选举本质上就是一个一致性问题。在实际的执行过程中,Chubby 使用 Paxos 算法来解决这个问题。

主服务器产生后客户端的所有读写操作都是由主服务器来完成的。读操作很简单,客户直接从主服务器上读取所需数据即可,但是写操作就涉及数据一致性的问题了。为了保证客户的写操作能够同步到所有的服务器上,系统再次利用了 Paxos 算法。因此,可以看出Paxos 算法在分布式一致性问题中的作用是巨大的。

(2)安全性。Chubby 采用的是 ACL 形式的安全保障措施。系统中有三种 ACL 名,分别是写 ACL 名(write ACL name)、读 ACL 名(read ACL name)和变更 ACL 名(change ACL name)。只要不被覆写,子节点都是直接继承父节点的 ACL 名。ACL 同样被保存在文件中,它是节点元数据的一部分,用户在进行相关操作时首先需要通过 ACL 来获取相应的授权。图 15-15 是一个用户成功写文件所需经历的过程。

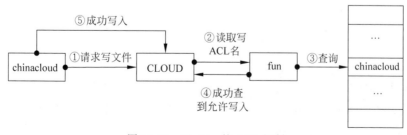

图 15-15　Chubby 的 ACL 机制

用户 chinacloud 请求向文件 CLOUD 中写入内容。CLOUD 首先读取自身的 ACL 名是 fun,接着在 fun 中查到了 chinacloud 这一行记录,于是返回信息允许 chinacloud 对文件进行写操作,此时 chinacloud 才被允许向 CLOUD 写入内容。其他的操作和写操作类似。

(3) 性能优化。为了满足系统的高可扩展性,Chubby 目前已经采取了一些措施。比如提高主服务器默认的租约期、使用协议转换服务将 Chubby 协议转换成较简单的协议。还有就是使用上面提到的客户端一致性缓存。除此之外,Google 的工程师们还考虑使用代理(proxy)和分区(partition)技术,虽然目前这两种技术并没有实际使用,但是在设计的时候还是被包含进系统,不排除将来使用的可能。代理可以减少主服务器处理 KeepAlive 及读请求带来的服务器负载,但是它并不能减少写操作带来的通信量。不过根据 Google 自己的数据统计表明,在所有的请求中,写请求仅占极少的一部分,几乎可以忽略不计。使用分区技术的话可以将一个单元的命名空间(name space)划分成 N 份。除了少量的跨分区通信外,大部分的分区都可以独立地处理服务请求。通过分区可以减少各个分区上的读写通信量,但不能减少 KeepAlive 请求的通信量。因此,如果需要的话,将代理和分区技术结合起来使用才可以明显提高系统同时处理的服务请求量。

4. 分布式结构化数据表 Bigtable

Bigtable 是 Google 开发的基于 GFS 和 Chubby 的分布式存储系统。Google 的很多数据,包括 Web 索引、卫星图像数据等在内的海量结构化和半结构化数据都是存储在 Bigtable 中的。从实现上来看,Bigtable 并没有什么全新的技术,但是如何选择合适的技术并将这些技术高效、巧妙地结合在一起恰恰是最大的难点。Google 的工程师通过研究及大量的实践,完美实现了相关技术的选择及融合。Bigtable 在很多方面和数据库类似,但它并不是真正意义上的数据库。下面对 Bigtable 的数据模型、系统架构、实现及它使用的一些数据库技术作一个较为全面的介绍。

1) 设计动机与目标

Google 设计 Bigtable 的动机主要有如下三方面。

(1) 需要存储的数据种类繁多。Google 目前向公众开放的服务很多,需要处理的数据类型也非常多。包括 URL、网页内容、用户的个性化设置在内的数据都是 Google 需要经常处理的。

(2) 海量的服务请求。Google 运行着目前世界上最繁忙的系统,它每时每刻处理的客户服务请求数量是普通的系统根本无法承受的。

(3) 商用数据库无法满足 Google 的需求。一方面,现有商用数据库的设计着眼点在于其通用性,面对 Google 的苛刻服务要求根本无法满足,而且在数量庞大的服务器上根本无法成功部署普通的商用数据库。另一方面,对于底层系统的完全掌控会给后期的系统维护、升级带来极大的便利。

在仔细考察了 Google 的日常需求后,Bigtable 开发团队确定了 Bigtable 设计所需达到的几个基本目标。

(1) 广泛的适用性。Bigtable 是为了满足一系列 Google 产品而并非特定产品的存储要求。

(2) 很强的可扩展性。根据需要随时可以加入或撤销服务器。

(3) 高可用性。对于客户来说,有时候即使短暂的服务中断也是不能忍受的。Bigtable 设计的重要目标之一就是确保几乎所有的情况下系统都可用。

（4）简单性。底层系统的简单性既可以减少系统出错的概率,也为上层应用的开发带来便利。

在目标确定之后,Google 开发者就在现有的数据库技术中进行了大规模的筛选,希望各种技术之间能够扬长避短,巧妙地结合起来。最终实现的系统也确实达到了原定的目标。下面就开始详细讲解 Bigtable。

2）数据模型

Bigtable 是一个分布式多维映射表,表中的数据是通过一个行关键字（row key）、一个列关键字（column key）及一个时间戳（time stamp）进行索引的。Bigtable 对存储在其中的数据不做任何解析,一律看作字符串,具体数据结构的实现需要用户自行处理。Bigtable 的存储逻辑可以表示如下。

```
(row: string, column: string, time: int64)→string
```

Bigtable 的数据模型如图 15-16 所示。

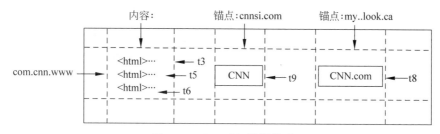

图 15-16　Bigtable 数据模型

（1）行。Bigtable 的行关键字可以是任意的字符串,但是大小不能超过 64KB。Bigtable 和传统的关系型数据库有很大不同,它不支持一般意义上的事务,但能保证对于行的读写操作具有原子性（atomic）。表中数据都是根据行关键字进行排序的,排序使用的是词典序。图 15-16 是 Bigtable 数据模型的一个典型实例,其中 com.cn.www 就是一个行关键字。不直接存储网页地址而将其倒排是 Bigtable 的一个巧妙设计。这样做至少会带来以下两个好处。

① 同一地址域的网页会被存储在表中的连续位置,有利于用户查找和分析。

② 倒排便于数据压缩,可以大幅提高压缩率。

单个的大表由于规模问题不利于数据的处理,因此 Bigtable 将一个表分成了很多子表（tablet）,每个子表包含多个行。子表是 Bigtable 中数据划分和负载均衡的基本单位。有关子表的内容会在稍后详细讲解。

（2）列。Bigtable 并不是简单地存储所有的列关键字,而是将其组织成所谓的列族（column family）,每个族中的数据都属于同一个类型,并且同族的数据会被压缩在一起保存。引入列族的概念之后,列关键字就采用下述的语法规则来定义。

```
族名:限定词(family: qualifier)
```

族名必须有意义,限定词则可以任意选定。在图 15-16 中,内容（contents）、锚点（anchor,就是 HTML 中的链接）都是不同的族。而 cnnsi.com 和 my.look.ca 则是锚点族中不同的限定词。通过这种方式组织的数据结构清晰明了,含义也很清楚。族同时也是

Bigtable 中访问控制(access control)的基本单元,也就是说访问权限的设置是在族这一级别上进行的。

(3) 时间戳。Google 的很多服务比如网页检索和用户的个性化设置等都需要保存不同时间的数据,这些不同的数据版本必须通过时间戳来区分。图 15-16 中内容列的 t3、t5 和 t6 表明其中保存了在 t3、t5 和 t6 这三个时间获取的网页。Bigtable 中的时间戳是 64 位整型数,具体的赋值方式可以采取系统默认的方式,也可以用户自行定义。

为了简化不同版本的数据管理,Bigtable 目前提供了两种设置:一种是保留最近的 n 个不同版本,图 15-16 中数据模型采取的就是这种方法,它保存最新的 3 个版本数据。另一种就是保留限定时间内的所有不同版本,比如可以保存最近 10 天的所有不同版本数据。失效的版本将会由 Bigtable 的垃圾回收机制自动处理。

3) 系统架构

Bigtable 是在 Google 的另外 3 个云计算组件基础之上构建的,其基本架构如图 15-17 所示。图中 WorkQueue 是一个分布式的任务调度器,它主要被用来处理分布式系统队列分组和任务调度,关于其实现 Google 并没有公开。在前面已经讲过,GFS 是 Google 的分布式文件系统,在 Bigtable 中 GFS 主要用来存储子表数据及一些日志文件。Bigtable 还需要一个锁服务的支持,Bigtable 选用了 Google 自己开发的分布式锁服务 Chubby。在 Bigtable 中 Chubby 主要有以下几个作用。

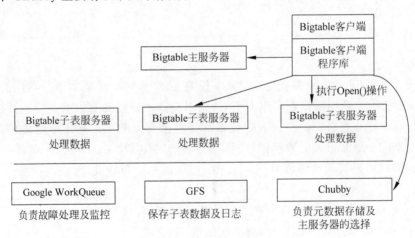

图 15-17　Bigtable 基本架构

(1) 选取并保证同一时间内只有一个主服务器(master server)。

(2) 获取子表的位置信息。

(3) 保存 Bigtable 的模式信息及访问控制列表。

另外,在 Bigtable 的实际执行过程中,Google 的 MapReduce 和 Sawzall 也被使用来改善其性能,不过需要注意的是这两个组件并不是实现 Bigtable 所必需的。

Bigtable 主要由三部分组成:客户端程序库(client library)、一个主服务器(master server)和多个子表服务器(tablet server),这三部分在图 15-17 中都有相应的表示。从图 15-17 中可以看出,客户访问 Bigtable 服务时首先要利用其库函数执行 Open()操作来打开一个锁(实际上就是获取了文件目录),锁打开以后客户端就可以和子表服务器进行通信了。和许多具有单个主节点的分布式系统一样,客户端主要与子表服务器通信,几乎不和主服务器进行通信,这使得主服务器的负载大大降低。主服务主要进行一些元数据的操作及子表服务器之间的负载调度问题,实际的数据是存储在子表服务器上的。客户程序库的概念比较简单,这里不做讲解,下面对主服务器和子表服务器展开讲解。

4) 主服务器

主服务的主要作用如图 15-18 所示。

当一个新的子表产生时,主服务器通过一个加载命令将其分配给一个空间足够的子表服务器。创建新表、表合并及较大子表的分裂都会产生一个或多个新子表。对于前面两种,主服务器会自动检测到,因为这两个操作是由主服务器发起的,而较大子表的分裂是由子服务器发起并完成的,所以主服务器并不能自动检测到,因此在分割完成之后子服务器需要向主服务发出一个通知。由于系统设计之初就要求能达到良好的扩展性,因此主服务器必须对子表服务器的状态进行监控,以便及时检测到服务器的加入或撤销。Bigtable 中主服务器对子表服务器的监控是通过 Chubby 来完成的,子表服务器在初始化时都会从 Chubby 中得到一个独占锁。通过这种方式所有的子表服务器基本

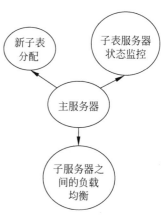

图 15-18　主服务器的主要作用

信息被保存在 Chubby 中一个称为服务器目录(server directory)的特殊目录之中。主服务器通过检测这个目录就可以随时获取最新的子表服务器信息,包括目前活跃的子表服务器,以及每个子表服务器上现已分配的子表。对于每个具体的子表服务器,主服务器会定期向其询问独占锁的状态。如果子表服务器的锁丢失或没有回应,则此时可能有两种情况,要么是 Chubby 出现了问题(虽然这种概率很小,但的确存在,Google 自己也做过相关测试),要么是子表服务器自身出现了问题。对此,主服务器首先自己尝试获取这个独占锁,如果失败说明 Chubby 服务出现问题,需等待 Chubby 服务的恢复。如果成功则说明 Chubby 服务良好而子表服务器本身出现了问题。这种情况下主服务器会中止这个子表服务器,并将其上的子表全部移至其他子表服务器。当在状态监测时发现某个子表服务器上负载过重,主服务器会自动对其进行负载均衡操作。

基于系统出现故障是一种常态的设计理念(Google 几乎所有的产品都是基于这个设计理念),每个主服务器被设定了一个会话时间的限制。当某个主服务器到时退出后,管理系统就会指定一个新的主服务器,这个主服务器的启动需要经历以下 4 个步骤。

(1) 从 Chubby 中获取一个独占锁,确保同一时间只有一个主服务器。

(2) 扫描服务器目录,发现目前活跃的子表服务器。

(3) 与所有的活跃子表服务器取得联系,以便了解所有子表的分配情况。

(4) 通过扫描元数据表(metadata table),发现未分配的子表并将其分配到合适的子表服务器。如果元数据表未分配,则首先需要将根子表(root tablet)加入未分配的子表中。由于根子表保存了其他所有元数据子表的信息,确保了扫描能够发现所有未分配的子表。

在成功完成以上 4 个步骤后主服务器就可以正常运行了。

5) 子表服务器

Bigtable 中实际的数据都是以子表的形式保存在子表服务器上的,客户一般也只和子表服务器进行通信,所以子表及子表服务器是重点讲解的概念。子表服务器上的操作主要涉及子表的定位、分配及子表数据的最终存储问题。其中子表分配在前面已经有了详细介绍,这里略过不讲。在讲解其他问题之前首先介绍一下 SSTable 的概念及子表的基本结构。

图 15-19 SSTable 结构

(1) SSTable 及子表基本结构。SSTable 是 Google 为 Bigtable 设计的内部数据存储格式。所有的 SSTable 文件都是存储在 GFS 上的,用户可以通过键值来查询相应的值。图 15-19 是 SSTable 格式的基本示意图。

SSTable 中的数据被划分成一个个的块(block),每个块的大小是可以设置的,一般来说设置为 64KB。在 SSTable 的结尾有一个索引(index),这个索引保存了 SSTable 中块的位置信息,在 SSTable 打开时这个索引会被加载进内存,这样用户在查找某个块时首先在内存中查找块的位置信息,然后在硬盘上直接找到这个块,这种查找方法速度非常快。由于每个 SSTable 一般都不是很大,用户还可以选择将其整体加载进内存,这样查找起来会更快。

从概念上来讲,子表是表中一系列行的集合,它在系统中的实际组成如图 15-20 所示。

图 15-20 子表实际组成

每个子表都是由多个 SSTable 及日志(log)文件构成的。有一点需要注意,那就是不同子表的 SSTable 可以共享,也就是说某些 SSTable 会参与多个子表的构成,而由子表构成的表则不存在子表重叠的现象。Bigtable 中的日志文件是一种共享日志,也就是说系统并不是对子表服务器上每个子表都单独地建立一个日志文件,每个子表服务器上仅保存一个日志文件,某个子表日志只是这个共享日志的一个片段。这样会节省大量的空间,但在恢复时却有一定的难度,因为不同的子表可能会被分配到不同的子表服务器上,一般情况下每个子表服务器都需要读取整个共享日志来获取其对应的子表日志。Google 为了避免这种情况出现,对日志做了一些改进。Bigtable 规定将日志的内容按照键值进行排序,这样不同的子表服务器都可以连续读取日志文件了。一般来说,每个子表的大小在 100~200MB。每个子表服务器上保存的子表数量可以从几十到上千不等,通常情况下是 100 个左右。

(2) 子表地址。子表地址的查询是经常碰到的操作。在 Bigtable 系统的内部采用的是一种类似 B+树的三层查询体系。子表地址结构如图 15-21 所示。

所有的子表地址都被记录在元数据表中,元数据表是由一个个的元数据子表(metadata tablet)组成的。根子表是元数据表中一个比较特殊的子表,它既是元数据表的第一条记录,

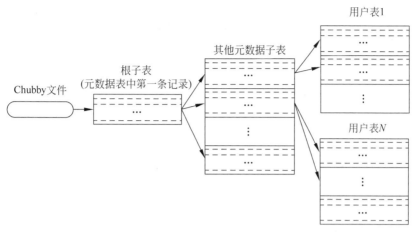

图 15-21　子表地址结构

也包含了其他元数据子表的地址,同时 Chubby 中的一个文件也存储了这个根子表的信息。这样在查询时,首先从 Chubby 中提取这个根子表的地址,进而读取所需的元数据子表的位置,最后就可以从元数据子表中找到待查询的子表。除了这些子表的元数据之外,元数据表中还保存了其他一些有利于调试和分析的信息,比如事件日志等。

为了减少访问开销,提高客户访问效率,Bigtable 使用了缓存(cache)和预取(prefetch)技术,这两种技术手段在体系结构设计中是很常用的。子表的地址信息被缓存在客户端,客户在寻址时直接根据缓存信息进行查找。一旦出现缓存为空或缓存信息过时的情况,客户端就需要按照图 15-21 所示方式通过网络的来回通信(network round-trips)进行寻址,在缓存为空的情况下需要 3 个网络来回通信。如果缓存的信息是过时的,则需要 6 个网络来回通信。其中 3 个用来确定信息是过时的,另外 3 个获取新的地址。预取则是在每次访问元数据表时不仅仅读取所需的子表元数据,而是读取多个子表的元数据,这样下次需要时就不用再次访问元数据表。

(3)子表数据存储及读写操作。在数据的存储方面 Bigtable 做出了一个非常重要的选择,那就是将数据存储划分成两块。较新的数据存储在内存中一个称为内存表(memtable)的有序缓冲里,较早的数据则以 SSTable 格式保存在 GFS 中。这种技术在数据库中不是很常用,但 Google 还是做出了这种选择,实际运行的效果也证明 Google 的选择虽然大胆却是正确的。

从图 15-22 中可以看出读和写操作有很大的差异性。做写操作(write operator)时,首先查询 Chubby 中保存的访问控制列表确定用户具有相应的写权限,通过认证之后写入的数据首先被保存在提交日志(commit log)中。提交日志中以重做记录(redo record)的形式保存着最近的一系列数据更改,这些重做记录在子表进行恢复时可以向系统提供已完成的更改信息。数据成功提交之后就被写入内存表中。在做读操作(read op)时,首先还是要通过认证,之后读操作就要结合内存表和 SSTable 文件来进行,因为内存表和 SSTable 中都保存了数据。

在数据存储中还有一个重要问题,就是数据压缩的问题。内存表的空间毕竟是很有限的,当其容量达到一个阈值时,旧的内存表就会被停止使用并压缩成 SSTable 格式的文件。

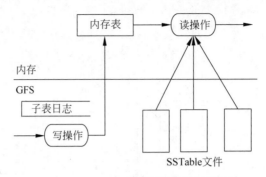

图 15-22　Bigtable 数据存储及读写操作

在 Bigtable 中有三种形式的数据压缩,分别是次压缩(minor compaction)、合并压缩(merging compaction)和主压缩(major compaction)。三者之间的关系如图 15-23 所示。

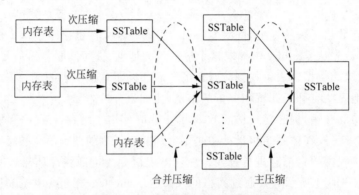

图 15-23　三种形式压缩之间的关系

每一次旧的内存表停止使用时都会进行一个次压缩操作,这会产生一个 SSTable。但如果系统中只有这种压缩,SSTable 的数量就会无限制地增加下去。由于读操作要使用 SSTable,数量过多的 SSTable 显然会影响读的速度。而在 Bigtable 中,读操作实际上比写操作更重要,因此 Bigtable 会定期地执行一次合并压缩的操作,将一些已有的 SSTable 和现有的内存表一并进行一次压缩。主压缩其实是合并压缩的一种,只不过它将所有的 SSTable 一次性压缩成一个大的 SSTable 文件。主压缩也是定期执行的,执行一次主压缩之后可以保证将所有的被压缩数据彻底删除,如此一来,既回收了空间,又能保证敏感数据的安全性(因为这些敏感数据被彻底删除了)。

6) 性能优化

上述各种操作已经可以实现 Bigtable 的所有功能,但是这些基本的功能很多时候并不是很符合用户的使用习惯,或者执行的效率较低。有些功能 Bigtable 自身已经进行了优化,包括使用缓存、共享式的提交日志及利用系统的不变性。Bigtable 还允许用户个人在基本操作基础上对系统进行一些优化。这一部分主要介绍用户可以使用的几个重要优化措施。实际上这些技术手段都是一些已有的数据库方法,只不过 Google 将它们具体地应用于 Bigtable 之中罢了。

(1) 局部性群组(locality groups)。Bigtable 允许用户将原本并不存储在一起的数据以列族为单位,根据需要组织在一个单独的 SSTable 中,以构成一个局部性群组。这实际上就是数据库中垂直分区技术的一个应用。结合图 15-17 的实例来看,在被 Bigtable 保存的网页列关键字中,有的用户可能只对网页内容感兴趣,那么它可以设置局部性群组只看内容这一列。有的则会对诸如网页语言、网站排名等可以用于分析的信息比较感兴趣,也可以将这些列设置到一个群组中。局部性群组如图 15-24 所示。

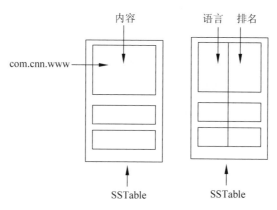

图 15-24 局部性群组

通过设置局部性群组用户可以只看自己感兴趣的内容,对某个用户来说,大量的无用信息无须读取。对于一些较小的且会被经常读取的局部性群组,用户可以将其 SSTable 文件直接加载进内存,这可以明显地改善读取效率。

(2) 压缩。压缩可以有效地节省空间,Bigtable 中的压缩被应用于很多场合。首先压缩可以被用在构成局部性群组的 SSTable 中,可以选择是否对个人的局部性群组的 SSTable 进行压缩。Bigtable 中这种压缩是对每个局部性群组独立进行的,虽然这样会浪费一些空间,但是在需要读时解压速度非常快。通常情况下,用户可以采用两步压缩的方式:第一步利用 Bentley & McIlroy 方式(BMDiff)在大的扫描窗口将常见的长串进行压缩;第二步采取 Zippy 技术进行快速压缩,它在一个 16KB 大小的扫描窗口内寻找重复数据,这个过程非常快。压缩技术还可以提高子表的恢复速度,当某个子表服务器停止使用后,需要将上面所有的子表移至另一个子表服务器来恢复服务。在转移之前要进行两次压缩,第一次压缩减少了提交日志中的未压缩状态,从而减少了恢复时间。在文件正式转移之前还要进行一次压缩,这次压缩主要是将第一次压缩后遗留的未压缩空间进行压缩。完成这两步之后压缩的文件就会被转移至另一个子表服务器。

(3) 布隆过滤器(bloom filter)。Bigtable 向用户提供了一种称为布隆过滤器的数学工具。布隆过滤器是巴顿·布隆在 1970 年提出的,实际上它是一个很长的二进制向量和一系列随机映射函数,在读操作中确定子表的位置时非常有用。布隆过滤器的速度快,省空间。而且它有一个最大的好处是它绝不会将一个存在的子表判定为不存在。不过布隆过滤器也有一个缺点,那就是在某些情况下它会将不存在的子表判断为存在。不过这种情况出现的概率非常小,跟它带来的巨大好处相比这个缺点是可以忍受的。

目前包括 Google Analytics、Google Earth、个性化搜索、Orkut 和 RRS 阅读器在内的几十个项目都使用了 Bigtable。这些应用对 Bigtable 的要求及使用的集群机器数量都是各不相同的,但是从实际运行来看,Bigtable 完全可以满足这些不同需求的应用,而这一切都得益于其优良的构架及恰当的技术选择。与此同时,Google 还在不断地对 Bigtable 进行一系列的改进,通过技术改良和新特性的加入提高系统运行效率及稳定性。

思考题

1. 简述你对云计算的理解。

2. 从研究现状上看,云计算具有什么特点?

3. 云计算的 4 个显著特点是什么?

4. 云计算按照服务类型分为哪几类? 简述它们。

5. 网格计算与云计算有哪些区别?

6. 简述云计算技术体系结构。

7. Google 云计算技术具体包括哪些?

软件开发工具篇

如同生产粮食、房屋和钢材一样,软件生产仅有方法是不够的,还得有强大的工具。早期的农业工程是农耕时代,靠人工并借助牛等畜力来耕作,现代农业是机械化时代。早期的建筑工程和冶金工程也是简单的人工操作方式,现在都进入了机械化的大生产阶段。软件工程同样要经历这些阶段,早期是手工阶段,现在也逐渐进入了 CASE 辅助开发阶段。因此,开发出强大的软件生产工具是软件工程学科的重要研究内容之一。

软件生产需要经历可行性分析、需求分析、概要设计、详细设计、编码、测试、维护和演化等一系列的过程,这个过程就是瀑布型生产方法,CASE 工具就是针对这些阶段来制造的。

从过程的角度来分,支持可行性分析、需求分析、概要设计、详细设计等阶段的工具被称为上层工具(upper CASE);支持编码、测试、维护和演化等阶段的工具被称为下层工具(lower CASE)。

从功能角度来分,支持单一功能的工具称为 Tools,例如代码生成器;支持一系列功能的工具称为 Workbenches,例如支持需求分析和设计,并且支持从需求分析到设计转换的平台;支持整个软件开发过程和环境的称为 Environments,例如支持从需求分析到代码生成的正向和逆向工程的 Rational Rose 环境。一般来说,Environments 由一系列的 Workbenches 组成,Workbenches 由一系列的 Tools 组成。

传统工程都在向集成化、短流程化、自动化和智能化发展,由于 CASE 工具的出现,软件工程必然也是这样的发展趋势。

第 16 章

CASE 工具

目标:

(1) 掌握 CASE 的相关概念。

(2) 掌握 CASE 有哪些作用。

(3) 了解常用 CASE 工具。

(4) 了解 CASE 发展趋势。

16.1 CASE 工具概念

16.1.1 CASE 定义

CASE(computer aided software engineering,计算机辅助软件工程)原来是指用来支持管理信息系统开发的、由各种计算机辅助软件和工具组成的大型综合性软件开发环境,随着各种工具和软件技术的产生、发展、完善和不断集成,逐步由单纯的辅助开发工具环境转化为一种相对独立的方法论。CASE 是一套方法和工具,可使系统开发商规定应用规则,并由计算机自动生成合适的计算机程序。

CASE 的一个基本思想就是提供一组能够自动覆盖软件开发生命周期各个阶段的集成的、减少劳动力的工具。

16.1.2 CASE 相关概念

- CASE 方法。一种"可自动化"的结构化方法。为软件的开发和维护的整个过程或某个方面定义了一个类似工程的方法。
- CASE 技术。一种软件技术。为软件的开发、维护和项目管理提供一种自动化工程原理,包括自动化方法和自动化工具。
- CASE 工具。一种软件工具。对某个具体的软件生命周期的任务实现自动化、至少是某一部分的自动化。
- CASE 工具箱。一组集成的工具。用来协同工作以实现某个软件生命周期的阶段或某类具体的软件作业的自动化或部分地实现自动化。
- CASE 工作。一组集成的工具。被设计用来协同工作以实现整个软件生存期的自动化或提供自动化的辅助手段,包括分析、设计、编码和测试。

- CASE系统。一种集成的工具。使用一个公共的用户接口,并在一个公共的计算机环境下运行。

16.1.3　CASE开发环境

CASE作为一个通用的软件支持环境,它应能支持所有的软件开发过程的全部技术工作及其管理工作。CASE的集成软件工具能够为系统开发过程提供全面的支持,其作用包括:生成用图形表示的系统需求和设计规格说明;检查、分析相交叉引用的系统信息;存储、管理并报告系统信息和项目管理信息;建立系统的原型并模拟系统的工作原理;生成系统的代码及有关的文档;实施标准化和规格化;对程序进行测试、验证和分析;连接外部词典和数据库。

为了提供全面的软件开发支持,一个完整的CASE环境具有的功能有图形功能、查错功能、中心信息库、高度集成化的工具包、对软件开发生命周期的全面覆盖、支持建立系统的原型、代码的自动生成、支持结构化的方法论。

一个完善的CASE环境必须具有下列特征。

(1) 能生成结构化图的图形接口。

(2) 能存储和管理所有软件系统信息的中心信息库。

(3) 共享一个公共用户接口的高度集成化的软件工具包。

(4) 具有辅助每个阶段的工具。

(5) 具有由设计规格说明自动生成代码的工具。

(6) 在工具中实现能进行各类检查的软件生命周期方法论。

16.1.4　CASE工具组成

CASE工具由许多部分组成,一般按软件开发的不同阶段分为上层CASE工具和下层CASE工具产品。上层CASE工具自动进行应用的计划、设计和分析,帮助用户定义需求,产生需求说明,并可完成与应用开发相关的所有计划工作。下层CASE工具自动进行应用系统的编程、测试和维护工作。除非下层CASE工具和上层CASE工具的供应商提供统一界面,否则用户必须编写应用程序或重新将所有信息从上层CASE工具转换到下层CASE工具。独立的CASE工具供应商越来越希望将它们的工具连接在一起建立统一的界面以减少用户不必要的开发工作。

CASE工具主要包括画图工具,报告生成工具,数据词典、数据库管理系统和规格说明检查工具,代码生成工具和文档资料生成工具等。目前CASE的标准是UML,最常用的CASE工具是Rational Rose、Sybase PowerDesigner、Microsoft Visio、Microsoft Project、Enterprise Architect、MetaCase、ModelMaker、Visual Paradigm等。这些工具集成在统一的CASE环境中,就可以通过一个公共接口实现工具之间数据的可传递性,连接系统开发和维护过程中各个步骤,最后在统一的软、硬件平台上实现系统的全部开发工作。

16.2　CASE 优势

　　CASE 已被证明可以加快开发速度,提高软件生产率并保证应用软件的可靠品质。软件企业利用 CASE 提高了生产效率,降低了开发成本,提高了开发规范,提高了软件质量,增强了企业的竞争力并使之带来了更多的利润,使软件工程同其他工程一样走向机械化、自动化、智能化的大生产。

16.3　CASE 工具实例

16.3.1　CASE 工具的产生

　　传统的软件开发是从算法的角度进行建模。按照这种方法,所有的软件都用过程或函数作为其主要构造块。这种观点导致开发人员把精力集中于控制流程和对大的算法进行分解。结果当需求发生变化(总会变化的)及系统增长(总会增长的)时,用这种方法建造的系统就会变得脆弱,很难维护。

　　所以便有了采用面向对象的观点利用 CASE 工具进行建模的现代软件开发方法。从下节的介绍中也可看出 CASE 工具的强大功能完全可以使开发人员快速有效地进行软件开发。但也可看出,除了 Visual Paradigm 是由我国香港地区开发设计的以外,其他都是国外的软件。没有真正属于自己的软件开发工具是很难在软件领域占有一席之地的,所以希望能够有更多的人才开发出属于我们自己的软件工具,从而促进我国的软件发展。

　　CASE 工具是一种软件工具,可对某个具体的软件生命周期的任务实现自动化,至少是某一部分的自动化。

　　在系统的构建变得越来越复杂的情况下,CASE 工具为项目相关人员(如项目经理、分析员、设计者、架构师、开发者等)提供了许多的好处。CASE 工具允许应用规范的分析和设计的方法与理论,远离纠缠不清的源代码,使得构建和设计变得更直观,更容易理解与修改。在大型项目中,通过使用 CASE 工具可以获得以下方便。

　　(1)通过相关模型,业务/系统分析可以捕获到业务/系统需求。

　　(2)设计者/构架师所做的设计模型能在不同层次的同一层内清晰表达对象或子系统之间的交互(典型的 UML 图,如类图和交互图)。

　　(3)开发者能快速地将模型转变为一个可运行的应用程序,以及理解它们如何交互。

　　出于这些动机,CASE 工具及对应的方法论提供了一种在因系统太复杂而不能理解下层源代码的情况下描述系统的方法,同时允许我们更快、更便宜地开发正确的软件解决方案。

16.3.2　常见的 CASE 工具

　　CASE 工具贯穿了软件开发的整个生命周期,辅助各个软件工程活动的实施,从软件的项目计划、需求分析、系统设计、编码调试、测试管理、运行维护,到支持软件的过程管理、质量保证等都发挥着越来越大的作用,大大提高了软件开发、维护和管理工作的效率,也使软件的质量得到了极大的提高。

(1) 支持软件开发过程的工具。如需求分析工具、需求跟踪工具、设计工具、编码工具、排错工具、测试和集成工具等。

(2) 支持软件维护过程的工具。如版本控制工具、文档工具、开发信息库工具、再工程工具(包括逆向工程工具、代码重构与分析工具)等。

(3) 支持软件管理和支持过程的工具。如项目计划工具、项目管理工具、配置管理工具、软件评价工具、度量和管理工具等。

1. Rational Rose

目前市面上最流行的 UML Case 工具,绘制的图形简洁美观。它支持 Java、J2EE、C、MCF 等语言和框架的建模,再加上它的 Rational 系列、RUP 的方法论,是当之无愧的巨无霸。IBM Rational Rose 是一个完整的可视建模方案,开发人员、项目经理、工程师和分析人员可以在提交编码之前对需求和构架进行可视化、理解和改进。利用模型驱动的方法进行软件开发,可以保证系统的可扩展性、灵活性和可靠性,更快更好地创建软件。

借助 Rose 可创建一个强大可靠的、基于构件的架构,它可以帮助开发者把发生变更的地方隔离开来。有变更的时候,这个架构将软件的其他部分隔离,避免这些部分受到负面影响。Rational Rose 以一种可预测的、受到良好控制的方式来实施变更,可以使开发者迅速地开发可靠的代码。

UML 模型为软件提供了可视化的表示方法,Rose 正是利用 UML 模型来统一开发团队。模型驱动的开发有助于整合设计和实施环境,使所有开发人员协同工作。

借助 Rational Rose,开发人员可以用一个建模工具开发所有项目。Rose 提供了与所有主流的 IDE、编程语言、数据库系统和配套技术的无缝集成。一旦熟悉了 Rational Rose,开发人员就可以轻松自如地在项目间转换,工作更加有效,高效迅速地完成所有的开发任务。

如 Rose Data Modeler 软件通过一个公共的工具和 UML 将数据库设计人员与开发团队的其他人员联系起来,帮助加速开发过程。使用 Rational Rose 软件,数据库设计人员可以直观地了解应用程序访问数据库的方式,从而可以在部署之前发现并解决问题。其功能如下。

(1) 支持对象模型、数据模型和数据存储模型的创建。

(2) 映射逻辑和物理模型,从而灵活地将数据库设计演变为应用程序逻辑。

(3) 支持数据模型、对象模型和已定义数据语言(DDL)文件/数据库管理系统(DBMS)之间的双向工程。

(4) 变换同步选项(在变换期间对数据模型和对象模型进行同步)。

(5) 数据模型-对象模型比较向导。

(6) 支持一次性对整个数据库进行正向工程。

(7) 集成了其他 IBM Rational Software Development 生命周期工具。

(8) 能集成任何兼容 SCC 的版本控制系统,包括 IBM Rational ClearCase 软件。

(9) 能够以 Web 页面的方式发布模型和报告,以此来提高整个团队的沟通效率。

最突出特点就是通过使所有的团队成员独立开发、协作沟通和交付更好的软件来统一开发团队,建立稳定、有弹性、基于构件的系统架构,以可控、可管理、可确认的方式进行开发,从而降低成本,加快软件产品面市的速度。一个无缝集成所有领先的 IDE 与最新技术的工具可满足所有技术需要,最大化开发工作的速度和简便性。

2. ModelMaker

一个非常强大的软件工具,其功能与所有强大且具有多面性的产品一样。但 ModelMaker 的复杂性却会让一个新手望而却步。

ModelMaker 常被认为是一个 UML 图形工具或是 Delphi Case 工具,然而它比一般的图形工具和 Case 工具要快得多,有时它可为你写一些人工智能式的代码。它是可扩展的,支持 UML 图、设计模式、逆向生成与分解的双向代码管理工具等。

它的核心为支持本地代码模型,所有的类及其关联元素(单元、图、文档及事件类型等)都是模型内部的对象。ModelMaker 为活动模型提供了多种视图,允许在类列表、元素列表或图集中进行操作,可从模型中生成源代码单元,并可由 Delphi 进行编译,以后生成的单元每次也可重新生成。可对各种不同的设置进行修改(例如代码注释选项、代码次序、方法使用等),并且可为多种需求重新生成单元(调试代码、自动生成的大量注释代码等)。

ModelMaker 还是一个两路的、面向类树的、高效的、重构的及 UML 方式的 CASE 工具。它有两个版本:一个 Pascal 版本,一个 C# 版。两个版本都包含了 ModelMaker 认证。

(1) Pascal 版专门用于生成本地的 Delphi 代码。完全支持 Delphi 的 Object Pascal 语言,且包括了大部分的 Delphi 组件。ModelMaker Pascal Edition 具有完全反转工程的能力,并且可以导入现存的 Delphi 代码。Delphi IDE Integration Experts 考虑了同步 ModelMaker 及 Delphi IDE 编辑器。

(2) C# 版用于专门生成本地的 C# 代码。对于 .NET 框架语法,它完全支持 C#1.1、2.0 和 3.0 三个版本。ModelMaker C# Edition 具有完全反转工程的能力,并且可以导入现存的 C# 代码。Visual Studio IDE Integration Experts 和 Delphi 一样也考虑了同步 ModelMaker。Delphi 及 Visual Studio IDE 编辑器都包含 ModelMaker 的许可。

对于软件开发的整个过程,用户都可以使用 ModelMaker 实时的、技术的开发包括数据库类型在内的应用程序,并把它们导入源代码中。可以使用自带的 Help File Generator 生成 Help Files。通过 ModelMaker ToolsAPI 生成自己的报告,包括 XML Reporter 范例。

3. PowerDesigner

由 Sybase 公司开发的一套商业建模工具,它与 ROSE、ERWin 类似,主要是为数据库的建模设计的。

PowerDesigner 可以方便地对管理信息系统(MIS)进行分析设计,几乎包括了数据库模型设计的全过程。利用 PowerDesigner 可以制作数据流程图、概念数据模型、物理数据模型,可以生成多种客户端开发工具的应用程序,还可为数据仓库制作结构模型,也能对团队设计模型进行控制。它可与许多流行的数据库设计软件,例如 PowerBuilder、Delphi、VB 等相配合使用来缩短开发时间和使系统设计更优化。

PowerDesigner 包括以下 6 个模块。

(1) ProcessAnalyst。数据流程图(DFD)逻辑设计工具。

(2) DataArchitect。概念数据模型与物理数据模型设计工具。

（3）WarehouseArchitect。数据仓库设计工具。

（4）AppModeler。客户端应用程序生成工具。

（5）MetaWorks。团队开发控制工具。

（6）Viewer。模型观察工具。

PowerDesigner 同时还提供完整的 UML 建模支持,以及面向对象设计和代码的生成工具,可以满足复杂的技术环境需求。可以说,PowerDesigner 在数据库设计建模方面是做得最好的。

当然,除此之外在企业级建模上它的功能也很强大。很多公司现在在用三个不同的产品,一个是做需求分析、一个是数据库设计、一个是 UML 数据设计,三部分可能连不到一起。造成的问题是:比如需求改了,数据改了,对哪个类有关系,跟哪个流程有关系看不出来,最后还得手工改。PowerDesigner 工具可以把所有这些建模工具连在一起,需求改了、数据模型改了都没关系。另外,PowerDesigner 对新技术支持得也比较好。

PowerDesigner 支持了所有的数据库,不光支持 Sybase 本身的数据库,也支持 IBM、微软、Oracle 的数据库。

4. Enterprise Architect

Enterprise Architect 是以目标为导向的软件系统。它覆盖了系统开发的整个周期,除了开发类模型之外,还包括事务进程分析,使用案例需求、动态模型、组件和布局、系统管理、非功能需求、用户界面设计、测试和维护等。

其主要特点如下。

（1）为整个团队提供高级的 UML 2.0 建模工具。Enterprise Architect 为用户提供一个高性能、直观的工作界面,联合 UML 2.0 最新规范,为桌面计算机工作人员、开发和应用团队打造先进的软件建模方案。该产品不仅特性丰富,而且性价比极高,可以用来配备整个工作团队,包括分析人员、测试人员、项目经理、品质控制、部署人员等。

（2）特性丰富系统设计。Enterprise Architect 是一个完全的 UML 分析和设计工具,它能完成从需求收集经步骤分析、模型设计到测试和维护的整个软件开发过程。它基于多用户 Windows 平台的图形工具可以设计健全可维护的软件。除此之外,它还包含特性灵活的高品质文档输出,用户指南可以在线获取。

（3）端到端跟踪。Enterprise Architect 具有从需求分析、软件设计一直到执行和部署整个过程的全面可跟踪性。结合内置的任务和资源分配,项目管理人员和 QA 团队能够及时获取他们需要的信息,以便使项目按计划进行。

5. Microsoft Visual Visio

Visio 是目前国内用得最多的 CASE 工具。它提供了日常使用中绝大多数矩图的绘画功能(包括信息领域的各种原理图和设计图),同时提供了部分信息领域的实物图。它是最通用的硬件、网络平台等图表设计软件。好处是易用性高,特别是对不善于自己构造图的人。但是正因为很全,所以某个方面会造成专业程度较低。

Visio 的精华在于其使用方便,安装后的 Visio 既可以单独运行,也可以在 Word 中作为对象插入,与 Word 集成良好。其图生成后在没有安装 Visio 的 Word 上仍可查看。使用过其他绘图工具的朋友肯定会感受到 Visio 在处理框和文字上的流畅,同时在文件管理上 Visio 提供了分页、分组的管理方式。Visio 支持 UML 的静态和动态建模,对 UML 的建模提供了单独的组织管理。从 2000 版本后 Visio 被 Microsoft 收购,正式成为 Office 大家庭的一员。

6. Visual Paradigm

Visual Paradigm 是由一家香港公司开发的 UML 工具,功能的强大不次于 Rose 等 CASE 工具。可以和其他工具整合,包括 Eclipse、IBM WebSphere 及其他工具,并且支持多平台,所以在 Linux 平台下工作的朋友可以选用它来取代 Rose 此类在 Windows 下的设计工具。Visual Paradigm 的开发公司不限制此软件的非商业用途,在网站上提供了各组件企业和专业版本的 KeyFile,只需要通过注册用户并申请发送的邮箱即可。企业版也不用另行安装,使用其 Edition Manager 很容易切换版本,然后只需要运行 Visual Paradigm,Import KeyFile 就可以使用所有功能了。其特性也是相当的丰富和强大,具有如下特性:支持 UML 2.0;支持生成 HTML、PDF、Writer 的报表;可以导入 Rose 的 UML 图;汇出为 XMI;可以生成 Java 代码;有.NET 的 Add-In;支持 E-R 图建模;支持 ORM;智能化的提示,即当把鼠标移到一个 UML 图上时,周围自动显示能和此 UML 图相关的 UML 图,可快速地添加 UML 图。

16.4 CASE 发展趋势

20 世纪 60 年代末,软件工程的兴起改变了过去把软件开发只等同于编程设计的简单做法,代之以工程化的思想指导大型软件的开发,提出了一系列开发软件的系统化方法。应用结构化的系统分析和设计技术,把软件开发过程划分为若干有序的阶段,加以有效的控制和管理,从而显著地改善了所开发软件系统的质量和可靠性。

然而,这种以传统"软件生存期"概念为基础的瀑布模型,在多年的应用实践中也暴露出一系列根本的弱点,它费时费工,要求较长的开发周期,各个阶段间缺乏连贯性,产生的多重文档常常难以保持一致,不容易迅速响应系统需求的变化。从本质上讲,它是以手工开发范式为基点的,因此无法适应软件开发过程自动化的要求。

进入 20 世纪 80 年代后,软件开发供不应求的局面日益加剧,应用滞后 2～3 年,软件人员已成为匮乏的资源,形成了第二次"软件危机"。大幅度提高软件生产率已成为软件界的当务之急。为此,探索计算机辅助的软件过程自动化技术无疑是一种有逻辑的选择。20 世纪 80 年代中后期,这一倾向已明显地反映在"计算机辅助软件工程"(即 CASE)技术和相关产品的蓬勃发展上,CASE 市场几乎以每年超过一倍的速率直线增长。

软件开发 CASE 化综合了一系列近代软件工程新技术,支持基于自动化的软件开发新范式,使应用的开发和维护简化为仅在规格说明级上的问题定义过程,通过程序生成器把给定的应用说明自动生成为可运行的完整的应用系统,使速成原型完全成为现实。CASE 环境能与流行的结构化分析技术相结合,提供配套的工具,支持从应用定义、生成、测试验证到系统运行的完整开发周期。软件开发 CASE 化已成功地应用于实际系统的开发,通过集成化和自动化手段,使软件生产率数倍地改善,产生了十分明显的实际效益。

尽管软件技术取得了长足的进步,但软件的开发仍远远跟不上应用发展的需要。即使加强对软件人员的培养,也难以弥补这种差缺,因此如何大幅度地提高软件生产率就成了热门的研讨课题。美国的 Start 计划提出,要把软件生产率和可靠性都提高一个量级,这对软件工程界来说无疑是一项严峻的挑战。

要数量级地提高软件生产率,依靠单一性的技术是难以奏效的,必须综合地利用各种技术成果。开发"集成化环境"的努力正是这种"综合治理"论观点的反映。

对集成化有着不同的理解和程度要求,把工具简单混合的"工具箱"概念可以说是一种最浅易的集成。真正的集成化环境应当综合技术、方法、工具和使用各个方面,具备下列几种含义。

(1) 工具的集成。即在软件开发的整个生存期上,提供协同配套的软件工具,它们有良好的共同接口设计,一个工具的输出常常接另一个工具的输入。

(2) 工具和方法规范的集成。软件开发所遵循的方法学,是软件加工过程的基本工艺规范。工具和方法必须相互密切配合,工具支持规范的实施,而规范又反过来指导工具的使用和集成。

(3) 技术的集成。软件开发过程从人的角度看,是一个智能的思维发展过程,但物理上表现为从面向应用的描述转换为面向机器表示的过程,在管理上则反映为各种软件信息的管理过程。因此,把 20 世纪 60 年代发展起来的形式语言和编译技术、20 世纪 70 年代发展起来的数据库技术、20 世纪 80 年代获得极大欢迎的面向对象技术、20 世纪 90 年代迅速发展的中间件技术,以及进入 21 世纪后发展成熟的业务领域平台软件有效地结合起来是理所当然和非常重要的。

(4) 与使用环境的集成。开发环境的设计应当适合应用的需要,特别是用户的接口设计要强调简单、自然友善和一致。

要达到高度的集成化并不是一件简单的任务,因为仅单项技术方法和工具已经足够复杂,再集成就更加复杂了。

要真正解决软件生产率问题,关键还在于自动化。软件生产曾长期停滞在手工作业的状态,这看来多少是有点讽刺性的,计算机能够自动化许多其他领域,就唯独软件生产自身"自动程序"的研究已经延续了几十年,似乎从理想到现实还有相当长的路程。但从另一方面看,进展也是毋庸置疑的,从低级语言到高级语言的飞跃就是一个例证,软件生产的自动化也正经历着一个从低到高、从点到面的渐进过程,今天软件生产的局部自动化,或者某些特殊应用领域的完全程序自动生成已不再是什么乌托邦了,第四代高级语言的发展及一类应用生成器和程序生成器的出现都展示了这种趋势。

软件过程的自动化要比程序自动化具有更广的含义,它包括软件设计过程的自动化、文档的自动生成和管理、自动测试和验证等。要达到这些并不是轻而易举的,首先要求对软件及其开发过程的本质有透彻的了解,自动化的基础是形式化和模型化。

CASE 的中心目标是软件过程自动化。初期的 CASE 产品集中在提供软件生存期个别阶段的计算机辅助工具,如支持分析和设计阶段的前端工具,以及辅助实现阶段的后端工具。近年来则朝着集成化的方向发展,把方法和工具结合起来,强调工具的公共界面接口,围绕中心的信息库实现工具的连接和配合,支持完整的软件开发生存期。

与自动化有关的另一个问题是人工智能技术在软件工程中的应用,这一点现在已经被越来越多的人认识和重视。其中一个重要应用是发展智能化的软件工具,如程序的辅助调试等。这里的关键是如何总结和表示软件专家的经验和知识,包括程序的经验。自动化归根结底是以往知识和经验的重新表现和使用。

随着 CASE 工具越来越自动化,利用与软件应用领域密切相关的大量专门知识,对一些困难、复杂的软件开发与维护活动提供具有软件工程专家水平的意见和建议。在 CASE 中融入智能软件工程支撑环境,使它具有如下主要功能:支持软件系统的整个生命周期;支持软件产品生产的各项活动;作为软件工程代理;作为公共的环境知识库和信息库设施;从不同项目中总结和学习其中的经验教训,并把它应用于其后的各项软件生产活动。

由于计算机技术在软件开发过程中的应用导致了计算机辅助软件工程 CASE 的出现,这使软件开发流程化,从而简化了软件的开发过程。CASE 已经促进了许多计算机化系统的发展,包括项目设计系统(用来辅助经费预算、项目调度、人员分配等)、项目管理系统(用来辅助监控项目的开发进度)、文档工具(用来辅助编写和组织文档)、原型与仿真系统(用来辅助开发原型系统)、界面设计系统(用来辅助图形用户界面的开发)、编程系统(用来辅助编写和调试程序)等。其中一些工具的功能和字处理程序、电子制表软件、电子邮件通信系统等差不多,最开始开发出来是一般的应用,并为软件工程所采用。另外的一些工具主要是为软件工程环境专门定制的软件包。实际上,被称为集成开发环境(integrated development environment,IDE)的系统把软件开发工具(编辑器、编译器、调试工具等)组合到单个集成的程序包中,有些还提供了可视化编程(visual programming)特性,其中程序是被在计算机上显示为表示构建块的图标可视化地构造。因此,CASE 工具的应用促进了软件的流程化。

思考题

1. CASE 的定义是什么?
2. CASE 的分类有哪些?
3. 常用 CASE 有哪些?
4. CASE 的发展趋势是什么?

软件管理篇

与粮食、房屋和钢材相比较，软件产品具有不可见性和易变性的特点，因此管理在软件工程中占据非常重要的地位。项目的运作离不开科学的管理，而项目的管理水平直接影响着项目的成败。

软件项目管理是一个庞大的系统工程，它是为了使软件项目能够按照预定的成本、进度、质量顺利完成，而对成本、人员、进度、质量、风险等进行的分析和管理活动。

软件项目管理的主要目的是让软件项目的整个生命周期，从分析、设计、编码、测试到维护的全过程都能在管理者的控制下，以预定成本、按照规定的期限和质量完成软件产品并且交付用户使用。

软件项目管理的主要内容包括人员的组织与管理、软件项目的计划、软件过程能力评估、软件配置与质量管理、软件风险管理等。具体地说，就是按照需求界定目标，即根据用户的具体需求确定软件项目的范围与目标；按照目标制订计划，主要包括分解目标、制订阶段性计划、制订各个阶段的资金和资源的配置方案；按照计划组织资源，执行管理过程，其中包括人力资源、设备资源、资金等的组织及分配；按照目标落实和考核阶段性成果；最后按照程序进行评估、分析、总结、改进和完善。可以说，需求是依据，计划是前提，资源是保证，组织是手段，管理是核心，落实执行是保障，评估分析是监控。

本篇设置了项目投标、人员管理、进度管理、成本管理、质量管理、风险管理几章内容。

第17章

软件项目

目标:

(1) 掌握软件项目的立项过程。

(2) 了解可行性研究报告和立项建议书。

(3) 了解招标书和投标书。

(4) 了解软件合同书。

17.1 项目立项

在软件项目的开始阶段要做好项目的立项工作,这是项目后续工作的基础,立项是需方、供方和监理三方联合的社会经济活动。在项目立项时,首先要根据需方的需求、市场的情况及相关的政策等诸多因素选择合适的项目;其次要对项目的技术性、项目的投资效益和可能的风险进行可行性分析,根据分析的结论制订项目计划,完成立项工作;然后需方、供方和监理三方围绕项目,对项目进行招标与投标活动,直至中标的供方与需方签订合同;最后制订项目的开发计划,开始实施项目开发设计过程。

项目的运作离不开科学的管理,而项目的管理水平直接影响着项目的成败。立项是软件项目的初始环节,为了掌握软件项目立项的方法,首先需要了解软件项目的基本概念和基本特征,这样才能根据软件项目固有的特点对软件项目进行有效的科学管理。

17.1.1 项目基本概念

在21世纪的人类社会中,项目可以说是无处不在的。建设一条铁路、一段公路、一座桥梁或者其他建筑物都属于项目;设计一款软件,申报和研究一个课题,撰写一本专著和一篇论文也属于项目;举办一场学术研讨会、一个百周年大典或者组织一次旅游也属于项目。这些活动都是要求在一定的时间、人力和费用范围内完成,并且具有特定的功能、性能和质量标准,通过一次性努力,满足特定的计划和目标。如果本次努力失败,那么这个项目就将以失败而告终。

美国项目管理协会(Project Management Institute,PMI)对项目的定义是:项目是为完成一个独特的产品、服务或者任务而进行的一次性努力。实际上,项目是一个特定的、待完成的有限任务,它是指在一定的时间内,为满足特定目标所做的多项相关工作的总称。项目包含如下三方面的含义。

(1) 项目是一项有待完成的任务,它有着特定的环境和背景要求,具有特定的约束条件。

(2) 项目是在一定的组织结构内部进行,利用有限的人力、物力、财力等资源在规定的时间内完成。

(3) 项目要满足一定的数量、质量、功能、性能、技术指标等多方面的要求。

项目是一种特殊的任务,它的执行过程与其他任务有着很大的区别。其主要特征包括以下几方面。

(1) 项目的唯一性。每个项目都有着自身的独特之处,表现在目标、环境、条件、组织、过程等诸多方面,没有两个完全相同的项目。因此,尤其是在有风险存在的情况下,项目是不能够完全程序化的。

(2) 项目的一次性。项目是一次性任务,一旦完成就宣告这一项目结束,这是项目与其他重复性工作的最大区别。项目的一次性特性是针对项目整体而言,它是由为实现目标而开展的一系列活动的有机组合而形成的一个完整过程。

(3) 项目目标的明确性。项目是一类特殊任务,它有着明确的目标。项目的目标包括成果性目标和约束性目标。成果性目标是由一系列技术指标,如时间、费用、性能、功能等来定义的,约束性目标是项目实施过程中必须遵守的条件。项目目标是成果性目标和约束性目标的统一。

(4) 项目结果的不确定性。在定义项目时,有时很难定义项目的目标,估算所需要的时间和经费;项目在进行过程中可能会有难以预见的技术、规模等方面的问题;软件项目开发人员存在的流动性,这些都会给项目的开发带来一定的风险,因此软件项目的运作存在着较大的不确定性和风险性。

(5) 项目资源的消耗性。在整个项目的研发过程中都会用到各种各样的资源。通常完成软件项目所需要的资源包括办公环境、人力资源、研发经费、硬件设备、网络环境、操作系统、开发工具、支撑软件等。这些资源有的是一次性消耗,有的可以重复使用。

项目通常由以下5个基本要素构成。

① 项目的范围。包括项目的内容、目标及要求。

② 项目的组织。包括项目的团队组织及管理模式。

③ 项目的费用。包括项目的成本计划及成本核算。

④ 项目的质量。包括项目的质量标准和交付成果。

⑤ 项目的进度。包括项目的进度计划和执行控制。

在项目目标的5个基本要素中,项目的范围与组织是最基本的,也是项目的核心问题;而项目的费用、质量、进度等是可以变动的,是依附于项目的范围和组织的。

17.1.2　软件项目的特点

软件项目是一种特殊的项目,通常是指采用某种计算机编程语言,为实现一个目标系统(即软件产品)而开展的活动,其目的是实现各类业务系统的信息化、业务管理的集成化与业务执行的连续化。

软件项目除了具有一般项目的基本特征外,还具有以下特征。

(1) 软件项目是知识密集型项目。软件项目具有技术性强、多学科知识互相渗透的特点。软件项目的管理涉及多方面的知识,包含系统工程学、统计学、心理学、社会学、法律等范畴的知识,这也正是软件项目区别于其他实体项目的关键点之一。

(2) 软件项目采用以用户为中心的理念。用户的满意度是衡量现代软件产品质量的根本指标,也是软件项目运作的宗旨。在具体实施时,体现在软件的共性和软件的个性两方面。共性化需求是指能够支持软件系统运行的各种功能和性能指标;个性化需求是指要适应目标用户的使用偏好,这是一个软件项目在与同类软件项目竞争时取胜的重要因素。

(3) 软件项目的风险较大。由于软件项目技术的高度复杂性和需求的不稳定性等因素,造成软件项目的风险控制难度相对较大,成功率相对较低。但是,一旦某个软件产品开发成功,将会带来高额的回报率。

(4) 软件项目的管理严格。软件项目需要对整个项目过程进行严格的、科学的管理,尤其是对大型、复杂的软件项目而言。质量产生于过程,没有严格的过程管理,开发人员的个人能力再强也是无济于事的。

(5) 软件产品需要多次完善。任何一个软件系统或者软件产品都不可能是一次完成并且永久使用的。随着信息技术的发展,计算机软件和硬件的更新速度非常快,使用软件的人员水平也在不断提高,这些都对软件系统提出了更高的要求。因此,软件系统是一个需要不断完善、不断改进的过程性产品。

(6) 软件项目的文档编写量较大。在软件项目的整个开发过程中,所涉及的文档种类和数量比较多,而且需要经常进行修改,文档资料的编写工作量在整个项目过程中占据了很大的比重,它是项目管理中十分重要的组成部分。

软件项目管理是一个庞大的系统工程,它是为了使软件项目能够按照预定的成本、进度、质量顺利完成,而对成本、人员、进度、质量、风险等进行的分析和管理活动。

软件项目管理的主要目的是为了让软件项目的整个生命周期,从分析、设计、编码、测试到维护的全过程都能在管理者的控制下,以预定成本、按照规定的期限和质量完成软件产品并且交付用户使用。

软件项目管理的主要内容包括人员的组织与保证、软件项目的计划、软件风险管理、软件配置与质量管理、软件过程能力评估等。具体地说,就是按照需求界定目标,即根据用户的具体需求确定软件项目的范围与目标;按照目标制订计划,主要包括分解目标、制订阶段性计划、制订各个阶段的资金和资源的配置方案;按照计划组织资源,执行过程管理,其中包括人力资源、设备资源、资金等的组织及分配;按照目标落实和考核阶段性成果;最后按照程序进行评估、分析、总结、改进和完善。

可以说,需求是依据,计划是前提,资源是保证,组织是手段,管理是核心,落实执行是保障,评估分析是监控。

17.1.3　软件项目的立项

软件项目一般分为委托开发项目和自主开发项目两大类。委托开发项目是用户为实现某一特定目标而委托软件开发单位所完成的软件项目开发,它又分为公开招标项目和定向委托项目两种。委托开发项目一般以招标、投标的形式开始。自主开发项目是软件开发单位根据市场需求或科学研究需要而开发的具有自主知识产权的软件项目。

1. 软件项目的立项过程

软件项目立项的关键环节是可行性论证。对于任何一个新的软件项目,首先要进行项目论证。项目论证是指对可能实施的项目在技术上的先进性、可行性,经济上的可承受性、合理性,实施上的可能性、风险性,以及使用上的可操作性、功效性等进行全面的、科学的综合分析,为项目决策提供客观依据的一种活动。通过对可能实施的项目的可行性进行研究、分析,可完成项目的立项过程。

软件项目立项时一般需要经过下面几个过程。

(1) 在发起一个软件项目时,项目发起人为了寻求有关方面的支持,使其了解项目的必要性和可能性,需要将发起项目的理由以书面材料的形式递交给该项目的支持者和相关领导,这种书面材料被称为软件项目立项建议书。这一阶段就是软件项目的发起阶段。

(2) 软件项目提出之后,要对项目进行可行性研究分析,包括对现有系统的分析、对新系统的描述、对可选择的其他系统方案、投资和效益分析及社会因素的影响等方面。在项目可行性研究结果表明该项目可行时,项目才可以开始。如果可行性分析做得不好,有可能使项目无法实现预期的效果。这一阶段就是项目的论证阶段。

(3) 项目经过论证,最终确认可行之后,还需要上报给上级主管领导或者主管部门,以获得对项目的进一步核准,同时也要获得上级主管领导和主管部门的支持和帮助。这一阶段就是项目的审核阶段。

(4) 在完成了项目的需求评估、可行性研究及其他分析论证之后,经过上级主管部门的审查、批准后,即可将项目列入项目前期工作计划中。这一过程就叫作项目的立项。

项目立项完成后,就可以开始组建项目团队,进行项目的实施。

2. 软件项目可行性研究的任务

从上面的讨论中可以看出,软件项目立项的关键环节就是可行性论证工作。可行性研究的主要目的是回答问题"此项目是可以做的,还是不可以做的"。通常应从以下4方面分析软件开发方案的可行性。

(1) 技术可行性分析。技术可行性是根据用户提出的系统功能、性能及实现系统的各项约束条件来确定使用现有的技术是否能够实现这个系统。

(2) 经济可行性分析。经济可行性是通过成本-效益分析,进行软件系统开发成本的估算,对软件系统成功后可能取得的效益进行估算,确定拟开发的软件项目是否值得投资开发。

(3) 操作可行性分析。操作可行性是指新的软件系统在给定的工作环境中能否顺利运行,现有的管理制度、人员素质和操作方式等是否与新的软件系统兼容。

(4) 法律可行性分析。法律可行性是分析在软件系统开发过程中可能出现的涉及法律的问题,是否会侵犯第三方的利益,是否会违反国家的法律。

3. 软件项目可行性研究的步骤

软件项目的可行性研究阶段从系统目标与规模说明开始,直至提出新系统的可行推荐方案。一般包括以下几个步骤。

（1）明确新的软件系统的目标和规模。在这一阶段，系统分析人员仔细分析现有的资料，进一步了解项目的目标和规模，重点弄清楚用户需要解决的问题，然后清晰地描述系统开发的限制和约束。

（2）研究现有的软件系统的结构。实地考察现有的软件系统，收集、研究和分析现有系统的文档资料和使用手册，重点了解现有系统可以做什么、不可以做什么、现有系统的成本代价及现有系统的对外接口等问题，这些都是设计新的软件系统的重要支持。

（3）导出新的软件系统的逻辑模型。根据对现有系统的分析研究，明确新系统的功能、处理流程和所受的约束，采用数据流图和数据字典描述数据在新系统中的流动和处理过程，建立新系统的逻辑模型。

（4）总结评价各种解决方案。系统分析人员根据新的软件系统的逻辑模型，从技术角度出发，根据用户的要求和开发的技术实力，导出若干不同的物理实现方案并进行比较和评估。

（5）选择最优方案制订设计计划。根据上述分析结果，分析人员提出是否进行该软件项目开发的意见。若该软件项目值得开发，则应在几个备选方案中选择一个最优实现方案，并详细说明该方案可行的原因和理由，制订进度表和预算表。

（6）编写可行性研究报告。将上述可行性研究过程的结果编写成清晰的文档报告，提请用户和使用部门审查。最后将报告提交给决策者，以决定是否继续开发该软件项目。

4. 软件项目可行性研究报告

在进行了系统分析及可行性研究之后，对软件项目的系统目标和范围有了一定的了解，并获得了新系统的几种可行的解决方案，在此基础上就可编写可行性研究报告了。一般可行性研究报告的模板参见附录 A.1。

17.1.4 软件立项文档

对于一般项目的建设，其筹建单位或者项目法人提出的建议文件被称为项目立项建议书。项目立项建议书是根据国民经济的发展及国内外市场等条件，对拟开发的项目提出的框架性的总体设想。同样，软件项目的开发也需要有项目立项建议书。项目立项建议书也被称为项目建议书。

项目建议书是产品构思、立项调查的最终结果，在撰写正式的项目立项建议书之前，开发人员首先要在宏观层面上搞清楚"开发什么""怎样开发""产生怎样的价值"等重大问题，这就是产品构想；而立项调查的目的是为产品构思和可行性分析提供充分的、有价值的信息。项目立项建议书的模板参见附录 A.3。

17.2 项目招投标

开发项目时的招标投标制度已经成为国际惯例，成为各国政府和企业所共同遵守的国际原则。随着软件行业的发展，招标、投标及评标制度在软件项目的开展过程中逐渐普及。从 2000 年 1 月 1 日起开始实施的《中华人民共和国招标投标法》使我国的招标投标过程变得有法可依。

17.2.1　项目招标与投标的概念

项目招标与投标过程的主要参与人有招标人和投标人。招标人是依据招标投标法的规定提出招标项目、进行招标的法人或者其他组织；投标人是指响应招标、参加投标竞争的法人或者其他组织。

所谓招标是指招标人直接向若干具有资质的法人或其他组织发放招标通知，或者采用招标公告方式向不特定的人告知招标情况，以吸引投标人投标的行为。

所谓投标是指投标人按照招标人的要求，在规定期限、规定的地点向招标人递送投标文档的行为。

项目的招标与投标具有以下特征。

(1) 公平性。招标与投标是独立法人之间的经济活动，必须本着平等、自愿、互利的原则和规范的程序进行，双方的权利和义务都受到法律的监督和保护。招标机构不得将各投标人区别对待，对各项投标的评审必须公平公正。

(2) 开放性。在公开招标中，招标机构要通过各种途径广泛告知有兴趣、有能力的投标人前来投标，进行自由竞争。此外，还要求招标机构对投标人说明交易规则、招标条件和最后结果，使之成为一种真正的开放性采购。

(3) 竞争性。招标与投标的核心是竞争。按照招标投标法的规定，每次招标必须有 3 家以上投标人参加投标以形成投标者的竞争。各投标人的目标是利用本身具有的优势及竞争对方的弱点，通过各方面的努力战胜其他投标者。

按照项目招标过程的特点，可以将招标分为公开招标和邀请招标。

1．公开招标

公开招标是指项目招标人以招标公告的方式邀请不特定的法人或其他组织进行投标。公开招标的基本要求如下。

(1) 公开招标必须公开发布招标公告，通过国家指定的报刊、信息网络或者其他媒介如电视台等进行发布。

(2) 公开招标不得限制投标人的数量，任何对招标有意的、有能力的组织和个人都可以参加。

(3) 公开招标必须以公开的形式进行开标，使投标人了解其他投标者的报价情况及其他情况。

(4) 公开招标在选择合适的中标人之后，要以一定的方式向中标人和其他投标人宣布投标结果。

2．邀请招标

邀请招标是指招标人以投标邀请书的方式在有限的范围内邀请一定数量的、特定的法人或者其他组织投标的行为。邀请招标的基本要求如下。

(1) 在邀请招标中，招标通知不使用公开的广告形式，这主要是由于招标项目的特殊性。国家重点项目和省、直辖市人民政府确定的重点项目不适宜公开招标。

（2）在邀请招标中，只有收到邀请并接受邀请的人才是合法的投标人，未收到邀请的组织和个人无权参加投标。

（3）在邀请招标中，投标人的数量是有限的，通常是具有承担项目开发能力、资信良好的 3～5 个项目开发组织。

项目一般是通过招标、投标的形式开始。作为需求方的用户，首先根据自己对新项目的设想提出基本需求并编写招标书，然后将招标书通过公开招标或邀请招标的方式分发给有意向开发该项目的单位，即竞标方。按规定，竞标方通常要有 3 家或 3 家以上，以形成竞争关系。各竞标方在收到招标书后会准备一份解决用户问题的方案，即标书。为了使自己的方案具有竞争力，竞标方在准备方案时会考虑在满足用户需求的基础上尽量降低费用，并附加上一些资质证明和所参加过项目的介绍，用于向用户强调自己的资历和能力。在若干满足用户需求的投标书中，通常用户方会根据标书报价选择一个最优的方案，提出该方案的投标人即中标方。然后中标方和用户通过进一步的讨论和研究、切磋，以最后确定项目开发合同的归属。竞标方获得中标以后，招标、投标工作就结束了。

17.2.2　项目招标与投标的过程

作为投资方（用户），软件项目招标的一般过程如下。

（1）撰写招标申请。

（2）进行招标资格的认定及备案。具有编制招标文件和组织评标能力的软件项目招标人可以自行办理招标，并按规定向行政主管部门备案。如果用户无法自己组织整个招标活动，也可以委托招标代理机构办理招标活动。这时委托方（即软件用户）应和招标代理机构签订委托代理合同。

（3）确定招标方式。按照相关法律法规和规章制度确定招标方式是公开招标还是邀请招标。

（4）拟定招标文件。招标文件主要包括项目招标公告、对招标单位的要求、投标人须知、招标章程、各种附件及技术的相关资料。

（5）确定标底。标底是招标单位确定的价格底数，它是决定项目合同价格的主要因素，招标单位必须经过认真的测算确定标底。招标单位对标底必须绝对保密。

（6）发布招标公告。如果是邀请招标，则要拟定受邀单位（投标人）名单并送达招标邀请书。招标公告或招标邀请书是投标人进行投标的依据，其内容主要包括招标人的姓名和地址、招标项目的性质、招标项目实施的地点和时间、招标单位必备的条件、开标地点和时间、招标文件的发售与价格等。

（7）开标。软件项目招标机构应当按照招标书规定的开标时间和地点进行开标，招标机构对按时收到的标书进行开启并进行评标工作。

（8）组建评标委员会。招标人依据法律法规和有关规章的规定组建评标委会。通常评标委员会由招标机构的代表和有关技术、经济等方面的专家组成。

（9）评标、定标。评标委员会必须本着公平、公正的态度对待所有投标人，对所有投标人的评价采用相同的程序和标准。评定内容主要从符合性鉴定、技术性鉴定、商务标评审、资格审查等几方面进行，然后推荐中标候选人或确定中标人。

（10）招标结果公示。

（11）发送中标通知书。招标人向中标人发出中标通知书，同时向未中标的投标人发出中标结果通知书。

（12）签署合同及备案。为了管理和约束项目的委托及开发双方的权利和义务，以便更好地完成项目，招标人与中标人需要签署一份具有法律效益的合同，并向上级主管部门备案。

软件项目招标过程示意图如图 17-1 所示。

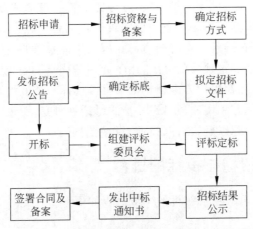

图 17-1　软件项目招标流程

实际上，在一般情况下，根据软件项目的实际情况不同，选择项目开发方的方式也有所不同，招标、投标是选择项目开发方最为普遍的一种方式，它是以一种严格的、公开的方式使软件项目的用户与开发方建立严密的、相互制约的合同关系，使得投资方（用户）能经济有效地组织资源，完成软件项目的实施。

17.2.3　招标书与投标书的编写

1. 软件项目招标书的具体内容

作为投资方（用户），在开始招标之前，首先要完成两个基础性工作：第一个是建立自己的招标机构或者选择代理招标机构；第二个是制定招标规则，编写项目招标书。

通常软件项目招标书的格式如下。

（1）标题。招标书的标题由招标机构名称、招标项目名称和文书类别三部分构成。如《××大学教务处建立局域网招标书》。

（2）正文。招标书的正文一般使用条文形式，也可以使用表格形式，主要包括三方面的内容。

① 前言。简要说明本次招标的目的和依据、招标项目名称、招标范围等内容。

② 招标项目。这是招标书中的核心部分。这一部分具体写明本次招标的内容和要求、招标项目或产品名称及规模、数量等，要让投标人全面了解招标单位所提供的各种有关信息。

③ 招标步骤。这一部分内容应该写明招标人的联系单位、地址，本次招标的起止日期、招标方式、开标时间及地点、投标截止日期等。

（3）结尾。结尾部分详细写明招标单位的全称、地址、邮编、联系电话、电传号、传真号、联系人等。

招标书的详细程度和复杂程度随着招标项目和合同大小及性质的不同而有所不同。但都必须有充分的资料，使投标人能够提交符合采购实体需求并使采购实体能以客观和公平方式进行比较的投标。具体招标书的样书可参见附录 A.11。

2．软件项目投标书的具体内容

软件开发单位如果有意参加一个招标软件项目的开发，就必须准备相应的投标书并参加投标。投标书是指投标人按照招标文件的条件和要求，在现场实地考察和调查的基础上所编制的文书，通常密封后邮寄或派专人送达招标机构，所以又称为标函。

投标书是对招标文件提出的实质性要求和条件的响应和承诺。投标书的内容应当包括拟派出的项目负责人与主要技术人员的简历、业绩和用于完成招标项目的环境方案、技术开发方案等。软件项目的投标书应当将软件开发组织的历史业绩作为重要内容。

软件项目的投标书一般包括商务标部分和技术标部分。

商务标是明标，即应明确标示出投标人的身份，商务标的评标人根据给定的投标人信息对投标方的资质和实力进行评估。

技术标是暗标，即在标书的这一部分不能有任何能够确定投标人身份的信息，以便评标人能够仅对给出的技术方案本身进行评估，不应受到投标人身份的影响。

商务标部分主要是针对统一的商务报价而制定，要按照招标人提供的商务标格式编写。主要包括如下内容。

- 项目工作范围的说明。
- 项目工期、进度、质量、保修及其他保证的说明。
- 软件项目各部分的报价和总报价。
- 相关的资质证明材料。
- 近几年来完成的软件项目一览表。
- 合理化建议。

技术标部分是对软件项目的技术处理方法和手段。技术标是暗标，投标人只能在标书封底规定之处填写招标机构名称、项目名称和投标人名称。在评标时，这些信息是加封的。技术标具体包括如下内容。

- 软件项目总体设计方案。
- 软件项目功能、性能和接口描述。
- 软件项目采用的技术环境。

投标人应当在招标文件要求的投标截止日期前将投标文件送达投标地点。

17.3　项目合同签署

在项目启动阶段，通常投资方（用户）与项目承接方（供应商）之间需要签订一份合同。合同是用户和供应商之间具有法律效力的协议，它明确规定了双方的权利与义务。在合同签订之前，通常有一个招标和投标的过程；合同签订之后，即进入项目的实施阶段。在项目实施过程中要检查合同的履行情况,在必要时要进行合同变更管理。在项目结束时,要对照合同对项目进行验收。

17.3.1　合同的概念

合同是用户和供应商为达成一个项目的目标及其他规定内容、明确双方相互的权利和义务关系而达成的协议文件,它具有法律效力。通常合同是一个项目存在的标志。

软件项目合同属于技术合同。技术合同是在法人之间、法人和公民之间,以及公民之间以技术开发、技术转让、技术咨询和技术服务为内容的合同。

在软件项目的招标、投标结束之后,就进入到了合同管理阶段。合同管理是围绕着合同生命周期进行的,它分为 5 个阶段:合同准备、合同谈判、合同签署、合同履行、合同终止。其中,合同履行中的工作主要包括合同履行期间的跟踪管理和变更管理。

对合同履行情况的跟踪管理是指在履行合同期间,对合同当事人应尽的职责情况进行检查,并及时处理合同履行过程中出现的问题,如合同的违约、合同的争议等情况。当然,在履行合同期间,产品的质量是需要重点关注的内容。

合同管理过程如图 17-2 所示。

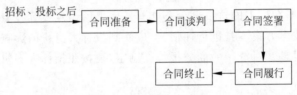

图 17-2　合同管理过程

签订合同之后,任何一方未经对方的同意,不得私自改动合同的内容,否则将被视为违约行为。如果在合同签订之后,双方当事人在履行合同的过程中遇到了一些新的问题、新的情况,需要对项目的范围、双方的权利和义务及一些其他方面的内容进行调整和重新规定时,就需要对合同进行一些修改或补充,这个过程被称为合同变更。

合同变更必须是经过双方当事人协商后达成一致的意见,任何一方当事人未经对方同意而修改合同内容的行为都属于违约行为。

17.3.2　签订合同

我国《合同法》第三百二十三条规定:"订立技术合同,应当有利于科学技术的进步,加速科学技术成果的转化、应用和推广。"因此,订立和履行技术合同作为法律行为的一种,应当符合一般法律行为的准则。

订立技术合同应当遵循以下基本原则。

(1) 遵守法律法规原则。

(2) 自愿公平诚实原则。

(3) 遵守社会公德原则。

(4) 促进科学技术成果转化推广原则。

合同有着各种形式。合同形式是指合同当事人设立、变更和终止民事权利和义务关系的方式。根据《合同法》第十条规定："当事人订立合同,有书面形式、口头形式和其他形式。"

技术合同是较为复杂的交易活动,为了有利于合同的履行、监督、检查和管理,技术合同的订立、变更和解除一般采用书面形式。

签订技术合同的过程如下。

(1) 签订合同的双方当事人首先应当具备相应的资格,即应当具备相应的民事权利能力和民事行为能力。

(2) 双方当事人表达签订合同的意愿,以及包括合同成立所必须具备的条款,这就是要约要表明一经承诺立即受到约束。

(3) 受要约人同意要约的意愿,这就是承诺。承诺必须由受要约人做出,承诺的内容必须与要约一致。

(4) 双方当事人在签字或者盖章时合同即成立。如果双方当事人没有同时在合同书上签字盖章,则以当事人中最后一方签字盖章的时间为合同成立时间。

合同内容是订立双方当事人意向的具体化表现,表现为合同的各项条款。根据我国《合同法》规定,在不违反法律规定的情况下,合同内容应由双方当事人共同约定。软件项目的开发合同样本可参见附录 A.12。

思考题

1. 什么是项目?软件项目有哪些特点?
2. 软件项目立项的一般过程包括哪些?
3. 简述合同管理的过程。
4. 软件项目招标与投标的主要特征有哪些?
5. 选择一个软件项目,编写一份《立项建议书》。

第 18 章

人员管理

目标：

(1) 了解人类记忆结构的层次。

(2) 了解人类的需求层次。

(3) 掌握选择人和留住人的策略。

(4) 掌握人职业生涯的阶段和公司激励措施。

在一个软件机构中工作的人是这个机构中最重要的资产，他们代表着智力资本，软件管理者决定着机构能确保从对员工的投资中获取最大的回报。成功的公司和经济实体尊重它们的员工就能达到上述目标。这些员工应该有一定的责任心，他们的报酬应该与他们的能力相称。

因此，有效的管理是一个机构中对人的管理。项目管理者们必须利用其团队成员，用尽可能最有效的方式解决技术上和非技术上的问题。他们必须激励员工，规划并组织他们的工作，确保工作能顺利完成。人员管理不当是项目失败的重要原因之一。

18.1　软件开发人员构成

随着软件规模的不断膨胀和软件开发技术的发展，软件开发的分工和组织也变得越来越复杂，合理的组织和分工越来越成为成功开发的一个决定性因素。对一个软件产品或者一项软件工程来说，参与角色通常包括如下几种。

1．项目管理委员会

项目管理委员会决定所有项目的项目经理及项目组织机构的成立和解体，并确定项目的经营管理模式和经济责任目标。还要确认项目部按照程序选择的作业队伍，以及对完工项目按照项目管理目标责任书的内容进行质量、安全、工期、成本等的考核评价，确认项目部的兑现惩罚金额。

2．项目经理

项目经理作为客户方和公司内部交流的纽带，对项目过程进行监控，对项目的进度、质量负责。项目经理应该是软件工程领域内的专家，但不一定是业务领域内的专家。项目经理的基本活动包括制订计划、协调资源、关注和控制计划进度、控制客户期望值。

3．开发经理

开发经理是具体开发过程的领导者,必须由熟悉业务和开发技术的专家担任。开发经理的职责是界定需求,确定适当的技术架构和体系,保证软件产品按照设计的标准开发。

4．设计师

设计师是软件蓝图的设计者。通常设计师可以分为需求分析师、架构设计师和业务设计师三种,在小规模的开发团队中,这三个角色通常由一个人承担。设计师一定是业务领域和技术领域内公认的专家,具有丰富的项目经验,能够准确把握客户需求并提供可行的实现思路。设计师的基本活动包括进行需求分析、进行架构设计和功能设计,按照规范编写相应的文档,将设计思路传播给开发人员、测试人员。

5．测试经理

测试活动的领导者是公司内部认定的产品质量责任人。测试经理的责任是计划和组织测试人员对目标产品进行测试,发现 bug、跟踪 bug 直到解决 bug;计划和组织用户培训工作。

产品经理、开发经理、设计师、测试经理作为一个项目的高层,对项目的成败起着关键作用。

6．开发人员

根据设计师的设计成果进行具体编码工作,对自己的代码进行基本的单元测试。通常3~4 个开发人员组成一个开发小组,由一个 team leader 带领进行开发活动。开发小组 team leader 由小组内技术和业务比较好的成员担任。team leader 通常还负有进行详细设计和走查小组成员代码的职责。考虑到 team leader 需要进行详细设计、编写文档,和小组成员进行沟通,因此一个 team leader 的开发任务不能超过开发人员的平均任务量。对开发人员而言,必须具备产品开发所需要的基本技术、技能,比如编程语言、数据库应用开发经验等。如果发现开发人员不完全具备这些技能,开发经理和项目经理应该提供必要的内部或外部培训,以使开发人员具备这些必要的技能。

7．测试人员

根据测试经理的计划和测试总体方案对目标产品进行测试,编写测试 case 和测试代码,发现和跟踪 bug;编写用户手册;进行用户培训和教育。测试人员介入项目的时机从理论上讲越早越好,但考虑到测试人力资源,通常在需求分析确定后介入比较合适。对测试人员而言,除了要求和开发人员相同的技术技能外,还应该熟悉测试理论和测试方法,尽可能做到总是站在使用者的角度观察和思考问题。

8．项目实施人员

针对工程性质的项目必需的人员配置。项目实施人员负责软件系统安装配置、系统交付、运行期间的维护工作。

9. 质控工程师

软件质量保证的目的是使软件过程对于管理人员来说是可见的。它通过对软件产品和活动进行评审和审计来验证软件是否合乎标准。软件质量保证组在项目开始时就一起参与建立计划、标准和过程。这些将使软件项目满足机构方针的要求。

10. 配置管理员

配置管理员(configuration management officer,CMO)是大型软件公司中负责代码管理、代码编译、版本管理、版本发布等工作的岗位,主要工作内容是辅助软件经理处理软件版本的相关工作,只在一些大型公司中存在,为开发人员的下游、产线与测试部的上游,直接搭档是软件经理,工作内容十分重要,而且需要足够细心才能做好这份工作。

以上是软件开发人员的大体组成,不同规模的公司人员组成不同,在小公司或者在大公司的小项目中一个人员可能承担了很多角色,在一些大的项目当中人员角色才会分得明确和细致。

讨论人的管理时应以认知和社会因素为基础,而不是以任何一种眼下普遍流行的管理理论为基础。软件工程是一种认知活动和社会活动,因此这些因素对于人们进一步理解软件是如何写成的具有重要意义。如果管理者对这些基本原理有一些了解,他们就能从员工那里获得最大的回报。

18.2　人思维的局限性

个人的能力是千差万别的,具体反映在智力、教育和经历方面的区别,但是大部分人的思维都要受到一些基本因素的制约,这是由我们大脑中信息存储和模拟的方式所决定的。尽管认知的信息处理细节不需要细究,但了解思维方式的局限性非常重要,它可以说明为什么一些软件工程技术是有效的,并且能够洞察软件开发团队中人们之间的沟通。

18.2.1　记忆结构

软件系统是一个抽象的实体,因而工程人员必须在开发过程中牢记系统的特性。举例来说,程序设计者必须理解并且记住程序源代码清单和程序的动态行为之间的关系,然后把这些知识存储起来以备进一步的程序开发之用。

人类的记忆结构大致是一个分层结构,有三个不同的彼此关联的区域(见图 18-1)。

(1) 有限容量、快速存取的短期记忆区域。接收到的感觉输入用于最初的处理。区域和计算机中的寄存器是相似的,用来进行信息处理,而不是信息存储。

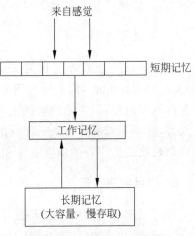

图 18-1　人类的记忆结构

（2）容量较大的工作记忆区域。这个记忆区域比短期记忆区域的存取时间要长，用来进行信息处理，而信息保持的时间比短期记忆区域的长，但并不用于长期保留信息。这个区域类似于计算机的 RAM，用于计算过程中信息的保存。

（3）长期记忆区域。这个区域容量大，存取时间相对较慢，检索机制不太可靠（会忘记一些事情），用于信息的"长久"存储。同理，长期记忆类似于计算机的磁盘存储器。

问题信息通过阅读文档和与人交谈输入到短期记忆区域，在工作记忆区域与来自长期记忆区域的其他相关信息进行信息集成。集成的结果为问题的解决奠定基础，存储在长期记忆区域以备将来之用。当然，这个解决方案可能是不正确的。随着可用信息的增多，必须修改长期记忆区域。然而，这种修改不是完全丢弃不正确的信息，而是以某种形式保留。从错误中学习就是这个道理。

短期记忆区域的有限容量限制了我们的认知过程。记忆区域大约能存储 7 个信息单元。每个单元的信息长度不是固定的，是一个连贯的信息实体。它可能是一个电话号码、一个对象的意图或一个街道的名称。

如果一个问题的输入信息超出了短期记忆区域的处理能力，在信息输入过程中就要进行处理和转换。因为信息处理过程跟不上记忆的输入过程，这样会丢失一些信息而产生错误。

将信息分块过程用于理解程序。程序阅读者把程序中的信息抽象成具有内在语义结构的程序块。理解程序不是基于一个一个的语句进行的，除非一个语句代表着一个逻辑组块。图 18-2 说明了一个简单的排序程序是如何被试图理解它的人"分块"的。

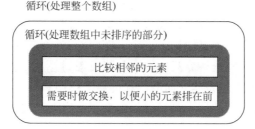

图 18-2　在排序程序中的认知"块"

一旦表征程序的内在语义结构建立起来，知识就转移到长期记忆区域。如果经常使用，通常不容易忘记，可以比较容易地以不同的表示法再现出来。因此，我们认知的是低级的抽象，是低级的细节。

在软件开发过程中获得、在长期记忆区域中存储的知识可分为以下两类。

（1）语义知识。一些概念知识，如赋值语句操作，对象类的概念，如何使用散列技术作搜索操作，以及知识结构是如何构成的等。这类知识来自经验和学习，并以一种独立于表示的方式保留下来。

（2）语法知识。有关详细表示法的知识，如该如何使用 UML 描述一个对象，在程序语言中什么样的标准函数是可用的，等式是使用"＝"还是"：＝"等。这些知识是以一种未处理的形式保留的。

语义知识是通过经验和主动学习获取的。新的信息是有意识地整合到已有的语义结构之中的，而语法知识似乎是凭记忆获得的。新的语法知识非但不能直接与已有的知识相整合,反倒有可能与之相抵触。与较深的语义知识相比,语法知识更容易忘记。

语法知识和语义知识获取的不同模式,可以帮助我们理解有经验的程序员是如何学会一种新的编程语言的。他们对赋值、循环、条件语句等编程语言的概念的理解没有任何困难,而对于该语言的语法,往往容易与已经掌握的语言的语法相混淆。因此,一个 Ada 程序员学习 Java 时可能将赋值运算符写为":=",而不是"="。

当对一个概念的理解加深时,它就会作为语义知识存储到记忆中。语义知识似乎是以抽象概念的形式存储的。以二叉树搜索算法为例,从一个排好序的集合中查找一个特定项。这个过程包括找出集合的中间值,然后利用排序关系的知识检查所要查找的关键项是在集合的上半部分还是下半部分。了解这个算法的程序设计员会很容易用 Java、Ada 或其他编程语言实现。

上述例子说明了为什么许多人在经历了一个困难时期之后好像突然就掌握了编程技巧。编程这项技能要求编程人员理解语义概念,区分语义概念和语法概念。他们能很顺利地理解并处理语义信息,剩下的只需要考虑语法信息,因而他们可能觉得用编程新手能够理解的方式去解释语义概念很困难。

18.2.2　问题的解决

设计并写出程序是一个问题解决的过程。要开发一个软件系统,必须了解问题所在,找到解决策略,然后把它翻译成程序。第一阶段是问题陈述,从短期记忆区域进入工作记忆区域,然后把它与长期记忆区域中的已有知识联系起来,经过分析得出总体的解决方案。最后,把这个总体的解决方案转换成为可执行的程序。问题的解决一般需要综合考虑任务概念、计算机概念、组织因素,在预算内完成解决方案是非常重要的。因此,用户可能是任务概念方面的专家,软件设计者可能是计算机概念方面的专家,管理者可能是组织因素方面的专家。在软件工程过程中,所有这些专门知识都可能要用到并整合。

解决方案(程序)的开发就是建立问题内在的语义模型和解决方案相应的模型。建立模型时,可以选用任何一种适当的语法符号表示出来。程序设计过程是一个反复进行的过程,包括以下几个步骤。

(1) 把已有的计算机知识和任务知识整合形成新的知识。

(2) 构建解决方案的语义模型。针对问题进行测试,然后改进这个模型直到满意为止。

(3) 用某些编程语言或设计符号表示出上述模型。

当管理者决定应该由哪些人承担一个长期的项目时,他应该考虑到总体问题的解决能力和该领域的经验,不能考虑他们所具有的特定的编程语言技巧。一旦了解了问题所在,无论编程使用的是什么语言,对于有经验的程序员来说困难程度是一样的。语言技巧是必需的,需要花时间才能掌握(尤其是像 C 这样的复杂语言),但从笔者的经验看,学会一门编程语言远比提高解决问题的能力要容易得多。

如果编程语言所包含的结构与编程人员理解的最低层次的语义结构相匹配,那么从语义模型转换到程序一般不会出错。这些语义结构因个人理解的不同而不同,但一般都是一些概念,如赋值语句、循环语句、条件语句、信息隐藏、对象、继承等。编程语言和这些概念越吻合,写起程序来就越容易。

因此,用 Java 这样的高级语言写成的程序应该比那些用汇编语言写成的程序错误少,因为低级的语义概念能直接用语句表达。然而,如果把功能概念和面向对象概念混合使用,就容易出问题。

程序设计员的短期记忆区域没有超载,他因此不太可能出错。结构化程序是比较容易理解的,因为你可以读取所有的程序。这样在把程序中的信息抽象成程序块的过程中,就不用再读其他部分的程序了。短期记忆区只有编码的一个片段,来自工作记忆区域的有关其他部分程序的信息,如果与这个片段相抵触,就不会被检索。

18.2.3 工作动力

项目管理者的任务之一是激励员工工作。通过满足人的需求来激励他们,这些需求被划分成一系列层次。美国心理学家马斯洛将人类的需求由低到高划分为 5 个层次,如图 18-3 所示。这里较低的层次表示基本的需求,如需要食物、睡眠等。还有在某一环境下对安全的需求。社会需求是指个体成为社会一分子的需要。受尊重需求是指希望得到其他人的尊重。自我实现的需求是有关个体的发展。人类首先要满足低层次的需求,如饥饿;然后是更抽象、更高层次的需求。

图 18-3 人的需求层次

软件开发机构中的员工根本没有饥渴问题,一般感受不到环境对身体的威胁。因此,确保社会需求、受尊重需求和自我实现需求的满足,从管理的观点来看是最有意义的。

(1)满足员工的社会需求就是给员工提供与同事交往的时间和场所。非正式的、简便易用的交流渠道(如电子邮件)非常重要。

(2)为了满足员工的受尊重需求,应该让员工们感觉到他们在开发机构中很受尊重。对员工做出的成绩给予认同就是一种简便有效的方式。显然,也必须让员工们感觉到支付的报酬能够反映出他们的能力和经验。

(3)为了满足员工的自我实现需求,应该让员工对自己的工作负起责任,分配给他们比较难的(但不是不能完成的)任务,并给他们提供培训计划以提高他们的技能。

职业人士可以分为如下三种类型。

(1)面向任务型。这类专业人员的动力来自他们所从事的工作。在软件工程中,他们是技术人员,软件开发智力上的挑战激发了他们的工作热情。

（2）面向自我型。这类人的动力主要来自个人成功和社会认同。他们更乐于把软件开发视为达到自己目标的手段。

（3）面向交互型。这类人的动力来自同事的存在和行动。随着软件开发日益以用户为中心，面向交互的人们也越来越积极地参与到软件工程中来。

面向交互型人员通常喜欢小组作业，而面向任务型和面向自我型人员则通常喜欢独自工作。女人比男人更易成为面向交互型人员，她们通常是更有效的交流者。

每个个体的工作动力由各种动力因素组成，但是在任一时刻总是只有一种动力居于支配地位。然而，人的个性不是静止不变的，每个人都可能改变。举个例子，如果技术人员对报酬不满意，那么他很可能会变成面向自我型，把个人利益置于对技术的关注之上。

上述动力模型存在的问题在于对于动力的理解只是从人本身这个角度来看，没有充分考虑到这样的事实：人们认为自己是一个机构、一个专业人员群体及某种文化中的一部分。人们的动力不仅来自个人需要，还来自这些更广泛的群体的目标。作为一个有凝聚力的群体成员，对多数人而言就是一个很大的动力。人们完成任务后常常愿意继续工作，工作的动力来自他们的同事及其所做的工作。

18.3　小组协作

多数专业软件是由项目团队开发的，这些团队的规模从两人到几百人不等。然而，要让大型团队中的每个人都能有效地参与解决一个问题，很显然是不可能的，通常要把这些大型团队分成小的项目小组，每个项目小组都负责一个子项目，开发某个子系统。一般原则是软件工程项目小组的成员通常不应该超过 8 或 10 人。分成小型的项目小组可以减少沟通中的问题。整个小组可以坐在一起讨论，也可以在彼此的办公室里进行交流，这样就简化了沟通过程。

由此，组成一个高效的项目小组就成为一项至关重要的管理任务。使这个小组在技术、经验和个性方面整体均衡，这显然是很重要的。成功的小组并不只是各种技能均衡的个体的简单组合。好的小组具有一种团队精神，使得所有的成员既为自己的个人目标奋斗，同时又为小组的成功而奋斗。

有许多因素影响小组的工作。

（1）小组的构成。小组中的技术、经验和个性是否整体均衡？

（2）小组的凝聚力。小组是否把自身视为一个团队而不仅仅是在一起工作的个体的组合？

（3）小组的沟通。小组成员彼此之间能否有效沟通？

（4）小组的结构。小组的结构方式是否使得团队中的每个人都觉得受到尊重，并对他们在小组中的角色感到满意？

18.3.1　小组的构成

许多软件工程人员的动力主要来自他们的工作，因而软件开发小组常常都是由一些对技术问题的解决有独到见解的人员组成。有无独到见解可以从定期报告的问题中得到证实,这些问题包括接口标准被忽视,用他们自己的编码重新设计系统,不必要的系统修饰等。可能的话,应当选择合适的小组成员以避免这些问题。

由性格互补的成员组成的小组比仅仅根据技术能力选择成员的小组更有效率。以工作为动力的人很可能在技术上是最出色的。面向自我的人则可能善于推动整个工作的完成。面向交互的人有利于小组内部的交流沟通,一个小组拥有面向交互型的人员特别重要。这种类型的人喜欢和别人交谈,可以较早地发觉小组中的紧张与不和谐状态,帮助解决性格问题及意见分歧,使得紧张与不和谐状态不至于对小组造成严重影响。

有的时候不可能挑选个性互补的成员组成一个小组。在这种情况下,项目管理者必须把小组成员的个人目标控制在开发机构和小组的目标范围内。如果所有的成员都参与到项目的各个阶段中,这种控制比较容易实现。若项目小组成员在接受指示时不知道他们的任务在整个项目中的地位,则他们很有可能会过于主动。

举个例子,一个工程人员要为一个程序做编码设计,并注意到了一些可能的设计改善。如果在实现这些改善时,工程人员没有理解设计的初衷,就会对系统的其他部分产生不利影响。如果整个小组从一开始就参与这项设计,他们就会理解为什么会做出这样的设计决定。他们就会认同这些决定,而不再反对它们。

在一个小组内部,小组的领导担当重要角色,他可能要负责提供技术指导和项目管理。小组领导必须密切关注小组每天的工作,确保其成员能够有效地工作,在项目规划上积极配合项目管理者。

小组的领导通常都是任命的,要向整体项目的负责人报告工作。然而,任命的领导在小组内可能不是技术方面的真正权威。小组成员可能更愿意让另一个小组成员作他们的领导,他可能在技术上是最出色的,或者比现任领导更能激发员工的工作热情。

有时,把技术领导和项目行政领导分开很有意义。出色的技术人员不一定是出色的管理者。如果给他们行政管理的职位,会降低他们对于小组的总体价值。最理想的情形是有一个专门的管理者支持他们的工作,使他们从烦琐的日常管理事务中解脱出来。

如果某领导不适合一个小组,却把他强加给这个小组,就很有可能造成小组的气氛紧张。小组成员会不尊重这个领导,可能会为了个人目标而不忠于小组。这是在像软件工程这样快速变化的领域中的特别问题,在这样的领域里不断涌现出新人,他们受到的教育可能比富有经验的小组领导要高得多,而有经验的小组成员又可能不满于年轻领导的新观点。

18.3.2　小组的凝聚力

在一个有凝聚力的小组中,小组成员把集体看得比每个个体更重要。一个小组如果领导有方、有凝聚力,它的成员会忠于这个小组。他们认同小组目标,也认同小组内的其他成员。他们会竭力保护这个小组,把它视为一个整体,使它免受外界干扰。所有这些使得这个小组充满活力,能够处理好各种问题和意外情况。这个小组的成员通过相互支持、相互帮助能够随机应变。

一个有凝聚力的小组具有以下优势。

(1) 能够建立小组的质量标准。与外部强加给小组的标准相比,因为这个标准的建立是经过小组成员一致同意的,更容易被大家遵守。

(2) 小组成员能够紧密配合。小组中的成员之间互相学习,鼓励互相学习可以消除由于相互不了解而引起的隔阂。

(3) 小组成员能够了解彼此的工作。一旦有成员离开小组,也能够保持工作的连续性。

(4) 可以实现非自我崇拜的程序设计。程序被视为是属于整个小组的,而非个人所有。

非自我的程序设计是小组协作的一种风格,在小组中,设计、程序和其他文档都被视为小组的共同成果,不属于开发它们的个人。如果工程人员这样看待他们的工作,他们就会主动把自己的工作交给其他成员检查,接受批评,并和整个小组一起改进程序设计。当所有的成员都认为他们对软件产品负有一份责任时,小组的凝聚力就增强了。

除了改进设计、程序和文档的质量外,非个人主义的程序设计模式还可改善小组内部的沟通。这种模式鼓励无拘无束的平等协商,没有身份、经验和性别之分。小组的任一成员在整个项目中都积极地与其他成员合作。这些都有助于小组的团结,使每个成员都感觉到他们是这个小组的一分子。

小组凝聚力是由许多因素决定的,包括整个机构的文化和小组成员的个性。管理者可以采用多种方式增强凝聚力。他们可以为小组成员及其家庭组织一些社会活动,可以通过给小组命名来确立小组的特性和定位,尝试着建立小组的认同感,还可以开展有鲜明小组特色的小组建设活动,如运动和游戏。

增强小组凝聚力的有效方式之一是要确保小组成员是负责任的、可信赖的,保障小组成员的知情权。管理者们常常觉得某些信息不能让小组所有的成员都知道,这样难免会产生相互之间的不信任。坦诚的信息交流是一种简便而又有效的方式,可以使小组成员感觉他们是小组的一部分。

然而,有时候一个强大的有凝聚力的小组要面临以下两个问题。

(1) 不理智地抵制领导层的变更。如果一个有凝聚力的小组必须更换现任领导,由小组外的某个人接替他,小组的成员可能会联合抵制新的领导。小组成员可能耗费时间抵制新领导提议的变革方案,随之给软件生产力带来损失。因此,在可能的情况下,新任领导最好能从小组内部任命。

(2) 小集团思想。小集团思想(Janis,1972 年)是指小组成员的判断力盲从于对小组的忠诚。由于忠诚于小组的准则和决定而不考虑其他的替代方案。小组中大多数人通过的所有提议,在被采纳时可能都没有适当地考虑其他方案。

要想避免小集团思想,可以组织正式的会议,鼓励小组成员对小组的决定提出批评。可以聘请外面的专家来评审小组做出的决定。可以把生性好辩、喜欢刨根问底、不满足于现状的人任命为小组成员。他们扮演唱反调的角色,不断地对小组的决定提出质疑,这样可以促使其他成员去思考、去评价自己的行为。

18.3.3　小组的沟通

一个软件开发小组的成员之间有良好的沟通是很有必要的。小组成员必须就各自的工作情况、已经做出的设计决定及对原有决定的必要变更等方面互相交换信息。良好的沟通还可以增强小组的凝聚力,因为小组成员通过沟通可以逐步了解小组中其他人的工作动力和优缺点。

影响沟通有效性的主要因素如下。

(1) 小组规模。随着小组规模的扩大,要保证所有的成员都能彼此有效交流就变得很困难了。单向交流链的数目是 $n\times(n-1)$，其中 n 代表小组的人数。可以看出，对于一个有七八个成员的小组，有些成员之间很可能没有实际交流。小组成员之间职位上的差异意味着沟通常常是单向的。职位较高的成员在与职位较低的成员进行交流时，容易处于支配地位或者批评较多，谈话的对象常常不愿主动开始交谈。

（2）小组结构。在一个没有正式组织结构的小组中，员工的沟通比有正规层级结构的小组中员工的沟通更为有效。在有层级结构的小组中，沟通是按照层级结构进行的。处于同一层级的人可能彼此不进行交流，这是含有几个开发小组的大型项目中的一个突出问题。如果开发不同子系统的人员只与他们的管理者进行沟通，通常会造成项目的延期和理解上的错误。

（3）小组构成。如果小组中人太多并且个性类型相同，这样可能容易发生冲突，沟通也不能正常进行。由混合性别组成的小组（Marshall 和 Heslin，1975 年）中的沟通要比由单一性别组成的小组容易进行。女性比男性更容易成为面向交互型人才，小组中的女性成员可作为小组沟通的控制员和协调员。

（4）小组的物理工作环境。工作场所的结构是推动或阻碍沟通的因素之一。

18.4 选择和留住职员

项目管理者的一个任务是要选择职员进行项目开发。在某些特殊的情况下，项目管理者会任命最适合这项工作的人，而不管他们其他的职责或预算因素。然而更普遍的情况是项目管理者并不能自由选择员工，他们不得不启用机构中任何可以利用的人，也不得不尽快地找到所要的人，并且预算是有限的。预算可能会限制项目中富有经验的高级工程师的数量。

如果一个管理者要选择能胜任该项目的职员，能够影响他决定的关键因素如表 18-1 所示。这些因素无法按重要性大小排出先后次序，因为这会因应用领域、项目类型和项目团队中其他成员技术水平的不同而不同。

表 18-1 挑选职员要考虑的要素

参 考 因 素	解 释
应用领域经验	为了开发一个成功的系统，开发者必须了解应用领域
平台方面的经验	在需要编写底层程序时这一项非常重要，否则这一点就不是很关键
编程语言的经验	这一点通常对于期限短、时间紧的项目很重要，这时没有足够的时间来学习一门新语言
教育背景	可以看出候选人应该掌握的基础知识及其学习能力。因为工程人员的经验要通过许多项目获得，所以大家对这个因素关注得越来越少
沟通能力	项目成员必须能与其他工程师、管理人员和顾客进行口头和书面交流
适应性	适应性通过候选人已有的各种经历进行判断。这是一个重要的品质，它代表了一种学习能力
工作态度	项目成员应该对他们的工作有一个积极的态度，并乐于学习新的技能。这一点很重要，但通常很难进行评估
个性	这种品质很重要但难以评估。应聘者必须与其他团队成员关系融洽，没有适合软件工程的特定的个性类型

在决定任命谁为项目职员时,通常要利用以下三种信息。

(1) 由应聘者所提供的背景资料和简历。

(2) 在面试中获得的信息。

(3) 曾与应聘者共事的其他人的推荐信。

一些公司利用各种不同类型的测试评定应聘者,其中包括程序设计能力测试和心理测试。心理测试的目的是要对应聘者的心理状态有一个总体的把握,测试的结果可以反映出他的能力和他对某类工作的适应性。有些管理者认为这些测试毫无用处,有些则认为这些测试为选择职员提供了有用的信息。正如上面已经讨论的,解决问题的能力似乎与语义模型的建立有关,是一个长期的过程。能力和心理测试通常依赖于快速回答问题。还没有充分的论据表明解决问题的能力和能力测试之间有直接的线性联系。

项目管理者在寻找技术和经验均符合要求的人员时,有时会面对许多难题。组建的团队必须任用经验不多的工程人员,这样会因为不了解应用的领域或项目中所用的技术而导致问题的出现。

其中的原因是:在一些机构中,技术上熟练的职员很快就到达事业的巅峰,要想进一步发展,他们必须担任行政管理职务。把这些人提升到管理层意味着失去了有用的技术。为了避免技术流失,一些公司推行了对等的技术和管理并行的职业结构。有经验的技术人员所得的报酬和同一档次管理人员的报酬可以一样多。当一个工程人员事业发展了,他们既可以专门从事技术工作,也可以专门从事管理活动,还可以在两者之间变动,而他们的职位或薪水不受影响。

工作场所对人们的工作成效和对工作的满意度有重大影响。心理学实验表明,人的行为受房间大小、家具、设备、温度、湿度、光的亮度和性质、噪声及个人拥有空间的大小等因素的影响;小组行为受建筑结构和远程通信设施的影响;小组内部的沟通则受建筑物的结构和工作场所布局的影响。

没有好的工作条件就肯定要付出巨大的代价。当人们对工作条件不满意时,职员流动频繁。这样就要把更多的费用投入到职员的招聘和培训上,软件项目就会因为缺乏资深职员而延迟交付。

18.5　激励制度

首先要了解软件人员职业成长阶段的特点,然后才能采取相应的激励制度。

1. 研发人员职业生涯的阶段划分

(1) 实现期。对激励和报酬感到满意,对目前的工作产生很高的满足感,可能发生在大学刚毕业,初选研发人员,但这时可能会导致向过渡期转化。

(2) 过渡期。处于事业和个人发展的十字路口,并对未来职业发展方向进行合适定位。例如,是继续从事研发工作,还是从事市场销售或公司行政工作。这可能发生在任何一个年龄阶段,可能导致向发展期或稳定期转化。

(3) 发展期。已经明确选择了今后的职业发展方向,处于个人事业的发展初期,正在寻求和实现自我理想目标。

（4）稳定期。基本确定和实现了想要达到的成就水平,激励和报酬需要与个体成长保持一致,不再需要新的挑战。

2. 研发人员五大激励要素

在对研发人员职业生涯阶段划分的基础上,根据研发人员的特点,并综合理论与实践,将激励因素大致分为五大类。

（1）个人成长与发展。包括岗位培训、科研院所代培、新项目研发培训、学术交流等,企业提供与行政管理人员晋升相似的技术发展路线,使研发人员的潜能得到充分发挥。例如,建立与行政管理人员并行的技术等级晋升制度,提供创新基金给核心研发人员独立发展的空间。

（2）决策参与。给研发人员提供技术决策参与的权力和机会,管理者与研发人员之间能够进行平等的沟通、交流、协商。例如,企业在整合企业发展战略和研发人力资源管理战略上听取和采用研发人员意见;为研发人员提供参与企业战略计划的机会和条件;研发人员被其他职能部门人员视为企业管理的合作伙伴和变革的推动者。

（3）环境激励。提供有利于创造力发挥、相对自由的研发环境。例如,资源的柔性安排、提倡知识共享、鼓励研发创新和容忍失败、强化团队协同能力及团队文化氛围、在企业战略和团队目标的约束边界下,研发人员能够高绩效地完成任务。

（4）产权激励。研发人员参与分享研发成果,主要以技术入股的形式分享企业创造的剩余价值。例如,给予研发人员一定的知识产权受益权、以作价入股方式分配企业股票和期权、给予研发人员企业年终盈余的分红权等。

（5）薪酬激励。根据个人工作业绩,获得与之相称的物质报酬与奖励,薪酬激励包括物质奖励、奖金、工资、津贴及各项货币性的福利安排等。

软件企业在激励研发人员时,首先必须明确细分各大激励需求要素,包括个人成长与发展、工作环境、薪酬、决策参与、企业产权等激励要素。其次,根据研发人员职业生涯的实现期、过渡期、发展期、稳定期四个不同阶段因地制宜地实施激励策略。在实现期,首先强化薪酬激励策略,以吸引和储备更多更优秀的大学毕业生,同时为他们提供较为充裕的岗前职业培训,以便推进他们尽早定位未来的职业发展方向。在过渡期,首先根据员工未来职业发展的不同方向,通过各种渠道和方式进一步展开广泛的岗位技能培训,同时保持较高的薪酬激励强度,为激发员工潜能创造优越的条件。在发展期,提供完善的技术等级晋升制度,确保研发人员随着自身知识技能和资历的不断积累,而持续提升优化他们的工作环境设施与条件。在稳定期,企业应该加强制度性激励,从企业产权的高度实现企业与核心研发人员的"双边治理",积极引导他们参与企业战略决策,通过多种方式使得核心研发人员实实在在地分享企业剩余的控制权与索取权。

思考题

1. 人的需求分为哪几个层次?
2. 依据工作特性,人可以分为哪几类?
3. 小组协作方式有哪些?
4. 软件人员职业生涯的阶段和公司激励措施各有哪些?

第 19 章

进度管理

目标:

(1) 了解如何进行项目进度的安排。

(2) 掌握如何用图形表示项目进度。

19.1 项目进度

项目进度这项任务对软件管理者的要求十分苛刻。管理者要估算完成各项活动所需的时间和资源,并按照一定的顺序把它们严密地组织起来。除非进行进度安排的项目与原来的项目相似,否则该项目进度不能沿用原来的安排。事实上,由于不同项目可能使用不同的设计方法和不同的实现语言,因此对资源和时间的估算就有所不同。

如果一个项目在技术上非常先进,即使管理者把所有可能的意外都考虑进去,初始的估算也肯定是乐观的。在这一点上,软件进度与任何其他类型的大型高技术项目没有什么不同。新的飞机、桥梁、汽车因为意想不到的问题常常延期交付,因此,随着有关项目进展信息的增多,必须不断地更新项目进度。

项目进度(见图 19-1)包括把一个项目所有的工作分解为若干独立的活动,以及判断完成这些活动所需的时间。通常,有些活动是并行进行的,调度人员必须协调这些并行活动并把整个工作组织起来,从而使人力资源得到充分利用。一定要避免出现因一项关键任务没有完成而使整个项目延期交付的情形。

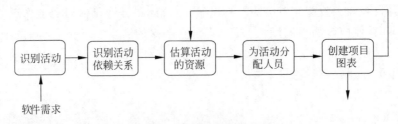

图 19-1　项目进度安排过程

正常情况下,项目的各项活动至少应该持续 1 周。更细的划分则意味着在项目进度的估算和进度表的修订上会花掉太多时间。对所有项目活动安排一个最高的时间限制(8~10 周)也是必要的。如果一项活动持续的时间超出这个范围,就应该在项目规划和进度安排中再次细分。

在估算进度时,管理者不应该想当然地认为项目的每个阶段都不会出现问题。因为做这个项目的个别人员可能生病或离职,硬件可能会崩溃,所需的基本支持软件或硬件有可能迟迟不能交付。如果这是一个新项目并且技术先进,其中某些部分可能比原来预期的要困难得多、花费的时间也多。

除了安排时间外,管理者还必须估算完成每项任务所需要的资源。首要的资源是人力资源,其他可能的资源还有服务器需要的磁盘空间、专业硬件(如仿真器等)的准备时间,以及项目人员的差旅费预算。

一个好的经验法则是:进行估算时先假定什么问题也没有,然后再把预计出现的问题加到估算中,其他的偶然因素可能带来意想不到的问题,在估算时也可以考虑进去。这些偶然因素是由项目的类型、过程参数(截止期限、标准等)及该项目的软件工程人员的素质和经验决定的。作为经验,一般为预计要出现的问题把最初的估算增加30%,还要把另外的20%留给还没有想到的其他问题。

项目进度通常用一系列的图表表示,通过这些图表可以了解任务分解、活动依赖关系和人员分配情况。常用软件管理工具是微软公司的Project,可以自动生成图表。

19.2 条形图和活动网络图

条形图和活动网络图是项目进度的图形表示法。条形图可以表示每项活动的负责人,以及该项活动预计的开始和结束时间。活动网络图则表示构成一个项目的不同活动之间的依赖关系。条形图和活动网络图可以运用项目管理工具(Microsoft Project)从项目信息数据库中自动生成。

下面看表19-1中所列的一系列活动,表中给出了各项活动、持续时间和活动之间的依赖关系。从表19-1可以看出,任务T3依赖于任务T1,也就是说T1必须要在T3开始前完成。举例来说,T1可能是一个组件设计的准备活动,而T3就是该设计的实现。

表 19-1 任务的持续时间及依赖关系

任　　务	持续时间(天数)	依赖关系(里程碑)
T1	8	
T2	15	
T3	15	T1(M1)
T4	10	
T5	10	T2,T4(M2)
T6	5	T1,T2(M3)
T7	20	T1(M1)
T8	25	T4(M5)
T9	15	T3,T6(M4)
T10	15	T5,T7(M7)
T11	7	T9(M6)
T12	10	T11(M8)

给出各项活动之间的依赖关系和每项活动持续时间的估算,表明活动顺序的活动网络图就产生了(见图 19-2)。活动网络图可以说明哪些活动能够并行地进行,哪些活动因其与前一项活动有依赖关系必须顺序进行。在图中每项活动用矩形表示,项目里程碑和可交付的文档用圆角矩形表示,日期表示的活动开始时间采用了英国式的写法,把日期放在月份的前面。另外,图表应该按照从左到右、从上到下的顺序。

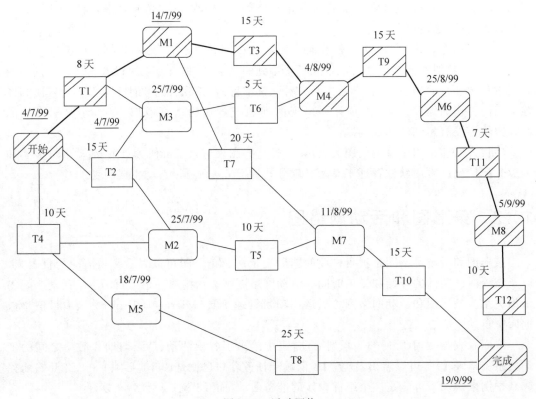

图 19-2　活动网络

在用项目管理工具制图时,所有的活动必须以项目里程碑作为结束。当一项活动的前一个里程碑(可能依赖于几个活动)已经到达,这项活动就可以启动了。因此,表 19-1 的第三列也给出了当该列的任务完成时(见图 19-2)到达的相应里程碑(如 M5)。

在从一个里程碑推进到另一个里程碑之前,所能到达它的路径必须完成。举例来说,图 19-2 中只有完成了任务 T3 和 T6,任务 T9 才能够开始。当到达里程碑 M4 时就表示这些任务已经完成。

完成项目所需的最少时间可以通过考察活动图中的最长路径(关键路径)来估算。在上述例子中,项目所需的最短时间是 11 周或 55 个工作日。在图 19-2 中,关键路径用顺序排列的加粗的粗线条表示。项目的总体进度安排是由关键路径决定的。任何关键活动与进度安排的偏离都会导致项目延期交付。

然而,在非关键路径上的活动延迟并不必然导致项目的总体进度偏离既定的安排。只要这种延迟没有使得全部时间超过完成关键路径所需的时间,项目进度就不会受影响。例如,T8 的延迟不会影响项目最后的完成日期,因为 T8 不在关键路径上。项目条形图(见

图 19-3)用带阴影的直条表示可能的延迟幅度。

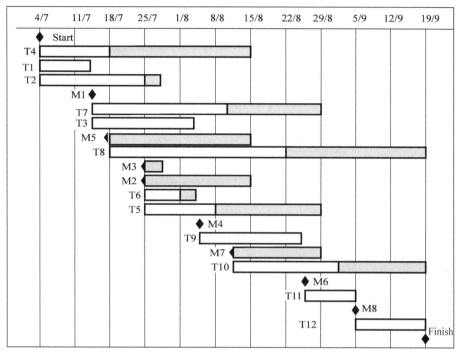

图 19-3　活动条形图

在分派项目工作时,管理者也使用活动网络图,这样可以使原本并不直观、明显的活动之间的依赖关系一下子变得清晰可见,还可以修改系统设计以缩短关键路径。这样整个项目进度就可以缩短,因为等待活动完成的时间缩短了。

图 19-3 是表示项目进展情况的又一种方式。它是一种条形图(有时又称为甘特图),表示项目的日程安排和各项活动的开始和完成日期。有些活动的后面带有阴影的直条,它的长度是靠进度安排工具计算出来的,表示这些活动的完成日期有一定的弹性。如果一个活动不能按时完成,那么只要在阴影之内完成,关键路径就不会受到影响。在关键路径上的活动则没有弹性。

除了考虑进度安排外,项目管理者还要考虑资源的分配,尤其是参加项目活动的人员分配。表 19-2 给出了对图 19-3 中活动的一种人员分配方案。

表 19-2　为软件活动分配人员

任　　务	工 程 人 员	任　　务	工 程 人 员
T1	Jane	T7	Jim
T2	Anne	T8	Fred
T3	Jane	T9	Jane
T4	Fred	T10	Anne
T5	Mary	T11	Fred
T6	Anne	T12	Fred

用项目管理支持工具处理表 19-2,可以生成条形图(见图 19-4),从而表示出在哪些时间段上雇用哪些职员。项目职员不必分配到项目的每一个阶段,在这期间他们可以休假、做别的项目、参加培训或进行其他的活动。

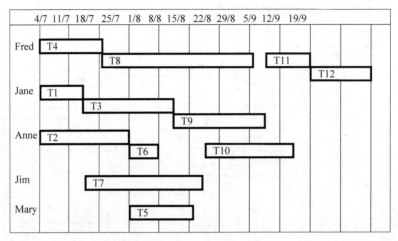

图 19-4　人员分配及时间

大型的开发机构通常会根据项目需要聘请许多专家,这有可能影响项目的进度安排。如果一个有专家参与的项目延迟了,就会给其他的项目带来连锁反应。因为专家无法到位,他们很可能也要延迟完成。

初始的项目进度安排出现错误是难免的。在进行项目开发时,应该拿实际花费的时间与估算的时间相对照,通过对照来修改项目中后面部分的计划。当实际的数据知道之后,活动图表应该重新复查一遍。后续的项目活动可能需要重新组织来缩短关键路径的长度。

思考题

1. 表达项目进度的图形工具有哪两种?
2. 活动网络图的优点是什么?
3. 条形图的优点是什么?

第20章

成本管理

目标：

（1）掌握软件成本的组成因素。

（2）掌握影响软件报价的因素。

（3）掌握软件生产率的度量方法。

（4）掌握成本估算技术。

20.1 软件成本和报价

项目估算和进度安排通常是一起进行的。开发成本主要是所涉及的工作量成本，所以工作量的计算既用于成本估算也用于进度估算。但有的成本估算可能需要在详细的进度安排拟定之前进行，这些早期估算多是出于对确定项目预算或是向客户报价的需要。

在计算软件开发项目总成本时，要分析以下三方面。

（1）包括维护在内的硬件和软件费用。

（2）差旅费和培训费用。

（3）工作成本，即支付给软件开发人员的费用。

对于绝大多数项目，主要的成本是工作成本。计算机足够满足软件开发的需要并且相对比较便宜。虽然当在不同地点开发项目时差旅费可能会很多，但对于绝大多数项目来说相对较低。此外，电子通信系统的使用，如电子邮件、电传和可视会议都可以显著降低差旅费开支。电子会议也意味着在软件开发中缩减差旅时间和更有效地利用时间。采用可视会议比面对面的会议减少了将近50％的差旅费。在线远程支持技术可以极大地减少开发和维护成本，并且提供及时可靠的服务。

工作成本不只是发给参加项目的软件工程人员的薪水。一个机构计算工作成本时还要计算使机构正常运作的经常性管理费用，并按开发人员数目分担这个总费用。因此，下列成本都是工作成本的一部分。

（1）为办公场所提供供暖和照明的费用。

（2）支付给辅助人员如会计师、行政人员、系统管理人员、保洁员及技师的费用。

（3）网络和通信费用。

（4）图书馆和娱乐设施等方面的设施费用。

（5）退休金、医疗保险等社会保障和员工福利费用。

机构的一般管理费用通常至少是软件开发人员薪金的两倍,具体为多少要视机构的规模和相关的管理开支情况而定。因此,如果对一个软件工程人员每年支付 90 000 美元,机构人均的总成本就是每年 180 000 美元,或每月 15 000 美元。

一旦项目在进行中,项目管理者应该定期地更新成本和进度估算,这有助于过程规划和有效使用资源。如果实际的开销远高于估算,管理者就应该采取一些行动,包括应用一些额外的资源或改变要做的工作内容。

软件成本估算的目的是要客观地、精确地预测软件承包商的开发成本。如果是为项目招标作准备,则一旦成本计算出来,就要制定向客户的报价。一般来讲,价格只是成本加上利润。不过,项目价格与成本之间的关系并不总是这样简单。

软件报价必须考虑到方方面面的因素,如机构因素、政治因素、经济因素、商业因素等。必须考虑的因素在表 20-1 中给出。由此看来,向客户所做的报价和软件成本之间的关系并不简单。由于项目报价要考虑机构的具体情况,因而项目报价除了需要有项目管理者参与外,还应该有机构中能够做出战略决策的资深管理人员参加。

表 20-1　影响软件报价的因素

因　　素	描　　述
市场机遇	开发机构可能为进入一个新的软件市场而提出一个低的报价。在一个项目上的低收益可能有助于以后得到更大收益的机会,而且获得的经验有助于开发新产品
成本估算的不确定性	如果机构对成本估算不太确定,它可能偶尔提出高于一般收益的价格
合同期限	顾客可能愿意开发者保留对源代码的版权,并在其他项目中复用。这样付出的价钱会比将软件源代码交给客户时少些
需求变化度	需求可能会发生改变,机构会降低它的价格以得到合同,在合同签订后,需求的改变将会带来高的要价
财政情况的健全程度	处于财政困难中的开发者可能会降低报价得到一份合同,比正常情况下少赚些甚至亏一点也比没有生产好

例如,一个小的石油服务方面的软件公司每年年初雇用 10 个工程师,但是所得到的合同仅需要 5 个开发人员就够了。但它正在竞标一个主要石油公司的大合同,需要 30 人在 2 年内来完成,项目在至少 12 个月内不会动工,但一旦批准它会改变软件公司的财务状况。在此期间,软件公司又得到一个机会竞标一个需要 6 个人且在 10 个月内完成的项目,成本(包括项目的日常开支)估计为 1 200 000 美元。但为了提高竞争力,软件公司给顾客的标价是 800 000 美元,这就意味着尽管在这个合同中损失了一些收入,但它为一些更有利可图的项目保留了高水平的职员,以期得到前面所讲的一个大合同。

20.2　软件生产率

在制造业中可以统计产品的产量,然后除以工作耗费的工时数算出生产率。对于任何软件问题都会有很多不同的解决方案,每种方案都有其不同特性。一种方案可能具有很高的执行效率,而另外一种方案可能具有更好的可读性和易维护性。当软件问题的解决方案各有特点时,比较它们的生产率就没有多大意义了。

然而,作为项目管理人员,也许会面对评估软件工程师的生产率问题,需要通过这些生产率评估帮助确定项目代价或是日程安排,来通知所做的投资决定或估算过程及技术改进是否有效。

生产率评估一般是基于对一些软件属性的测量,将它除以开发中投入的总的工作量就可得出。可以使用如下两种方法来度量。

(1)面向规模的度量。这种方法是根据活动输出的量来衡量。最通常的做法是计算源程序代码的行数。还可以看移交的目标代码的长度或是系统文档的页数。

(2)面向功能的度量。这种方法就是看移交软件总的功能有多少。生产率用给定时间内生产出来的有用功能的数量来表示。功能点和对象点方法是这种类型中最为常用的两种度量指标。

程序员每人每月源程序代码行数(LOC/pm)是一种曾经广泛使用的生产率度量指标。先计算出移交上来的源程序代码行数,再将这个数量除以完成该项目总的人月时间。这个时间包括系统分析、设计、编码、测试和文档编写所用的时间。

该方法最先出现于当绝大多数程序设计是使用 FORTRAN 语言、汇编语言或 COBOL 语言的时候。那个时候,程序是打在卡片上的,每个卡片上只有一个语句。代码行数非常容易计算,数一下卡片组中的卡片数目就行了。不过,在像 Java 或 C 这样的语言中,既包含声明语句、执行语句,也包含注释语句,可能还包含宏指令。这些宏指令会扩展为很多行代码,每行可能不只包含一条语句。因而,程序语句和程序清单中的一行没有简单的对应关系。

在不同程序语言之间比较生产率也能导致对程序员生产率的错误认识。程序语言的表达能力越强,用这种方法表现出来的生产率越低。这种不正常现象之所以出现,是因为当计算生产率时软件开发活动是统一考虑的,而行计算的度量方法只适用于编程过程。因此,如果一种编程语言比另一种需要更多行代码完成相同的功能,生产率估计将是不准确的。

举例来说,对于一个有 5000 行汇编代码或 1500 行 C 语言代码的系统,不同阶段所使用的开发时间在表 20-2 中列出。汇编语言程序员的生产率是 714 行/月,高级语言程序员的生产率不到他的一半,只有 300 行/月。然而使用 C 语言的系统的开发成本较低,而且开发时间也较少。

表 20-2 系统开发时间

语言	分析	设计	编码	测试	文档	规模	工作量	生产率
汇编语言	3 周	5 周	8 周	10 周	2 周	5000 行	28 周	714 行/月
高级语言	3 周	5 周	4 周	6 周	2 周	1500 行	20 周	300 行/月

除了使用代码长度估算方法之外,另一种度量方法是度量代码的功能。该方法避免了上面所述的不正常现象,因为功能是独立于所使用的语言的。1994 年,MacDonell 简要描述并比较了几种不同的基于功能的度量方法。在这类度量方法中最出名的应是 1979 年 Albrecht 提出来的功能点计数法了,后经 Albrecht 和 Gaffney 在 1983 年进一步提炼而成。2000 年 Garmus 和 Herron 描述了功能点方法在软件项目中的实际应用。

生产率可以用每人每月生产的功能点来表示。一个功能点不是一个单一特性,而是几个不同度量或估算的组合。在一个程序中的功能点总数是通过度量或估算下面的程序特征得出来的。

(1) 外部输入和输出。

(2) 用户交互。

(3) 外部接口。

(4) 系统使用的文件。

显然,一些输入输出、交互等比其他的要更复杂,并要花更长的时间实现。功能点度量方法通过在初始功能点估算上乘以一个复杂度加权因子来解决这个问题。先得到复杂度的这些参数,然后分配权值,权值的变化从 3(简单的外部输入)到 15(复杂的内部文件)。Albrecht 提出的加权值或经验值都可使用。

固定功能点计数(UFC)是将每种类型的上述特征数乘以与之相对应的权值,再对所有这些值求和:

$$UPC = \sum (给定类型元素的数量) \times (权值) \qquad (20\text{-}1)$$

然后添加与系统整体复杂度相关的附加复杂度因子,对固定功能点计数进行修正。这种方法考虑了分布式处理的程度、复用的数量及性能等。将固定功能点计数乘以项目复杂度因子就得到了整个系统的最终功能点计数。

1988 年,Symons 认为,复杂性估算的主观性意味着程序中的功能点计数是因人而异的,不同的人对复杂性有不同的概念。功能点计数依赖于估算者的个人判断,其变动幅度较大。此外,功能点偏重于由输入和输出操作主导的数据处理系统。它不适于为事件驱动系统计算功能点数。为此,一些人认为在计算软件生产率时功能点并不是一种很有用的方法。然而,功能点的使用者们认为,尽管方法本身存在缺陷,在实际情形中却是很有效的。

1994 年,Banker 等提出将对象点作为功能点的一个替代。它们可用于数据库编程语言或脚本语言。对象点不是软件开发中面向对象方法所产生的对象类。程序中对象点的数目是对以下各方面的一个加权估算。

(1) 分离的显示屏幕页数。简单屏幕算作 1 个对象点,中等复杂的屏幕算作 2 个对象点,非常复杂的屏幕算作 3 个对象点。

(2) 生成的报表数。简单的报表算作 2 个对象点,中等复杂的报表算作 5 个对象点,非常难产生的报表算作 8 个对象点。

(3) 为补充数据库编程代码而必须用如 Java 或 C 语言开发的模块数。每个模块算作 10 个对象点。

对象点被用于构造成本模型(constructive cost model,COCOMO)Ⅱ,在那里称为应用程序点。对象点较之使用功能点的好处在于,对象点更容易从高层软件描述中估算出来。对象点只涉及屏幕、报表和传统编程语言中的模块,与实现细节无关,而且复杂度因子的估算很简单。

如果采用功能点或对象点方法,就能在开发的早期阶段,在影响程序规模的决策制定前进行估算。系统的外部交互一经设计出来,这些参数的估算值马上就可以得到了。在这个阶段,要形成对源程序代码规模的精确估算是非常困难的。

功能点和对象点计数可以同代码行估算模型联合起来使用。功能点的数目用于估算最终的代码规模。运用历史数据分析,实现功能点的某个特定语言代码的平均代码行数(AVC)就可以估算出来。AVC 的数值范围从 200～300LOC/FP(对汇编语言)到 2～40LOC/FP(对数据库编程语言如 SQL)。一个新应用的代码规模可以按下式计算。

$$代码规模＝AVC \times 功能点数 \tag{20-2}$$

在机构中工作的单个工程师的生产率要受到很多因素的影响。其中一些最重要的因素如表 20-3 所示。然而，个人能力上的差异比这些因素之中的任何一个都重要。在对生产率的早期评估中，1968 年 Sackman 等发现有些程序员的生产率超过其他人员的 10 倍多。大型团队中更主要的是能力和经验的集合，这就是要有平均生产率。而对于小的团队，其总体的生产率大概要依赖于个别人的能力了。

表 20-3　影响软件工程生产率的因素

因　子	描　述
应用领域的经验	应用领域知识对高效的软件开发是必要的，已经了解该领域的工程师是最有效的
过程质量	所使用的开发过程对生产率有重要的影响
项目规模	项目越大，团队用于通信的时间就越多。用于可用的开发时间减少，个人的生产率就会降低
技术支持	好的支持技术，如 CASE 工具能提高生产率
工作环境	安静的工作环境和私人的工作空间有助于提高生产率

应用领域和机构会使软件开发生产率发生显著的变化。对于大型、复杂的嵌入式系统，生产率可能会低至 30 行/人月；而对于了解很充分的应用系统，用 Java 等语言编写，生产率可以高达 900 行/人月。当采用对象点度量时，1995 年 Boehm 等认为，由于使用的工具不同和开发人员能力的差异，生产率会在每月 4～50 个对象点变化。

表示为产量/时间形式的度量存在的问题是：没有将可靠性、可维护性等软件的质量特性考虑进去。这类度量总是暗示"更多意味着更好"。2000 年，Beck 精辟地指出，如果开发是基于不断的代码简化和改善，计算代码行的做法就意义不大了。

上述度量方法也没有考虑到使用软件复用、代码产生器和其他工具来建立软件的可能性。我们真正想要估算的是具有给定功能、质量、性能和可维护性的特定系统的成本，而上述度量方法只是间接地与系统规模这样的可见性度量指标相关联。

作为管理人员，不能草率地运用生产率测量方法来判断团队成员的能力。如果这样做，工程人员会放弃质量，一心一意提高"生产率"。看似低效的程序员生产的代码可能更加可靠，易于理解和维护。由此看来，生产率评价只是提供程序员生产率的部分信息，还需要考虑关于程序质量的其他信息。

20.3　成本估算技术

对开发软件系统所需工作量的精确估算并没有一种简单的方法。初始的估算可能需要根据高层的用户需求定义做出。软件可能需要运行于某些特殊类型的计算机上，或者需要运用到新的开发技术。对参与到项目中来的人员的技术水平可能还一无所知。所有这些因素意味着，在项目早期阶段对系统开发成本进行精确估算是相当困难的。

此外，评估成本估算技术不同方法的精确性有它固有的困难。项目成本估算通常是自我实现的，成本估算是用来确定项目预算的，通过调整产品以保证预算不被超出。没见过任何对项目成本估算的受约束实验，而它所估计的成本不用于左右实验。受约束实验不会向项目管理人员揭示出成本估算。实际的成本将与估算的项目成本再进行比较。然而,这样一个实验也许是不可能实现的,因为有关的成本很高,而且无法控制的变数太多。

尽管如此,机构需要对开发软件所需的工作量和成本进行估算。要做到这一点,会用到表 20-4 中列举的一些技术(Boehm,1981 年)。所有这些方法都需要管理者的经验判断,他们用自己以前项目的知识得到项目所需要资源的估算。但是在过去的和将来的项目之间有着很大的不同之处。多年以来,不断地产生许多新的开发方法和技术。

表 20-4　成本估算技术

技　　术	描　　述
算法成本模型	用于一些软件度量(通常是规模)相关的历史的成本信息建立项目成本的模型。由度量得到估算值,这个模型预测需要的工作量
专家评判	请教一些拟采用的软件开发技术或应用领域内的专家,他们每人都对项目成本作一个估算,对这些估算进行比较和探讨。反复进行这个估算过程直到达成一致的估算值
类比估算	在有相同应用领域的其他项目完成后可采用这种技术。通过类比这些已完成项目来估算新项目的成本。Myers(1989)给出了这种方法的详细描述
帕金森法则	帕金森法则规定所有可用的时间都工作,它由可用的资源而不是客观的估算来决定成本。如果软件要求在 12 个月内发布,且有 5 个人可用,则需要的工作量估算为 60 人月
根据客户预算报价	估算出的工作量依赖于顾客的预算,而不是软件的功能性

如果项目管理者没有用过这些技术,他们以前的经验可能不会对软件项目成本估算有帮助,这会使得更难做出准确的成本和进度估计。

一般来说,有自上而下或自下而上的成本估算方法。自上而下的方法从系统级开始。可以首先检查产品总的功能及这些功能是如何通过子功能间的交互提供的。系统级活动的成本考虑在内,这些活动包括集成、配置管理和文档生成等。

相反,自下而上的方法是从组件一级开始的。将系统分解成组件,要计算出开发每个组件的工作量,最后将这些成本相加得到系统总的开发成本。

自上而下方法的缺点是自下而上方法的优点,反之亦然。自上而下的估算可能会低估解决技术难题的成本,这种技术难题大多是使用特殊的硬件组件,如非标准的接口硬件等。在这样的情况下,成本估算还没有一个详细的调整策略。相反地,自下而上的估算能给出这样的调整,能考虑到每个组件。不过,这个方法更有可能低估像集成这样的系统活动的成本。自下而上的估算费用也更高,需要给出一个初始设计来找出系统中包含的组件。

每种估算技术都有其优缺点。对于大型项目,应该使用多种成本估算技术并比较其结果。如果这些结果具有根本性的差别,则说明成本计算信息不够充足。应该寻找更多的信息并重复成本计算过程,直到估算结果收敛。

上述估算技术在系统需求文档产生之后才可以使用。需求文档对系统的所有用户及系统需求都应该有明确的定义。因此,可以对系统所需开发的功能范围有一个合理的估算。一般来讲,大型系统工程项目都会有这样的需求文档。

然而在许多情况下,项目的成本估算只能根据用户需求的大致内容做出。这意味着估算者只有极少的信息可以利用。需求分析和描述是昂贵的,公司的管理者在得到预算做出详细需求或一个原型系统之前,需要对系统成本做一个初始估算。

在这种情况下,"根据客户预算报价"是一种普遍采用的策略。"根据客户预算报价"这个概念看似不道德,而且不实事求是,然而它确实有一些好处。项目成本基于大纲设想而定。开发商和客户之间通过协商来建立详细的项目描述,该描述就限制在双方认可的成本限度之内了。买方和卖方必须对什么是可接受的系统功能取得共识。在许多项目中,限定的因素是成本而不是项目需求,为了不超出成本预算可能会改变需求。

举个例子,一家公司投标为石油公司开发一个新的燃料分发系统,为它的服务站调度分配燃料。由于没有关于该系统详细的需求文件,开发者估计 900 000 美元的价格可能有竞争力,并且在石油公司的预算之内。在签订合同之后,他们协商了系统的详细需求,定下了基本的功能,然后估算其他需求带来的成本。石油公司将合同授予了一家公司,这是可信的,额外的需求可从以后的预算中支付,因此石油公司的预算不会因为一个很高的初始软件成本而中断。

20.4 成本估算模型

算法成本建模基于项目的规模、软件工程师的数量及其他的过程和产品要素的估算,用一个数学公式预测项目的成本。算法成本模型可以通过对已完成项目的成本及其特性的分析建立起来,并找到最接近的公式适应实际情况。

算法成本模型主要用于估算软件的开发成本,但 2000 年 Boehm 等讨论了算法成本估算的另外一些用途,包括软件公司投资者的估算,帮助规避风险的转换策略的估算,以及关于复用、再开发或外购的估算以进行决策。

软件成本的算法成本估算具有的一般格式可以表示如下:

$$\text{Effort} = A \times \text{Size}B \times M \tag{20-3}$$

其中:Effort 为工作量;A 是一个常数因子,反映机构的实际情况和开发的软件类型;Size 可以是估算的代码行数或是用功能点或对象点表示的功能估算;指数 B 通常为 1~1.5,它反映大型项目工作量不成比例的因素;M 是一个乘数因子,反映了不同过程、产品及开发特征(如软件的可依赖性需求和开发团队的经验)的混合因素。

绝大多数算法估算模型都有指数成分(上式中的 B),这与规模的估算有关。这反映了一个事实,那就是成本一般都不是与项目规模呈线性关系的。随着软件规模的增大,增大的团队的通信费用在增加,需要的配置管理更复杂,系统的集成难度也在加大,所有这些都要付出额外的费用。系统越大,这个指数的值就越高。

可惜,所有的算法模型都存在以下一些基本难题。

(1) 在项目早期阶段只有描述存在的情况下,估算 Size 值通常是一个难题。估算功能点和对象点比估算代码长度要容易,但是不够精确。

(2) 因子 B 和 M 的估算往往带有主观色彩。对其估算因人而异,这与一个人的经验和背景有关。

在已完成的系统中,源代码行数是大多数算法成本估算模型使用的基本度量依据。规模的估算可能涉及多种估算方法,可以通过与其他项目作类比得到,通过将功能点转换成代码行数进行估算,通过评定系统组件长度和使用已知的参考组件估算组件规模,或者只是简单地通过工程鉴定来得到。

准确的代码规模估算在项目早期是很难进行的,因为代码规模受设计决策的影响,而这个当前还没有形成。举例来说,一个需要复杂数据管理的应用,可以使用商业数据库,也可以使用自己实现的数据管理工具。如果使用的是商业数据库,程序代码规模将会比较小,但可能需要额外的工作以克服商业产品的执行限制。

系统开发所使用的程序语言也会有重要影响。使用像 Java 这样的语言较之使用 C 语言,可能意味着需要较多的程序代码。不过,这些额外的代码会带来更多编译时检查,所以检验成本就会降低。如何考虑这些因素?此外,在软件开发过程中复用的程度也一定要估算,由此修正对 Size 值的估算。

如果使用算法成本估算模型,估算者应该做一系列估算(最坏估算、期望估算和最好估算)而不是单一估算,并用成本计算公式都计算一遍。初始估算中的错误有可能是相当大的。只有在对产品已经非常了解,所使用的模型经过机构的长期使用,其参数已经校正得较为准确,而且语言和硬件选择都预先确定了的情况下,成本估算才最有可能取得精确的结果。

由算法模型进行估算的准确度依赖于所能得到的系统信息。随着软件处理过程的深入,有更多的信息可以利用,估算也就变得越来越精确了。如果初始的工作量估算需要 x 个月,在对系统做出计划时,估算值可能在 $0.25x \sim 4x$,该值会随着开发过程的进行而逐渐收敛,如图 20-1 所示,该图来自 Boehm 的论文(Boehm, et al., 1995 年),是大量软件开发项目的经验总结。当然,只有在系统发布前才能作一个很准确的估算。

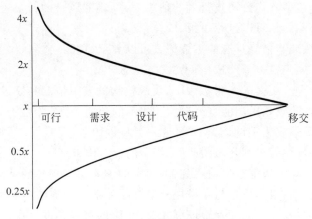

图 20-1　估算不确定性

思考题

1. 软件成本的组成因素有哪些?
2. 影响软件报价的因素有哪些?
3. 软件生成率的度量方式有哪些?
4. 软件报价的方式有哪些?

第21章

质量管理

目标：

（1）掌握软件质量的定义。

（2）掌握软件质量模型。

（3）掌握软件质量因素。

（4）了解质量控制过程。

21.1 软件质量定义

1979年，Fisher和Light将软件质量定义为表征计算机系统卓越程度的所有属性的集合。1982年，Fisher和Baker将软件质量定义为软件产品满足明确需求的一组属性的集合。1990年左右，Norman和Robin等将软件质量定义为表征软件产品满足明确的和隐含的需求能力的特性或特征的集合。1994年，国际标准化组织公布的ISO 8042综合将软件质量定义为反映实体满足明确的和隐含的需求能力的特性的总和。GB/T 11457—2006《软件工程术语》中定义软件质量为：（1）软件产品中能满足给定需要的性质和特性的总体；（2）软件具有所期望的各种属性的组合程度；（3）顾客和用户觉得软件满足其综合期望的程度；（4）确定软件在使用中将满足顾客预期要求的程度。

综上所述，软件质量是产品、组织和体系或过程的一组固有特性，反映它们满足顾客和开发商要求的程度。如Watts Humphrey指出："首先，软件产品必须提供用户所需的功能，如果做不到这一点，什么产品都没有意义。其次，这个产品能够正常工作。如果产品中有很多缺陷，不能正常工作，那么不管这种产品性能如何，用户也不会使用它。"而Peter Denning强调："越是关注客户的满意度，软件就越有可能达到质量要求。程序的正确性固然重要，但不足以体现软件的价值"。

21.2 软件质量的度量

软件质量的度量主要是根据软件生存周期中对软件质量的要求所进行的一项活动。它主要分为三方面：外部度量、内部度量和使用度量。

1. 外部度量

外部度量是在测试和使用软件产品过程中进行的，通过观察该软件产品的系统行为，执行对其系统行为的测量得到度量的结果。

2. 内部度量

内部度量是在软件设计和编码过程中进行的,通过对中间产品的静态分析来测量其内部质量特性。内部度量的主要目的是为了确保获得所需的外部质量和使用质量,与外部关系是相辅相成,密不可分的。

3. 使用度量

使用度量是在用户使用过程中完成的,因为使用质量是从用户观点来对软件产品提出的质量要求,所以它的度量主要是针对用户使用的绩效,而不是软件自身。

有如下三种著名的软件质量模型。

21.3 软件质量模型

1. Boehm 质量模型

Boehm 质量模型是 1976 年由 Boehm 及其他人共同提出的分层方案,将软件的质量特性定义成分层模型,如图 21-1 所示。

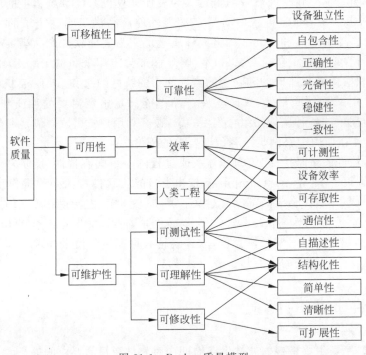

图 21-1 Boehm 质量模型

2. McCall 质量模型

McCall 质量模型是 1979 年由 McCall 等提出的软件质量模型。它将软件质量的概念建立在 11 个质量特性之上，而这些质量特性分别是面向软件产品的运行、修正和转移的，具体如图 21-2 所示。

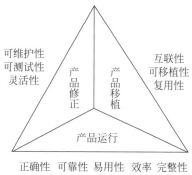

图 21-2 McCall 质量模型

3. ISO 的软件质量模型

按照 ISO/IEC 9126—1：2001，软件质量模型可以分为内部质量和外部质量模型、使用质量模型，而质量模型中又将内部和外部质量分成 6 个质量特性，将使用质量分成 4 个质量属性，具体如图 21-3 和图 21-4 所示。

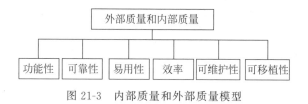

图 21-3 内部质量和外部质量模型

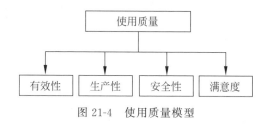

图 21-4 使用质量模型

21.4 软件质量保证

提供高质量的产品或服务是大多数机构的目标。那种先把质量低劣的产品移交给客户，然后再对出现的毛病和不足修修补补的做法不再为人们所接受。在这一点上，软件和其他加工产品(如汽车、电视或计算机)是一样的。

然而，软件质量是一个复杂的概念，不能直接等同于生产制造质量。在生产制造中的质量概念是开发的产品应该符合它的描述。理论上，这个定义应该对所有的产品都适用，但对软件系统而言重在过程控制。

21.4.1　质量标准

质量保证(QA)活动为达到高质量软件提供了一个框架。QA过程包括对软件开发过程标准或软件产品标准的定义和选择。这些标准应该融化在开发的规程或过程中。可以采用具有质量管理知识的工具来支持这些过程。

在质量保证过程中要制定如下两种类型的标准。

(1) 产品标准。这些标准用于被开发的软件产品。包括文档标准,如生成的需求文档结构;文档编写标准,如定义对象类时注释头的标准写法;还有编码标准,如何使用某种程序语言。

(2) 过程标准。这些标准定义了软件开发必须遵循的过程。包括对描述、设计和有效性验证过程的定义,以及对在这些过程中产生的文档描述。

产品标准和过程标准之间的关系很密切。产品标准用于软件过程的输出,而在许多情况下,过程标准包括各种专门的过程活动,确保产品标准的执行。

软件标准非常重要,原因如下。

(1) 软件标准封装了最成功的、至少是最恰当的软件开发经验。这些知识往往是经过反复试验才得出的。把这些知识制定到标准中去可以避免重犯过去的错误。标准是智慧的结晶,对一个机构有重要意义。

(2) 软件标准提供了一个框架,围绕这个框架才能实现质量保证过程。假设制定的标准是成功经验的总结,是一个好的标准,那么质量控制的任务只是保证这些标准的严格执行就行了。

(3) 软件标准还有助于工作的连贯性,由一个人着手进行的工作别人可以接着做。软件标准确保一个机构中所有的工程人员采用相同的做法。这样一来,开始一项新工作时就节省了学习时间。

软件工程项目标准的制定是一个既困难又耗时的过程。一些国家和国际组织,如美国DoD、ANSI、BSI、NATO和IEEE都积极参与标准的制定工作。这些制定出来的标准具有普遍性,能够适用于许多领域内的项目。像NATO和其他的国防机构就需要在软件开发合同中遵守自己的执行标准。

已经制定的国家标准和国际标准涵盖了软件工程术语、编程语言(如Ada和C)、符号系统(如制图符号)、软件需求的导出和书写规程、质量保证规程及软件检验和有效性验证过程(IEEE,1994年)等许多方面。

质量保证团队在制定机构标准时一般要参照国家标准和国际标准。以这些标准作为出发点,质量保证团队应该拟定一本标准"手册",定义适合自己机构的标准。这种手册可能要包含的标准种类列于表21-1中。

表 21-1　产品标准和过程标准

产 品 标 准	过 程 标 准	产 品 标 准	过 程 标 准
设计评审形式	设计评审行为	Java编程范式	项目计划批准过程
需求文档结构	提交文档给CM（计算机人员）	项目计划格式	变更控制过程
规程标题格式	版本发放过程	变更请求形式	测试记录过程

软件工程人员有时会把软件标准视为一种行政命令,与软件开发的技术活动毫不相干,尤其是在标准中要求填写烦琐的表格和工作记录时。尽管他们大都承认贯彻实施通用标准是十分必要的,但工程师们总能找出一些理由,力图说明某些标准并不适合他们的具体项目。

为了避免上述问题的出现,制定标准的质量管理者要充分利用各种资源,并且应该采取以下措施。

(1) 让软件工程人员参与产品标准的制定。他们了解了标准制定背后的原因,就会自觉执行这些标准。标准文档不应只强调标准的严格执行,还应该扼要说明某一标准确立的基本思路。

(2) 定期评审和修改标准,以反映技术的变化。标准一经制定出来就要载入公司的标准手册,一般多年不进行改动。标准手册是必备的,但是它要随着环境和技术的变化而不断完善。

(3) 尽可能提供支持软件标准的软件工具。由于文秘工作很烦琐,人们常常对文秘标准不满意。如果有工具支持,标准的制定就不用付出额外的劳动。

如果把不切实际的过程强加给开发团队,那么过程标准可能会引发许多问题。这种标准通常是指南性的,某一项目的管理者只能意会它。如果某种工作方式不适合一个项目或项目团队,对它做出规定是没有意义的。因此,每个项目管理者都应该有根据个别情况改动标准的权力。然而,有关产品质量和产品交付以后的标准,在进行修改时必须要经过慎重的考虑。

项目管理者和质量管理者可以通过切实可行的质量规划避免标准的不适当问题。他们应该确定质量手册中哪些标准应该不折不扣地执行,哪些标准应该修改,哪些应该废止。对于某些特定的项目需求可以制定相应的标准。例如,如果以前的项目中没有用到形式化描述的标准,就需要制定这些标准。而且这些新标准可以在项目进行期间逐步得到完善。

21.4.2　质量规划

质量规划应该在软件过程的早期阶段开始进行。质量规划应该说明产品的质量要求,规定产品质量的评定方法,也就是要规定什么样的软件产品才是高质量的。没有这些规定,不同的工程人员就会以不同的方式工作,结果真正需要关注的产品属性没有得到应有的关注。质量规划过程是制订出项目质量规划。

质量规划应该选择那些适合具体产品和开发过程的机构标准。如果项目中要使用新的方法和工具,还要制定新的标准。1989 年,Humphrey 在关于软件管理的经典著作中提出了质量规划的结构框架,内容如下。

(1) 产品介绍。说明产品、产品的意向市场及对产品性质的预期。

(2) 产品计划。包括产品确切的发布日期、产品责任及产品的销售和售后服务计划。

(3) 过程描述。产品的开发和管理中应该采用开发和售后服务质量过程。

(4) 质量目标。产品的质量目标和规划包括鉴定和验证产品的关键质量属性。

(5) 风险和风险管理。说明影响产品质量的主要风险和这些风险的应对措施。

在写质量规划时,应该尽可能写得短一些。如果文档太长,工程人员就不愿意读它,这样就背离了制订质量规划的初衷。

在质量规划过程中应该考虑到各种潜在的软件质量属性,如表 21-2 所示。一般来说,要对任何一个系统的所有这些属性都重点关注是不可能的,因此质量规划的一个关键任务是挑选出关键的属性质量,然后对如何达到这些属性质量作规划。

表 21-2　软件的质量属性

安 全 性	可 理 解 性	可 移 植 性
保密性	可测试性	可使用性
可靠性	适应性	复用性
弹性	模块性	效率
稳健性	复杂性	可学习性

　　质量规划应该明确被开发产品的最重要的质量属性。有时效率可能是极为重要的,为了实现这一属性要牺牲其他的质量属性。如果把效率写进质量规划中,搞开发的工程人员就会给予配合,并最终实现这个目标。质量规划还应该详细说明质量评估过程,这应该是评估产品是否具有某一性质(如可维护性)的标准化过程。

21.4.3　质量控制

　　质量控制就是监督检查整个软件开发过程,以确保质量保证规程和标准被严格执行,在检查软件过程产生的可交付文档时,要与质量控制过程中规定的质量标准相对照。

　　质量控制过程自身有一套自己的规程和报告,这些在软件开发期间必须使用。这些规程应该简单明了,使软件开发人员易于理解。

　　质量控制还有另外两种方式。

　　(1) 质量评审。即一组人对软件、文档编制和软件制作过程进行评审。他们负责检查项目标准是否被贯彻实施,软件和文档是否遵从了这些标准。然后把与标准偏离的地方记录下来,并提醒项目管理层注意。

　　(2) 自动化的软件评估。即软件和文档生成以后,经过一定的程序进行处理,并与用于具体项目的标准相对照。这个自动化的评估可能包括某些软件属性的定量度量。

　　质量评审是验证一个过程或产品质量应用最广泛的方法。这种方法通过一组人检查软件过程的全部或一部分、软件系统或者相关文档以发现潜在的问题。评审结论正式记录下来以后,交给开发者或者负责修改所发现问题的人员。

　　表 21-3 简要描述了几种不同类型的评审活动。

表 21-3　评审类型

评 审 类 型	主 要 目 的
设计或程序检查	检查出需求、设计或编码中的细小错误。评审应该参照可能的错误核查清单进行
进展评审	为项目管理提供项目总体进展情况的有关信息。这种评审既是过程评审,又是产品评审,涉及成本、规划和进度安排
质量评审	对产品组件或文档进行技术分析,找出描述和组件设计、代码或文档之间不一致之处,确保制定的标准被贯彻实施

　　评审团队的任务是发现错误或者不一致的地方,并向设计者或文档制作者指出来,评审是以文档为基础的,但又不限于描述、设计或代码。诸如过程模型、测试计划、配置管理规程、过程标准、用户手册等文档都有可能被评审。

　　评审团队应该包括那些能做出突出贡献的项目成员。举例来说,如果评审一个子系统的设计,应该把子系统的相关设计者吸收到评审团队中。他们会对子系统接口有重要见解,这些子系统接口在被单独考虑时容易被忽略。

评审团队应该挑选 3~4 名主要评审员作为团队的核心,应该有一个资深设计人员负责做技术上的重大决策。主要评审员可以邀请其他的项目成员帮助评审,他们不必参与整个文档评审,而应集中精力解决影响他们工作的问题。另外,评审团队可以把要评审的文档进行传阅,并要求其他的项目成员写出书面意见。

要评审的文档必须预先分配好,才能给评审员充分的时间去阅读和理解。尽管这样做会延迟、打乱开发进程,但是如果评审员在评审前没有正确理解这些文档,评审就会毫无效果。

评审过程本身所用的时间应该相对较短(最多两个小时)。被评审文档的制作者应该与评审团队一起“浏览”这个文档。团队中应有一名成员主持评审,另有一名成员对所有的评审结论做正式记录。在评审过程中,主持人负责保证所有的书面意见都在考虑之中。在评审完成时,整个评审过程都记录下来,设计人员和评审主持人在记录各种意见和评审过程的文档纸上签名,然后存档作为正式的项目文档。如果只发现一些小问题,就没有必要做进一步的评审。在需要变更时,评审主持人负责保证变更的实施。如果需要做重大的变更,就要安排重审。

21.4.4 质量评估

1. 软件测量

软件测量(measurement)就是对软件产品或对软件过程的某种属性进行量化。在得到的数据之间及数据和机构的通用标准之间进行比较,就可以得出有关软件或软件过程质量的结论。举个例子,假设一个机构计划引入新的软件测试工具,在引入这个工具之前,记录下在一定时间内发现的软件缺陷数目;在引入后,重复这个过程。如果引入该工具后在相同的时间内发现的缺陷数目增多,就可以认为这种工具能给软件有效性验证过程提供有益的支持。

许多大型公司,像惠普都引入了度量(metric)程序,并在质量管理过程中使用收集到的度量。绝大多数工作焦点是在收集有关程序缺陷、检验和有效性验证过程的度量上。把这种度量程序引入到工业中的问题,给出了关于测量及使用测量进行过程改进的详细建议。

然而系统地使用软件度量和测量还很不普遍。由于对测量能带来的益处到底有多大还很不清楚,大家不情愿使用软件测量。其中一个原因是许多公司对已使用的软件过程组织不利,不具备使用测量的条件;另一个原因是没有度量标准,因而对数据的收集和分析提供的支持是有限的。大多数公司在拥有这些标准和工具之前不准备使用测量。

软件度量是有关软件系统、过程或相关文档的任何一种测量指标。例如,软件度量包括以代码行数表示的软件产品的规模。

度量可以分为控制型度量和预测型度量。控制型度量通常与软件过程相关;预测型度量则与软件产品相关。修复发现的缺陷所需平均工作量和时间是控制型度量或过程的例子。预测型度量的例子有模块的回路复杂性、一个程序中标识符的平均长度与对象有关的属性和操作的数目。无论控制型度量还是预测型度量都能影响管理决策,如图 21-5 所示。

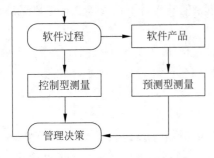

图 21-5 预测型度量和控制型度量

直接测量软件的质量属性通常是不可能的。像可维护性、复杂性、易懂性等属性受许多不同因素的影响,对它们还没有找到直接的度量方法,只能测量这个软件的某些内在属性(如软件规模大小),并且假定所能测量的属性和想要了解的属性之间有一定的关系。从理论上讲,软件的内在属性和外部属性之间的关系应该是清楚和确定的。

图 21-6 给出了一些重要的外部质量属性和与其有关的可测量的内在属性,该图说明了内、外部属性之间有关系,但没有说明这种关系是什么。内在属性的测量能否对外部的软件特性做出有益的预测取决于以下三个条件。

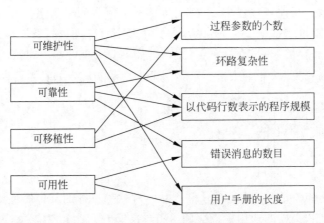

图 21-6 内部和外部软件属性间的关系

(1) 内在属性必须能被准确测量。

(2) 能够测量的属性和外部行为属性之间必须有一定关系。

(3) 这种关系必须被人们所理解,并且已经过验证,能用公式或模型表达出来。

模型表示法包括通过分析收集到的数据确定模型(线性的、指数的等)的函数形式,确定模型中要包含的参数,并用现有数据进行校正。这种模型开发要想可靠,必须要有统计方法方面的经验,在这一过程中应该有一个专业的统计人员参与。

软件测量过程是质量控制过程的一部分,如图 21-7 所示。这个过程对系统的每一个组件都单独分析,在得出的不同度量值之间进行比较,有时还要与以前的项目中收集的历史测

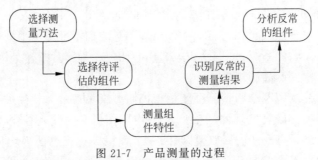

图 21-7 产品测量的过程

量数据进行比较。容易出现质量问题的组件是质量保证的重点,对它们还应使用反常测量。

这个过程中的几个关键阶段如下。

(1) 选择测量方法。每种测试技术都有其自身的优缺点,没有哪一种技术比其他技术更好。它取决于时间、预算、客户端、软件类型等因素,应根据其对软件及其要求的适用性进行选择。

(2) 选择要评估的组件。在一个软件系统中评估所有组件的度量值既没有必要,也没有意义。在有些情况下,要选择有代表性的组件进行测量。而在其他情况下,则要评估一些特别关键的组件,如几乎被连续使用的核心组件。

(3) 测量组件特性。测量选出的组件并计算度量值。这一过程中通常使用一个自动化的数据收集工具对组件的表现形式(设计、代码等)进行处理。这种工具可以是专门写的,也可以与一个机构所使用的 CASE 工具合为一体。

(4) 识别反常度量。组件测量一旦完成,就应该把它们彼此进行对照,还要把它们与已经记录到测量数据库中的以前测量值相对照。找出每一个度量中特别高或者特别低的值,从中可以推测表现出这些数值的组件可能存在问题。

(5) 分析反常组件。从特定的度量中一旦识别出具有反常值的组件,就应该检查这些组件,从而确定这些反常度量值是否意味着该组件的质量出现了问题。复杂性(比方说)的反常度量值并不必然意味着组件的质量差。得出特别高的数值可能另有原因,并不能说明组件的质量出了问题。

收集的数据作为机构的资源保存好,即使有的数据未在某一特定项目中使用,也要把所有项目的历史记录保存下来。一旦一个非常大的测量数据库建立,就可以进行项目相互之间的比较,并可根据机构的需要改进某些专门的度量。

2. 软件度量

产品度量关注的是软件本身的特性。然而容易测量的软件特性,如规模大小和回路复杂性,与易懂性、可维护性等质量属性之间没有一个清晰而又普遍的关系。这种关系随着开发过程、技术及被开发系统类型的不同而不同。对测量有兴趣的机构必须要建立一个历史数据库,从中可以发现软件产品属性与对机构有益的质量属性之间的关系。

产品度量分为以下两类。

(1) 动态度量。通过测量运行的程序收集。

(2) 静态度量。通过测量系统的表现形式(如设计、程序或文档等)收集。

这些不同的度量类型与不同的质量属性有关。动态度量用于评估一个程序的效率和可靠性,而静态度量被用于评估一个软件系统的复杂性、易懂性和可维护性。

动态度量与软件质量属性的关系通常较为密切。测量特定函数的执行时间和评估系统的启动时间相对比较容易,它们与系统的效率有直接的关系。同样,记录下来的系统失败数和失败的类型则与软件的可靠性直接有关。

静态度量则不同,它与质量属性的关系是间接的。有很多这类度量已被提出,并进行试验,试图导出和验证这些度量与系统的复杂性、易懂性及可维护性之间的关系。表 21-4 描述了几个静态度量,这些度量已被用于质量属性的评估中。其中的程序(或组件)长度和控制复杂性能对易懂性、系统复杂性和可维护性做出最可靠的预测。

表 21-4　面向过程软件的度量

软 件 度 量	描　　述
扇入/扇出	扇入是测量调用某些其他函数(设为 X)的函数个数,扇出是被某函数(X)调用的函数个数。扇入数大意味着 X 与其他设计的耦合程度较高,更改 X 会带来很广的负面影响。很高的扇出数意味着 X 的总的复杂度很高,因为需要复杂的控制逻辑来协调所调用的组件
代码长度	这是对程序规模的测量。一般来讲,程序组件中代码越长,组件就越复杂,而且更易出错
回路复杂性	这是对程序控制复杂度的测量。这个控制复杂度是与程序可理解性相关联的
标识的长度	这是对程序中标识符平均长度的测量。标识符越长,它们可能就越有意义,因而程序就更容易被理解
条件嵌套的深度	这是对程序中 if 语句嵌套深度的测量。很深的 if 语句嵌套会使得程序难于理解,而且容易出错
雾指数	这是关于文档中字和语句平均长度的测量。雾指数越高,说明文档越不容易理解

从 20 世纪 90 年代初期以来,人们对面向对象的度量进行了大量的研究。其中有些研究是在表 21-4 中原有度量的基础上开展的,另外一些则只针对面向对象系统。表 21-5 解释了许多面向对象的度量。这些度量与表 21-4 相比还不成熟,它们主要用于面向功能的设计,因而它们的预测型度量的效用还在证实之中。

相关的专门度量取决于项目、质量管理团队的目标和被开发软件的类型。表 21-4 和表 21-5 中给出的所有度量在某些情况下可能是有用的,而在其他情况下可能就不适用。在质量管理过程中引入软件度量时,机构应该通过试验找出最合适机构需要的度量。

表 21-5　面向对象软件的度量

面向对象度量	描　　述
继承树深度	代表在继承树中分离的层次,继承树中子类继承父类中的属性和操作(方法)。继承树越深,设计就越复杂,因为要想理解树中叶节点,就必须理解相当多的树中其他节点
扇入/扇出	这与上面描述的扇入和扇出直接相关,实际上是同样的。不过,区分对象内方法调用和外部方法调用是合适的
每个类的加权方法	一个类中方法数的测量,每个方法加上了一个其复杂度的权值。因而,一个简单的方法可能有一个复杂度权值 1,大的和复杂的方法有较高的权值。该度量越大,对象类就越复杂,复杂对象更难于理解。这种对象在逻辑上结合性可能比较差,所以不能在继承树中作为超类被有效复用
重载的操作数	这是超类中要被重载的操作数。该度量值高意味着所用的超类对其子类来说可能是不合适的

思考题

1. 软件质量的定义是什么?
2. 软件质量模型有哪些?
3. 软件质量因素有哪些?
4. 如何控制软件质量?

第22章

风险管理

目标：

(1) 了解风险管理的意义。

(2) 掌握风险的类型。

(3) 掌握风险管理的四个阶段。

由于软件项目具有一定程度的不确定性，天生具有很高的风险。这些不确定性产生于宽泛定义的需求、对软件开发所需时间和资源估算的困难、项目对个人技术的依赖及由于客户需求发生变化而引起的需求变更。因此，软件项目必须进行风险管理，项目管理者应该预见风险，了解这些风险对项目、产品和业务的冲击，并采取措施规避这些风险。可以制订应急计划，这样一旦风险来临，才有可能采取快速防御行动。在项目开展过程中，如图22-1所示，需要不断地进行风险识别、风险分析、风险规划和风险监控。

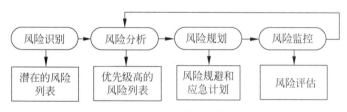

图 22-1　风险管理过程

能预见可能影响项目进度或正在开发的软件产品质量的风险，并采取行动避免这些风险是项目管理者的一项重要任务。风险分析的结果及对该风险发生时的后果分析都应该在项目计划中记录在案。识别风险并制订计划，以最大限度降低风险对项目的影响，这种活动叫作风险管理。包括以下阶段。

(1) 风险识别。识别可能的项目、产品和业务风险。

(2) 风险分析。评估这些风险出现的可能性及后果。

(3) 风险规划。制订计划说明如何规避风险或降低风险对项目的影响。

(4) 风险监控。不断地进行风险评估，并随着有关风险信息的增多及时修正缓解风险的计划。

和所有其他的项目规划一样，风险管理过程也是一个贯穿项目全过程的反复进行的过程。从最初的计划制订开始，项目就处于被监控状态。随着有关风险信息的增多，需要进行重新分析，制订新的风险计划。在新的风险信息出现时，对风险规避和应急计划要进行修正。

　　风险管理过程的结果应该记录在风险管理计划中,具体包括对项目所面临风险的讨论、对这些风险的分析及管理这些风险的计划。有的时候,还可以包括风险管理的结果,即风险来临时启动专门的应急计划。

22.1　风险识别

　　风险识别是风险管理的第一阶段。这一阶段主要是发现项目中可能的风险。理论上,不应该在这个阶段评估风险或给各种风险排出次序,在实际过程中常常忽略掉那些后果不严重的或出现的可能性很小的风险。

　　简单地说,可以把风险看作一些不利因素实际发生的可能性。风险可能危及整个项目、正在开发的软件或开发机构。这些风险种类可以表现如下。

　　(1)项目风险。影响项目进度或项目资源的风险。

　　(2)产品风险。影响正被开发的软件的质量或性能的风险。

　　(3)业务风险。影响软件开发机构或软件产品购买机构的风险。

　　当然,这种分类方式不是绝对的。如果富有经验的程序设计者离职,由此带来的风险可能是项目风险(系统交付可能延迟),同时也是产品风险(继任者可能不如前任有经验,因而可能犯错)和业务风险(继任者缺乏经验,无法招揽更多业务)。

　　项目的风险类型取决于项目本身的特点和软件开发机构的环境。然而有许多风险是普遍存在的,表22-1给出了其中的一部分。

表 22-1　可能出现的软件风险

风　　险	风险类型	描　　述
职员跳槽	项目	有经验的职员未完成项目就跳槽
管理层变更	项目	管理层结构发生变化,不同管理层考虑、关注的事情不同
硬件缺乏	项目	项目所需求的基础硬件没有按期交付
需求变更	项目和产品	软件需求与预期的相比有许多变化
描述延迟	项目和产品	有关主要接口的描述为按期完成
低估了系统规模	项目和产品	低估系统规模
CASE 工具性能变差	产品	支持项目的 CASE 工具达不到要求
技术变更	业务	系统的基础技术被新技术取代
产品竞争	业务	系统尚未完成,其他有竞争力的产品已经上市

　　风险识别可以通过项目组集体讨论完成,或者只凭借管理者的经验进行。为完成这一过程,需要列出可能的风险类型。主要包括如下类型。

　　(1)技术风险。源于组成开发系统的软件技术或硬件技术的风险。

　　(2)人员风险。与软件开发团队成员有关的风险。

　　(3)机构风险。源于软件开发机构的环境风险。

　　(4)工具风险。源于 CASE 工具和其他用于系统开发的支持软件的风险。

　　(5)需求风险。源于客户需求的变更和需求变更过程中产生的风险。

　　(6)估算风险。源于对系统特性和构建系统所需资源进行估算的风险。

表 22-2 对上述每一种风险都给出了可能的风险实例。风险识别过程中的结果应该是列出一长串可能发生的风险,这些风险可能影响到软件产品、过程或业务。

表 22-2 风险及风险实例

风 险 类 型	可 能 的 风 险
技术	系统使用的数据库的处理速度不够快; 要复用的软件组件有缺陷,限制了项目的功能
人员	招聘不到符合项目技术要求的职员; 在项目的非常时期,关键性职员生病,不能发挥作用; 职员所需的培训跟不上
机构	重新进行机构调整,由不同的管理层负责这个项目; 开发机构的财务出现问题,必须削减项目预算
工具	CASE 工具产生的编码效率低; CASE 工具不能被集成
需求	需求发生变化,主体设计要返工; 客户不了解需求变更对项目造成的影响
估算	低估了软件开发所需要的时间; 低估了缺陷的修补率; 低估了软件的规模

22.2 风险分析

在进行风险分析时,要逐一考虑每个已经识别出的风险,并对风险出现的可能性和严重性做出判断。除此之外没有捷径可以走,只能靠项目管理者的经验做主观判断。风险评估的结果一般不是精确的数字,会有一定的差别。

(1) 对风险出现的可能性进行评估,可能的结果有风险出现的可能性非常小(＜10％)、小(10％～25％)、中等(25％～50％)、大(50％～75％)或非常大(＞75％)。

(2) 对风险的严重性进行评估,可能的结果有灾难性的、严重的、可以容忍的和可以忽略的。

风险分析过程结束后,应该根据风险严重程度的大小按顺序制成表格。表 22-3 是对表 22-2 中已识别的风险进行分析,得出结果后做成的表格。很显然,其中对分析的可能性和严重性的评估带有随意性。在实际操作中,需要根据项目、过程、开发团队、机构状况等有关信息进行评估。

表 22-3 风险分析

风 险	出现的可能性	后 果
开发机构的财务出现问题,必须削减项目预算	小	灾难性
招聘不到符合项目技术要求的职员	大	灾难性
在项目的非常时期,关键性职员生病	中等	严重
要复用的软件组件有缺陷,限制了项目的功能	中等	严重
需求发生变化,主体设计要返工	中等	严重

续表

风　　险	出现的可能性	后　　果
开发机构重新调整,由新的管理层负责该项目	大	严重
系统使用的数据库的处理速度不够快	中等	严重
低估了软件开发所需要的时间	大	严重
CASE 工具不能被集成	大	可容忍
客户不了解需求变更对项目造成的影响	中等	可容忍
职员所需的培训跟不上	中等	可容忍
低估了缺陷的修补率	中等	可容忍
低估了软件的规模	大	可容忍
CASE 工具产生的编码效率低	中等	可以忽略

当然,随着有关风险可用信息的增多和风险管理计划的实施,一项风险出现的可能性和对这一风险的影响后果的评估都可能改变。因此,这个表格必须在风险过程的每个反复期间得到更新。

风险一经分析和排序,下一步就该判断哪些风险是最重要的,是在项目期间必须考虑的。做出以上判断必须综合考虑风险出现的可能性大小和该风险的影响后果。一般而言,所有灾难性的风险都应该考虑,所有出现的可能性超过中等、影响严重的风险同样要考虑。

1988 年,Boehm 曾建议识别和监控"前十位"的风险,这种排名太绝对化,需根据项目自身的情况确定要进行监控的风险的数量,可能是 5 个,也可能是 15 个。不过,选出接受监控的风险的数目应该便于管理。管理大量的风险需要收集大量的信息。在表 22-2 已识别的风险中,考虑具有灾难性或严重后果的 6 种风险已经足够了。

22.3 风险规划

在风险规划中,项目管理者要考虑已经识别出的每一个重大风险,并确定出来这个风险的策略。制订风险管理计划同样没有捷径可走,要靠项目管理者的判断和经验。表 22-4 给出了处理表 22-3 中重大风险的可能策略。

表 22-4　风险管理策略

风　　险	策　　略
机构的财务问题	拟一份简短的报告,提交高级管理层,说明这个项目将对业务目标有重大贡献
职员招聘问题	告诉客户项目潜在的困难和延迟的可能性,检查要买进的组件
职员生病问题	重新对团队进行组织,使更多工作有重叠,员工可以了解他人的工作
有缺陷的组件	用买进的可靠性稳定的组件更换有潜在缺陷的组件
需求变更	导出可追溯信息来评估需求变更带来的影响,把隐藏在设计中的信息扩大化
机构调整	拟一份简短的报告,提交高级管理层,说明这个项目将对业务目标有重大贡献
数据库的性能	研究一下购买高性能数据库的可能性
低估开发时间	对要买进的组件、程序生成器的效用进行检查

这些策略分为以下三类。

（1）规避策略。采用规避策略会降低风险出现的可能性。表 22-4 中处理缺陷的组件这一策略就是一个例子。

（2）最低风险策略。采用最低风险策略会减小风险的影响。表 22-4 中解决职员生病问题的策略就属于这一种。

（3）应急计划。采用应急计划，就算最坏的事情发生，也要有备而来，有适当的对策处理它。表 22-4 中应对机构的财务问题的策略就属于这一类。

22.4 风险监控

风险监控是实施和监控风险管理计划，对每一个识别的风险定期进行评估，从而确定风险出现的可能性是变大还是变小、风险的影响后果是否有所改变，保证风险计划的执行，评估和削减风险的有效性。风险监控针对一个预测的风险，监视它事实上是否发生了，确保针对某个风险而制定的风险消除步骤正在合理使用；同时监视剩余的风险和识别新的风险，收集可用于将来的风险分析信息的过程。风险监控应该是一个持续不断的过程，需要重复进行风险识别、风险评估及风险对策研究一整套基本措施。在每一次对风险管理进行评审时，每一个重大风险都应该单独评审并在会上进行讨论。

风险监控首先需要建立风险监控体系，然后评审和评价风险。

1. 建立项目风险监控体系

项目风险监控体系的建立包括制定项目风险的方针、程序、责任制度、报告制度、预警制度、沟通程序等方式，以此来控制项目的风险。

在软件项目管理过程中应该任命一名风险管理者，该管理者的主要职责是在制订与评估规划时，从风险管理的角度对项目计划进行审核并发表意见，不断寻找可能出现的任何意外情况，试着指出各个风险的管理策略及常用的管理方法，以能够随时处理出现的风险。风险管理者可以是由项目经理以外的人担任。

2. 项目风险评审评估

确定项目风险监控活动和有关结果是否符合项目风险计划，以及风险计划是否有效地实施并达到预定目标。系统地进行项目风险审核是开展项目风险监控的有效手段，也是作为改进项目风险监控活动的一种有效的机制。如果风险事件未被预料到，或后果远大于预料，那么计划的风险策略可能不充分，这时就有必要再次进行风险对策研究甚至风险管理程序，需要增加附加风险策略研究。

在项目实施过程中，项目经理应该定期回顾和维护风险计划，及时更新风险清单，对风险进行重新排序，并更新风险的解决情况，这些活动应该包含在项目计划中。只有这样才能使项目经理们经常思考这些风险，居安思危，对风险的严重程度保持警惕。

为了保证项目的透明性，风险清单应该向项目组的所有人公开，同时鼓励所有人员有风险意识，随时上报发现的问题。项目组应当建立一个匿名交流渠道，这样项目组的所有成员可以利用这个渠道报告项目进展和风险消息。例如，开发人员推迟交付代码，测试人员可以上报;如果测试人员没有充分测试就将产品写成书面文件,那么文档撰写者可以上报;如果项目经理向高层夸大项目的进展情况,相关人员可以上报,等等。

22.5 常见风险及其处理

在软件项目管理活动中,要积极面对风险,越早识别风险、越早管理风险,就越有可能规避风险,或者在风险发生时能够降低风险带来的影响。特别是在项目参与方多、涉及面广、影响面大、技术含量高的复杂项目中应加强风险管理。软件项目中常见的风险及其处理方法如下。

1. 项目缺少可见性

当一个项目经理或一名开发者说已经完成80%的任务,需保持审慎的态度。因为剩下的20%可能需要80%的时间,甚至永远不能完成。软件项目往往在项目进度和软件质量方面缺少可见性。项目越缺少可见性,就越难以控制,就越有可能失败。可以通过迭代开发、技术评审、持续集成来增强项目的可见性。

2. 新技术引入

技术创新是一种具有探索性、创造性的技术经济活动。在开发过程中引入新技术,不可避免地要遇到各种风险。通过原型开发、充分论证、多阶段评审、同行经验等措施可降低新技术风险。

3. 技术兼容性风险

硬件产品之间、系统软件(操作系统、中间件、数据库管理系统)与主机设备之间、系统软件之间、应用软件与系统软件之间及应用软件之间都可能存在兼容性问题。往往系统集成的项目越复杂,兼容性问题就越有可能存在。可以通过设计先行、售前产品测试等方法来降低这种风险。

4. 性能问题

由于先期设计不足,在系统切换或新系统使用一段时间后暴露的性能问题往往要进行大量的优化工作,甚至局部的或全面的重新设计。无论是用户还是开发者,谁都不希望出现性能问题。可以通过性能规划、性能测试等方法来降低这种风险。

5. 仓促上线

在项目实施过程中,系统切换上线环节最容易出纰漏。项目好不容易开发完成,却在最后时刻功亏一篑。尤其是针对影响面大的项目,在系统切换前应充分考虑各种可能出现的问题,做好风险对策。可以通过应急预案、分步切换、交叉培训等方法降低风险。

6. 可用性问题

软件的可用性包括软件的使用是不是高效、是否容易学习、是否容易记忆、是否令人愉快、是否不易出错等诸多因素。往往由于软件的可用性差,导致用户不满意,甚至被市场淘汰。在项目开发中应注意可用性问题,避免软件出现可用性方面的风险。可以通过了解用户、参与设计、竞争性分析等方法降低风险。

思考题

1. 软件项目风险来自哪些方面?
2. 软件项目风险管理分为哪几个阶段?

软件实践篇

  软件工程的理论方法来自实践,又反馈于实践。同传统工程一样,软件工程是一门实践性非常强的工程学科,书本知识是前人经验的总结,只有通过实践才能产生与书本知识的共鸣,为此,针对教材内容配置了一系列的实验。

  针对瀑布型模型,设置了一个科研管理系统的开发,阐述了从需求分析、概要设计、界面设计、详细设计、编码到测试每个阶段依次之间的转换关系。针对面向对象的方法,设置了类的制作这一实践;针对面向构件的方法,设置了构件的制作这一实践;针对面向 SOA 的方法,设置了SOA 实现这一实践;针对云计算的方法,设置了云平台体验这一实践;针对 CASE 工具,设置了代码生成器的制作。

第23章

基于软件过程方法的实验

目标:

(1) 掌握采用瀑布型模型结构化设计的流程。

(2) 掌握需求分析、概要设计、详细设计、数据库设计、界面设计、编码和测试之间的依次映射关系。

软件开发是问题空间到解空间的一个映射过程,需求分析、概要设计、详细设计、数据库设计、界面设计、编码和测试是问题空间到解空间映射的中间状态,是一种中间存在形式,它们之间依次存在紧密的映射关系。

23.1 需求分析

需求分析是要准确地回答系统做什么,需要从动态的业务流程和静态的数据存储两方面来分析系统,分别形成数据流图和数据字典。

23.1.1 数据流图

数据流图(data flow diagram,DFD)是一种描述数据流和加工的图形表示,当数据输入到系统后,经过一系列的变换加工输出新的数据,包括 4 个基本图符。

(1) 数据流(用箭头表示)。由一组数据项组成,如横向课题单、纵向课题单等。

(2) 加工(用圆圈表示)。对数据进行处理的单元,如录入、删除横向课题等。

(3) 文件(用线段表示)。用于存储数据,如横向课题表、纵向课题表等,往往是 SQL Server、Oracle 等数据库表。

(4) 源点和终点(用方框表示)。源点是数据流起源的地方,如教职工。终点是数据流最终的目的地,如科研处工作人员。他们是某个数据流的发起者、加工者或者接收者。

为了将系统的业务流程表达清楚,数据流图是分层表达的,分层的原则是自顶向下逐步分解加工,所以加工分解的好坏决定数据流图的质量。下面用分层数据流图来表达高校科研管理系统。

(1) 顶层数据流图。遵循自顶向下逐层分解的原则,项目名称可以直接作为顶层数据流图的加工,如图 23-1 所示。

(2) 0 层数据流图。将项目名称分解为具体的加工,如图 23-2 所示。

图 23-1　顶层数据流图

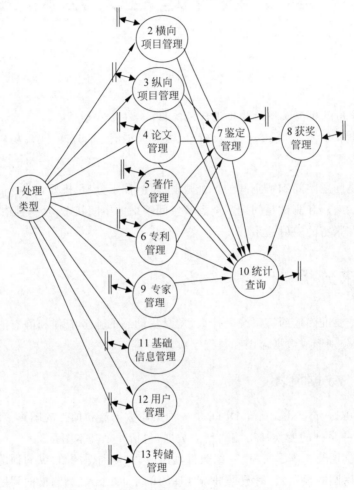

图 23-2　0 层数据流图(横向项目管理)

　　(3) 1 层数据流图。对 0 层数据流图中的加工进行分解,每个加工基本上可以进一步分解,这样 1 层数据流图会形成很多分图。下面对 0 层的加工 2(横向项目管理)进行分解,形成 1 层的子数据流图,如图 23-3 所示。

　　其他加工可以进行类似的分解,形成各自的 1 层数据流图。

23.1.2　数据字典

　　数据流图只描述了系统的分解,它没有表达出各个数据和加工的具体含义。数据字典就是用来描述数据流和加工的具体含义的。有了数据流图和数据字典,就能比较完整地描述一个系统,它们是需求规格说明书的主要组成部分。

数据流图的组成部分有数据流、加工、文件及源点和终点。按照传统的说法,源点和终点是系统之外的,不需要描述。从现在的观点来看,源点和终点表达能力不强,它们应该是启动业务流和操作业务流的角色,是应该描述的。这里暂不讨论源点和终点的描述。数据字典的条目也是由三大类组成:数据流条目、文件条目和加工条目。

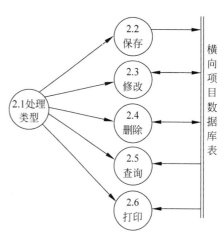

图 23-3 1层数据流图(横向项目管理)

1. 数据流条目

以横向项目为例:

横向项目=项目编号+项目名称+项目批准号+委托单位+项目类别+批准时间+有效期+合同经费+负责人+负责人院别+到款金额1+到款时间1+到款金额2+到款时间2+到款金额3+到款时间3+结题时间+项目简介+进展情况+参加者1+所在院别1+参加者2+所在院别2+参加者3+所在院别3+参加者4+所在院别4+参加者5+所在院别5+参加者6+所在院别6+参加者7+所在院别7+参加者8+所在院别8+参加者9+所在院别9+参加者10+所在院别10。

2. 文件条目

文件条目是描述存储的文件,现在基本上都是数据库表,依次列出系统所需要建立的数据库表,与数据流条目紧密相关,每个数据流条目至少要建立一个表,例如:

横向项目表={项目编号+项目名称+⋯},以项目编号依次排序。

纵向项目表={项目编号+项目名称+⋯},以项目编号依次排序。

论文表={论文编号+论文名称+⋯},以论文编号依次排序。

3. 加工条目

加工条目是描述数据加工的,根据数据结构的概念,每个数据项都有保存、修改、删除、查询、统计、打印等基本操作。

23.2 概要设计

概要设计是要准确地回答系统怎么做,形成系统的模块结构图。模块结构图是根据数据流图来生成的。一般来说,顶层数据流图的加工形成模块结构图的顶层;0层数据流图的加工映射成模块结构图的0层模块;1层数据流图的加工映射成模块结构图的1层模块,分别称为其父加工所映射成模块的子模块。科研管理系统的模块结构图如图23-4所示。

科研管理系统
基础信息设置
用户管理
横向课题管理
纵向课题管理
论文管理
专著管理
鉴定管理
获奖管理
专家管理
统计查询
数据转存
增加
修改
删除
查询
打印

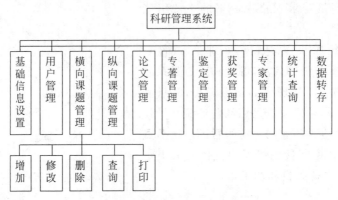

图 23-4 科研管理系统模块结构图

23.3 软件界面设计

随着可视化编程语言的出现,界面设计是软件开发的一个重要内容,分为菜单设计和具体界面设计两个步骤。

23.3.1 菜单设计

菜单设计是依据模块结构图来的,有多少个 0 层模块就有多少个菜单,当模块结构少时(<9),项目规模比较小,就映射成横向菜单(Menu),类似于 Office 的 Word 和 Excel 等,如图 23-5 所示;当模块多时(≥9),项目规模比较大,就映射成树形菜单(TreeView),类似于 Windows 的资源管理器,如图 23-6 所示。1 层模块分别映射成其父模块所映射菜单的子菜单。

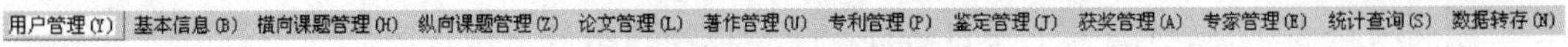

用户管理(Y) 基本信息(B) 横向课题管理(H) 纵向课题管理(Z) 论文管理(L) 著作管理(U) 专利管理(P) 鉴定管理(J) 获奖管理(A) 专家管理(E) 统计查询(S) 数据转存(N)

图 23-5 横向菜单表达

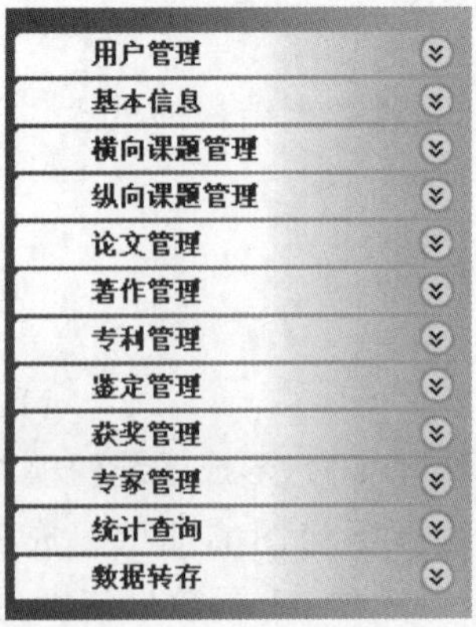

用户管理
基本信息
横向课题管理
纵向课题管理
论文管理
著作管理
专利管理
鉴定管理
获奖管理
专家管理
统计查询
数据转存

图 23-6 树状菜单表达

23.3.2　窗体设计

需求分析的加工先映射成概要设计的模块,然后由概要设计的模块映射成菜单,需求分析数据字典中的数据流词条先映射成数据库设计中的实体,然后映射成数据库表,在界面设计时映射成窗体的数据获取控件,如文本框、下拉框等。一般来说,一个数据词条对应一个实体、对应一个数据库表、对应一个录入窗体,一个数据项对应实体的一个属性、对应一个数据库表的字段、对应窗体的一个控件。以数据词条"横向项目"为例,看其录入窗体,如图 23-7 所示。

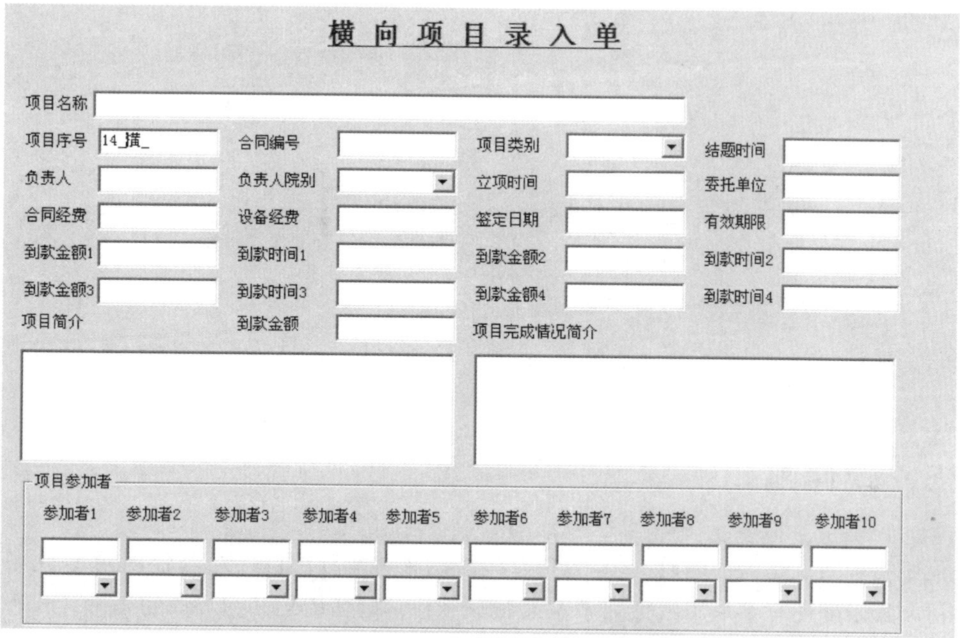

图 23-7　数据词条"横向项目"对应的录入窗口

23.4　详细设计

概要设计和界面设计完成后,只是软件系统的框架出来了,每个模块还没有进行设计,后续编码阶段也没有依据,这个时候需要对每个模块进行详细设计,画出程序流程图。一个模块可能包含多个业务流程,每个业务流程需要一个程序流程图,因此一个模块可能需要画出很多个程序流程图,一个项目由很多模块组成,因此它的程序流程图比较多。程序流程图类似于机械设计中的蓝图和建筑设计中的晒图。下面以登录模块为例来画出其程序流程图,如图 23-8 所示。

针对"确定"的程序流程图,如图 23-9 所示。

针对"取消"和"退出"的程序流程图读者可以自己来画。

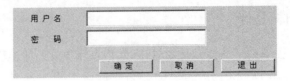

图 23-8　登录窗体

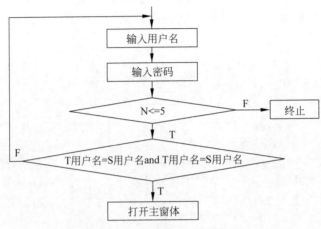

图 23-9　"确定"按钮的程序流程图

23.5　软件编码

　　程序流程图就是软件编码的依据,每个模块的程序流程图设计好以后,就可以用各种高级编程语言来翻译它。采用数据类型定义、顺序语句、选择语句和循环语句来翻译程序流程图。如同机械设计中的蓝图,工人可以根据图纸进行工件的加工;如同建筑设计中的晒图,工人可以根据图纸盖楼房。

23.6　软件测试

　　软件测试用例是根据程序流程图来生成的,例如图 23-9 所示,设计测试用例就是给变量赋值,主动变量是用户名和密码,运行时自增长的变量是 N,假设正确的用户名和密码分别是 abc 和 123,现在设计第一组测试用例。

　　用户名=abc,密码=123。输入运行软件,观察是否打开主界面。如果打开主界面,怎么表明正确的用户名和密码没有发现异常,此时 N=1。

　　为了测试 N>5 时软件是否退出,需要设计 6 组测试用例,每组测试用例的用户名或者密码不正确。

　　(1) 用户名=a,密码=123。

　　(2) 用户名=b,密码=123。

　　(3) 用户名=c,密码=123。

（4）用户名＝abc,密码＝1。

（5）用户名＝abc,密码＝2。

（6）用户名＝abc,密码＝3。

用这 6 组测试用例依次测试,如果每次都提示重新输入用户名和密码,并且在第 6 次输入完毕后,整个系统退出登录,则没有发现异常。

设计测试用例就是根据程序流程图和设计说明书给模块的变量进行赋值,然后运行软件,发现是否产生异常(与预期结果不一致)。

第24章
基于构造粒度方法的实验

目标：

(1) 掌握制作和调用类的方法。

(2) 掌握制作和调用构件的方法。

(3) 掌握制作和调用 SOA 的方法。

(4) 举例说明云计算的应用。

24.1　类制作

24.1.1　窗体设计

类(class)是大部分编程语言中最基础的类型。类是一个数据结构，将状态(字段)和行为(方法和其他函数成员)组合在一个单元中。类提供了用于动态创建类实例的定义，也就是对象(object)。类支持继承(inheritance)和多态(polymorphism)，即派生类能够扩展和特殊化基类的机制。

使用类声明可以创建新的类。类声明以一个声明头开始，其组成方式如下：先是指定类的特性和修饰符，后跟类的名字、基类(如果有的话)的名字，以及被该类实现的接口名。声明头后面是类体，它由一组包含在大括号({})中的成员声明组成。

下面是一个名为 Point 的简单类的声明。

```
public class Point {
    public int x, y;
    public Point(int x, int y){
        this.x = x;
        this.y = y;
    }
}
```

使用 new 运算符创建类的实例，它将为新实例分配内存，调用构造函数初始化实例，并且返回对该实例的引用。下面的语句创建两个 Point 对象，并且将那些对象的引用保存到两个变量中。

```
Point p1 = new Point(0, 0);
Point p2 = new Point(10, 20);
```

在 C# 中,没有必要也不可能显式地释放对象。当不再使用对象时,该对象所占的内存将被自动回收。

24.1.2 DBHelper 类制作

本节制作 DBHelp 类,将在 ASP. NET 平台中进行开发。使用 DBHelper 公共类可以节省很多代码,现在来简单介绍一下。

```
using System;
using System.Data;
using System.Data.Common;
using System.Configuration;

public class DbHelper
{
    private static string dbProviderName = ConfigurationManager.AppSettings
                                        ["DbHelperProvider"];
    private static string dbConnectionString = ConfigurationManager.AppSettings
                                        ["DbHelperConnectionString"];

    private DbConnection connection;
    public DbHelper()
    {
        this.connection = CreateConnection(DbHelper.dbConnectionString);
    }
    public DbHelper(string connectionString)
    {
        this.connection = CreateConnection(connectionString);
    }
    public static DbConnection CreateConnection()
    {
        DbProviderFactory dbfactory = DbProviderFactories.GetFactory(DbHelper.dbProvider Name);
        DbConnection dbconn = dbfactory.CreateConnection();
        dbconn.ConnectionString = DbHelper.dbConnectionString;
        return dbconn;
    }
    public static DbConnection CreateConnection(string connectionString)
    {
        DbProviderFactory dbfactory = DbProviderFactories.GetFactory(DbHelper.dbProviderName);
        DbConnection dbconn = dbfactory.CreateConnection();
        dbconn.ConnectionString = connectionString;
        return dbconn;
    }

    public DbCommand GetStoredProcCommond(string storedProcedure)
    {
        DbCommand dbCommand = connection.CreateCommand();
        dbCommand.CommandText = storedProcedure;
        dbCommand.CommandType = CommandType.StoredProcedure;
        return dbCommand;
```

```
        }
        public DbCommand GetSqlStringCommond(string sqlQuery)
        {
            DbCommand dbCommand = connection.CreateCommand();
            dbCommand.CommandText = sqlQuery;
            dbCommand.CommandType = CommandType.Text;
            return dbCommand;
        }

        #region 增加参数
        public void AddParameterCollection(DbCommand cmd, DbParameterCollection dbParameter
Collection)
        {
            foreach (DbParameter dbParameter in dbParameterCollection)
            {
                cmd.Parameters.Add(dbParameter);
            }
        }
        public void AddOutParameter(DbCommand cmd, string parameterName, DbType dbType, int size)
        {
            DbParameter dbParameter = cmd.CreateParameter();
            dbParameter.DbType = dbType;
            dbParameter.ParameterName = parameterName;
            dbParameter.Size = size;
            dbParameter.Direction = ParameterDirection.Output;
            cmd.Parameters.Add(dbParameter);
        }
        public void AddInParameter(DbCommand cmd, string parameterName, DbType dbType, object
value)
        {
            DbParameter dbParameter = cmd.CreateParameter();
            dbParameter.DbType = dbType;
            dbParameter.ParameterName = parameterName;
            dbParameter.Value = value;
            dbParameter.Direction = ParameterDirection.Input;
            cmd.Parameters.Add(dbParameter);
        }
        public void AddReturnParameter(DbCommand cmd, string parameterName, DbType dbType)
        {
            DbParameter dbParameter = cmd.CreateParameter();
            dbParameter.DbType = dbType;
            dbParameter.ParameterName = parameterName;
            dbParameter.Direction = ParameterDirection.ReturnValue;
            cmd.Parameters.Add(dbParameter);
        }
        public DbParameter GetParameter(DbCommand cmd, string parameterName)
        {
            return cmd.Parameters[parameterName];
        }

        #endregion
```

```
#region 执行
public DataSet ExecuteDataSet(DbCommand cmd)
{
    DbProviderFactory dbfactory = DbProviderFactories.GetFactory(DbHelper.dbProviderName);
    DbDataAdapter dbDataAdapter = dbfactory.CreateDataAdapter();
    dbDataAdapter.SelectCommand = cmd;
    DataSet ds = new DataSet();
    dbDataAdapter.Fill(ds);
    return ds;
}

public DataTable ExecuteDataTable(DbCommand cmd)
{
    DbProviderFactory dbfactory = DbProviderFactories.GetFactory(DbHelper.dbProviderName);
    DbDataAdapter dbDataAdapter = dbfactory.CreateDataAdapter();
    dbDataAdapter.SelectCommand = cmd;
    DataTable dataTable = new DataTable();
    dbDataAdapter.Fill(dataTable);
    return dataTable;
}

public DbDataReader ExecuteReader(DbCommand cmd)
{
    cmd.Connection.Open();
    DbDataReader reader = cmd.ExecuteReader(CommandBehavior.CloseConnection);

    return reader;
}
public int ExecuteNonQuery(DbCommand cmd)
{
    cmd.Connection.Open();
    int ret = cmd.ExecuteNonQuery();
    cmd.Connection.Close();
    return ret;
}

public object ExecuteScalar(DbCommand cmd)
{
    cmd.Connection.Open();
    object ret = cmd.ExecuteScalar();
    cmd.Connection.Close();
    return ret;
}
#endregion

#region 执行事务
public DataSet ExecuteDataSet(DbCommand cmd, Trans t)
{
    cmd.Connection = t.DbConnection;
    cmd.Transaction = t.DbTrans;
```

```
        DbProviderFactory dbfactory = DbProviderFactories.GetFactory(DbHelper.dbProvider Name);
        DbDataAdapter dbDataAdapter = dbfactory.CreateDataAdapter();
        dbDataAdapter.SelectCommand = cmd;
        DataSet ds = new DataSet();
        dbDataAdapter.Fill(ds);
        return ds;
    }

    public DataTable ExecuteDataTable(DbCommand cmd, Trans t)
    {
        cmd.Connection = t.DbConnection;
        cmd.Transaction = t.DbTrans;
        DbProviderFactory dbfactory = DbProviderFactories.GetFactory(DbHelper.dbProviderName);
        DbDataAdapter dbDataAdapter = dbfactory.CreateDataAdapter();
        dbDataAdapter.SelectCommand = cmd;
        DataTable dataTable = new DataTable();
        dbDataAdapter.Fill(dataTable);
        return dataTable;
    }

    public DbDataReader ExecuteReader(DbCommand cmd, Trans t)
    {
        cmd.Connection.Close();
        cmd.Connection = t.DbConnection;
        cmd.Transaction = t.DbTrans;
        DbDataReader reader = cmd.ExecuteReader();
        DataTable dt = new DataTable();
        return reader;
    }
    public int ExecuteNonQuery(DbCommand cmd, Trans t)
    {
        cmd.Connection.Close();
        cmd.Connection = t.DbConnection;
        cmd.Transaction = t.DbTrans;
        int ret = cmd.ExecuteNonQuery();
        return ret;
    }

    public object ExecuteScalar(DbCommand cmd, Trans t)
    {
        cmd.Connection.Close();
        cmd.Connection = t.DbConnection;
        cmd.Transaction = t.DbTrans;
        object ret = cmd.ExecuteScalar();
        return ret;
    }
    # endregion
}

public class Trans : IDisposable
{
```

```
private DbConnection conn;
private DbTransaction dbTrans;
public DbConnection DbConnection
{
    get { return this.conn; }
}
public DbTransaction DbTrans
{
    get { return this.dbTrans; }
}

public Trans()
{
    conn = DbHelper.CreateConnection();
    conn.Open();
    dbTrans = conn.BeginTransaction();
}
public Trans(string connectionString)
{
    conn = DbHelper.CreateConnection(connectionString);
    conn.Open();
    dbTrans = conn.BeginTransaction();
}
public void Commit()
{
    dbTrans.Commit();
    this.Colse();
}

public void RollBack()
{
    dbTrans.Rollback();
    this.Colse();
}

public void Dispose()
{
    this.Colse();
}

public void Colse()
{
    if (conn.State == System.Data.ConnectionState.Open)
    {
        conn.Close();
    }
}
}
```

24.1.3　DBHelper 类使用

下面给出一些基本的使用示例，基本能满足大部分的数据库操作需要。

1. 直接执行 sql 语句

```
DbHelper db = new DbHelper();
DbCommand cmd = db.GetSqlStringCommond("insert t1 (id)values('haha')");
db.ExecuteNonQuery(cmd);
```

2. 执行存储过程

```
DbHelper db = new DbHelper();
DbCommand cmd = db.GetStoredProcCommond("t1_insert");
db.AddInParameter(cmd, "@id", DbType.String, "heihei");
db.ExecuteNonQuery(cmd);
```

3. 返回 DataSet

```
DbHelper db = new DbHelper();
DbCommand cmd = db.GetSqlStringCommond("select * from t1");
DataSet ds = db.ExecuteDataSet(cmd);
```

4. 返回 DataTable

```
DbHelper db = new DbHelper();
DbCommand cmd = db.GetSqlStringCommond("t1_findall");
DataTable dt = db.ExecuteDataTable(cmd);
```

5. 输入参数/输出参数/返回值的使用

```
DbHelper db = new DbHelper();
DbCommand cmd = db.GetStoredProcCommond("t2_insert");
db.AddInParameter(cmd, "@timeticks", DbType.Int64, DateTime.Now.Ticks);
db.AddOutParameter(cmd, "@outString", DbType.String, 20);
db.AddReturnParameter(cmd, "@returnValue", DbType.Int32);
db.ExecuteNonQuery(cmd);
string s = db.GetParameter(cmd, "@outString").Value as string;//out parameter
int r = Convert.ToInt32(db.GetParameter(cmd, "@returnValue").Value);//return value
```

6. DataReader 使用

```
DbHelper db = new DbHelper();
DbCommand cmd = db.GetStoredProcCommond("t2_insert");
db.AddInParameter(cmd, "@timeticks", DbType.Int64, DateTime.Now.Ticks);
db.AddOutParameter(cmd, "@outString", DbType.String, 20);
db.AddReturnParameter(cmd, "@returnValue", DbType.Int32);
using (DbDataReader reader = db.ExecuteReader(cmd))
{
    dt.Load(reader);
}
string s = db.GetParameter(cmd, "@outString").Value as string;//out parameter
int r = Convert.ToInt32(db.GetParameter(cmd, "@returnValue").Value);//return value
```

7. 事务的使用

项目中需要将基本的数据库操作组合成一个完整的业务流时,代码级的事务是必不可少的。

```
pubic void DoBusiness()
{
    using (Trans t = new Trans())
    {
        try
        {
            D1(t);
            throw new Exception();                    //如果有异常,会回滚
            D2(t);
            t.Commit();
        }
        catch
        {
            t.RollBack();
        }
    }
}
public void D1(Trans t)
{
    DbHelper db = new DbHelper();
    DbCommand cmd = db.GetStoredProcCommond("t2_insert");
    db.AddInParameter(cmd, "@timeticks", DbType.Int64, DateTime.Now.Ticks);
    db.AddOutParameter(cmd, "@outString", DbType.String, 20);
    db.AddReturnParameter(cmd, "@returnValue", DbType.Int32);

    if (t == null) db.ExecuteNonQuery(cmd);
    else db.ExecuteNonQuery(cmd,t);

    string s = db.GetParameter(cmd, "@outString").Value as string;  //out parameter
    int r = Convert.ToInt32(db.GetParameter(cmd, "@returnValue").Value);  //return value
}
public void D2(Trans t)
{
    DbHelper db = new DbHelper();
    DbCommand cmd = db.GetSqlStringCommond("insert t1 (id)values('..')");
    if (t == null) db.ExecuteNonQuery(cmd);
    else db.ExecuteNonQuery(cmd, t);
}
```

24.2 构件制作

构件是一个独立部署的单元,是一个第三方合成的单元,构件没有一致性的状态。常见的构件有 DLL、OCX 等,本节将介绍这两种构件的制作。

24.2.1　DLL 的简单介绍

DLL(dynamic link library,动态链接库)允许程序共享执行特殊任务所必需的代码和其他资源,是一种中间件。在 Windows 操作系统中,DLL 对于程序执行是非常重要的,因为程序在执行的时候必须链接到 DLL 文件才能够正确地运行。而有些 DLL 文件可以被许多程序共用。因此,程序设计人员可以利用 DLL 文件,使程序不至于太过巨大。

使用 DLL 的好处如下。

(1)多个应用程序共享代码和数据。比如 Office 软件的各个组成部分有相似的外观和功能,这就是通过共享动态链接库实现的。

(2)节省内存和减少交换操作。很多进程可以同时使用一个 DLL,在内存中共享该 DLL 的一个副本。相反,对于每个用静态链接库生成的应用程序,Windows 必须在内存中加载库代码的一个副本。

(3)支持多语言程序。只要程序遵循函数的调用约定,用不同编程语言编写的程序就可以调用相同的 DLL 函数。程序与 DLL 函数在下列方面必须是兼容的:函数期望其参数被推送到堆栈上的顺序,是函数还是应用程序负责清理堆栈,寄存器中是否传递了何种参数。

(4)在钩子程序(DLL 中有一个 Set Hook Window Ex 函数)过滤系统消息时必须使用动态链接库。

(5)动态链接库以一种自然的方式将一个大的应用程序划分为几个小的模块,有利于小组内部成员的分工与合作,而且各个模块可以独立升级。如果小组中的一个成员开发了一组实用例程,他就可以把这些例程放在一个动态链接库中,让小组的其他成员使用。

(6)为了实现应用程序的国际化,往往需要使用动态链接库。使用动态链接库可以将针对某一国家语言的信息存放在其中。对于不同的版本,使用不同的动态链接库。在使用 AppWizard 生成应用程序时,可以指定资源文件使用的语言,这就是通过提供不同的动态链接库实现的。

24.2.2　用 VB 做一个 DLL 文件

打开 VB 6.0 会出现图 24-1 所示对话框,选择 ActiveX DLL 选项,然后单击“打开”按钮。

进入主界面后,把工程名从默认的“工程 1”改为 MyFirstDLL;把类名从默认的 Class1 改为 CMath。

开始写一个加法函数,其代码如下:

```
Public Function Add(a As Long, b As Long) As Long
    Add = a + b
End Function
```

选择“文件”→“生成 MyFirstDLL.DLL”命令,把新生成的 MyFirstDLL.DLL 保存到相应的目录下。

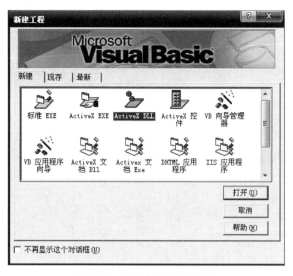

图 24-1 "新建工程"对话框

24.2.3 对 ActiveX DLL 的测试

1. 在 VB 上测试

（1）打开 VB 6.0,在出现的图 24-1 所示对话框中选择"标准 EXE"选项,然后单击"打开"按钮。在"工程"菜单中选择"引用",在弹出的对话框中单击"浏览"按钮,把刚才生成的 MyFirstDLL.DLL 引用进来,单击"确定"按钮完成引用后就可以使用 MyFirstDLL.DLL 里面的 CMath 类了。

（2）在主界面上拖一个"按钮",在这个"按钮"的单击事件中写如下的测试代码。

① 静态引用。

```
Private Sub Command1_Click() '静态引用
    Dim math As CMath
    Set math = New CMath
    MsgBox math.Add(10, 11)
End Sub
```

② 动态引用。

```
Private Sub Command1_Click() '动态引用
    Dim obj As Object
    Set obj = CreateObject("myfirstdll.cmath")
    MsgBox obj.Add(10, 11)
End Sub
```

图 24-2 VB 测试程序运行的结果

（3）运行测试程序,单击上面的按钮时就会弹出一个提示框显示程序运行的结果,如图 24-2 所示。

2. 在 VC 上的测试

（1）为了确保 MyFirstDLL.DLL 是已注册的控件,运行 regsvr32 对这个 ActiveX DLL

进行注册,即使注册过了,再注册也没什么负面影响。

（2）打开 VC 6.0,建立一个 MFC 对话框工程。

（3）在 stdafx.h 里面加上对 MyFirstDLL.DLL 的导入,并引用这个命名空间 MyFirstDLL,代码如下。

```
#import "E:\code\VB\MyFirstDll.dll"
using namespace MyFirstDll;
```

（4）重载“确定”按钮的响应函数,其代码如下:

```
HRESULT hResult;
CLSID clsid;
::CoInitialize(NULL);
hResult = CLSIDFromProgID(OLESTR("MyFirstDll.CMath"),&clsid);
if (SUCCEEDED(hResult))
{
  _CMath * pMath = NULL;
  hResult = ::CoCreateInstance(clsid, NULL,
      CLSCTX_INPROC_SERVER, uuidof(_CMath), (LPVOID * )&pMath);
  if (SUCCEEDED(hResult))
  {
    long a = 12;
    long b = 13;
    long lResult = pMath->Add(&a,&b);
    CString str;
    str.Format("%ld", lResult);
    AfxMessageBox(str);
  }
}
::CoUninitialize();
```

（5）运行测试程序,得到的测试结果如图 24-3 所示。

由 VB 和 VC 测试程序运行的结果可知,ActiveX DLL 屏蔽了程序设计语言之间的异构性,很好地实现了程序的共享。

图 24-3　VC 测试程序运行的结果

3. 注意事项

（1）ActiveX DLL 是一个 COM 类型的组件。在第一次使用它时,必须要对其进行注册,它的一些信息会记录到注册表当中。这和函数导出类型的 DLL 有所不同,函数导出类型的 DLL,如 Windows 里面的 kernel32.dll 是一个函数导出库,和 COM 不一样,在使用时不需要注册,直接通过这个 DLL 文件的路径,然后进行相应的调用方法,就可以使用这个函数导出库中的相应函数。

（2）若 ActiveX DLL 类里面的函数需要给外界使用,则它的函数保护类型应该是 Public 类型的。

（3）同一种工程名的 ActiveX DLL 同时只能注册一个。

24.2.4　OCX 控件的介绍

Visual Basic 或者 Delphi 这类的可视化编程工具,工具条上的控件如 EditBox、Grid、

ImageBox、Timer 等都有自己的事件、方法和属性。使用了控件的编程非常容易,在程序的设计阶段可以设置一些属性,如大小、位置、标题(caption)等。在程序运行阶段,可以更改这些属性,还可以针对不同的事件调用不同的方法来实现对该控件的控制,它是一种中间件。

使用 OCX(object class extension,对象类别扩充组件)控件的好处如下。

控件就像一块块的积木,程序要做的事只是将这些积木搭起来。控件的最大好处是可以重复使用,甚至可以在不同的编程语言之间使用,如可以在 VB 中嵌入用 VC 开发的控件。

24.2.5 用 VB 做一个 OCX 控件

打开 VB 6.0,在弹出的对话框中选择"ActiveX 控件",进入主界面,将工程名从默认的"工程1"改为 timectrl。在控件的界面里面拖放一个 Label 控件和一个 Timer 控件,如图 24-4 所示。

(1) 将 Label 控件的名称改为 TimeShow,caption 属性设为空。

(2) 将 Timer 控件的 interval 属性改为 1000,表示 Timer 控件的 Timer 事件每 1000ms 发生一次。

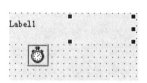

图 24-4 选择控件

(3) 双击 Timer 控件,在这个新出现的函数里面可以添加 Timer 事件的处理代码。这里要实现的是一个显示系统时间的控件,显示的精度为秒。

进行编程:

(1) 获取系统时间,需要用到 Windows 的 API 函数 GetLocalTime,其输入参数是一个 SYSTEMTIME 类型的结构体。GetLocalTime 是动态链接库 kernel32.dll 中的导出函数,kernel32.dll 是一个函数导出类型的动态链接库,与用 VB 做的 ActiveX DLL 有所不同,ActiveX DLL 是一种 COM 类型的组件,它们之间使用的方法也有所不同。使用 GetLocalTime 的方法是:先在 VB 文件的头部声明一下这个函数,然后再定义一个 SYSTEMTIME 类型的结构体,其代码如下:

```
Private Declare Sub GetLocalTime Lib "kernel32" (lpsystemtime As SYSTEMTIME)
Private Type SYSTEMTIME
    wYear As Integer
    wMonth As Integer
    wDayOfWeek As Integer
    wDay As Integer
    wHour As Integer
    wMinute As Integer
    wSecond As Integer
    wMilliseconds As Integer
End Type
```

(2) 在 Timer 控件的事件处理函数中将获取到的系统时间显示在 Label 控件中,其代码如下。

```
Private Sub Timer1_Timer()
   Dim sysTime As SYSTEMTIME
   Dim strTime As String
   GetLocalTime sysTime
   strTime = sysTime.wYear & " - " & _
            sysTime.wMonth & " - " & _
            sysTime.wDay & " " & _
            sysTime.wHour & ": " & _
            sysTime.wMinute & ": " & _
            sysTime.wSecond
    TimeShow.Caption = strTime
   End Sub
```

运行观察:

① 如果机器上安装了 IE 且 IE 是默认的浏览器,这时按 F5 键,或是单击工具栏上的▶按钮执行这个程序,在弹出的对话框中单击"确定"按钮就会在 IE 中看到此控件的运行情况(在 IE 打开的这个页面中,允许阻止的内容)。

② 选择"文件"→"生成 timectrl.ocx"命令将这个 OCX 控件文件保存下来,这样一个 OCX 控件的制作就完成了。

24.2.6 对 OCX 控件的测试

1. 在 VB 上进行测试

(1) 打开 VB 6.0,选择"标准 EXE"程序,然后在"工程"菜单里选择"部件",这时会弹出图 24-5 所示"部件"对话框,单击"浏览"按钮,找到刚才生成的那个 timectrl.ocx,单击"确定"按钮完成部件的添加操作。

(2) 在控件工具条中会看到多了一个控件(如图 24-6 中的最后一个控件),这个多出来的控件就是刚才做的 OCX 控件。

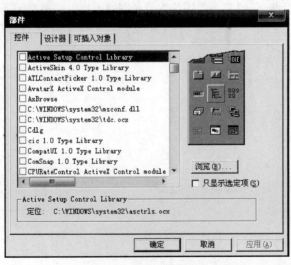

图 24-5 "部件"对话框

图 24-6 工具箱

（3）将这个控件拖放到主界面上，然后执行程序，会看到类似于图 24-7 所示的结果，并且时间是一秒一秒地增加的。

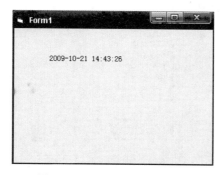

图 24-7 VB 测试程序的结果

2. 在 VC 上进行测试

（1）为了确保 timectrl.ocx 是已注册的控件，运行 regsvr32 对这个 OCX 控件进行注册，即使注册过了，再注册也没什么负面影响。

（2）打开 VC 6.0，建立一个 MFC 对话框工程。

（3）选择 Project→Add to Project→Components and Controls Gallery 命令，弹出如图 24-8 所示的对话框。

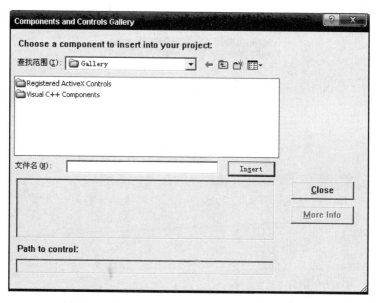

图 24-8 Components and Controls Gallery 对话框

（4）选择 Registered ActiveX Controls 文件夹，弹出如图 24-9 所示的对话框，在对话框中找到 timectrl.ocx 对应的项，然后单击 Insert 按钮。

（5）成功插入 timectrl OCX 控件后，在工具条里会多出一个控件选项，如图 24-10 中的最后一个控件。

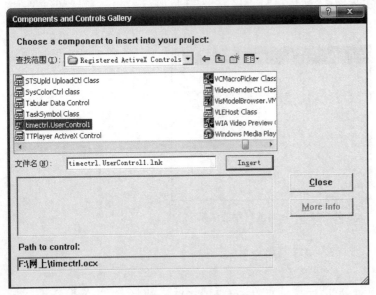

图 24-9　timectrl 插入界面

图 24-10　插入 timectrl OCX 控件后,VC 6.0 的工具条

(6) 把它拖放到测试程序的对话框中,然后运行测试程序,出现的结果如图 24-11 所示,并且上面的时间和 VB 测试程序上都是每秒在改变的。

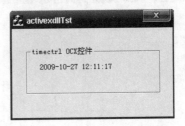

图 24-11　VC 测试程序的结果

(7) 由 VB 和 VC 的测试程序可以看出,OCX 控件屏蔽了程序开发语言之间的异构性。

3. 注意事项

在用 VB 添加自己做的 OCX 控件时,使用的是"工程"菜单项里面的"部件"选项,而 ActiveX DLL 选择的是"引用"项。

24.3　SOA

24.3.1　SOA 的定义

从软件发展史上来看,已经经历了面向过程、面向对象、面向构件、面向 Agent 等几个阶段。由于面向过程高度耦合而不适合较大软件系统的开发,面向对象技术只能支持同种语言,而面向构件虽然能做到构件二进制级别共享,但还是局限于特定平台。因此,一种称为面向服务的体系结构(SOA)的软件设计方法被提出,它通过发布可发现的接口为其他的应用程序提供服务,而其中的服务可以通过网络进行调用。通过SOA框架可以最大限度地减少系统间的耦合,从而提高可复用性。

SOA的概念是由Gartner公司给出的,SOA的定义为"客户端/服务器的软件设计方法,一项应用由软件服务和软件服务使用者组成"。SOA与大多数通用的客户端/服务器模型的不同之处在于它着重强调软件组件的松耦合,并使用独立的标准接口。其核心如下。

(1) SOA是一种软件架构思想,它并不是一个新概念。有人就将CORBA和DCOM等组件模型看成SOA架构的前身,SOA架构的实质就是将系统模型与系统实现分离,将其作为创建任务苛刻的应用程序和过程的"指导原则"。

(2) SOA是一种业务驱动的IT架构方式,支持对业务进行整合,使其成为一种互相联系、可复用的业务任务或者服务。

(3) SOA不仅仅是一个组件模型,而且还是一个业务开发框架,它能够将不同类别、不同平台的服务结合在一起,动态地、实时地更新和维护一个跨区域的多功能的应用实体。

(4) SOA并不是一种变革,而是一种进化。因为它是构建在许多一直在使用的技术之上,它将应用程序的不同功能单元——服务(service),通过服务间定义良好的接口和契约(contract)联系起来,接口采用中立的方式定义,独立于具体实现服务的硬件平台、操作系统和编程语言,使得构建在这样的系统中的服务可以使用统一和标准的方式进行通信。

这种具有中立的接口定义(没有强制绑定到特定的实现上)的特征称为服务之间的松耦合。松耦合系统的好处是SOA的灵活性,能够及时地对企业业务和信息的变化做出快速的反应。当每个服务的内部结构和实现逐渐地发生改变时,SOA能够继续存在。而紧耦合意味着应用程序的不同组件之间的接口与其功能是紧密相连的,因而当需要对部分或整个应用程序进行某种形式的更改时,它就显得非常脆弱。

24.3.2　SOA的实现

面向服务架构最常用的一种实现方法是Web Service技术,Web Service技术使用一系列标准和协议实现相关的功能。其中XML作为Web Service技术的基础,是开放环境下描述数据和信息的标准技术。服务提供者可以用WSDL(Web服务描述语言)描述Web服务,用UDDI(universal description discovery and integration,统一描述、发现和集成)向服务注册代理发布和注册Web服务,服务请求者通过UDDI进行查询,找到所需的服务后,利用SOAP(简单对象协议)来绑定、调用这些服务。

下面是用VS 2008创建并调用Web Service的实现。

(1) 新建一个Web Service,如图24-12所示。

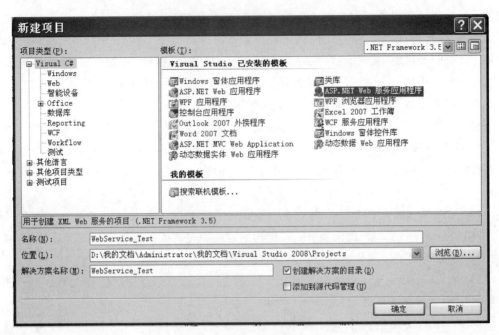

图 24-12　建立 SOA 服务(一)

(2) 双击 Service1.asmx 注释掉 Helloword 方法,添加一个方法,如图 24-13 所示。

图 24-13　建立 SOA 服务(二)

(3) 按 F5 键运行,得到下面的页面,端口号随机,可能与图中不一样,但需要记下这个地址 http://localhost:53445/Service1.asmx,然后关掉这个页面即可,如图 24-14 所示。

(4) 右击"解决方案",添加一个普通的 Web 项目,如图 24-15 和图 24-16 所示。

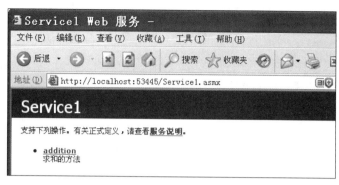

图 24-14　建立 SOA 服务（三）

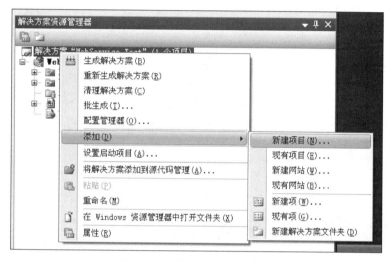

图 24-15　建立 SOA 服务（四）

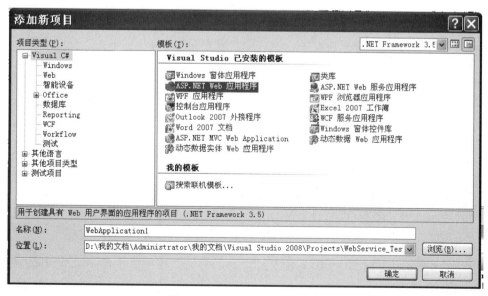

图 24-16　建立 SOA 服务（五）

(5) 右击新建的项目设为启动项目,如图 24-17 所示。

图 24-17   建立 SOA 服务(六)

(6) 再次右击,添加项目引用,如图 24-18 所示。

图 24-18   建立 SOA 服务(七)

(7) 输入刚才记下的地址(http://localhost:53445/Service1.asmx),直接单击,添加引用,如图 24-19 所示。

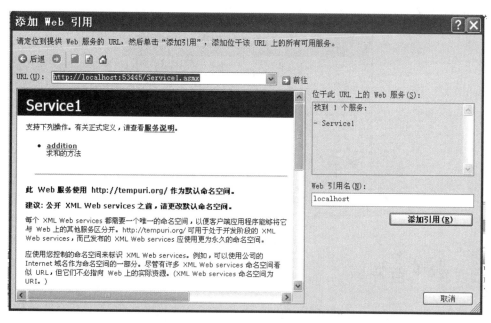

图 24-19　建立 SOA 服务(八)

(8) 编辑 Default.aspx 页面。拖一个 Button 按钮过来,在 Click 方法里添加如下代码, 如图 24-20 所示。

```
起始页  Default.aspx.cs  Default.aspx  Service1.asmx.cs              ▾ ×
WebApplication1._Default        ▾  Button1_Click(object sender, EventArgs ▾
using System;
using System.Collections.Generic;
using System.Linq;
using System.Web;
using System.Web.UI;
using System.Web.UI.WebControls;

namespace WebApplication1
{
    public partial class _Default : System.Web.UI.Page
    {
        protected void Page_Load(object sender, EventArgs e)
        {

        }

        protected void Button1_Click(object sender, EventArgs e)
        {
            localhost.Service1 WebserviceInstance = new localhost.Service1();
            string s = WebserviceInstance.addition(1, 2).ToString();
            Response.Write(s);
        }
    }
}
```

图 24-20　建立 SOA 服务(九)

（9）按 F5 键运行后,单击 Button 按钮后就会显示出 3,如图 24-21 所示。

图 24-21　建立 SOA 服务(十)

24.4　云平台体验

24.4.1　云平台介绍

转向云计算(cloud computing)是业界将要面临的一个重大改变。各种云平台(cloud platforms)的出现是该转变的重要环节之一。顾名思义,这种平台允许开发者们或是将写好的程序放在"云"里运行,或是使用"云"里提供的服务,或二者皆是。至于这种平台的名称,现在可以听到不止一种称呼,比如按需平台(on-demand platform)、平台即服务(platform as a service,PaaS)等。但无论称呼它什么,这种新的支持应用的方式有着巨大的潜力。

24.4.2　云平台实例

云计算的最终目的就是要将个人计算机放到互联网中,让你能够在任何时间,任何地点做任何与计算机相关的事,还不用随身带着笔记本或者 U 盘,因为需要的所有数据、软件都在云中,在你的网络账户里。从新媒体应用的角度来看,云计算也为它们开拓出一条创新之路。软件向云服务转型,云计算让很多以前听起来不可能的事情变得可能、甚至已成现实。

例如,有一个老板在自己家里的计算机上按了 Ctrl+C(复制)组合键,然后他来到公司的计算机上,按了 Ctrl+V(粘贴)组合键,以为这样做就可以把家里的文件复制到公司的计算机里。在那个云计算还"闻所未闻"的年代,这个故事确实能成为笑话。但进入移动互联网的云计算时代,通过云存储,这样的应用已成为可能。

人们常把云计算这一 IT 基础资源视作水电煤。举例来说,以前人们要喝水,需要自己打一口井。如今不用打井,只要打开水龙头就有水喝。云计算也一样,从前有需求的企业要自己买服务器、搭建网络、运营维护,现在有了云计算平台,通过互联网就可以实现远程调用资源,享受"云"的灵活和方便。

还以水电煤为例,在没有电以前,谁也想象不到会有电视机、电冰箱等家电产品的出现,在"云"时代,人人都可以拥有"云",利用"云"拓展业务,快速适应市场需求变化。即使没有自己的数据中心,照样可以通过多种终端马上调用"云"上的资源,为"我"所用。

经过几年的发展,"云计算"一词几乎已经家喻户晓。随着云应用的落地,实实在在的云服务也正在改变着人们的生活方式。云服务随处可得,云计算离不开互联网的发展,特别是随着移动互联网的推进,将来无论是台式机、笔记本、手机、腕表、相机,或是公共查询机,甚至是 ATM 机,都将成为云中"个人计算机"的显示终端,成为云中的"个人计算机"。

举例来说,当在网络上看电视剧,有一集刚看到一半就要出门,如果是在过去,那只能等到回家再接着看,同时还要从头缓冲一遍。但在云视频技术产生后,可以直接通过手机或者平板计算机,在出门路上继续看这集电视剧,而且可以直接从刚才看到一半的地方开始,一秒钟都不会浪费。除了娱乐外,办公也因云计算变得更方便。拿打印来说,过去要将打印机接口与计算机端口用线连接上,再安装好驱动程序,在移动互联网和众多移动终端出现的今天,这种应用却显示出一定的局限性,不适应移动时代发展的需求。多家打印设备商因此推出了方便的云打印服务系统,不管终端是手机、笔记本式计算机还是 iPad,也不管操控的人是自己还是得到授权的其他人,不管距离多遥远,不管使用的客户端是什么,都能满足用户随时随地打印的需求。据介绍,这种打印流程非常简单,先将手中的智能终端连上云端,借助云端服务器,输入任意关键字,如"西城区"进行搜索,从而得到云打印列表,锁定打印机,将文件发送到云打印机上完成打印。此外,还可以通过将手机的 WiFi 接入打印机的 WiFi 热点中,随后打印选项中就会出现联网的所有打印机的名称,锁定一台打印机,输入密码,按下按钮,就可完成打印。

请读者根据生活中的经历,举两个例子来说明云平台的应用。

第25章

CASE 工具制作

目标：

(1) 熟悉什么是 CASE 工具。

(2) 掌握如何制作一个代码生成器。

25.1　CASE 工具介绍

CASE〔computer aided(or assisted) software engineering，计算机辅助软件工程〕的一个基本思想就是提供一组能够自动覆盖软件开发生命周期各个阶段的集成的、减少劳动力的工具。CASE 工具由许多部分组成，一般按软件开发的不同阶段分为上层 CASE 和下层 CASE 产品。上层或前端 CASE 工具自动进行应用的计划、设计和分析，帮助用户定义需求，产生需求说明，并可完成与应用开发相关的所有计划工作。下层或后端 CASE 工具自动进行应用系统的编程、测试和维护工作。

CASE 方法的特点如下。

(1) 解决了从客观世界对象到软件系统的直接映射问题，强有力地支持软件、信息系统开发的全过程。

(2) 使结构化方法更加实用。

(3) 自动检测的方法提高了软件的质量。

(4) 使原型化方法和 OO 方法付诸实施。

(5) 简化了软件的管理和维护。

(6) 加速了系统的开发过程。

(7) 使开发者从大量的分析设计图表和程序编写工作中解放出来。

(8) 使软件的各部分能重复使用。

(9) 产生出统一的标准化的系统文档。

25.2　CASE 工具制作

本节将主要介绍自动生成 C#代码的案例来加深读者对 CASE 工具的理解。

1. 界面存向数据库

从 DataSet 赋值给表，其代码生成如图 25-1 所示。

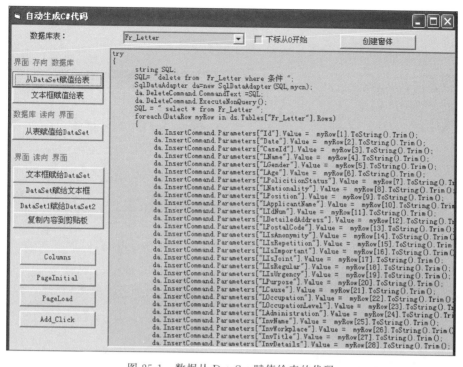

图 25-1 数据从 DataSet 赋值给表的代码

从文本框赋值给表,其代码生成如图 25-2 所示。

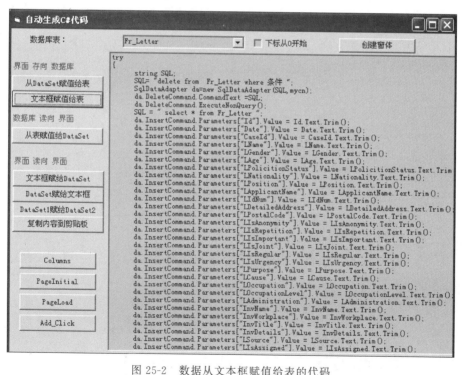

图 25-2 数据从文本框赋值给表的代码

2. 数据库读向界面

从表赋值给 DataSet，其代码生成如图 25-3 所示。

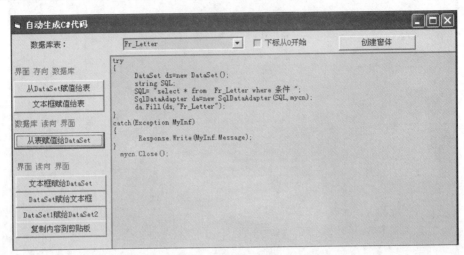

图 25-3　数据从表赋值给 DataSet 的代码

3. 界面读向界面

从文本框赋给 DataSet，其代码生成如图 25-4 所示。

图 25-4　数据从文本框赋给 DataSet 的代码

DataSet 赋给文本框，其代码生成如图 25-5 所示。

图 25-5 数据从 DataSet 赋给文本框的代码

两个 DataSet 之间赋值，其代码生成如图 25-6 所示。

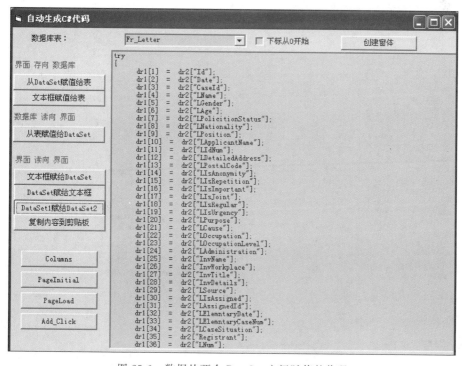

图 25-6 数据从两个 DataSet 之间赋值的代码

软件文档篇

文档（documentation）是指某种数据媒体和其中所记录的数据，它具有永久性，并可以由人或机器阅读，通常仅用于描述人工可读的东西。在软件工程中，文档常常用来表示对活动、需求、过程或结果进行描述、定义、规定、报告或认证的任何书面或图示的信息。

在软件生产过程中总是产生和使用大量的信息，软件文档在产品的开发过程中起着重要的作用。

（1）提高软件开发过程的能见度。把开发过程中发生的事件以某种可阅读的形式记录在文档中，管理人员可把这些记载下来的材料作为检查软件开发进度和开发质量的依据，实现对软件开发的工程管理。

（2）提高开发效率。软件文档的编制使得开发人员对各个阶段的工作都进行周密思考、全盘权衡、减少返工，并且可在开发早期发现错误和不一致性，便于及时加以纠正，作为开发人员在一定阶段的工作成果和结束标志，记录开发过程中的有关信息，便于协调以后的软件开发、使用和维护。

提供对软件的运行、维护和培训的有关信息，便于管理人员、开发人员、操作人员、用户之间的协作、交流和了解，使软件开发活动更科学、更有成效，便于潜在用户了解软件的功能、性能等各项指标，为他们选购符合自己需要的软件提供依据。

从某种意义上来说，文档是软件开发规范的体现和指南，按规范要求生成一整套文档的过程就是按照软件开发规范完成一个软件开发的过程，所以在使用工程化的原理和方法来指导软件开发和维护时，应当充分注意软件文档的编制和管理。

本书列出了12种重要的软件工程文档模板。

软件工程项目文档模板

附录 A.1　可行性研究报告（ISO 标准）

1. 引言

1.1　编写目的

编写本可行性研究报告的目的，指出预期的读者。

1.2　背景

（1）所建议开发的软件系统的名称。

（2）本项目的任务提出者和开发者，以及用户和实现该软件的单位。

（3）该软件系统同其他系统或其他机构基本的相互来往关系。

1.3　定义

列出本文件中用到的专门术语的定义和外文首字母组词的原词组。

1.4　参考资料

列出有关资料的作者、标题、编号、发表日期、出版单位或资料来源，可包括如下。

（1）项目经核准的计划任务书、合同或上级机关的批文。

（2）与项目有关的已发表的资料。

（3）文档中所引用的资料，所采用的软件标准或规范。

2. 可行性研究的前提

说明对所建议开发的软件的项目进行可行性研究的前提。

2.1　要求

说明对所建议开发的软件的基本要求。例如：

- 功能；
- 性能；
- 输出；
- 输入；
- 基本的数据流程和处理流程；
- 安全与保密要求；
- 与软件相关的其他系统；
- 完成期限。

2.2　目标

说明所建议系统的主要开发目标。例如：

(1) 减少人力与设备费用。

(2) 提高处理速度。

(3) 提高控制精度或生产能力。

(4) 改进管理信息服务。

(5) 改进决策系统。

(6) 提高人员工作效率等。

2.3　条件、假定和限制

说明对这项开发中给出的条件、假定和所受到期的限制。可包括如下。

(1) 建议开发软件运行的最短寿命。

(2) 进行系统方案选择比较的期限。

(3) 经费来源和使用限制。

(4) 法律和政策方面的限制。

(5) 硬件、软件、运行环境和开发环境的条件和限制。

(6) 可利用的信息和资源。

(7) 建议开发软件投入使用的最迟时间。

2.4　进行可行性研究的方法

说明这项可行性研究将是如何进行的,所建议的系统将是如何评价的,摘要说明所使用的基本方法和策略。

2.5　评价尺度

说明对系统进行评价时所使用的主要尺度,决定可行性的主要因素。

3. 对现有系统的分析

这里的现有系统是指当前实际使用的系统,这个系统可能是计算机系统,也可能是一个机械系统,甚至是一个人工系统。

分析现有系统的目的是进一步阐明建议中的开发新系统或修改现有系统的必要性。

3.1　处理流程和数据流程

说明现有系统的基本处理流程和数据流程。此流程可用图表即流程图的形式表示,并加以叙述。

3.2　工作负荷

列出现有系统所承担的工作及工作量。

3.3　费用开支

列出由于运行现有系统所引起的费用开支。如人力、设备、空间、支持性服务、材料等项开支。

3.4　人员

列出为了现有系统的运行和维护所需要的人员的专业技术类别和数量。

3.5　设备

列出现有系统所使用的各种设备。

3.6 局限性

说明现有系统存在的问题及为什么需要开发新的系统。

4. 所建议的系统

4.1 对所建议系统的说明

概括地说明所建议系统,并说明在第 2 条中列出的那些要求将如何得到满足,说明所使用的基本方法及理论根据。

4.2 处理流程和数据流程

给出所建议系统的处理流程式和数据流程。

4.3 改进之处

按2.2条中列出的目标,逐项说明所建议系统相对于现存系统具有的改进。

4.4 影响

说明新提出的设备要求及对现存系统中尚可使用的设备须做出的修改。

4.4.1 对设备的影响

说明新提出的设备要求及对现存系统中尚可使用的设备须做出的修改。

4.4.2 对软件的影响

说明为了使现存的应用软件和支持软件能够同所建议系统相适应,而需要对这些软件所进行的修改和补充。

4.4.3 对用户单位机构的影响

说明为了建立和运行所建议系统,对用户单位机构、人员的数量和技术水平等方面的全部要求。

4.4.4 对系统运行过程的影响

说明所建议系统对运行过程的影响。

4.4.5 对开发的影响

说明对开发的影响。

4.4.6 对地点和设施的影响

说明对建筑物改造的要求及对环境设施的要求。

4.4.7 对经费开支的影响

扼要说明为了所建议系统的开发,统计和维持运行而需要的各项经费开支。

4.5 技术条件方面的可能性

本节应说明技术条件方面的可能性。包括如下。

(1)在限制条件下,功能目标是否能达到。

(2)利用现有技术,功能目标能否达到。

(3)对开发人员数量的和质量的要求,并说明能否满足。

(4)在规定的期限内,开发能否完成。

5. 可选择的其他系统方案

扼要说明曾考虑过的每一种可选择的系统方案,包括需开发的和可从国内国外直接购买的。如果没有供选择的系统方案可考虑,则说明这一点。

5.1　可选择的系统方案 1

说明可选择的系统方案 1,并说明它未被选中的理由。

5.2　可选择的系统方案 2

按类似 5.1 条的方式说明第 2 个乃至第 n 个可选择的系统方案。

……

6. 投资及效益分析

6.1　支出

对于所选择的方案,说明所需的费用,如果已有一个现存系统,则包括该系统继续运行期间所需的费用。

6.1.1　基本建设投资

包括采购、开发和安装所需的费用。

6.1.2　其他一次性支出

6.1.3　非一次性支出

列出在该系统生命期内按月、按季或按年支出的用于运行和维护的费用。

6.2　收益

对于所选择的方案,说明能够带来的收益。这里所说的收益表现为开支费用的减少或避免、差错的减少、灵活性的增加、动作速度的提高和管理计划方面的改进等。包括如下。

6.2.1　一次性收益

说明能够用人民币数目表示的一次性收益,可按数据处理、用户、管理和支持等项分类叙述。

6.2.2　非一次性收益

说明在整个系统生命期内由于运行所建议系统而导致的按月的、按年的能用人民币数目表示的收益,包括开支的减少和避免。

6.2.3　不可定量的收益

逐项列出无法直接用人民币表示的收益。

6.3　收益/投资比

求出整个系统生命期的收益/投资比值。

6.4　投资回收周期

求出收益的累计数开始超过支出的累计数的时间。

6.5　敏感性分析

敏感性分析是指一些关键性因素,如系统生存周期长短、系统工作负荷量、处理速度要求、设备和软件配置变化对支出和效益的影响等的分析。

7. 社会因素方面的可能性

7.1　法律方面的可行性

如合同责任、侵犯专利权、侵犯版权等问题的分析。

7.2　使用方面的可行性

如用户单位的行政管理、工作制度、人员素质等能否满足要求。

8. 结论

在进行可行性研究报告的编制时,必须有一个研究的结论。结论意见可能如下。

(1) 可行。

(2) 需要推迟某些条件(如技术、人力、设备等)落实之后才能开始进行。

(3) 需要对开发目标进行某些修改之后才能开始进行。

(4) 不能进行或不必进行(如因技术不成熟、技术风险太大等)。

附录 A.2　需求分析文档［需求规格说明书(ISO 标准版)］

当需求调查、分析工作告一段落时,就需要将这些需求进行规格化描述,整理成文,即软件需求规格说明书,也就是 SRS。这是在软件项目过程中最有价值的一个文档。ISO 所提供的标准虽然已经时间久远,但还是颇具参考价值的。

1. 引言

1.1　编写的目的

说明编写这份需求说明书的目的,指出预期的读者。

为明确软件需求、安排项目规划与进度、组织软件开发与测试,撰写本文档。

本文档供项目经理、设计人员、开发人员参考。

1.2　背景

(1) 待开发系统的名称。

(2) 本项目的任务提出者、开发者、用户。

(3) 该系统同其他系统或其他机构的基本的相互来往关系。

1.3　定义

列出本文件中用到的专门术语的定义和外文首字母组词的原词组。

1.4　参考资料

(1) 列出用得着的参考资料。

(2) 项目经核准的计划任务书、合同或上级机关的批文。

(3) 项目开发计划。

(4) 文档所引用的资料、标准和规范。列出这些资料的作者、标题、编号、发表日期、出版单位或资料来源。

2. 任务概述

2.1　目标

叙述该系统开发的意图、应用目标、作用范围及其他应向读者说明的有关该系统开发的背景材料。解释被开发系统与其他有关系统之间的关系。

2.2　用户的特点

列出本系统的最终用户的特点,充分说明操作人员、维护人员的教育水平和技术专长,以及本系统的预期使用频度。

2.3　假定和约束

列出进行本系统开发工作的假定和约束。

3. 需求规定

3.1　对功能的规定

用列表的方式,逐项定量和定性地叙述对系统所提出的功能要求,说明输入什么量、经过怎么样的处理、得到什么输出,说明系统的容量,包括系统应支持的终端数和应支持的并行操作的用户数等指标。

3.2　对性能的规定

3.2.1　精度

说明对该系统的输入、输出数据精度的要求,可能包括传输过程中的精度。

3.2.2　时间特性要求

说明对于该系统的时间特性要求。

3.2.3　灵活性

说明对该系统的灵活性的要求,即当需求发生某些变化时,该系统对这些变化的适应能力。

3.3　输入输出要求

解释各输入输出数据类型,并逐项说明其媒体、格式、数值范围、精度等。对系统的数据输出及必须标明的控制输出量进行解释并举例。

3.4　数据管理能力要求(针对软件系统)

说明需要管理的文卷和记录的个数、表和文卷的大小规模,要按可预见的增长对数据及其分量的存储要求作出估算。

3.5　故障处理要求

列出可能的软件、硬件故障以及对各项性能而言所产生的后果和对故障处理的要求。

3.6　其他专门要求

如用户单位对安全保密的要求,对便利性的要求,对可维护性、可补充性、易读性、可靠性、运行环境可转换性的特殊要求等。

4. 运行环境规定

4.1　设备

列出运行该软件所需要的硬设备。说明其中的新型设备及其专门功能,包括如下。

(1) 处理器型号及内存容量。

(2) 外存容量、联机或脱机、媒体及其存储格式,设备的型号及数量。

(3) 输入及输出设备的型号和数量,联机或脱机。

(4) 数据通信设备的型号和数量。

(5) 功能键及其他专用硬件。

4.2　支持软件

列出支持软件,包括要用到的操作系统、编译程序、测试支持软件等。

4.3 接口

说明该系统同其他系统之间的接口、数据通信协议等。

4.4 控制

说明控制该系统的运行方法和控制信号,并说明这些控制信号的来源。

附录 A.3 项目计划书

随着现代软件工程思想的普及,迭代的、增量的开发生命周期已经被认识并付诸实践,针对这样的生命周期,其项目计划的格式也需要做出相应的调整。

1. 文档概述

在此对整个文档进行概要性描述,另外还应列出该计划的目标、范围、定义、术语、参考资料等内容。

1.1 目标

在此描述本项目计划的目标。

1.2 范围

简要说明该计划所覆盖的范围,以及与其相关的项目,与该文档有联系的事物。

1.3 定义与术语

在此列出在该计划中所涉及的所有术语、定义、缩写词的解释,这些信息也可以引用项目词汇表来提供。

1.4 参考资料

在此应列出项目计划中引用的文档列表,对于引用的每个文档都应该列出其标题、文档编号、日期,并且指出这些文档的来源,以方便该计划的阅读者查找。

1.5 概述

说明该计划其他部分所包含的内容,以及文档的组织方式。

2. 项目概述

2.1 项目目标

指出该项目将会交付什么样的产品,能够帮助客户达到什么目标。

2.2 假设与约束

列举出制订该计划时所做的所有假设,以及列举出对该项目的解决方案的约束性要求,如特定的操作系统平台、特定的时间、特定的经费范围等。

2.3 项目交付物

具体列出该项目完成后将交付哪些东西,并可以列出每个交付时间。

2.4 项目计划更新总结

建议采用表格的形式将计划的修订过程列出来。

3. 项目组织

3.1 项目组织结构

建议使用组织结构图的形式,将整个项目团队成员之间的关系与职责明确下来,甚至可以包括管理人员、各种委员会等。

3.2　外部联系人

列出开发组织之外的,所有与项目相关的外部人员的姓名、联系电话等资料。

3.3　角色与职责

明确项目开发各个任务的负责人或小组。

4. 项目管理计划

4.1　项目估计

给出关于项目成本、进度的估计值,这些估计值将是项目计划制订的基础,也是今后重新评估、修改计划的基础。可以采用任何估算技术。

4.2　项目计划

4.2.1　阶段计划

主要包括工作结构分解(WBS)、显示各个阶段或迭代时间安排的甘特图、主要里程碑与其验收标准。

4.2.2　迭代目标

如果采用的是迭代式的开发方法,那么在此列出每次迭代的计划,以及每次迭代计划实现的目标。

4.2.3　发行计划

列出软件开发过程中各个中间版本的发行时间,包括演示版、Alpha 版、Beta 版等。

4.2.4　项目进度表

使用甘特图或 PERT 图等方法表示出该项目的进度计划。

4.2.5　项目资源计划

在此处应列出项目所需的人员、设备等资源情况。应指明所需人员的数量、技能要求,以及如何获取这些资源,是否要对人员进行必要的培训等。

4.2.6　项目预算

根据 WBS 和阶段计划分配成本,得到本项目的财务预算。

4.3　迭代计划

根据 4.2.2 节的目标,具体列出每次迭代的详细计划。该部分可以视需要将其单列为专题计划。

4.3.1　计划

列出此次迭代的时间线、小型里程碑等。

4.3.2　资源

列出此次迭代所需的人力、财力、设备等资源。

4.3.3　用例

列出此次迭代将要实现的用例。

4.3.4　评估标准

列出此次迭代的各项评测标准,包括功能、性能、容量、质量等。

4.4 项目监督与控制

4.4.1 需求管理计划

有针对性地制定各类需求元素的管理与跟踪办法。该部分可以视需要将其单列成为专题计划。

4.4.2 进度控制计划

说明如何对项目计划执行情况进行监控,将采用什么措施与管理手段。

4.4.3 预算控制计划

说明如何对项目的财务预算进行控制,以保证成本最小化。

4.4.4 质量控制计划

说明如何保证项目的质量,以及一些应急的应对措施。该部分可以视需要将其单列成为专题计划。

4.4.5 报告计划

说明项目开发过程中,整个项目团队的报告机制,什么时候、谁、报送什么数据,从而形成规则。

4.4.6 评测计划

制定项目开发过程中将要度量与评测的指标,说明如何评测,如何应对。该部分可以视需要将其单列成为专题计划。

4.5 风险管理计划

该部分可以视需要将其单列为专题计划。

4.5.1 风险总述

对项目所涉及的风险进行一个概要性描述。

4.5.2 风险管理任务

简要地说明在该项目中,风险管理所涉及的内容,可以包括用来确定风险的方法、对风险列表进行分析和确定优先级的方式、将采用的风险管理策略、对最严重的风险所计划的降低/规避或预防的策略、监测风险状态的方式、风险复审的时间表。

4.5.3 风险管理的组织和职责

列出与风险管理相关的个人或小组,并对其职责进行描述。

4.5.4 工具与技术

列出风险管理将采用的工具软件或技术。

4.5.5 纳入管理的风险项

列出主要的风险项,并描述其影响及应急措施。

4.6 收尾计划

列出在项目后期将要做的事,包括材料存档、汇报总结等。

5. 相关技术

5.1 开发案例

给出本项目将采用的软件生命周期模型、过程规范等,从而对开发过程给予明确的指导。该部分可以视需要将其单列为一个专题文件。

5.2　方法、工具和技术

列出本项目中将运用的方法、工具和技术,并给出适当的工作指南和说明。

5.3　产品验收计划

列出本项目验收工作的一些细节计划,本部分内容可以视需要将其单列为一个专题计划。

6. 其他支持过程管理

6.1　配置管理计划

在此列出该项目所采用的配置管理过程,通常是单列为一个专题。

6.2　评估计划

列出本项目评估时所使用的技术、标准、指标和过程。这里的评估包括走查、检查和复审。

6.3　文档计划

6.4　质量保证计划

6.5　分包商管理计划

7. 其他计划

8. 附录

9. 索引

附录A.4　数据要求说明书

如果项目中有大量要求数据存储、数据采集等方面的需求,那么就应该专门将这些需求整理,以数据要求说明书的形式表现出来。

1. 引言

1.1　编写目的

说明编写这份数据要求说明书的目的,指出预期的读者。

1.2　背景

(1) 待开发软件系统的名称。

(2) 列出本项目的任务提出者、开发者、用户,以及将运行该项软件的计算站点或计算机网络系统。

1.3　定义

列出本文件中用到的专门术语的定义和外文首字母组词的原词组。

1.4　参考资料

列出有关的参考资料。

2. 数据的逻辑描述（对数据进行逻辑描述时可把数据分为动态数据和静态数据）

2.1　静态数据

列出所有作为控制或参考用的静态数据元素。

2.2　动态输入数据

列出动态输入数据元素。

2.3　动态输出数据

列出动态输出数据元素。

2.4　内部生成数据

列出向用户或开发单位中的维护调试人员提供的内部生成数据。

2.5　数据约定

说明对数据要求的制约。逐条列出对进一步扩充或使用方面的考虑而提出的对数据要求的限制。对于在设计和开发中确定是临界性的限制更要明确指出。

3. 数据的采集

3.1　要求和范围

按数据元的逻辑分组来说明数据采集的要求和范围，指明数据的采集方法，说明数据采集工作的承担者是用户还是开发者。

3.2　输入的承担者

说明预定的对数据输入工作的承担者。如果输入数据同某一接口软件有关，还应说明该接口软件的来源。

3.3　预期处理

对数据的采集和预处理过程提出专门的规定，包括适合应用的数据格式、预定的数据通信媒体和对输入的时间要求等。对于需经模拟转换或数字转换处理的数据量，要给出转换方法和转换因子等有关信息，以便软件系统使用这些数据。

3.4　影响

说明这些数据要求对于设备、软件、用户、开发单位可能产生的影响。

附录 A.5　概要设计文档

这是ISO提供的规范，是最原始的概要设计说明书的编写格式，其适用于结构化设计思想下的软件设计，其中有很多具有参考价值的内容。

1. 引言

1.1　编写目的

说明编写这份概要设计说明书的目的，指出预期的读者。

1.2　背景

（1）待开发软件系统的名称。

（2）列出本项目的任务提出者、开发者、用户。

1.3 定义

列出本文件中用到的专门术语的定义和外文首字母组词的原词组。

1.4 参考资料

列出有关资料的作者、标题、编号、发表日期、出版单位或资料来源,可包括如下。

(1) 项目经核准的计划任务书、合同或上级机关的批文。

(2) 项目开发计划。

(3) 需求规格说明书。

(4) 测试计划(初稿)。

(5) 用户操作手册(初稿)。

(6) 文档所引用的资料、采用的标准或规范。

2. 总体设计

2.1 需求规定(目标)

说明对本系统主要的输入输出项目、处理的功能性能要求。包括如下。

2.1.1 系统功能

2.1.2 系统性能

2.1.2.1 精度

2.1.2.2 时间特性要求

2.1.2.3 可靠性

2.1.2.4 灵活性

2.1.3 输入输出要求

2.1.4 数据管理能力要求

2.1.5 故障处理要求

2.1.6 其他专门要求

2.2 运行环境

简要地说明对本系统的运行环境的规定。

2.2.1 设备

列出运行该软件所需要的硬设备。说明其中的新型设备及其专门功能。

2.2.2 支持软件

列出支持软件,包括要用到的操作系统、编译(或汇编)程序、测试支持软件等。

2.2.3 接口

说明该系统同其他系统之间的接口、数据通信协议等。

2.2.4 控制

说明控制该系统运行的方法和控制信号,并说明这些控制信号的来源。

2.3 基本设计概念和处理流程

说明本系统的基本设计概念和处理流程,尽量使用图表的形式。

2.4 结构

给出系统结构总体矩图(包括软件、硬件结构矩图),说明本系统各模块的划分,扼要说明每个系统模块的标识符和功能,分层次地给出各模块之间的控制与被控制关系。

2.5 功能需求与系统模块的关系

本条用一张矩阵图说明各项功能需求的实现同各模块的分配关系。

	系统模块 1	系统模块 2	···	系统模块 m
功能需求 1	√			
功能需求 2		√		
⋮				
功能需求 n		√		√

2.6 人工处理过程

说明在本系统的工作过程中不得不包含的人工处理过程。

2.7 尚未解决的问题

说明在概要设计过程中尚未解决而设计者认为在系统完成之前必须解决的各个问题。

3. 接口设计

3.1 用户接口

(1) 说明将向用户提供的命令和它们的语法结构，以及相应的回答信息。

(2) 说明提供给用户操作的硬件控制面板的定义。

3.2 外部接口

说明本系统同外界所有接口：包括软件与硬件之间的接口、本系统与各支持系统之间的接口。

3.3 内部接口

说明本系统之内各个系统元素之间接口的安排。

4. 运行设计

4.1 运行模块组合

说明对系统施加不同的外界运行控制时所引起的各种不同的运行模块组合，说明每种运行所历经的内部模块的支持软件。

4.2 运行控制

说明每一种外界的运行控制的方式方法和操作步骤。

4.3 运行时间

说明每种运行模块组合将占用各种资源的时间。

5. 系统数据结构设计

不涉及软件设计可不包含。

5.1 逻辑结构设计要点

给出本系统内软件所使用的每个数据结构的名称、标识符，以及它们之中每个数据项、记录、文卷和系的标识、定义、长度及它们之间层次的或表格的相互关系。

5.2 物理结构设计要点

给出本系统内软件所使用的每个数据结构中每个数据项的存储要求，访问方法、存取单位、存取的物理关系、设计考虑和保密条件。

5.3　数据结构与程序的关系

说明各个数据结构与访问这些数据结构的各个程序之间的对应关系。

	程序 1	程序 2	...	程序 m
数据结构 1	√			
数据结构 2	√	√		
数据结构 n		√		√

6. 系统出错处理设计

6.1　出错信息

用一览表的方式说明每种可能的出错或故障情况出现时,系统输出信息的形式、含义及处理方法。

6.2　补救措施

说明故障出现后可能采取的变通措施。包括如下。

(1) 后备技术。说明准备采用的后备技术,当原始系统数据万一丢失时启用的副本的建立和启动的技术,如周期性地把磁盘信息记录到磁带上就是对于磁盘媒体的一种后备技术。

(2) 降效技术。说明准备采用的后备技术,使用另一个效率稍低的系统或方法来求得所需结果的某些部分,如一个自动系统的降效技术可以是手工操作和数据的人工记录。

(3) 恢复及再启动技术。说明将使用的恢复再启动技术,使软件从故障点恢复执行或使软件从头开始重新运行的方法。

6.3　系统维护设计

说明为了系统维护的方便而在程序内部设计中作出的安排,包括在程序中专门安排用于系统的检查与维护的检测点和专用模块。

附录 A.6　详细设计文档

概要设计通常是项目中专门的人员完成,是对系统的高层描述,而详细设计的任务则通常由每一个任务实施人来完成,其是对某个具体的模块、类等局部元素的设计描述。该模板是 ISO 推荐的格式,其仍然是以结构化设计为主要思想。

1. 引言

1.1　编写目的

说明编写这份详细设计说明书的目的,指出预期的读者。

1.2　背景

(1) 待开发系统的名称。

(2) 列出本项目的任务提出者、开发者、用户。

1.3　定义

列出本文件中用到的专门术语的定义和外文首字母组词的原词组。

1.4 参考资料

列出有关的参考资料。

2. 系统的结构

给出系统的结构矩图,包括软件结构、硬件结构矩图。用一系列图表列出系统内的每个模块的名称、标识符和它们之间的层次结构关系。

3. 模块1(标识符)设计说明

详细设计文档逐个地给出各个层次中每个模块的设计考虑。以下给出的提纲是针对一般情况的。对于一个具体的模块,尤其是层次比较低的模块或子程序,其很多条目的内容往往与它所隶属的上一层模块的对应条目的内容相同,在这种情况下,只要简单地说明这一点即可。

3.1 模块描述

给出对该基本模块的简要描述,主要说明安排设计本模块的目的意义,并且还要说明本模块的特点。

3.2 功能

说明该基本模块应具有的功能。

3.3 性能

说明对该模块的全部性能要求。

3.4 输入项

给出对每一个输入项的特性。

3.5 输出项

给出对每一个输出项的特性。

3.6 设计方法(算法)

(1)对于软件设计,应详细说明本程序所选用的算法,具体的计算公式及计算步骤。

(2)对于硬件设计,应详细说明本模块的设计原理、元器件的选取、各元器件的逻辑关系,所需要的各种协议等。

3.7 流程逻辑

用图表辅以必要的说明来表示本模块的逻辑流程。

3.8 接口

说明本模块与其他相关模块间的逻辑连接方式,说明涉及的参数传递方式。

3.9 存储分配

根据需要,说明本模块的存储分配。

3.10 注释设计

说明安排的程序注释。

3.11 限制条件

说明本模块在运行使用中所受到的限制条件。

3.12 测试计划

说明对本模块进行单体测试的计划,包括对测试的技术要求、输入数据、预期结果、进度安排、人员职责、设备条件、驱动程序及桩模块等的规定。

3.13   尚未解决的问题

说明在本模块的设计中尚未解决而设计者认为在系统完成之前应解决的问题。

4. 模块2(标识符)设计说明

用类似第3条的方式,说明第2个模块乃至第N个模块的设计考虑。

附录 A.7   模块开发说明

该文档将与模块开发卷宗结合使用,卷宗是对整个系统进行整理,而模块开发说明则是对具体的模块进行说明,其作用于归档阶段。

1. 标题

- 系统名称和标识符;
- 模块名称和标识符;
- 程序编制员签名;
- 卷宗的修改文本序号;
- 修改完成日期;
- 卷宗序号;
- 编排日期。

2. 模块开发情况表

3. 功能说明

扼要说明本模块的功能,主要是输入、要求的处理、输出。可以从系统设计说明书中摘录。同时列出在需求说明书中对这些功能说明的章、条、款。

4. 设计说明

说明本模块的设计考虑。

5. 硬件部分的设计结果

(1)经项目组调试通过的硬件成品1件。

(2)设计文件:

- 《原理图》;
- 《PCB图》;
- 《BOM清单》;
- 《可编程器件及烧录进制文件》;
- 《必要测试点波形图或硬件指标详细说明》;
- 《原理详细说明》;
- 《与系统内其他部分接口软硬件详细说明》。

这些文件可以附件的形式列后。

6. 软件的设计结果

要给出所产生的本模块的第一份无语法错的源代码清单,以及已通过全部测试的当前有效的源程序代码。

7. 测试说明

说明直接要经过本模块的每一项测试,包括这些测试各自的标识符和编号、进行这些测试的目的、所用的配置和输入、预期的输出及实际的输出。

8. 复审的结论

把实际测试的结果同需求说明书、系统设计说明书中规定的要求进行比较和给出结论。

附录 A.8　软件测试报告

项目编号: _____　　项目名称: _____

任务编号/序号: _____　　工作名称: _____

程序(ID): _____　　程序名称: _____

编程员: _____　　测试完成日期: ____年____月____日

测试工程师: _____　　测试完成日期: ____年____月____日

1. 安装

程序运行环境已经正确设定。　　　　　　　　　　是　　　　否

2. 程序代码检查

(1) 程序单位首部有程序说明和修改备注。　　　　是　　　　否

(2) 变量、过程、函数命令符合规则。　　　　　　是　　　　否

(3) 程序中有足够的说明信息。　　　　　　　　　是　　　　否

(4) 修改注释符合要求。　　　　　　　　　　　　是　　　　否

(5) 类库的使用符合要求。　　　　　　　　　　　是　　　　否

3. 画面及报表格式检查

(1) 画面和报表格式符合规定需求。　　　　　　　是　　　　否

(2) 程序命名符合格式需求。　　　　　　　　　　是　　　　否

(3) 画面和报表的字段位置和宽度与设计文档一致。　是　　　　否

4. 功能测试

(1) 多画面之间切换正确。　　　　　　　　　　　是　　　　否

(2) 功能键、触发键、按钮、菜单、选择项功能正确。　是　　　　否

(3) 数据项关联及限制功能正确。　　　　　　　　　　　　　　　是　　　　否
(4) 设计文档规定的其他功能。

测试内容：_____

5. 正确性测试

(1) 读/写/删除操作结果正确。　　　　　　　　　　　　　　　　是　　　　否
(2) 各种组合条件的查询或报表正确。　　　　　　　　　　　　是　　　　否
(3) 设计文档规定的其他操作。　　　　　　　　　　　　　　　是　　　　否

测试内容：_____

6. 可靠性测试

(1) 非法键容错测试。
(2) 异常字符容错测试。
(3) 程序副作用检查。
(4) 残留文件检查。

7. 效率测试

单用户(机型)　是　　　否　　　　多用户(终端数)　是　　　否
(1) 输入画面效率测试
延迟时间：_____
(2) 报表及查询效率测试
最小报表时间：_____
最大报表时间：_____

8. 多用户测试

终端数：　　　是　　　否
(1) 随机测试：　是　　　否
(2) 测试次数：　是　　　否
(3) 共享测试：　是　　　否
(4) 同步测试：　是　　　否

9. 其他测试

测试内容：_____　是　　　否

测试备忘：

_____

_____

_____

_____

_____

附录 A.9　软件维护报告

该表格用于开发部门对软件所做出的维护性修改,将其记录在案是十分必要的,可防止因文档的不一致带来的维护麻烦。

维护案例的标志: _____

维护活动的标志: _____

维护需求的类型:[　]改正　　[　]改编　　[　]调整　　[　]扩充

需要维护的原因和维护后产生的影响:

类别	原因	影响
需求定义		
设计		
软件环境		
硬件环境		
优化		
其他		

所有维护过的模块和系统的结果及成本/工作:

模块标志	维护的行数不清			工作/人小时
	源码	文档	总计	
总计				

对所做维护工作的注释:

维护人签名:

日期:

附录 A.10　软件使用手册

为用户提供一个使用手册是提升软件可用性的必要措施。用户手册的作用是让用户对整个软件系统有一个宏观的认识,解决安装问题、告知运行环境、介绍主要功能等。

1. 引言

1.1　编写目的
说明编写这份用户手册的目的,指出预期的读者。

1.2　背景
主要包含如下。

(1) 这份用户手册所描述的软件系统的名称。

(2) 该软件项目的任务提出者、开发者、用户(或首批用户)及安装此软件的计算中心。

1.3　定义
列出本文件中用到的专门术语的定义和外文首字母组词的原词组。

1.4　参考资料
列出有用的参考资料,如:

(1) 项目经核准的计划任务书或合同、上级机关的批文。

(2) 属于本项目的其他已发表文件。

- 项目开发计划;
- 需求规格说明书;
- 概要设计说明书;
- 详细设计说明书;
- 测试计划。

(3) 本文件中各处引用的文件、资料,包括所要用到的软件开发标准。

列出这些文件资料的标题、文件编号、发表日期和出版单位,说明能够取得这些文件资料的来源。

2. 用途

2.1　功能
结合本软件的开发目的,逐项地说明本软件所具有的各项功能及它们的极限范围。

2.2　性能

2.2.1　精度
逐项说明对各项输入数据的精度要求和本软件输出数据达到的精度,包括传输中的精度要求。

2.2.2　时间特性
定量地说明本软件的时间特性,如响应时间,更新处理时间,数据传输、转换时间,计算时间等。

2.2.3　灵活性
说明本软件所具有的灵活性,即当用户需求(如对操作方式、运行环境、结果精度、时间特性等的要求)有某些变化时本软件的适应能力。

2.3　安全保密
说明本软件在安全、保密方面的设计考虑和实际达到的能力。

3．运行环境

3.1　硬设备

列出为运行本软件所要求的硬设备的最小配置，如：

（1）处理机的型号、内存容量。

（2）所要求的外存储器、媒体、记录格式、设备的型号和台数、联机/脱机。

（3）I/O设备（联机/脱机）。

（4）数据传输设备和转换设备的型号、台数。

3.2　支持软件

说明为运行本软件所需要的支持软件，如：

（1）操作系统的名称、版本号。

（2）程序语言的编译/汇编系统的名称和版本号。

（3）数据库管理系统的名称和版本号。

（4）其他支持软件。

3.3　数据结构

列出为支持本软件的运行所需要的数据库或数据文件。

4．使用过程

在本章，首先用图表的形式说明软件的功能同系统的输入源机构、输出接收机构之间的关系。

4.1　安装与初始化

一步一步地说明为使用本软件而需进行的安装与初始化过程，包括程序的存储形式、安装与初始化过程中的全部操作命令、系统对这些命令的反应与答复、安装工作完成的提示等。如果有，还应说明安装过程中所需用到的专用软件。

4.2　输入

规定输入数据和参量的准备要求。

4.2.1　输入数据的现实背景

说明输入数据的现实背景，主要如下。

（1）情况。如人员变动、库存缺货。

（2）情况出现的频度。例如周期性的、随机的、一项操作状态的函数。

（3）情况来源。如人事部门、仓库管理部门。

（4）输入媒体。如键盘、穿孔卡片、磁带。

（5）限制。出于安全、保密考虑而对访问这些输入数据所加的限制。

（6）质量管理。如对输入数据合理性的检验及当输入数据有错误时应采取的措施，如建立出错情况的记录等。

（7）支配。如如何确定输入数据是保留还是废弃，是否要分配给其他的接收者等。

4.2.2　输入格式

说明对初始输入数据和参量的格式要求，包括语法规则和有关约定，例如：

（1）长度。如字符数/行，字符数/项。

（2）格式基准。如以左面的边沿为基准。

（3）标号。如标记或标识符。

（4）顺序。如各个数据项的次序及位置。

（5）标点。如用来表示行、数据组等的开始或结束而使用的空格、斜线、星号、字符组等。

（6）词汇表。给出允许使用的字符组合的列表,禁止使用＊的字符组合的列表等。

（7）省略和重复。给出用来表示输入元素可省略或重复的表示方式。

（8）控制。给出用来表示输入开始或结束的控制信息。

4.2.3　输入举例

为每个完整的输入形式提供样本,包括如下。

（1）控制或首部。如用来表示输入的种类和类型的信息,标识符输入日期,正文起点和对所用编码的规定。

（2）主体。输入数据的主体,包括数据文件的输入表述部分。

（3）尾部。用来表示输入结束的控制信息、累计字符总数等。

（4）省略。指出哪些输入数据是可省略的。

（5）重复。指出哪些输入数据是重复的。

4.3　输出

对每项输出作出说明。

4.3.1　输出数据的现实背景

说明输出数据的现实背景,主要如下。

a. 使用。这些输出数据是给谁的,用来干什么。

b. 使用频度。如每周的、定期的或备查阅的。

c. 媒体。打印、CRI显示、磁带、卡片、磁盘。

d. 质量管理。如关于合理性检验、出错纠正的规定。

e. 支配。如如何确定输出数据是保留还是废弃,是否分配给其他接收者等。

4.3.2　输出格式

给出对每一类输出信息的解释,主要如下。

（1）首部。如输出数据的标识符,输出日期和输出编号。

（2）主体。输出信息的主体,包括分栏标题。

（3）尾部。包括累计总数,结束标记。

4.3.3　输出举例

为每种输出类型提供例子。对例子中的每一项,说明：

（1）定义。每项输出信息的意义和用途。

（2）来源。是从特定的输入中抽出、从数据库文件中取出,或从软件的计算过程中得到。

（3）特性。输出的值域、计量单位、在什么情况下可缺省等。

4.4　文件查询

这一条的编写针对具有查询能力的软件,内容包括同数据库查询有关的初始化、准备及处理所需要的详细规定,说明查询的能力、方式,所使用的命令和所要求的控制规定。

4.5　出错处理和恢复

列出由软件产生的出错编码或条件,以及应由用户承担的修改纠正工作。指出为了确保再启动和恢复的能力,用户必须遵循的处理过程。

4.6 终端操作

当软件是在多终端系统上工作时,应编写本条,以说明终端的配置安排、连接步骤、数据和参数输入步骤及控制规定说明。通过终端操作进行查询、检索、修改数据文件的能力、语言、过程及辅助性程序等。

5. 非常规过程

提供应急或非常规操作的必要信息及操作步骤,如出错处理操作、向后备系统切换操作及维护人员须知的操作和注意事项。

6. 操作命令一览表

按字母顺序逐个列出全部操作命令的格式、功能及参数说明。

7. 程序文件(或命令文件)和数据文件一览表

按文件名字母顺序或按功能与模块分类顺序逐个列出文件名称、标识符及说明。

8. 用户操作举例

附录 A.11 开发招标书

××服装厂进销存软件开发招标书

××服装厂为了提高生产效率和管理人员业务素质,规范管理制度,计划于 2012 年 9 月 1 日实现全厂进、销、存业务的无纸化办公,为此向各软件开发单位公开招标。我们将本着公开竞争的原则,选择性能价格比最高的软件。现将我们对该系统功能的要求公布如下,欢迎各软件开发单位踊跃投标。

1. 物料管理

对我厂所有物料(包括各种主料、辅料、半成品、成品等)均采用等级式分类管理,并根据工厂实际规则实行统一编码管理,应保证物料操作中的通用性、准确性,以及易于使用的操作界面,方便操作员培训上岗。

2. 物料(成品)进出仓

可灵活方便地进行各种物料进出仓操作,提供入库收货单、退货单、领料单、退料单、调配单,以及成品入仓单、成品出仓单等仓库物料进销存的各个操作模块。

所有的物料进出仓记录都应该与系统的订单、制作单及生产情况密切联系:管理人员应能随时查询订单物料的使用情况、损耗情况,并可结合员工工资等费用项目进行订单成本分析。

系统应能根据物料进出仓记录自动生成账簿式物料进出仓明细账。管理人员应可随时查看某一物料在指定时段内的进出仓日期、数量、金额及具体用在哪一张订单上。

3. 盘点/库存管理

可根据我厂实际情况分不同仓库录入所有物料(包括成品、半成品)盘点记录,并根据进出仓记录自动生成工厂最新库存数量,使管理人员随时都能知道厂内的物料库存情况,以便确定订单数量并及时进行生产安排。

应可随时对库存数据按各种所需条件进行过滤查询,或者分仓库、物料类别等方式进行报表打印,并可随时查看或打印物料的进销存情况,使用户随时掌握每一物料的使用情况。

4. 成本管理

根据订单物料采购、领用金额(系统根据物料用量及单价自动计算金额)及订单所用工资等费用自动算出生产成本,并对每张订单的生产成本进行评估与分析,协助管理者对订单成本进行控制与调整。

5. 交货地点及时间

定于 2012 年 9 月 1 日在××服装厂进行项目验收,进销存软件交付使用。

6. 售后服务

开发单位应根据双方签订的有关合同,提供技术培训及三年以上软件更新售后服务。

7. 付款方式

付款方式按双方签订的有关合同执行。

附录 A.12　开发合同样本

软件项目的开发合同样本

合同编号(0803)

甲方:	乙方:
地址:	地址:
邮编:	邮编:
电话:	电话:

签订地点:

公司网址:

上述甲、乙双方经过友好协商,达成以下协议。双方声明,双方都已理解并认可本合同的所有内容,同意承担各自应承担的权利和义务,忠实履行本合同。

第一条　本合同中的技术开发项目的内容、工作进度与安排、数量、价款、交付和验收方式等由合同附件说明。

第二条　合同履行期限按照附件规定的工作进度决定,经双方协商一致,可以延长该期限(以下将其称为合同期限)。

第三条　甲方应向乙方提供必要的资料并负责与乙方联络、协调。

第四条 乙方承诺在履行合同期间不进行有损甲方形象、声誉等的行为。

第五条 双方的基本权利和基本义务。

5.1 甲方的权利和义务

5.1.1 根据本合同项目的实际需要,以书面形式提供给乙方各项技术指标及功能。

5.1.2 本合同标的使用应当符合国家法律规定和社会公共利益。

5.1.3 对违反要求而进行的使用、操作所产生的影响、后果承担全部责任。

5.1.4 按照本合同约定支付费用。

5.2 乙方的权利和义务

5.2.1 严格按照甲方提出的各项技术指标、要求进行开发设计。

5.2.2 根据甲方的要求举办培训和技术咨询。

5.2.3 按照本合同约定收取费用。

第六条 甲方同意按照双方约定的付款方式和时间及时向乙方支付合同费用,以及提供其他必要的帮助。

第七条 甲方承诺,向乙方提供的内容、资料等不会侵犯任何第三方的权利;若发生侵犯第三方权利的情况,应由甲方承担全部责任。

第八条 乙方承诺,向甲方提供的软件系统必须是自行开发的,保证不是侵权软件;若发生侵犯第三方权利的情况,应由乙方承担全部责任。

第九条 乙方若不能按时提交软件系统,其责任由乙方承担。

第十条 本合同中的图文、程序、文件等版权属甲方所有。未经甲方许可,乙方不得公布、复制、传播、出售或者许可他人使用本合同中的图文、程序、文件等。

第十一条 甲方不能按时支付合同费用而导致的工期延误,其责任由甲方承担。

第十二条 双方当事人应当保守在履行本合同过程中获知的对方的商业秘密。

第十三条 双方应本着诚实信用的原则履行本合同。任何一方在履行中采用欺诈、胁迫或者暴力的手段,另一方可以解除本合同并有权要求对方赔偿损失。

第十四条 本合同签订后,经双方当事人协商一致,可以对本合同中有关条款进行变更或者补充,但应当以书面形式确认。上述文件一经签署,即具有法律效力并将成为本合同的有效组成部分。

第十五条 本合同附件为本合同不可分割的一部分,与合同正文具有同等法律效力。

第十六条 如果任意一方需要提前解除本合同,应提前通知对方。甲方提前解除合同的,无权要求乙方返还第六条的费用并应对乙方遭受的损失承担赔偿责任;乙方无故解除合同的,应双倍返还上述费用并应对甲方遭受的损失承担赔偿责任。

第十七条 任何一方没有行使其权利或没有就对方的违约行为采取任何行动,不应被视为是对权利的放弃或对追究违约责任或义务的放弃。任何一方放弃针对对方的任何权利,或放弃追究对方的任何过失,不应视为对任何其他权利或追究任何其他过失的放弃。

第十八条 任何一方违反本合同,给对方造成损失的,还应赔偿损失。在本合同与其他条款对违约有具体约定时,从其约定。

第十九条 因不可抗拒或者其他意外事件,或者使得本合同的履行不可能、不必要或者无意义的,任意一方均可以解除本合同。遭受不可抗拒、意外事件的一方全部或部分不能履行本合同、解除或迟延履行本合同的,应将事件情况以书面形式通知另一方并向另一方提交相应的证明。

第二十条　订立本合同所依据的客观情况发生重大变化,致使本合同无法履行的,经双方协商同意,可以变更本合同相关内容或者终止合同的履行。

第二十一条　一方变更通信地址或者联系方式,应及时将变更后的地址、联系方式通知另一方。否则变更方应对此造成的一切后果承担责任。

第二十二条　双方当事人对本合同的订立、解释、履行、效力等发生争议的,应友好协商解决;协商不成的,双方同意向合同签订地的仲裁委员会提交仲裁并接受其仲裁规则。

第二十三条　本合同的订立、解释、履行、效力和争议的解决等均适用中华人民共和国法律。对本合同的理解与解释应根据原意并结合本合同目的进行。

第二十四条　如果本合同任何条款根据现行法律被确定为无效或无法实施,本合同的其他所有条款将继续有效。此种情况下,双方将以有效的约定替换该约定,且该有效约定应尽可能接近原约定和本合同相应的精神和宗旨。

第二十五条　本合同经双方授权代表签字并盖章,自签订日起生效。

第二十六条　本合同一式两份,双方当事人各执一份,具有同等法律效力。

甲方(盖章)　　　　　乙方(盖章)

授权代表签字　　　　授权代表签字

年　月　日　　　　年　月　日

附件: 开发建设项目工作进度与安排、数量、价款、交付和验收方式

1. 开发项目内容

(1) 负责所需软件系统的开发、安装实施。

(2) 对操作人员的培训。

(3) 一年的维护服务。

2. 合同金额及付款方式

(1) 本合同金额总计。

(2) 付款方式。

合同签订两日内甲方向乙方支付合同总额的 40%,即＿＿＿＿＿＿;工程验收之后七日内甲方向乙方支付合同金额 50%,即＿＿＿＿＿＿;工程验收之后六个月内甲方向乙方一次支付合同金额 10%,即＿＿＿＿＿＿。

3. 完成时间及验收时间

(1) 完成时间:本合同签订后＿＿＿＿＿＿个月内制作完成。

(2) 验收期限:甲方在接到乙方允许验收通知后＿＿＿＿＿＿日内完成项目的验收,并确认。

4. 验收标准和验收后修改

（1）乙方所开发的软件符合甲方呈给乙方的书面要求及各项技术指标。

（2）乙方所开发的软件包含双方所确认的功能。

（3）验收期限为_____天。

（4）验收合格，甲方应以书面方式签收。甲方在乙方交付工作成果后一周内未书面签收也未提出异议的，视为甲方验收合格。

（5）验收合格后，如果甲方在使用过程中需要对工作成果进行修改，乙方可根据具体情况酌情优惠收取制作费。

（6）软件的培训费用已包括在本软件开发合同书的合同金额内。

附 录 B

习题集

第 1～4 章　习题

第一部分　选择题

1. 从功能的角度来定义,软件是_____。
   A. 为人类提供普适计算的逻辑产品　　B. 为人类提供逻辑计算的逻辑产品
   C. 为人类提供数值计算的逻辑产品　　D. 为人类提供计算服务的逻辑产品

2. 下面关于软件的描述,不正确的是_____。
   A. 软件不同于硬件,不存在磨损,可以永久使用,不需要升级也不存在报废
   B. 软件是客观世界中问题空间与解空间的具体描述,是追求表达能力强、更符合人
      类思维模式的计算模型
   C. 软件是具有构造性和演化性的逻辑产品
   D. 软件是由程序、构造数据和相关文档组成的

3. 下面关于通用软件的描述,不正确的是_____。
   A. 通用软件的盈利模式主要靠销售的数量
   B. 单个通用软件的销售价格往往比单个定制软件的销售价格低
   C. 财务管理系统、合同管理系统、客户关系管理系统属于通用软件
   D. 通用软件面向市场公开销售,知识产权属于软件开发商

4. 下面关于定制软件的描述,不正确的是_____。
   A. 定制软件的盈利模式主要靠销售的价格
   B. 单个定制软件的销售价格往往比单个通用软件的销售价格高
   C. 操作系统、数据库管理系统、office办公软件属于定制软件
   D. 定制软件往往是由特定客户委托开发的,知识产权可以为客户和软件开发商共
      同所有

5. 下列软件按照工作方式来分类的是_____。
   A. 通用软件和定制软件
   B. 系统软件、中间件和应用软件
   C. 微型软件、小型软件、中型软件、大型软件、甚大型软件和极大型软件

D. 实时处理软件、分时处理软件、交互式处理软件和批处理软件

6. 下列软件按照服务对象来分类的是_____。

A. 通用软件和定制软件

B. 系统软件、中间件和应用软件

C. 微型软件、小型软件、中型软件、大型软件、甚大型软件和极大型软件

D. 实时处理软件、分时处理软件、交互式处理软件和批处理软件

7. 下列软件按照服务层次来分类的是_____。

A. 通用软件和定制软件

B. 系统软件、中间件和应用软件

C. 微型软件、小型软件、中型软件、大型软件、甚大型软件和极大型软件

D. 实时处理软件、分时处理软件、交互式处理软件和批处理软件

8. 下列软件按照规模来分类的是_____。

A. 通用软件和定制软件

B. 系统软件、中间件和应用软件

C. 微型软件、小型软件、中型软件、大型软件、甚大型软件和极大型软件

D. 实时处理软件、分时处理软件、交互式处理软件和批处理软件

9. 下列关于软件危机的描述,不正确的是_____。

A. 软件危机是软件开发和维护过程中所遇到的一系列严重问题

B. 软件危机的表现是开发成本高、软件质量不高、软件交付经常延期

C. 软件工程是为了解决软件危机而产生的

D. 软件工程的出现彻底解决了软件危机

10. 下列关于软件工程的描述,不正确的是_____。

A. 软件工程是为了经济地获得能够在实际机器上高效运行的可靠软件而建立和使用的一系列好的工程化原则

B. 软件工程是指导计算机软件开发和维护的工程学科

C. 软件工程是指导计算机软件构造和演化的工程学科

D. 软件工程是从方法和工具两个方面来研究如何提高软件生产效率和质量,降低生产成本的

11. 下列关于计算模型的描述,不正确的是_____。

A. 软件工程不关注计算模型

B. 计算模型是软件体系结构的另一种描述

C. 计算模型的发展也就是软件体系结构的发展

D. 分布式计算、并行计算、网格计算、普适计算和云计算都是多机计算模型

12. 下列关于软件过程的描述,不正确的是_____。

A. 软件过程是指软件的整个生命周期,包括需求获取、需求分析、设计、实现、测试、发布和维护等阶段

B. 软件过程和软件生命周期是相同的概念

C. 软件过程和软件工程是相同的概念,定义了软件开发的方法、工具和管理

D. 软件过程可以分为基本过程类、支持过程类和组织过程类三大类

13. 下列属于软件定义期的活动是_____。

   A. 现场维护、远程维护
   B. 概要设计、详细设计
   C. 发布与实施
   D. 投标和签订合同

14. 下列属于软件开发期的活动是_____。

   A. 现场维护、远程维护
   B. 概要设计、详细设计
   C. 可行性分析
   D. 投标和签订合同

15. 下列属于软件运行维护的活动是_____。

   A. 现场维护、远程维护
   B. 概要设计、详细设计
   C. 发布与实施
   D. 投标和签订合同

16. 下列关于瀑布型方法的描述,不正确的是_____。

   A. 瀑布型方法是一种软件过程的固化,也称为软件生命周期模型
   B. 在众多的软件开发方法中,瀑布型方法是最著名和最有影响力的模型,其他模型往往是对它的补充或者改进
   C. 瀑布型方法是一种文档驱动的模型,每个阶段结束之后形成文档,待文档经过双方签字确认后,再进入下一个阶段的活动
   D. 瀑布型方法是一种柔性灵活的软件开发方法

17. 下列属于瀑布型方法缺点的是_____。

   A. 将软件过程进行僵化划分,缺少灵活性
   B. 强调了文档的作用,保护了软件开发商的利益
   C. 促进了软件开发的工程化
   D. 加强了软件开发的管理过程

18. 下列属于瀑布型方法优点的是_____。

   A. 将软件过程进行僵化划分、缺少灵活性
   B. 增加了软件开发的工作量
   C. 促进了软件开发的工程化、加强了软件开发的管理过程
   D. 出现在软件早期的错误可能要等到开发后期的测试阶段才能发现

19. 软件危机主要有以下一些典型表现。下面不属于此种表现的是_____。

   A. 对软件开发成本和进度的估计常常很不准确
   B. 用户对"已完成的"软件系统不满意的现象经常发生
   C. 软件开发人员常常不靠谱
   D. 软件通常没有适当的文档资料

20. 瀑布型方法适合应用于_____项目。

   A. 需求了解非常清楚的
   B. 需求易变的
   C. 人员比较少的
   D. 经费比较少的

21. 下列不属于快速原型方法不足的是_____。

   A. 管理困难
   B. 维护困难
   C. 由于文档不明确,合同范围不好确定
   D. 用户早接触到系统

22. 下列描述不正确的是_____。

   A. 快速原型方法分为进化式原型开发和抛弃式原型开发

B. 进化式原型开发适合从需求了解明确的模块开始

C. 快速原型方法是靠 DEMO 驱动开发的模型

D. 抛弃式原型开发适合从需求了解明确的模块开始

23. 下列描述不正确的是_____。

A. 人们批评瀑布型方法的原因：不是其阶段划分的不合理,而是整个项目严格按照瀑布型方法来开发是困难的

B. 快速原型方法是瀑布型方法的灵活使用,它将整个项目分解成许多小任务,每个小任务可以采用瀑布型方法的线性开发模式

C. 增量方法符合人们解决事务的习惯：先解决基础的任务和优先级高的任务

D. 在采用增量方法开发软件的过程中,无须用到瀑布型方法和快速原型方法

24. 下列不是增量方法优点的是_____。

A. 客户无须等到整个系统的实现,第一个增量会满足他们大多数关键的需求,因此软件马上就能使用

B. 增量方法开发项目失败的风险比瀑布型方法高

C. 增量方法可以为开发者获得后续系统增量的需求经验

D. 在增量开发方法中,最早开发的模块往往得到了最多的测试,这有利于重要模块的成功实施

25. 下列关于敏捷方法的描述,不正确的是_____。

A. 敏捷方法主张开发团队主攻软件本身而非设计和编制文档

B. 敏捷方法的特性是适应性的而非预测性的,是面向过程而非面向人的

C. 敏捷方法主张早发现、早解决、防微杜渐、持续开发、持续反馈

D. 敏捷方法强调主攻代码而不是汗牛充栋的文档

26. 下列关于复用方法的描述,不正确的是_____。

A. 一个项目复用原来项目的整个架构,这是商业产品经常用的复用方法,以提高生产效率,降低开发成本

B. 函数是复用技术

C. 构件.DLL 和.OCX 文件是一种复用技术

D. 面向对象方法中的类不是复用技术

27. 下列关于形式化方法的描述,不正确的是_____。

A. 形式化方法是一个类似于瀑布型方法的软件开发方法,但其开发过程基于的是用形式化数学转换来将系统描述转换成一个可执行程序

B. 形式化方法适合于开发协议等一类安全性要求比较高的软件

C. 净室方法就是形式化方法的一种

D. 净室方法只适合于硬件半导体的开发,即在真空中进行开发,防止微尘的侵入

28. 瀑布模型的优点不包括_____。

A. 软件的质量较高   B. 适合需求比较明确的软件

C. 适合需求比较稳定的软件   D. 开发阶段的划分比较灵活

第二部分 判断题

1. 客户通常难以清楚地描述需求,在没有实际系统呈现在客户面前的时候,客户无法表达细致的需求。　　　　　　　　　　　　　　　　　　　　　　　　(　　)

2. 瀑布模型的顺序在实际项目中难以遵循。　　　　　　　　　　　　　(　　)

3. 瀑布模型会造成任务的阻塞状态。　　　　　　　　　　　　　　　　(　　)

4. 瀑布模型让用户无法提前接触到系统。　　　　　　　　　　　　　　(　　)

5. 瀑布模型的文档编写工作量甚至超过程序编写的工作量,使得项目的成本翻倍。
　　　　　　　　　　　　　　　　　　　　　　　　　　　　　　　　(　　)

6. 快速原型方法可以诱导用户的需求和验证用户的需求。　　　　　　　(　　)

7. 快速原型方法可以降低开发的成本。　　　　　　　　　　　　　　　(　　)

8. 快速原型方法融合了开发者、系统、客户三者之间的关系,消除主客体之间理解的误差,支持用户早期培训。　　　　　　　　　　　　　　　　　　　　　　(　　)

9. 瀑布模型的阶段是软件工程早期的重要发展成果,高校以瀑布模型来组织教材,企业以瀑布型模型来设置部门和岗位,使得软件工程同其他传统工程一样得到发展和认可。
　　　　　　　　　　　　　　　　　　　　　　　　　　　　　　　　(　　)

10. 在实际的软件开发过程中,人们往往只采用单一的开发方法,比如只采用瀑布型方法。　　　　　　　　　　　　　　　　　　　　　　　　　　　　　　　(　　)

11. 在实际的软件开发过程中,人们往往只采用混合的软件开发方法,可能在整体上采用增量方法,在局部采用快速原型方法和瀑布型方法。　　　　　　　　　　　(　　)

12. 快速原型法适合需求变化比较快、需求不太明确的软件。　　　　　　(　　)

13. 增量方法可以在较短时间内向用户提交可完成部分工作的产品。　　　(　　)

14. 增量方法的项目总体性失败的风险比较低。　　　　　　　　　　　　(　　)

15. 基于复用方法的开发过程与瀑布模型的开发过程基本一致。　　　　　(　　)

第三部分 填空题

1. 根据国标(GB/T 8567—2016),软件过程包括_____、_____、_____三个阶段。

2. 螺旋方法中,每次螺旋回路被分成 4 部分:_____、_____、_____、_____。

3. 在众多的过程性软件开发方法中,以文档驱动软件开发的方是_____,主张主攻代码而非文档的方法是_____,主张先开发基础性模块的方法是_____,主张用DEMO 版诱导需求的方法是_____。

4. 为屏蔽_____之间的异构性发展了操作系统,为屏蔽_____之间的异构性出现了支撑软件和中间件,为屏蔽不同中间件之间的异构性发展了_____。

5. 复用是提高软件生产效率和质量的重要技术,从发展过程来看,复用的粒度和范围在不断增大,以下技术分别完成什么层次的复用:面向对象技术_____,构件技术_____,SOA 技术_____,软件体系结构_____,中间件技术_____。

6. 软件体系结构是具有一定形式的结构化元素,包括_____、_____、_____三种基本元素,另外还包括_____、_____两种元素。

7. 软件体系结构的作用是_____。

8. 服务是 SOA 的核心,SOA 架构的基本元素是服务,SOA 指导一组实体来说明如何提供和消费服务,这些实体是_____、_____、_____、_____、_____、_____。

9. 云计算分为_____、_____、_____三类。

10. 软件体系结构的形成经历了 4 个阶段,无体系结构阶段的特征是_____,萌芽阶段的特征是_____,初级阶段的特征是_____,高级阶段的特征是_____。

11. 网格计算与云计算的关系就像_____之间的关系,是学院派和现实派之间的关系。

12. 面向过程阶段程序复用的粒度是_____,面向对象阶段程序复用的粒度是_____,面向构件阶段程序复用的粒度是_____,面向服务阶段程序复用的粒度是_____。

第 5~10 章 习题

第一部分 选择题

1. 软件需求一般分为_____。
   A. 功能需求、性能需求、领域需求、服务需求
   B. 功能需求、性能需求、领域需求
   C. 功能需求、性能需求、界面需求
   D. 逻辑需求、性能需求、领域需求

2. 软件需求分析的过程主要包括_____等几个阶段。
   A. 需求评审、分析用户需求、编写需求文档
   B. 可行性分析、获取用户需求、分析用户需求、编写需求文档、需求评审
   C. 获取用户需求、分析用户需求、编写需求文档
   D. 获取用户需求、分析用户需求、编写需求文档、需求评审

3. 需求分析文档[需求规格说明书(ISO 标准版)]一般包括_____。
   A. 引言、任务概述、需求规定、运行环境规定
   B. 引言、任务概述、需求规定、故障处理要求、运行环境规定
   C. 引言、任务概述、需求规定、数据管理能力要求
   D. 引言、任务概述、需求规定、数据词典、运行环境规定

4. 下面不属于软件评审内容的是_____。
   A. 系统需求分析阶段所提供的文档资料是否齐全
   B. 所开发项目的数据流与数据结构是否充足且确定
   C. 软件的总体结构是否符合要求
   D. 设计的约束条件或限制条件是否符合实际要求

5. 下面不属于软件需求分析所使用的方法或工具的是_____。
   A. 数据流图
   B. 数据字典
   C. 结构化语言
   D. PARKINSON 方法

6. 下列不属于软件需求分析基本要求的是_____。

 A. 可维护性　　　　B. 完整性　　　　C. 可验证性　　　　D. 可跟踪性

7. 下列不属于模块间耦合的是_____。

 A. 数据耦合　　　　B. 控制耦合　　　　C. 特征耦合　　　　D. 结构耦合

8. 下列不属于模块内聚的是_____。

 A. 强制内聚　　　　B. 偶然内聚　　　　C. 逻辑内聚　　　　D. 时间内聚

9. 下列关于模块间的耦合强弱排序(从弱到强)正确的是_____。

 A. 数据耦合、控制耦合、特征耦合、公共环境耦合

 B. 公共环境耦合、数据耦合、控制耦合、特征耦合

 C. 控制耦合、数据耦合、特征耦合、公共环境耦合

 D. 数据耦合、特征耦合、控制耦合、公共环境耦合

10. 下列关于模块的内聚强弱排序(从弱到强)正确的是_____。

 A. 偶然内聚、逻辑内聚、功能内聚、时间内聚

 B. 偶然内聚、过程内聚、时间内聚、功能内聚

 C. 顺序内聚、逻辑内聚、时间内聚、功能内聚

 D. 偶然内聚、逻辑内聚、时间内聚、功能内聚

11. 在进行总体设计时,下面描述不正确的是_____。

 A. 深度、宽度、扇出和扇入都应适当　　B. 应该适当增加模块接口的复杂程度

 C. 模块的作用域应该在控制域之内　　　D. 模块功能应该可以预测

12. 下列工具不可以用来描述软件结构的是_____。

 A. 层次图　　　　B. HIPO 图　　　　C. 结构图　　　　D. ER 图

13. 用户界面设计原则应该包括_____。

 A. 用户熟悉、一致性、意外最小化、可恢复性、数据流图

 B. 数据流图、一致性、意外最小化、可恢复性

 C. 用户熟悉、一致性、意外最小化、可恢复性

 D. 用户熟悉、一致性、数据流图、可恢复性

14. 关于交互式系统给出的出错信息或警告信息,下列描述不正确的是_____。

 A. 信息应该用用户可以理解的术语描述问题

 B. 信息应该提供有助于从错误中恢复的建设性意见

 C. 信息应该指出错误可能导致哪些负面后果

 D. 信息应该带有指责色彩,以提醒用户

15. 在用户界面设计时,下列描述不正确的是_____。

 A. 只显示与当前工作内容有关的信息

 B. 使用大小写、缩进和文本分组以帮助理解

 C. 尽可能多地使用颜色来引起用户的注意

 D. 使用"模拟"显示方式表示信息,以使信息更容易被用户提取

16. 只用_____种基本的控制结构就能实现任何单入口单出口的程序。

 A. 3　　　　　　　B. 4　　　　　　　C. 5　　　　　　　D. 6

17. 下列属于详细设计任务的是_____。

  A. 确定模块内部的具体逻辑流程 B. 确定数据库的概念结构

  C. 设计软件模块间的控制结构 D. 设计用例图

18. 下列属于黑盒测试法的是_____。

  A. 等价划分 B. 语句覆盖 C. 判定覆盖 D. 路径覆盖

19. 在软件测试时,下列描述不正确的是_____。

  A. 所有测试都应该能追溯到用户需求

  B. 应该从"小规模"测试开始,并逐步进行"大规模"测试

  C. 为了达到最佳的测试效果,应该由独立的第三方从事测试工作

  D. 应该尽量进行穷举测试

20. 在用等价划分进行测试用例设计时,下列描述不正确的是_____。

  A. 如果规定了输入数据的个数,则可以划分出一个有效的等价类和两个无效的等价类

  B. 如果规定了输入数据必须遵循的规则,则可以划分出一个有效的等价类(符合规则)和若干无效的等价类(从各种不同角度违反规则)

  C. 如果程序的处理对象是表格,则只能设计出一个等价类

  D. 如果规定了输入值的范围,则可划分出一个有效的等价类(输入值在此范围内),两个无效的等价类(输入值小于最小值或大于最大值)

21. 有效输入是1~10的整数,在用边界值分析方法进行测试用例设计时,下列输入不正确的是_____。

  A. 1 B. 5 C. 10 D. 11

22. 下列不属于黑盒测试法的是_____。

  A. 等价划分 B. 边界值分析法 C. 错误推测法 D. 路径覆盖

23. 下列不属于白盒测试法的是_____。

  A. 语句覆盖法 B. 判定覆盖法 C. 错误推测法 D. 路径覆盖法

24. 白盒测试法中按照覆盖的强弱,从弱到强正确的次序是_____。

  A. 语句覆盖、判定覆盖、判定/条件覆盖、路径覆盖

  B. 语句覆盖、路径覆盖、判定覆盖、判定/条件覆盖

  C. 路径覆盖、语句覆盖、判定覆盖、判定/条件覆盖

  D. 语句覆盖、路径覆盖、判定/条件覆盖、判定覆盖

25. 软件测试的过程依次是_____。

  A. 验收测试、子系统测试、系统测试 B. 集成测试、子系统测试、系统测试

  C. 单元测试、确认测试、系统测试 D. 单元测试、子系统测试、系统测试

26. 一个模块顺序地有三个是非判断语句,要实现路径覆盖至少要_____组输入进行测试。

  A. 8 B. 6 C. 4 D. 3

27. 一个模块顺序地有两个是非判断语句,要实现语句覆盖最少只需_____组输入进行测试。

  A. 8 B. 6 C. 4 D. 2

28. 软件维护可以分为若干种,这不包括_____。
    A. 改正性维护　　　B. 适应性维护　　　C. 完善性维护　　　D. 强制性维护

29. 完善性维护一般占维护工作量的_____%。
    A. 50　　　　　　　B. 23　　　　　　　C. 65　　　　　　　D. 80

30. 软件可维护性与下列因素关系不大的是_____。
    A. 可理解性　　　　B. 可重用性　　　　C. 可修改性　　　　D. 保密性

第二部分　判断题

1. 过程、函数、子程序和宏等,都可作为模块,但对象或类不能作为模块。　　　（　　）
2. 模块间的耦合越高越好。　　　（　　）
3. 模块间的耦合越低越好。　　　（　　）
4. 模块的内聚越高越好。　　　（　　）
5. 模块的内聚越低越好。　　　（　　）
6. 内聚和耦合都应该适中。　　　（　　）
7. 在进行总体设计时,应当力争降低模块接口的复杂程度。　　　（　　）
8. 在进行总体设计时,模块的扇出越高越好。　　　（　　）
9. 模块的作用域可以在控制域之外。　　　（　　）
10. 模块的规模越大越好。　　　（　　）
11. 人机界面的设计质量对整个软件的竞争力影响不大。　　　（　　）
12. 软件测试就是要向用户证明软件是正确的。　　　（　　）
13. 软件维护就是要改正软件中残留的错误,而不是其他。　　　（　　）
14. 适应性维护要占到维护工作量的50%。　　　（　　）
15. 软件的模块化就是尽可能地将模块设计小。　　　（　　）
16. 软件设计时应该把一些关系密切的软件元素物理地放得彼此靠近。　　　（　　）
17. 设计软件结构时应使每个模块完成一个相对独立的特定子功能,并且和其他模块之间的关系很简单。　　　（　　）
18. 界面设计时应该尽可能地多使用各种色彩以显示信息,以便引起用户的注意。　（　　）
19. 在信息显示时,应使用"模拟"显示方式表示信息,以使信息更容易被用户提取。
　　　（　　）
20. 边界值分析法可以认为是黑盒测试法的一种。　　　（　　）
21. 软件测试的目的就是尽可能地发现程序中的错误。　　　（　　）
22. 测试用例就是测试程序时输入的数据。　　　（　　）
23. 软件测试的工作量往往占软件开发总工作量的40%以上。　　　（　　）
24. 好的测试方案是极可能发现迄今为止尚未发现的错误的测试方案。　　　（　　）
25. 成功的测试是发现了至今为止尚未发现的错误的测试。　　　（　　）
26. 在软件测试时,应该尽量进行穷举测试。　　　（　　）
27. 黑盒测试又称为功能测试,完全不考虑程序的内部结构和处理过程。　　　（　　）
28. 条件覆盖一定可以满足判定覆盖的要求。　　　（　　）
29. 完善性维护占全部维护活动一多半的工作量。　　　（　　）

30. 软件维护是软件开发期的最后一个阶段。 （　　）

第三部分　填空题

1. 软件需求分析的过程主要为_____、_____、_____、_____。
2. 需求分析文档［需求规格说明书（ISO 标准版）］一般包括 _____、_____、_____、_____几部分。
3. 模块间的耦合可分为_____、_____、_____、_____、内容耦合。
4. 模块的内聚可分为偶然内聚、_____、_____、过程内聚、_____、顺序内聚、_____。
5. 软件维护可具体分为_____、_____、_____、预防性维护这几项活动。
6. 只用 3 种基本的控制结构就能实现任何单入口单出口的程序,这三种结构是_____、_____、_____。
7. 模块的独立程度可以由两个定性标准度量,这两个标准分别称为_____、_____。
8. 模块的内聚可分为_____、逻辑内聚、时间内聚、_____、通信内聚、_____、功能内聚。
9. 白盒测试技术的逻辑覆盖可分为_____、_____、_____、判定/条件覆盖、条件组合覆盖、路径覆盖。

第四部分　简答题

1. 为什么要进行软件需求分析? 请叙述软件需求分析的主要过程。
2. 软件需求规格说明书由哪几部分组成?
3. 衡量模块独立性的两个标准是什么? 它们各表示什么含义?
4. 什么是模块化?
5. 用户需求内容主要包括哪几方面?
6. 试述信息隐蔽的原理。
7. 试述软件模块设计的启发式规则。
8. 软件测试的目的是什么? 为什么把软件测试的目的定义为只是发现错误?
9. 白盒测试的方法有哪些?
10. 维护分为哪几类?

第五部分　设计题

设计题 1

（1）选择一组数据以实现图 B-1 所示程序流程图的路径覆盖。

（2）某学院依据每个学生每学期已修课程的成绩制定奖励制度。如果"优秀"比例占 60% 以上并且表现"优秀"的学生可以获得一等奖学金,表现"一般"的学生可以获得二等奖学金;如果"优秀"比例占 40% 以上,并且表现"优秀"的学生可以获得二等奖学金,表现"一般"的可以获得三等奖学金。试用判定树表示以上需求。

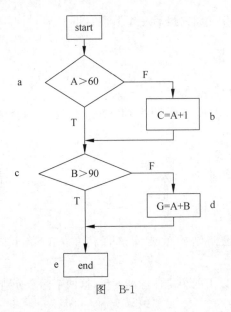

图　B-1

（3）基于图 B-2 所示的数据流图设计其软件结构。

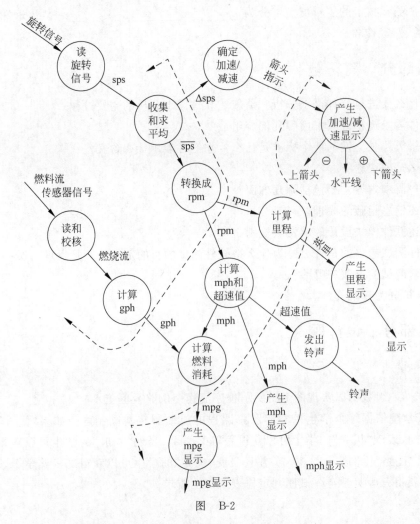

图　B-2

设计题 2

瀑布型模型是软件工程早期的重要发展成果,反过来对软件工程的进一步发展做出了重要贡献,高校以瀑布型方法来组织教材和教学,企业以瀑布型方法来设置部门和岗位,它使得软件工程同其他传统工程一样得到发展和认可,瀑布型模型也是毕业设计论文架构的组织依据。请按照瀑布型模型辅助完成学工管理系统的开发。

数字化校园中学工管理系统涵盖高校学生在校活动的重要环节,某校本着实用、先进、开放、可靠、可扩展的设计原则,采用 J2EE 技术,拟开发出适合学校的学工管理系统,包括基础信息设置、贫困生名单管理、勤工助学管理、助学金管理、困难补助管理、学费减免管理、奖励管理、荣誉称号管理、违纪处分管理、心理健康、学籍管理 11 个功能。此系统涵盖了学生工作管理部门的主要业务,协助高校规范学生工作管理流程,实现在线业务处理,为学工处老师、学生和辅导员等提供统一的网上办公服务平台,实现各部门间有效的信息共享和协同工作。系统是基于校园网/互联网的浏览器程序,既可以与数字化校园平台无缝对接(已做好接口),又可独立运行。

(1)需求分析阶段:画出顶层和 0 层数据流图。

(2)概要(总体)设计阶段:画出模块结构图。

(3)按照模块内聚性将上面 11 个功能重新组织成 4 个大模块,请你自主命名 4 个模块的名称,并将 11 个功能分到 4 个模块中。

(4)用树形目录(treeview)画出上述第(3)问的菜单结构图。

(5)结合本系统,写出三种软件质量因素和两种项目风险因素。

设计题 3

软件开发的过程就是一个逐步转换和映射的过程,需求分析形成的文档,是设计的基础;设计的文档是编程的基础,也是测试用例设计的基础。以学工管理系统中奖学金评定进行需求分析,得出奖学金评定规则的文字描述如下。

每个学生每学期已修课程成绩的比例情况:优秀比例$\geqslant 60\%$,并且"良"以下比例$\leqslant 20\%$,而且表现"优秀"的学生可以获得一等奖学金,表现"一般"的学生可以获得二等奖学金;优秀比例占$\geqslant 60\%$,并且"良"以下比例小于或等于 30%但大于 20%,而且表现"优秀"的学生可以获得二等奖学金,表现"一般"的学生可以获得三等奖学金;若"优秀"比例$\geqslant 40\%$但$< 60\%$,并且"良"以下比例$\leqslant 20\%$,而且表现"优秀"的学生可以获得二等奖学金,表现"一般"的学生可以获得三等奖学金;若优秀比例$\geqslant 40\%$但$< 60\%$,并且"良"以下比例$\leqslant 30\%$但$> 20\%$,而且表现"优秀"的学生可以获得三等奖学金,表现"一般"的学生可以获得四等奖学金;其他情况则无奖学金。

根据如上评奖规则,完成如下工作。

(1)在需求分析阶段:试用判定树表示以上需求。

(2)在详细设计阶段:用变量 A 表示"优秀"比例,B 表示"良"以下比例,C 表示表现,D 表示获奖等级,画出其程序流程图。

(3)在编程阶段:使用 C 语言多分支语句(switch…case)编程实现。

(4)在测试阶段:用路径覆盖设计测试用例。

第11~16章 习题

第一部分 选择题

1. 在面向对象技术领域内，以下说法不正确的是_____。

   A. 面向对象的编程语言发展比较成熟

   B. 面向对象的软件工程方法发展比较成熟

   C. 面向对象的数据库管理系统(DBMS)发展不理想

   D. 面向对象的数据库系统取代了关系数据库系统

2. 以下不是 UML 统一建模语言图形的是_____。

   A. 数据流图、程序流程图

   B. 用例图、活动图

   C. 类图、对象图

   D. 时序图、协作图

3. 支持 UML 统一建模语言的系列工具是_____。

   A. Rational Rose、ModelMaker、PowerDesigner、Microsoft Visual Visio

   B. Rational Rose、Microsoft Visual Visio、PowerDesigner、Visual Paradigm

   C. Rational Rose、ModelMaker、PowerDesigner、Visual Paradigm

   D. Microsoft Visual Visio、ModelMaker、PowerDesigner、Visual Paradigm

4. 以下说法不正确的是_____。

   A. 组件图是用代码组件来显示代码物理结构的,组件可以是源代码组件、二进制组件或一个可执行的组件

   B. 一个软件系统只需要一个用例图就能表达清楚参与者与系统之间的交互作用

   C. 状态图是对类描述的补充,它用于显示类的对象可能具备的所有状态,以及引起状态改变的事件

   D. 活动图是状态图的一个变体,用来描述执行算法的工作流程中涉及的活动

5. 以下说法不正确的是_____。

   A. 软件体系结构发展经历了萌芽阶段、初级阶段、高级阶段三个阶段

   B. 萌芽阶段的标志是编程采用了结构化程序设计技术

   C. 初级阶段的标志是编程采用了面向对象设计技术

   D. 高级阶段的标志是编程采用了面向构件设计技术

6. Hayes Roth 认为软件体系结构是一个抽象的系统规范,主要包括用其行为来描述的功能构件和构件之间的相互连接、接口和_____。

   A. 调用   B. 结构   C. 关系   D. 演化

7. 本书中体系结构描述的连接件的主要特性不包括_____。

   A. 可扩展性   B. 动态连接性   C. 互操作性   D. 继承性

8. 体系结构约束描述了体系结构配置和拓扑要求,确定了_____。

   A. 体系结构的构件与连接件的连接关系   B. 软件需求

   C. 参数配置   D. 构建的实现方式

9. Agent 的弱概念在主流计算中很流行,这种观念认为 Agent 类似于 UNIX 进程,具

有自治、_____、反应和行动等属性,是一个智能化的对象。

    A. 社交   B. 情感   C. 思想   D. 继承

10. Agent 体系架构可以分为慎思型、_____和混合型。

    A. 情感性   B. 反应型   C. 互操作型   D. 协作型

11. Agent 的组织类型分为:层次、组合、团队、_____。

    A. 横向   B. 亲密   C. 班组   D. 市场

12. SOA 各层次的角色与职责如下:信息与访问、共享业务服务、表示服务、复合应用、_____。

    A. 安全服务   B. 登录服务   C. 基础架构服务   D. 数据库存储服务

13. SOA 的优点不包括_____。

    A. 屏蔽了业务逻辑组件的复杂性   B. 跨平台和复用性

    C. 更快的产品上市速度和较低的成本   D. 可靠性高

14. SOA 架构的不足不包括_____。

    A. 可靠性   B. 成本   C. 安全性   D. 语义问题

15. SOA 的优点不包括_____。

    A. 软件需求分析更加简洁   B. 跨平台和复用性

    C. 更快的产品上市速度和较低的成本   D. 支持更多的客户端类型

第二部分 判断题

1. 面向对象技术是先找对象,后找流程,对象与对象之间的交互形成了流程。 (   )

2. 面向过程技术是先找动态流程,画出数据流图,然后建立静态数据字典。 (   )

3. UML 是一门高效的编程语言。 (   )

4. UML 是一门高效的建模语言,用以描述软件需求和设计等环节。 (   )

5. UML 统一了数十种面向对象的建模语言,通过统一语义和符号表示,稳定了面向对象技术市场。 (   )

6. 面向 Agent 技术是任务和责任都委派,构件只是任务委派。 (   )

7. 在状态特征方面,面向 Agent 技术是属性和关系,面向构件是精神状态。 (   )

8. UML 的图形表示法共包含 4 种图形。 (   )

9. Hayes Roth 认为软件体系结构是一个抽象的系统规范,主要包括用其行为来描述的功能构件和构件之间的相互连接、接口和关系。 (   )

10. 信念-期望-意图(belief-desire-intention,BDI)体系架构是混合体系架构的一个重要类型。 (   )

11. Java 和 C++是构建 Agent 系统最常用的语言。 (   )

12. SOA 服务架构通过服务提供者和服务使用者的松散耦合关系,反而使系统内部复杂的业务逻辑更加复杂。 (   )

13. Web Service 并不是一种服务导向架构的技术。 (   )

14. 云计算实际上是一种极其昂贵的技术。 (   )

15. CASE 的中心目标是软件过程自动化。 (   )

第三部分 填空题

1. 面向过程阶段程序复用的粒度是_____,面向对象阶段程序复用的粒度是_____,面向构件阶段程序复用的粒度是_____,面向服务阶段程序复用的粒度是_____。

2. 服务是 SOA 的核心,SOA 架构的基本元素是服务,SOA 指导一组实体来说明如何提供和消费服务,这些实体是_____、_____、_____、_____、_____、_____。

3. 软件体系结构的形成经历了 4 个阶段,无体系结构阶段的特征是_____,萌芽阶段的特征是_____,初级阶段的特征是_____,高级阶段的特征是_____。

4. 网格计算与云计算的关系就像_____之间的关系,是学院派和现实派之间的关系。

第四部分 问答题

1. 软件体系结构的作用是什么?
2. 软件体系结构的要素包括哪些?
3. Agent 有哪 6 个特性?
4. 构件和 Agent 的区别和联系是什么?

第 17~22 章 习题

第一部分 选择题

1. 关于项目的说法,以下说法不正确的是_____。
   A. 项目是一次性任务,一旦完成,就宣告这一项目结束,这是项目与其他重复性工作的最大区别
   B. 项目是一类特殊任务,它有着明确的目标
   C. 项目不是唯一的,存在两个完全相同的项目
   D. 项目结果存在不确定性

2. 下列活动属于项目的是_____。
   A. 上课　　　　　B. 每天的卫生保洁　C. 社区保安　　　　D. 野餐活动

3. 软件能力成熟度模型(CMM)是目前国际上最流行、最实用的软件生产过程标准和软件企业成熟度的等级认证标准。该模型将软件能力成熟度自低到高依次划分为初始级、可重复级、已定义级、已管理级、优化级。从_____开始,要求企业建立基本的项目管理过程的政策和管理规程,使项目管理过程有章可循。
   A. 初始级　　　　　B. 可重复级　　　　C. 已定义级　　　　D. 已管理级

4. 公开招标是指项目招标人以招标公告的方式邀请不特定的法人或其他组织进行投标。以下关于公开招标的说法不正确的是_____。
   A. 公开招标必须公开发布招标公告,通过国家指定的报刊、信息网络或者其他媒介

　　　　如电视台等进行发布

　　B. 公开招标需要限制投标人的数量,部分对招标有意的、但能力不足的组织和个人不可以参加

　　C. 公开招标必须以公开的形式进行开标,使投标人了解其他投标者的报价情况以及其他情况

　　D. 公开招标在选择合适的中标人之后,要以一定的方式向中标人和其他投标人宣布投标结果

5. 软件开发单位如果有意参加一个招标软件项目的开发,就必须准备相应的投标书并参加投标,投标书一般包括商务标部分和技术标部分。以下内容不能作为技术标内容的是_____。

　　A. 软件项目总体设计方案

　　B. 软件项目功能、性能和接口描述

　　C. 项目拟派出的项目负责人与主要技术人员的简历

　　D. 软件项目采用的技术环境

6. 合同一旦签署了就具有法律约束力,除非_____。

　　A. 一方不愿意履行义务　　　　　　　　B. 合同违反了法律

　　C. 一方宣布合同无效　　　　　　　　　D. 一方没有能力负担财务结果

7. 关于活动网络图,下面说法不正确的是_____。

　　A. 网络图可用于安排计划　　　　　　　B. 网络图展示任务之间的逻辑关系

　　C. 网络图可用于跟踪项目　　　　　　　D. 网络图可用于详细的时间管理

8. 完成项目所需的最少时间可以通过考察活动网络图中最长路径(关键路径)来估算,下面关于关键路经的说法中正确的是_____。

　　A. 网络图中只有一条关键路经

　　B. 关键路径上各活动的时间之和最少

　　C. 非关键路径上某活动发生延误后项目总工期必然会发生延误

　　D. 非关键路径上的活动延误时间如果不超过总时差,项目总工期就不会发生延误

9. 对于绝大多数项目而言,主要的成本是工作成本。下列成本不是工作成本的一部分的是_____。

　　A. 包括维护在内的硬件和软件费用

　　B. 为办公场所提供供暖和照明的费用

　　C. 支付给参加项目的软件工程人员的薪水,包括退休金、医疗保险等社会保障和员工福利费用

　　D. 网络和通信费用

10. 在项目初期,进行竞标合同时,一般采用的成本估算方法是_____。

　　A. 参数估算法　　　B. 类比估算法　　　C. 专家估算法　　　D. 功能点估算

11. 软件项目必须进行风险管理,项目管理者应该预见风险,了解这些风险对项目、产品和业务的冲击,并采取措施规避这些风险。下面不是风险管理过程的是_____。

　　A. 风险评估　　　　B. 风险识别　　　　C. 风险规划　　　　D. 风险收集

12. 当风险无法消除,需要采用一些策略以降低风险出现的可能性。以下各项关于回

避风险的描述,不正确是_____。

    A. 消除引起风险的因素

    B. 决定不对风险过高的项目进行投标

    C. 风险倘若发生,就接受后果

    D. 决定取消采用具有高风险的新技术,而采用原来熟悉的技术

13. 对于风险比较大的项目,最好选择_____生存期模型。

    A. 瀑布模型　　　　B. 原型　　　　C. 螺旋模型　　　　D. V 模型

14. 在风险分析过程中,确定已经识别的一个风险事件是无法避免的,也是不能减轻的,也不能投保,这是一个关键的风险事件,一旦发生可能造成项目的失败,项目经理最佳的选择是_____。

    A. 降低风险的级别,项目团队将找到一个克服故障的方法

    B. 特别关注,加强管理该风险事件和所有的相关事件

    C. 让风险评估小组继续分析该风险事件,直到降低预期影响

    D. 忽略风险评估,因为不管赋予什么值,都只是一个估算

15. 关于回避风险的策略,下列描述不正确的是_____。

    A. 回避风险是最有效的策略

    B. 风险发生概率极高,风险后果影响很严重时才可以考虑采用这个策略

    C. 当其他的风险策略不理想的时候,才可以考虑这个策略

    D. 不是所有的风险都可以采取回避策略

16. 购买保险是_____类型的风险处理策略。

    A. 风险转移　　　　B. 风险规避　　　　C. 风险抑制　　　　D. 风险自担

17. 风险监控是实施和监控风险管理计划,对每一个识别的风险定期进行评估,从而确定风险出现的可能性是变大还是变小,风险的影响后果是否有所改变,保证风险计划的执行,评估和削减风险的有效性。以下关于风险监控的说法不正确的是_____。

    A. 建立项目风险监控体系,包括制定项目风险的方针、程序、责任制度、报告制度、预警制度、沟通程序等方式,以此来控制项目的风险

    B. 确定项目风险监控活动和有关结果是否符合项目风险计划,以及风险计划是否有效地实施并达到预定目标

    C. 在项目实施过程中,项目经理应该定期回顾和维护风险计划,及时更新风险清单,对风险进行重新排序,并更新风险的解决情况

    D. 为预防员工离职带来的风险,项目风险清单不应该向项目组的所有人公开

18. 项目中的小组成员要同时离开公司,项目经理首先应该_____。

    A. 实施风险计划　　　　　　　　　　B. 招募新员工

    C. 与人力资源经理谈判　　　　　　　D. 修订计划

19. 在软件项目管理活动中,要积极面对风险,越早识别风险、越早管理风险,就越有可能规避风险,或者在风险发生时能够降低风险带来的影响。软件项目中常见的风险及其处理方法中,不正确的是_____。

    A. 在开发过程中引入新技术,不可避免地要遇到各种风险,因此项目应尽可能采用成熟的技术而不一定是最新的技术

B. 在项目实施过程中,系统切换上线环节最容易出纰漏,尤其是影响面大的项目,在系统切换前,应充分考虑各种可能出现的问题,做好风险对策

C. 当一个项目已经完成80%的任务,风险管理变得不再重要

D. 往往由于软件的可用性差,导致用户不满意,在项目开发中应注意可用性问题,避免软件出现可用性方面的风险

20. 随着项目团队规模的扩大,要保证所有的成员都能彼此有效交流就变得很困难了。单向交流链的数目是 $n*(n-1)$,其中 n 代表小组的人数。某项目团队原来有6个成员,现在又增加了6个成员,这样沟通渠道增加了_____。

　　　A. 4.4倍　　　　　　B. 6倍　　　　　　C. 2倍　　　　　　D. 1倍

21. 在项目进行过程中,老板突然有个紧急的通知告知项目经理,要求项目经理告诉团队成员,这时项目经理应该采取_____沟通方式。

　　　A. 口头　　　　　　B. 书面　　　　　　C. 正式　　　　　　D. 检索

22. 质量评审是验证一个过程或产品质量而应用最广泛的方法。这种方法是通过一组人员检查软件过程的全部或一部分、软件系统或者相关文档以发现潜在的问题。关于软件质量评审,以下说法不正确的是_____。

A. 评审是以文档为基础的,但又不限于描述、设计或代码,诸如过程模型、测试计划、配置管理规程、过程标准和用户手册等文档都有可能被评审

B. 评审团队中应有一个资深设计人员负责做技术上的重大决策

C. 被评审文档的制作者不应参与评审

D. 要评审的文档必须预先分配好,才能给评审员充分的时间去阅读和理解

23. 项目质量管理的最终责任由_____来承担。

　　　A. 项目开发人员　　B. 采购经理　　　　C. 质量经理　　　　D. 项目经理

24. 为保证项目管理的顺利开展,项目经理一般花在沟通上的时间是(　　)

　　　A. 20%～40%　　　B. 75%～90%　　　C. 60%　　　　　　D. 30%～60%

25. 大量使用_____沟通最有可能协助解决复杂的问题。

　　　A. 口头　　　　　　B. 书面　　　　　　C. 正式　　　　　　D. 信息管理系统

26. 对于项目中比较重要的通知,最好采用_____沟通方式。

　　　A. 口头　　　　　　B. 网络方式　　　　C. 书面　　　　　　D. 电话

27. 在项目的末期,与卖方的合同还有尚未解决的索赔,项目经理_____。

A. 可能将合同收尾工作转交给合同管理人员

B. 通过审计来澄清索赔原因

C. 知道合同不能收尾

D. 进行合同收尾,合同收尾之后,可能采取法律行动

28. 软件工程项目小组的成员通常不应该超过8或10人,他们通常的组织方式有_____种。

　　　A. 1　　　　　　　　B. 2　　　　　　　　C. 3　　　　　　　　D. 4

29. 研发人员五大激励要素通常包括_____。

A. 个人成长与发展、决策参与、家庭关怀、产权激励、薪酬激励

B. 个人成长与发展、决策参与、环境激励、旅游激励、薪酬激励

    C. 个人成长与发展、决策参与、环境激励、产权激励、薪酬激励

    D. 个人成长与发展、决策参与、环境激励、出差补贴、薪酬激励

30. 软件的工作量随着软件规模的大小呈_____。

    A. 现金减少   B. 线性增加   C. 指数减小   D. 指数增加

第二部分　判断题

1. 项目具有暂时的特征。　　　　　　　　　　　　　　　　　　　　　　（　　）

2. 项目是一类特殊任务,因为在进行过程中可能会有难以预见的技术、规模等方面的问题,所以项目的目标是不确定的。　　　　　　　　　　　　　　　　　（　　）

3. 增量式模型可以避免因一次性投资太多而带来的风险。　　　　　　　　（　　）

4. 在甲乙合同项目中,提出需求的一方是乙方。　　　　　　　　　　　　（　　）

5. 间接成本是与一个具体的项目相关的成本。　　　　　　　　　　　　　（　　）

6. 软件项目的估算结果是比较准确的。　　　　　　　　　　　　　　　　（　　）

7. 在项目管理过程中,沟通是项目管理者的一部分工作,而且是很少的一部分工作。

                                                      （　　）

8. 进度和成本是关系最为密切的两个目的,几乎成了对立关系,进度的缩短一定依靠增加成本实现,而成本的降低也一定以牺牲工期进度为代价。　　　　　　　（　　）

9. 为了节约成本,可以适当降低项目过程中的质量标准。　　　　　　　　（　　）

10. 项目管理过程是一个集成的过程,人员管理、计划进度管理、风险管理、成本管理、质量管理是相互联系的。　　　　　　　　　　　　　　　　　　　　　　　（　　）

11. 项目的范围发生变化,也必然会影响项目的工期进度、成本、项目的质量。（　　）

12. 项目结束过程主要包括合同的终止和项目的终止。　　　　　　　　　　（　　）

13. 项目成功完成了,才说明项目结束了。　　　　　　　　　　　　　　　（　　）

14. 在质量保证过程中要制定两种类型的标准:产品标准和过程标准。　　　（　　）

15. 风险管理过程一般包括以下阶段:风险识别、风险分析、风险规划、风险监控。

                                                      （　　）

第三部分　填空题

1. 软件项目立项的关键环节就是可行性论证工作。可行性研究的主要目的是回答问题"此项目是可以做的,还是不可以做的"。通常应从四方面研究软件开发方案的可行性_____、_____、_____、_____。

2. 软件开发单位如果有意参加一个招标软件项目的开发,就必须准备相应的投标书并参加投标,投标书一般包括_____部分和_____部分。

3. 软件项目管理是一个庞大的系统工程,它是为了使软件项目能够按照预定的成本、进度、质量顺利完成,软件项目管理的主要内容包括_____、_____、_____、_____、_____。

4. 在软件项目的招标、投标结束之后,就进入到了合同管理阶段。合同管理是围绕着合同生命周期进行的,它分为_____、_____、_____、_____、_____五个阶段。

5. 软件项目的成本管理包括_____、_____、_____等过程。

6. 由于软件项目具有一定程度的不确定性,天生具有很高的风险。因此软件项目必须进行风险管理,具体包括_____、_____、_____、_____。

7. 风险识别可以通过项目组集体讨论完成,为完成这一过程,需要列出可能的风险类型。其中影响项目进度或项目资源的风险是_____,影响正被开发的软件的质量或性能的风险是_____,影响软件开发机构或软件产品购买机构的风险是_____。

8. 软件质量的度量主要是根据软件生存周期中对软件质量的要求所进行的一项活动。主要分为_____、_____、_____三方面。

第四部分　案例分析题

材料1

新华软件公司最近接到一张大单:针对A公司提供总体信息系统解决方案。项目由A公司的高层领导发起,高层领导对A公司的各个部门的业务管理现状不是很满意,希望通过项目实施一方面进行企业内部改制,另一方面对一些业务流程进行规范。

小王同学是新华软件公司派出的项目经理,去A公司进行项目需求分析。在A公司,该项目是由一个具体的部门(简称D)来协调相关部门,由于D部门和其他部门存在利益冲突,因此在需求分析的时候其他部门不是特别的配合。而项目无法绕开相关部门。

小王手里有整个项目的框架性要求,其实就是A公司高层领导很简略的几句话,如要求进行流程的动态管理等。几个新华软件公司外派常驻人员,负责与A公司的联系与协调。

新华软件公司领导对该项目高度重视,督促小王尽快拿出需求分析报告。

问题1:假如你是小王,该如何开展需求分析?

问题2:如何针对该项目进行风险管理?

材料2

知明科技年中会上,董事长对公司重点项目——财务管理软件开发进度迟缓大为不满,当场决定撤换原先的项目经理,由小王接替。

小王发现项目成员分为两派:一派人数虽少,但业务能力强,都是随董事长创业的老员工;一派是总经理后期招聘的新员工,乐于学习新技术。双方在新系统应该采用什么样的技术架构上各执一词。老员工坚持沿用原先成熟的技术方案,认为可以降低开发风险,快速上线;新员工则表示应引入当下主流技术,增强产品竞争力,避免被市场淘汰。

小王为此召开了几次内部会议,但每次会议都是"针尖"对"麦芒",谁也说服不了谁。迫于进度压力,为求稳妥,小王决定采用老员工的方案。新员工们对小王倒向老员工大为不满,认为用老旧的技术做项目,自身技术得不到提升,公司没前景,于是开始消极怠工。

一个月过去了,整个项目依然踌躇不前,总经理决定撤换小王,董事长则希望再给小王一个机会。

问题3:分析本案例项目管理中存在的问题。

问题4:假如你是本案例中的小王,如何针对该项目进行有效管理?

附录 C

习题集参考答案

第1~4章 习题答案

第一部分 选择题

1	2	3	4	5	6	7	8	9	10	11	12	13	14
D	A	C	C	D	A	B	C	D	D	A	C	D	B

15	16	17	18	19	20	21	22	23	24	25	26	27	28
A	D	A	C	C	A	D	D	D	B	B	D	D	D

第二部分 判断题

1	2	3	4	5	6	7	8	9	10	11	12	13	14	15
×	×	×	√	√	√	√	√	√	×	×	√	√	√	×

第三部分 填空题

1. 软件定义　软件开发　软件运行维护
2. 目标设置　风险评估和规避　开发和有效性验证　规划
3. 瀑布模型　敏捷方法　增量方法　快速原型法
4. 硬件　操作系统和应用程序(编程语言)　Web Service 技术
5. 在同种编程语言中实现了代码级别的复用　构件技术在二进制级别复用　利用 Web Service 等技术,使复用跨越了操作系统平台的限制　使复用扩展到软件生命周期的各个阶段　使应用软件的开发者复用了底层的大量技术
6. 构件　连接件　约束　端口　角色

7. 软件体系结构在系统开发的全过程中起着基础的作用,是设计的起点和依据,同时也是装配和维护的指南。良好的软件体系结构对于软件系统的重要意义在软件生命周期中各个阶段都有体现

8. 服务提供者　服务消费者　服务注册表　服务条款　服务代理　服务契约

9. 基础设施即服务(IaaS)　平台即服务(PaaS)　软件即服务(SaaS)

10. 软件规模小、一般不进行建模工作　机构化开发方法的使用,体系结构的概念开始明确　面向对象技术的使用　面向构件技术的使用

11. OSI 七层参考模型和 TCP/IP

12. 函数(过程)　类(对象)　构件　服务

第5~10章　习题答案

第一部分　选择题

1	2	3	4	5	6	7	8	9	10	11	12	13	14	15
B	D	A	C	D	A	D	A	A	D	B	D	C	D	C

16	17	18	19	20	21	22	23	24	25	26	27	28	29	30
A	A	A	D	C	B	D	C	A	D	A	D	D	C	D

第二部分　判断题

1	2	3	4	5	6	7	8	9	10	11	12	13	14	15
×	×	√	√	×	×	√	×	√	×	×	×	×	×	×

16	17	18	19	20	21	22	23	24	25	26	27	28	29	30
√	√	×	√	√	√	×	√	√	√	×	√	×	√	×

第三部分　填空题

1. 获取用户需求　分析用户需求　编写需求文档　需求评审

2. 引言　任务概述　需求规定　运行环境规定

3. 数据耦合　控制耦合　特征耦合　公共环境耦合

4. 逻辑内聚　时间内聚　通信内聚　功能内聚

5. 改正性维护　适应性维护　完善性维护

6. 顺序　选择　循环

7. 内聚　耦合

8. 偶然内聚　过程内聚　顺序内聚

9. 语句覆盖　判定覆盖　条件覆盖

第四部分　简答题

1. 答案

软件需求分析在软件开发过程中具有举足轻重的地位,它是开发出正确的、高质量的软件系统的重要保证。有数据表明,更正需求分析阶段的一个错误所花费的工作量是更正测试阶段的一个错误的 100 倍。

软件需求分析的主要过程:获取用户需求、分析用户需求、编写需求文档、进行需求评审。

2. 答案

软件需求规格说明书由引言、任务概述、需求规定、运行环境规定四部分组成。

3. 答案

模块的独立程度可以由两个定性标准度量,这两个标准分别称为内聚和耦合。耦合是对一个软件结构内不同模块之间互连程度的度量。内聚标志一个模块内各个元素彼此结合的紧密程度,它是信息隐藏和局部化概念的自然扩展。

4. 答案

模块化就是把程序划分成独立命名且可独立访问的模块,每个模块完成一个子功能,把这些模块集成起来构成一个整体,可以完成指定的功能满足用户的需求。

模块化是为了使一个复杂的大型程序能被人的智力所管理。

5. 答案

物理环境、软件系统界面、软件系统功能及性能、数据要求、导出系统的逻辑模型、文档规格、维护要求。

6. 答案

信息隐藏原理指出:应该这样设计和确定模块,使得一个模块内包含的信息(过程和数据)对于不需要这些信息的模块来说是不能访问的。

7. 答案

模块规模应该适中、深度、宽度、扇出和扇入都应适当、模块的作用域应该在控制域之内、力争降低模块接口的复杂程度、设计单入口单出口的模块、模块功能应该可以预测。

8. 答案

测试的目的是找出整个软件开发周期中各个阶段的错误,如果测试是为了发现程序中的错误,就会力求设计出最能暴露错误的测试方案,从而提高测试效率。

9. 答案

白盒测试方法有逻辑覆盖，逻辑覆盖又可分为语句覆盖、判定覆盖、条件覆盖、判定/条件覆盖、条件组合覆盖、路径覆盖。

10. 答案

维护分为改正性维护、适应性维护、完善性维护、预防性维护。

第五部分　设计题

设计题1

（1）

a）语句覆盖
$$\begin{cases} A = 70 \\ B = 95 \end{cases}$$

b）判定覆盖
$$\begin{cases} A = 70 \\ B = 95 \end{cases} \text{满足} \begin{cases} A > 60 & T \\ B > 90 & T \end{cases} \qquad \begin{cases} A = 50 \\ B = 80 \end{cases} \text{满足} \begin{cases} A > 60 & F \\ B > 90 & F \end{cases}$$

c）条件覆盖
$$\begin{cases} A = 70 \\ B = 95 \end{cases} \text{满足} \begin{cases} A > 60 & T \\ B > 90 & T \end{cases} \qquad \begin{cases} A = 50 \\ B = 80 \end{cases} \text{满足} \begin{cases} A > 60 & F \\ B > 90 & F \end{cases}$$

d）路径覆盖
$$\begin{cases} A = 70 \\ B = 95 \end{cases} \text{覆盖路径 abcde} \qquad \begin{cases} A = 50 \\ B = 80 \end{cases} \text{覆盖路径 ace}$$

$$\begin{cases} A = 70 \\ B = 80 \end{cases} \text{覆盖路径 abce} \qquad \begin{cases} A = 50 \\ B = 96 \end{cases} \text{覆盖路径 acde}$$

（2）

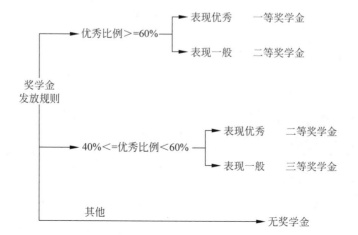

（3）

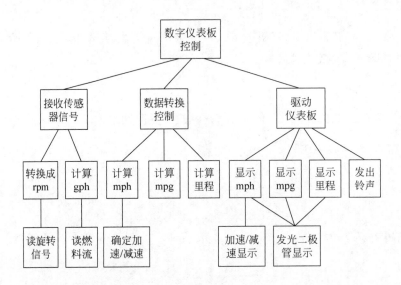

设计题 2

略

设计题 3

（1）答：

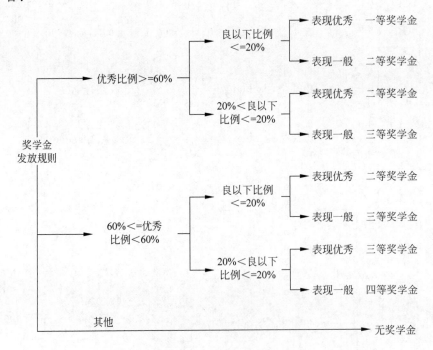

（2）答：

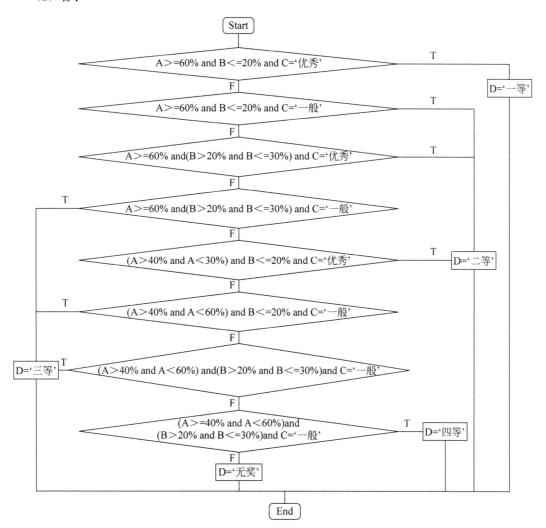

（3）答：

```
int e = 0;
if (A >= 60 % and B <= 20 % and C = '优秀') {e = 1};
if (A >= 60 % and B <= 20 % and C = '一般') {e = 2};
if (A >= 60 % and (B > 20 % and B <= 30 %) and C = '优秀') {e = 2};
if (A >= 60 % and (B > 20 % and B <= 30 %) and C = '一般') {e = 3};
if ((A >= 40 % and A < 60 %) and B <= 20 % and C = '优秀') {e = 2};
if ((A >= 40 % and A < 60 %) and B <= 20 % and C = '一般' {e = 3};
if ((A >= 40 % and A < 60 %) and (B > 20 % and B <= 30 %) and C = '优秀') {e = 3};
if ((A >= 40 % and A < 60 %) and (B > 20 % and B <= 30 %) and C = '一般') {e = 4};
switch (e) {
    case 0: D = "无奖";
    case 1: D = "一等";
    case 2: D = "二等";
    case 3: D = "三等";
    case 4: D = "四等";
}
```

（4）路径覆盖：

9条路径：

1）A>=60% and B<=20% and C='优秀'	路径1	D='一等'
2）A=60% and B<=20% and C='一般'	路径2	D='二等'
3）A>=60% and（B>20% and B<=30%）and C='优秀'	路径3	D='二等'
4）（A>=40% and A<60%）and B<=20% and C='优秀'	路径4	D='二等'
5）A>=60% and（B>20% and B<=30%）and C='一般'	路径5	D='三等'
6）（A>=40% and A<60%）and B<=20% and C='一般'	路径6	D='三等'
7）（A>=40% and A<60%）and（B>20% and B-30%）and C='优秀'	路径7	D='三等'
8）（A>=40% and A<60%）and（B>20% and B-30%）and C='一般'	路径8	D='一等'
9）A<=40% 或 B>=30% 或 C=差	路径9	D='无奖'

第11~16章　习题答案

第一部分　选择题

1	2	3	4	5	6	7	8	9	10	11	12	13	14	15
D	A	C	B	A	C	D	A	A	B	D	C	D	B	A

第二部分　判断题

1	2	3	4	5	6	7	8	9	10	11	12	13	14	15
√	√	×	√	√	√	×	×	√	√	√	×	×	×	√

第三部分　填空题

1. 函数（过程）　类（对象）　构件　服务
2. 服务提供者　服务消费者　服务注册表　服务条款　服务代理　服务契约
3. 软件规模小、一般不进行建模工作　机构化开发方法的使用,体系结构的概念开始明确　面向对象技术的使用　面向对象技术的使用
4. OSI 七层参考模型和 TCP/IP

第四部分　简答题

1. 答案

软件体系结构在系统开发的全过程中起着基础的作用,是设计的起点和依据,同时也是装配和维护的指南。良好的软件体系结构对于软件系统的重要意义在软件生命周期中各个阶段都有体现。

2. 答案

软件体系结构包含构件、连接件和约束 3 个最基本的组成元素。

3. 答案

与 Agent 概念相关的几个主要特性：自治性、异构性、动态性、通信、协议、承诺。

4. 答案

面向构件方法,在构件的级别来构造软件,构件使得软件复用的级别在二进制级,比之前的面向对象方法的类的构造粒度大,并且复用范围可以跨越编程语言,软件生产效率提高。

面向 Agent 方法,构造和复用级别与构件相同,不同的是 Agent 是带有情感的构件,软件构造的自由度增大,软件可以自主的选择性结合。

第 17～22 章 习题答案

第一部分 选择题

1	2	3	4	5	6	7	8	9	10	11	12	13	14	15
C	D	B	B	C	B	C	D	A	B	D	C	C	B	B
16	17	18	19	20	21	22	23	24	25	26	27	28	29	30
A	D	A	C	A	A	C	D	B	B	C	D	B	C	D

第二部分 判断题

1	2	3	4	5	6	7	8	9	10	11	12	13	14	15
√	×	√	×	×	×	×	√	×	√	√	√	×	√	√

第三部分 填空题

1. 技术可行性　经济可行性　操作可行性　法律可行性
2. 商务标　技术标
3. 人员管理　计划进度管理　风险管理　成本管理　质量管理
4. 合同准备　合同谈判　合同签署　合同履行　合同终止
5. 成本估算　成本预算　成本控制
6. 风险识别　风险分析　风险规划　风险控制

7. 项目风险　产品风险　业务风险
8. 外部度量　内部度量　使用度量

第四部分　案例分析题

略

参 考 文 献

[1] 方木云,刘辉.高级软件工程[M].北京:清华大学出版社,2011.

[2] SOMMERVILLE I. Software Reengineering[M].6 版.北京:机械工业出版社,2003.

[3] 冯玉琳,赵保华.软件工程——方法、工具和实践[M].合肥:中国科学技术大学出版社,1992.

[4] 韩万江,姜立新.软件项目管理案例教程[M].2 版.北京:机械工业出版社,2009.

[5] 唐晓君,王海文,李晓红.软件工程——过程、方法及工具[M].北京:清华大学出版社,2013.

[6] FOX C.软件工程设计导论[M].韩毅,罗颖,译.北京:清华大学出版社,2007.

[7] 杨芙清.软件工程技术发展思索[J].软件学报,2005,16(1):1-7.

[8] ROBERT S,ARNOLD. Software Reengineering[C]. New York:IEEE Computer Society Press,1993.

[9] 梅宏,申峻嵘.软件体系结构研究进展[J].软件学报,2006,17(6):1257-1275.

[10] 李千目,许满武,张宏,等.软件体系结构设计[M].北京:清华大学出版社,2008.

[11] 李代平.软件体系结构教程[M].北京:清华大学出版社,2008.

[12] 冯冲,江贺,冯静芳.软件体系结构理论与实践[M].北京:人民邮电出版社,2004.

[13] 黄罡,梅宏,杨芙清.基于反射式软件中间件的运行时软件体系结构[J].中国科学,2004,2(34):121-138.

[14] 张志檩.中间件:技术·产品·应用[M].北京:中国石化出版社,2002.

[15] 王映辉,张世琨,刘瑜,等.基于可达矩阵的软件体系结构演化波及效应分析[J].软件学报,2004,8(15):1107-1115.

[16] 王映辉,刘瑜,王立福.基于不动点转移的 SA 动态演化模型[J].计算机学报,2004(11):1451-1456.

[17] 吕建,马晓星,陶先平.网构软件的研究与进展[J].中国科学,E 辑,2006,36(10):1037-1080.

[18] 梅宏,黄罡,赵海燕,等.一种以软件体系结构为中心的网构软件开发方法[J].中国科学,E 辑,信息科学,2006,36(10):1100-1126.

[19] 方木云,赵保华,屈玉贵.利用仿生学进行软件种植生产的研究[J].微电子学与计算机,2007,24(6):16-17+20.

[20] 孙久荣,戴振东.仿生学的现状和未来[J].生物学报,2007,23(2):16-17+20.

[21] 吕建,陶先平,马晓星.基于 Agent 的网构软件模型研究[J].中国科学,E 辑,2005,35(12):1233-1253.

[22] 李新,吕建,张冠群.移动 Agent 的安全性研究[J].软件学报,2002,13(10):1991-2000.

[23] KOLPM,GIORGINI P,MYLOPOULS J. A goal-based organizational perspective on multi-agent architectures[C]. Lecture Notes in Computer Science,2002(2333):128-140.

[24] ZHANG W,MEI H,ZHAO H Y. A Feature-oriented approach to modeling requirements dependencies[C]. In:Proceedings of 13th IEEE International Requirements Engineering Conference. Los Alamitos:IEEE Computer Society,2005:273-282.

[25] SAND C. SOA&Web 2.0——新商业语言[M].袁月杨,译.北京:清华大学出版社,2007.

[26] KRAFZIG D,BANKE K,SLAMA D. Enterprise SOA 中文版:面向服务架构的最佳实战[M].韩宏志,译.北京:清华大学出版社,2006.

[27] 范玉顺.工作流管理技术基础[M].北京:清华大学出版社,2001.

[28] WfMC. Workflow Management Coalition Specification:Terminology&Glossary[S]. Document Number WFMC-TC-1011,Brussels,1996.

[29] 应吉康,朱敏,郑骏.J2EE 企业级应用构建[M].上海:上海科学技术文献出版社,2003.

［30］ SLAMA D,GARBIS J,RUSSELL P. CORBA 企业解决方案［M］.李师贤,译.北京：机械工业出版社,2001.

［31］ GARY C. Core Java［M］. New York：Simon & Schuster,1997.

［32］ 刘晓华.J2EE 应用开发详解［M］.北京：电子工业出版社,2004.

［33］ 刘鹏.云计算［M］.北京：电子工业出版社,2010.

［34］ MILLER M.云计算［M］.姜进磊,孙瑞志,向勇,等译.北京：机械工业出版社,2009.

［35］ 陈康,郑纬民.云计算：系统实例与研究现状［J］.软件学报,2009,20(5)：1337-1348.

图书资源支持

感谢您一直以来对清华版图书的支持和爱护。为了配合本书的使用,本书提供配套的资源,有需求的读者请扫描下方的"书圈"微信公众号二维码,在图书专区下载,也可以拨打电话或发送电子邮件咨询。

如果您在使用本书的过程中遇到了什么问题,或者有相关图书出版计划,也请您发邮件告诉我们,以便我们更好地为您服务。

我们的联系方式:

地　　址:北京市海淀区双清路学研大厦 A 座 714

邮　　编:100084

电　　话:010-83470236　　010-83470237

客服邮箱:2301891038@qq.com

QQ:2301891038(请写明您的单位和姓名)

资源下载:关注公众号"书圈"下载配套资源。

资源下载、样书申请
书圈

图书案例
清华计算机学堂

观看课程直播